工业产品的三维制作

主　编　张　敏　段傲霜
副主编　张志华　孔　岚
　　　　黄晗文　徐　江
主　审　陈　超　陈凌宇

重庆大学出版社

内容简介

本书通过160个工业产品案例的详细三维制作过程来展开知识点的讲解，使读者清楚“学”与“用”的关系，从而做到学以致用。书中全面介绍了3ds Max三维建模与动画设计的基本方法。其主要内容包括：二维样条曲线的创建与编辑，基本几何物体、扩展几何体的创建方法，常用编辑修改器的使用方法，复合物体的创建方法，灯光、摄像机与环境设置方法，材质与贴图的编辑，以及简单动画的制作方法等。

本书为3ds Max操作员级考证用书，也可作为各类高等职业技术院校计算机技术专业学生的教材、计算机培训班的教材，还可作为三维动画设计人员的参考书。

图书在版编目(CIP)数据

工业产品的三维制作/张敏，段傲霜主编.—重庆：重庆大学出版社，2010.2
(高职计算机专业系列教材)
ISBN 978-7-5624-5291-1

Ⅰ.①工…　Ⅱ.①张…②段…　Ⅲ.①三维—动画—图形软件—高等学校：技术学校—教材　Ⅳ.①TP391.41

中国版本图书馆CIP数据核字(2010)第024356号

工业产品的三维制作
主　编　张　敏　段傲霜
副主编　张志华　孔　岚
黄晗文　徐　江
主　审　陈　超　陈凌宇
责任编辑：曾显跃　高鸿宽　版式设计：曾显跃
责任校对：邹　忌　责任印制：赵　晟
*
重庆大学出版社出版发行
出版人：张鸽盛
社址：重庆市沙坪坝正街174号重庆大学(A区)内
邮编：400030
电话：(023) 65102378　65105781
传真：(023) 65103686　65105565
网址：http://www.cqup.com.cn
邮箱：fxk@cqup.com.cn (营销中心)
全国新华书店经销
自贡新华印刷厂印刷
*
开本：787×1092　1/16　印张：17.5　字数：437千
2010年2月第1版　2010年2月第1次印刷
印数：1—3 000
ISBN 978-7-5624-5291-1　定价：29.80元

前言

3ds Max 是目前较流行的三维建模与动画设计软件之一，广泛应用于工业产品的三维制作、影视和广告设计、室内装修设计、三维漫游、电脑游戏、教育娱乐等各个领域，并逐渐成为设计界的主流软件。

本书采用案例教学模式，由浅至深，循序渐进，对案例的重点和难点进行了精细的解析。本书的主要特点是结构清晰、实例解析简单明了、操作步骤详细。本书列举了 160 道浅显易懂的工业产品的三维制作小案例，不管读者是从未使用过 3ds Max 9 软件的新手，还是曾经用过其他 3ds Max 版本的老用户，只要具有最基本的计算机操作常识，都能轻松地学习 3ds Max 基本知识，快速掌握 3ds Max 9 的基本操作和建模、动画制作技巧，并能够顺利通过相关的职业技能考核。

本书具有注重基础、重点突出、结构紧凑、通俗易懂、操作步骤详细等特点，充分体现“教、学、做合一”的教学理念，案例从浅到深，涉及的知识和技能非常多，而且具有一定的代表性，可以有效地帮助读者快速提高三维建模与动画的制作水平。

本书由张敏和段傲霜主编，并负责全书的策划与统稿。张志华、孔岚、黄晗文、徐江担任副主编，陈超、陈凌宇担任主审。

本书共分为 8 章。其中，第 1 章介绍了二维图形制作技术，由张敏编写；第 2 章介绍了物体基础建模方法，由孔岚编写；第 3 章介绍了使用基本修改器进行物体高级建模的方法，由段傲霜编写；第 4 章介绍了三维放样复合物体的三维建模方法，由黄晗文编写；第 5 章介绍了灯光、摄像机与环境的创建与使用，由张志华编写；第 6 章介绍了基本材质与贴图的使用，由徐屹编写；第 7 章介绍了复合材质与贴图的使用，由张敏编写；第 8 章介绍了动画制作基础，由徐江编写。

本书所有案例都在湖南工业职业技术学院的校本教材中使用过，深受老师和学生的喜爱。在本书的编写和使用过程中，三辰卡通集团三维动画总监陈凌宇对部分章节的案例提出了修改建议，在此表示真诚的谢意。如读者需要案例素材及课件，或对本书存在的不妥之处提出建议或意见，请通过电子信箱：18975860272@189.cn与作者联系。

编　者

2009年12月

目录

第 1 章 图形制作

【本章导读】

在 3ds Max 中建模是最基础的操作,它是学习 3ds Max 的起点。二维图形可以根据需要进行修改,形成三维模型,也可以作为指定对象的运动路径。本章将重点介绍 3ds Max 提供的创建二维图形的有关命令和二维图形的编辑方法。

【学习目标】

- 掌握各种样条曲线的创建方法。
- 对样条曲线进行渲染和设置插值。
- 理解样条曲线在 3ds Max 中的作用。

1.1 文字制作

【设计要求】

(1)打开 C:\3DMAXTK\SCENES\ONE-1. MAX 文件。

(2)在“高新技术”下面增加一行英文“Gaoxin jishu”,设置其字体大小为 80,字间距为 5,与上行的间距为 20,两行文字两端对齐,如图 1.1.1 所示。

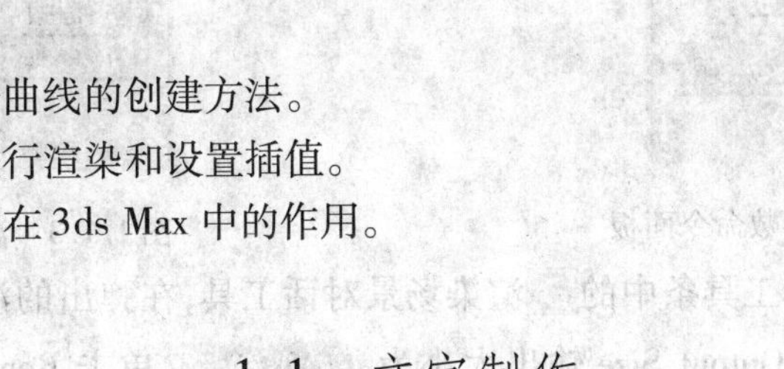

图 1.1.1　文字效果图

(3)设置“高新技术”及英文“Gaoxin jishu”可渲染,渲染线框粗度为3。

(4)将设计结果存放在考生目录中,文件名为考号后5位数+“-1”,扩展名为“.MAX”。

【设计过程】

(1)打开C:\3DMAXTK\SCENES\ONE-1.MAX文件。

(2)选择工作窗口中的Front前视图,单击右下角的最大化显示按钮,将整个工作区定为前视图,单击鼠标左键选择前视图中的Text 01文本“高新技术”。

(3)在右侧命令面板中选择修改命令选项卡,在修改命令面板中选择Parameters参数设置,在Text文本框的“高新技术”文字下行输入“Gaoxin jishu”,设置文字字体为“华文行楷”,文本对齐方式为“两端对齐”,字号Size为80,字间距Kerning为5,行间距Leading为20,如图1.1.2所示。

(4)在Enable In Renderer(在渲染器中可渲染)和Enable In Viewport(在视口中可渲染)的复选框前打钩,设置Thickness粗度为3,如图1.1.3所示。

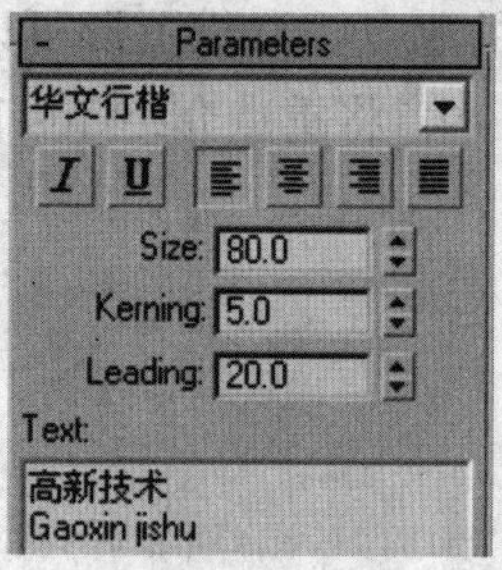

图1.1.2 文本参数命令面板

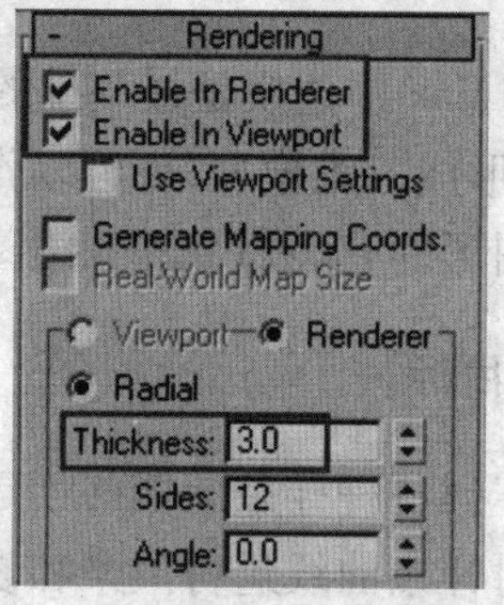

图1.1.3 渲染命令面板

(5)按F10键或选择工具条中的渲染场景对话工具,在弹出的渲染对话框中设置渲染方式为Single单帧输出,Output Size输出大小为640x480,单击Render(渲染)按钮预览效果图。

(6)将设计结果存放在考生目录中,文件名为考号后5位数+“-1”,扩展名为“.MAX”。

1.2 酒杯造型

图1.2.1 酒杯效果图

【设计要求】

(1)打开C:\3DMAXTK\SCENES\ONE-2.MAX文件。

(2)运用相关命令对图形进行编辑,使其上半部分为圆滑的曲线,如图1.2.1所示。

(3)设置图形可渲染,渲染线框粗度为2。

(4)将设计结果存放在考生目录中,文件名为考号后5位数+“-1”,扩展名为“.MAX”。

【设计过程】

(1)打开C:\3DMAXTK\SCENES\ONE-2. MAX文件，选择工作窗口中的Front前视图，单击右下角的最大化显示按钮，将整个工作区定为前视图。

(2)选中工作区的曲线，在右侧命令面板中选择修改命令选项卡，单击Line(线条)前的"+"，展开卷展栏，选择Vertex(顶点)编辑曲线顶点，如图1.2.2所示。

(3)单击Line01曲线顶部的一个点，如图1.2.3所示圈选的顶点，单击键盘上的Del键，删除该顶点。

(4)框选如图1.2.4所示圈选的4个顶点并单击鼠标右键，在弹出的菜单中选择节点属性为Smooth(光滑)。

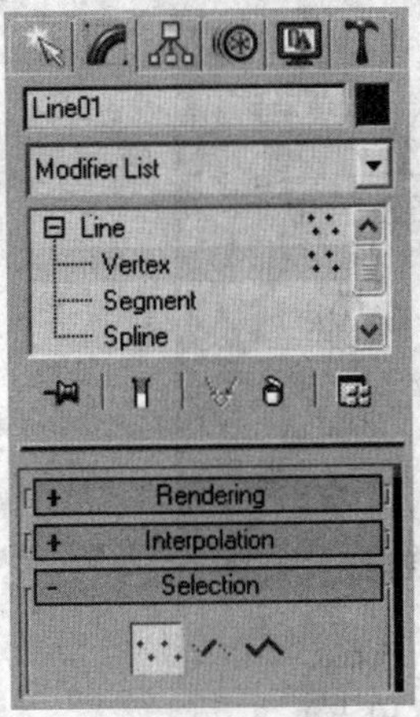

图1.2.2　Vertex编辑状态

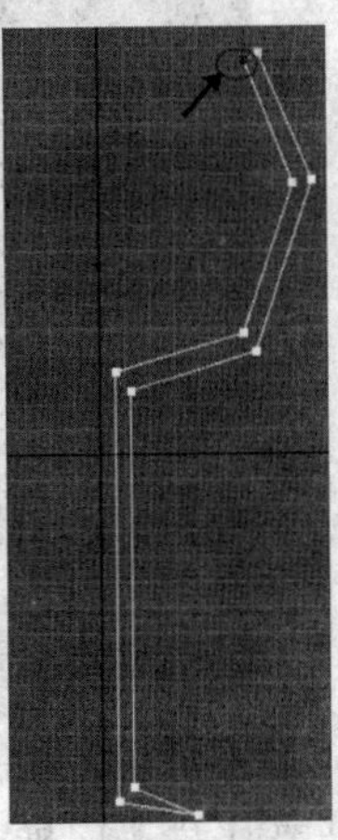
图1.2.3　删除被圈选的顶点

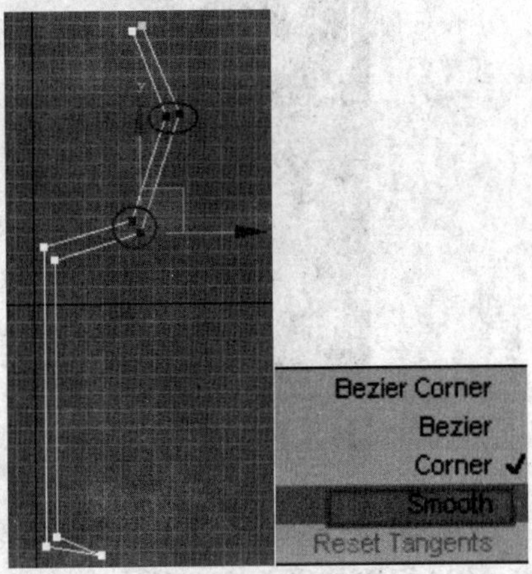

图1.2.4　被圈选的顶点为Smooth

(5)展开Rendering(渲染)选项，设置图形可渲染，渲染线框粗度为2。

(6)按F9键或单击工具条中的快速渲染工具，预览酒杯效果图。

(7)将设计结果存放在考生目录中，文件名为考号后5位数+"-1"，扩展名为".MAX"。

1.3　瓶状体

【设计要求】

(1)打开C:\3DMAXTK\SCENES\ONE-3. MAX文件。

(2)运用相关命令将图形编辑成一圆滑封闭瓶状体，如图1.3.1所示。

(3)设置图形可渲染，渲染线框粗度为2。

(4)将设计结果存放在考生目录中，文件名为考号后5位数+"-1"，扩展名为".MAX"。

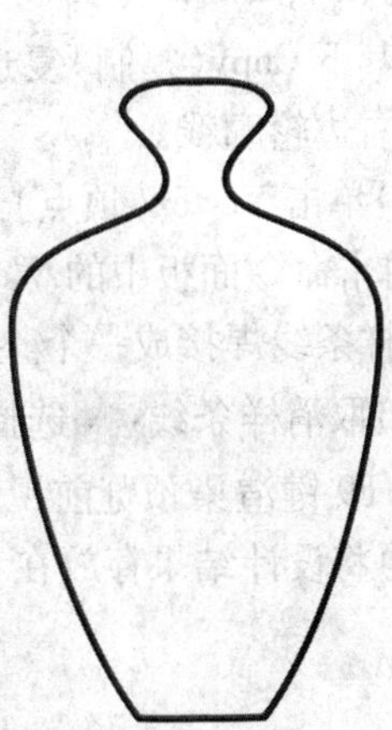
图1.3.1　瓶状体效果图

【设计过程】

(1)打开 C:\3DMAXTK\SCENES\ONE-3.MAX 文件,选择工作窗口中的 Front 前视图,单击右下角的最大化显示按钮,将整个工作区定为前视图。

(2)选中工作区的曲线,在右侧命令面板中选择修改命令选项卡,单击 Line(线条)前的"+",展开卷展栏,选择 Vertex(顶点)顶点编辑方式,框选如图 1.3.2 中所示圈选的 3 个顶点,并单击鼠标右键,在弹出的菜单中将图中所圈选的 3 个点的节点属性都设置为 Smooth(光滑)。

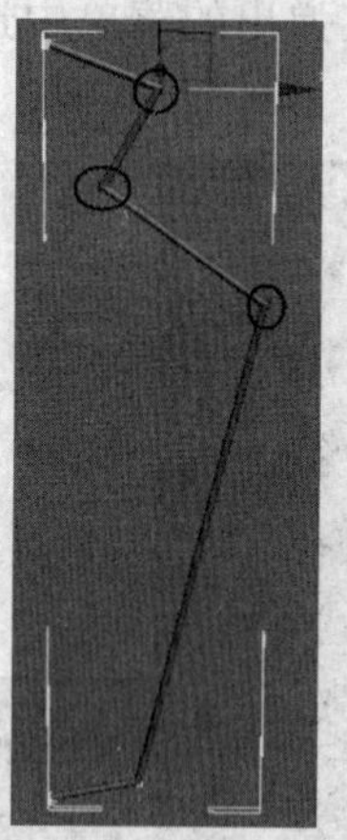

图 1.3.2　被圈的 3 个顶点为 Smooth

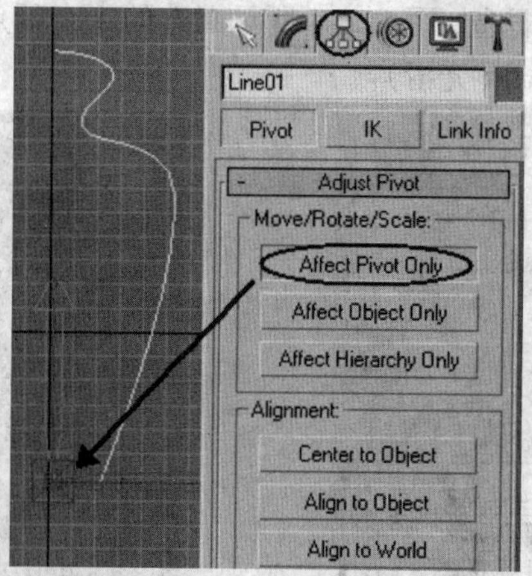

图 1.3.3　设置曲线轴心

(3)框选如图 1.3.2 所示其余 3 个顶点,设置其节点属性为 Corner(角点)。

(4)在右侧命令面板中选择 Hierarchy(层级)选项卡,单击选择 Pivot (轴)按钮,在 Adjust Pivot(调整轴)命令面板中,单击 Affect Pivot Only (仅影响轴)按钮,在视图中出现空心坐标,在 Front 前视图中将坐标移到如图 1.3.3 所示瓶底的顶点处。

(5)再选择修改命令选项卡,单击 Line(线条)选项下的 Spline(样条线),进入样条线编辑状态,在下面的命令面板中单击 Mirror (镜像)按钮,选择第一个图标(水平镜像),同时设置其下 Copy(复制)复选框打钩,About Pivot(关于轴)复选框打钩,如图 1.3.4 所示,镜像复制出右边轮廓线。

(6)单击 Vertex(顶点)选项,进入顶点编辑方式,框选瓶顶和瓶底中间的点,如图 1.3.5 所示,单击命令面板中的 Weld(焊接)命令(注:Weld(焊接)命令后的输入框中输入数字 5),将两个样条线焊接成一个整体。

(7)取消样条线选择状态,展开 Rendering 渲染选项,设置图形可渲染,渲染线框粗度为 2,按 F9 键渲染预览前视图效果图。

(8)将设计结果存放在考生目录中,文件名为考号后 5 位数+"-1",扩展名为".MAX"。

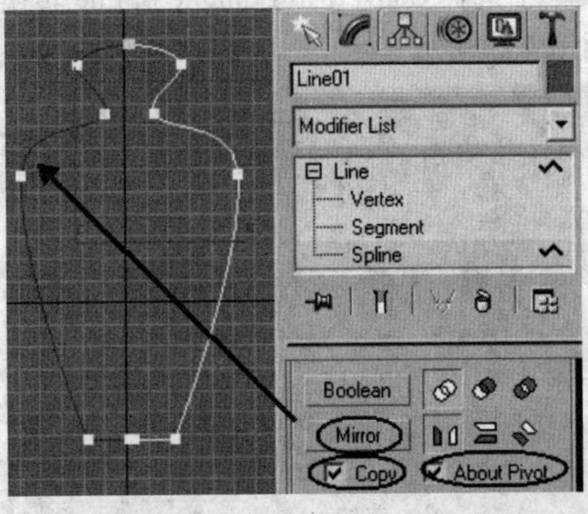

图1.3.4　水平镜像复制右边轮廓线

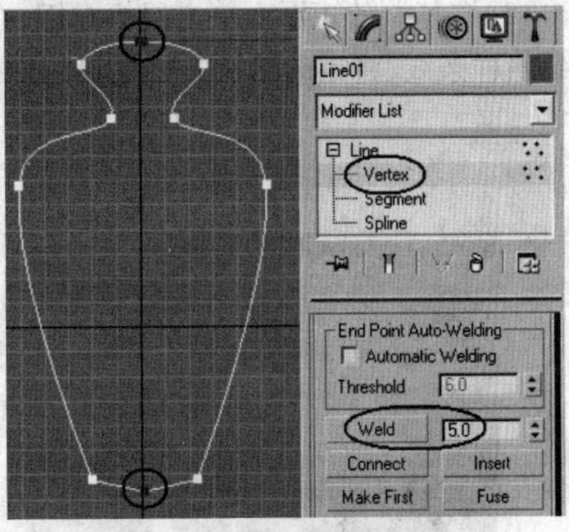

图1.3.5　焊接两曲线连接处的点

1.4　锥　形

【设计要求】

(1)打开 C:\3DMAXTK\SCENES\ONE-4. MAX 文件。

(2)将场景中矩形复制一个,并对复制矩形进行编辑,编辑后效果图如图1.4.1所示。

(3)设置图形可渲染,渲染线框粗度为2。

(4)将设计结果存放在考生目录中,文件名为考号后5位数+“-1”,扩展名为“. MAX”。

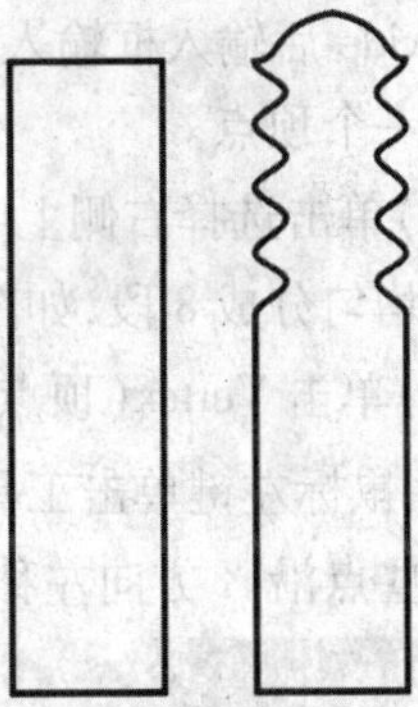

图1.4.1　锥形效果图

【设计过程】

(1)打开 C:\3DMAXTK\SCENES\ONE-4. MAX 文件,选择工作窗口中的 Front 前视图,单击右下角的最大化显示按钮,将整个工作区定为前视图。

(2)选中工作区的矩形,先按住 Shift 键,再按住鼠标左键不松,拖曳鼠标,弹出 Clone Option克隆对话框,如图1.4.2所示,此时选择 Copy 选项,将场景中复制一个矩形,命名为“Rectangle02”。

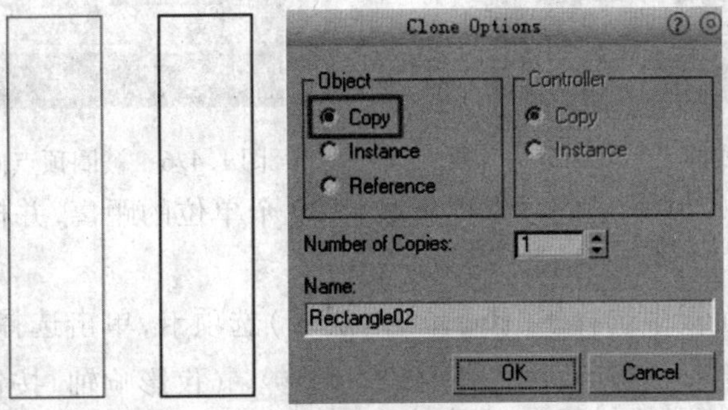

图1.4.2　复制矩形

(3)在复制的矩形上单击鼠标右键,在弹出的菜单中选择 Convert to Editable Spline 转换成可编辑样条线,将矩形转换成可编辑的样条线,如图 1.4.3 所示。

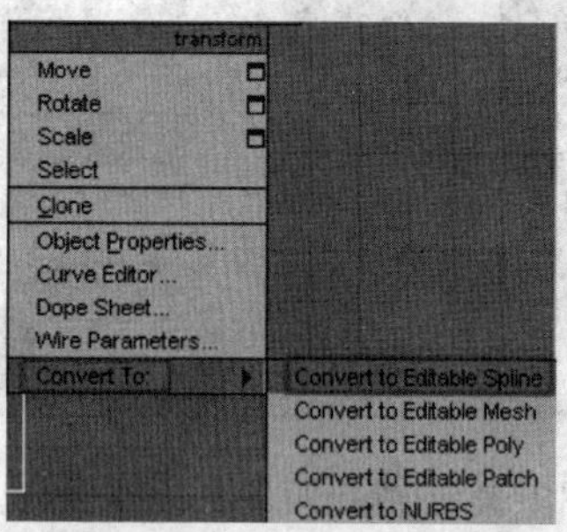

图 1.4.3　被复制矩形转换为可编辑样条线

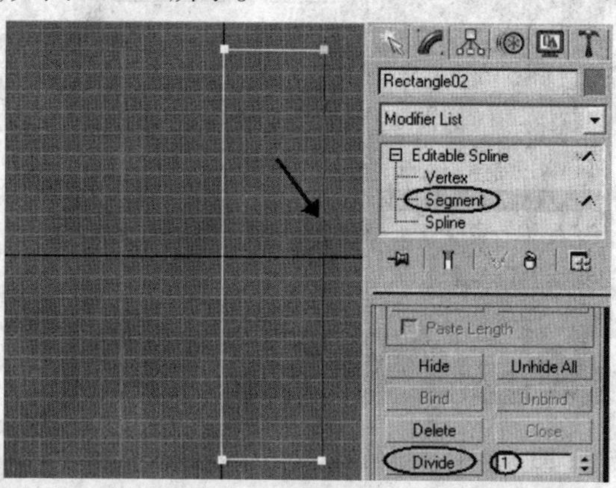

图 1.4.4　选择矩形右侧线段

(4)在右侧命令面板中选择修改命令选项卡,单击 Line(线条)前的"+",展开卷展栏,单击 Segment(线段)或进入线段编辑状态,在 Geometry 命令面板中,单击 Divide 拆分(注:Divide 后输入框输入数字 1),如图 1.4.4 所示,将矩形右侧的竖线等分成两段,即线段中间插入一个顶点。

(5)单击选择右侧上半边的线段,设置 Divide 拆分参数为 7,再单击 Divide 按钮,将线段均匀分成 8 段,如图 1.4.5 所示。

(6)单击 Vertex(顶点)或,进入顶点编辑方式,框选右侧 8 个点中的 4 个点,如图 1.4.6 所示,用鼠标左键单击工具条中(移动工具),再单击鼠标右键,弹出 Move(移动)对话框,并设置这些点沿 X 方向左移动 -10 个单位。

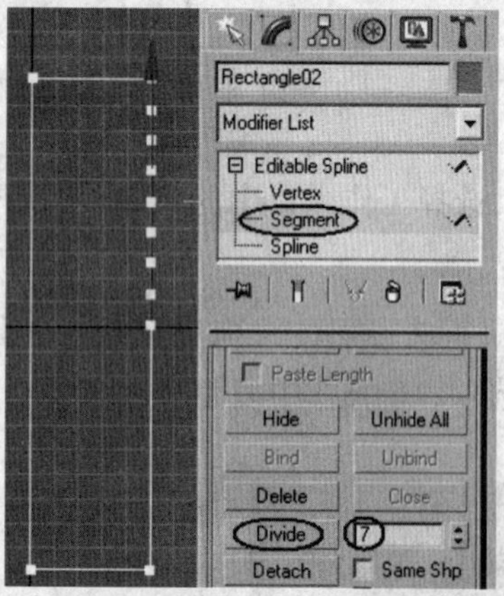

图 1.4.5　矩形右侧线段上半段细分为 8 段

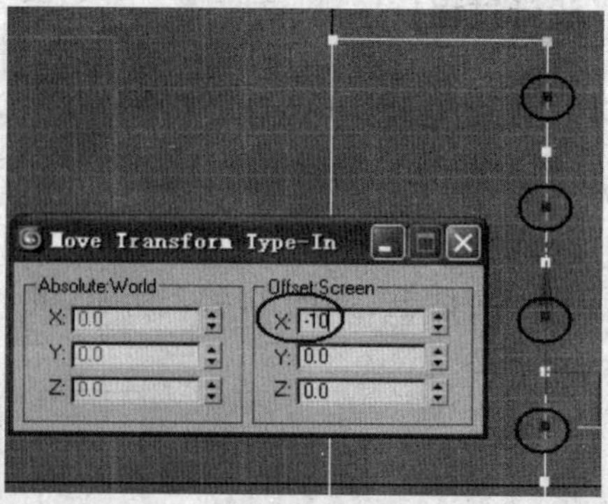

图 1.4.6　被圈顶点向左移动 10 个单位

(7)选择如图 1.4.7 中所示的顶点向上拉伸 20 个单位的距离,并框选左侧两个顶点,向右移动 20 个单位,如图 1.4.7 所示。

(8)在右侧命令面板中选择 Hierarchy(层级)选项卡,单击选择 Pivot (轴)按钮,在 Adjust Pivot(调整轴)命令面板中,单击 Affect Pivot Only (仅影响轴)按钮,在视图中出现空心坐标，在 Front 前视图中将坐标移到如图 1.4.8 所示的直线处，再单击 Affect Pivot Only（仅影响轴）按钮取消轴的设定方式，隐藏视图中的空心坐标。

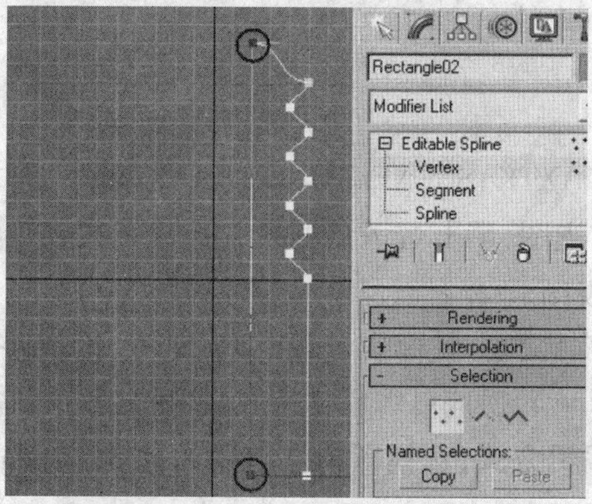

图 1.4.7　圈选左侧两个顶点

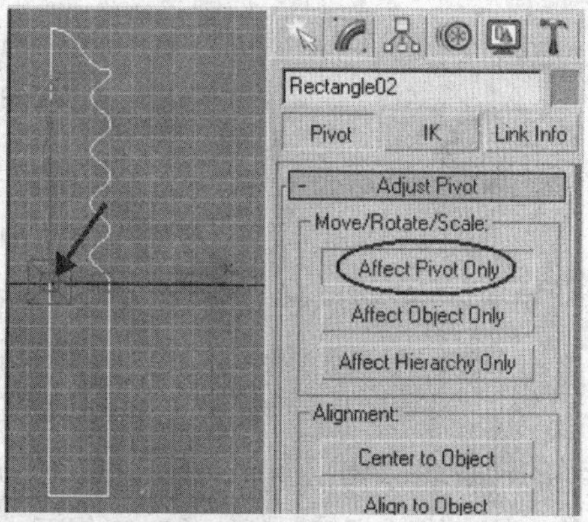

图 1.4.8　设置曲线轴心

（9）单击 Segment（线段）或 ，进入线段编辑状态，单击左侧直线，按 Del 键删除左侧线段。

（10）再选择 修改命令选项卡，单击 Line（线条）选项下的 Spline（样条线），进入样条线编辑状态，在下面的命令面板中单击 Mirror（镜像）按钮，选择第一个图标 （水平镜像），同时设置其下 Copy（复制）复选框打钩，About Pivot（关于轴）复选框打钩，如图 1.4.9 所示，镜像复制出右边轮廓线。

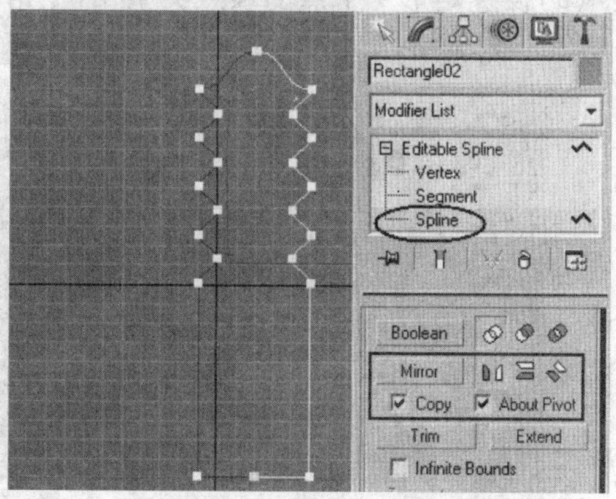

图 1.4.9　水平镜像复制右侧样条线

（11）单击 Vertex（顶点）选项，进入顶点编辑方式，框选顶部和底部中间的点，单击命令面板中的 Weld（焊接）命令（注：Weld（焊接）命令后的输入框中输入数字 5），将两个样条线焊接成一个整体。

（12）取消样条线 选择状态，展开 Rendering 渲染选项，设置图形可渲染，渲染线框粗度为 2，按 F9 键渲染预览前视图效果图。

（13）将设计结果存放在考生目录中，文件名为考号后 5 位数 +“ - 1”，扩展名为“. MAX”。

1.5　沙发截面形状

【设计要求】

（1）打开 C：\3DMAXTK\SCENES\ONE-5. MAX 文件。

（2）运用相关命令将矩形编辑成沙发截面形状，编辑后的效果图如图 1.5.1 所示。

图 1.5.1　沙发效果图

(3)设置图形可渲染,渲染线框粗度为 2。

(4)将设计结果存放在考生目录中,文件名为考号后 5 位数 +" -1",扩展名为". MAX"。

【设计过程】

(1)打开 C:\3DMAXTK\SCENES\ONE-5. MAX 文件,选择工作窗口中的 Front 前视图,单击右下角的最大化显示按钮,将整个工作区定为前视图。

(2)在图中的矩形上单击鼠标右键,在弹出的菜单中选择 Convert to Editable Spline 转换成可编辑样条线,将矩形转换成可编辑的样条线,单击 Vertex(顶点)或,进入顶点编辑方式,选择图中左上角的顶点,激活工具条中的二维捕捉工具,此时工作区中的鼠标点变成。

(3)设置矩形 4 个点的顶点类型,右上角的顶点类型为 Smooth 光滑,其他 3 个点类型为 Bizer Corner,调节杆调节状态如图 1.5.2 所示。

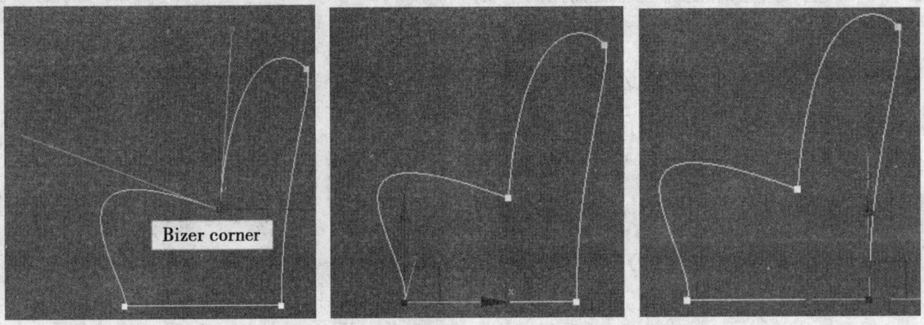

图 1.5.2　调节沙发各顶点位置

(4)单击 Vertex(顶点)或,取消顶点编辑的选择状态,展开 Interpolation(插补)选项,设置 Steps(步长)值为 12,优化沙发曲线的光滑度。

(5)展开 Rendering(渲染)选项,设置图形可渲染,渲染线框粗度为 2。

(6)将设计结果存放在考生目录中,文件名为考号后 5 位数 +" -1",扩展名为". MAX"。

1.6　风　扇

图 1.6.1　风扇效果图

【设计要求】

(1)打开 C:\3DMAXTK\SCENES\ONE-6. MAX 文件。

(2)运用相关命令将椭圆作适当编辑并生成 6 个复制器,再增加若干个二维图形,与椭圆作编辑,使之成为风扇页片形状,编辑后的效果图如图 1.6.1 所示。

(3)设置图形可渲染,渲染线框粗度为 2。

(4)将设计结果存放在考生目录中,文件名为考号后 5 位数 +“ -1”,扩展名为“.MAX”。

【设计过程】

(1)打开 C:\3DMAXTK\SCENES\ONE-6.MAX 文件,选择工作窗口中的 Front 前视图,单击右下角的最大化显示按钮,将整个工作区定为前视图。

(2)如图 1.6.2 所示,调整 2、3 两点向上移动一段距离,调节顶点 1 的 Bizer 调节杆向两边扩展。

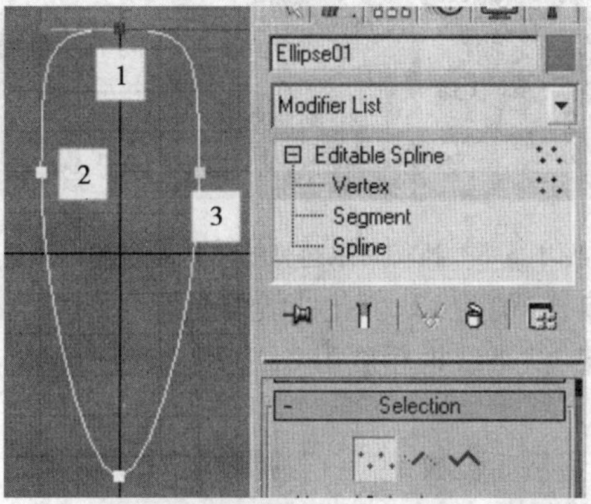

图 1.6.2　调整图形各顶点

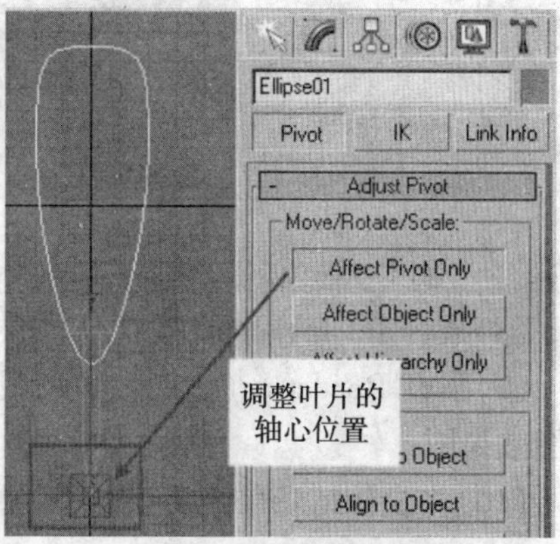

图 1.6.3　调整叶片的轴心位置

(3)在右边命令面板中,设置层级面板下的轴心 Pivot,单击 Affect Pivot Only (仅影响轴心),在工作区调整叶片的轴心到如图 1.6.3 所示位置。

(4)单击菜单栏 Tools(工具)→Array(阵列),弹出阵列对话框,如图 1.6.4 所示,旋转复制 6 个风扇叶片。

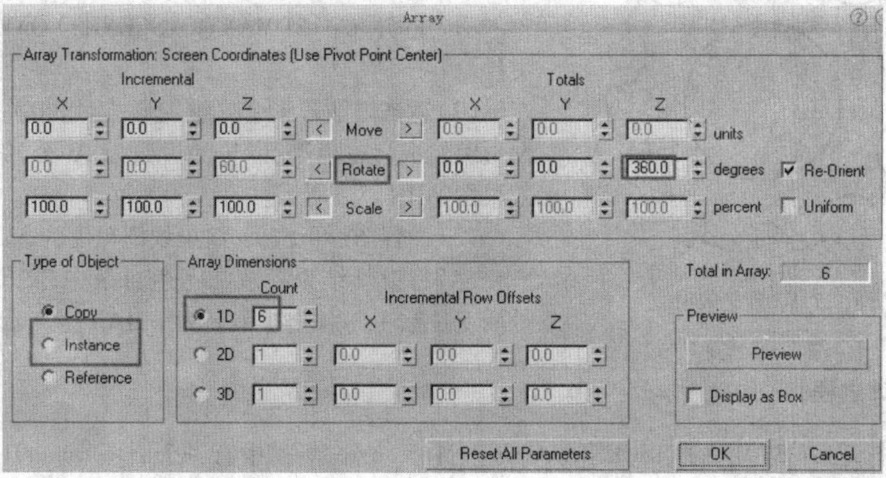

图 1.6.4　使用阵列工具旋转复制 6 个风扇叶片

(5)在风扇叶片的中心位置创建 3 个圆,圆心保持一致,如图 1.6.5 所示。

(6)选择任意一个叶片,在命令面板中选择 Attach Mult. 结合多个按钮,在弹出的对话框中,选择 All(所有),将场景中的所有二维曲线结合成一个整体。

(7)进入 Spline 编辑状态,选择一条叶片曲线,在命令面板中单击 Boolean 运算,单击(并集)图标,再在工作区单击外圈大圆,删除两个图形相交的线段,然后再依次点击图中其余叶片,如图 1.6.6 所示。

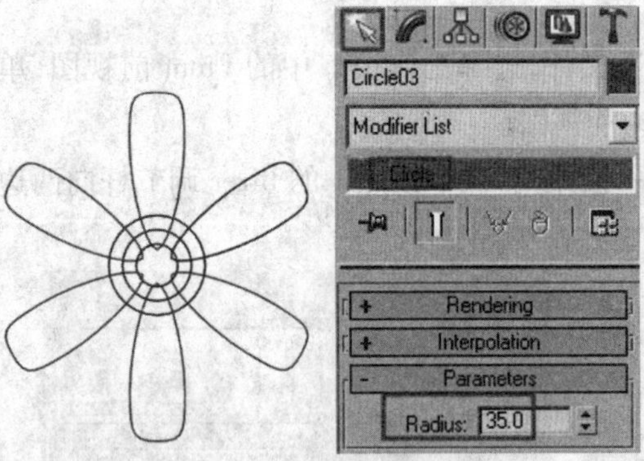

图 1.6.5　创建 3 个同心圆

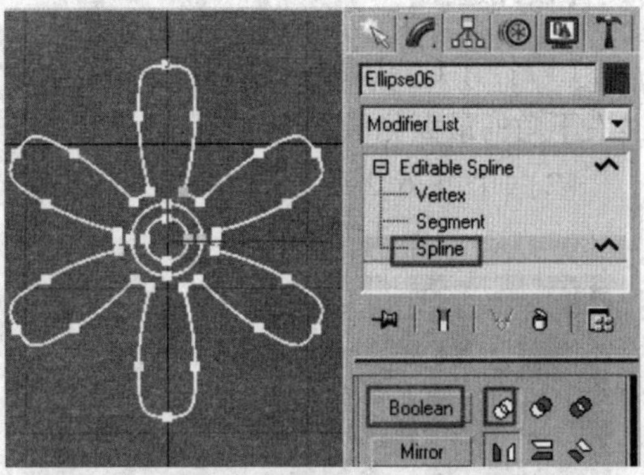

图 1.6.6　执行布尔运算的并集命令制作风扇

(8)展开 Interpolation(插补)选项,设置 Steps(步长)值为 12,优化曲线的光滑度。

(9)展开 Rendering(渲染)选项,设置图形可渲染,渲染线框粗度为 2,按 F9 键渲染预览前视图效果图。

(10)将设计结果存放在考生目录中,文件名为考号后 5 位数 +“ -1”,扩展名为“. MAX”。

1.7　齿轮造型

图 1.7.1　齿轮效果图

【设计要求】

(1)打开 C:\3DMAXTK\SCENES\ONE-7. MAX 文件。

(2)适当增加若干个二维图形,运用相关命令,将图形编辑成齿轮模型,齿轮的齿数为 10 个,编辑后的效果图如图1.7.1所示。

(3)设置图形可渲染,渲染线框粗度为 2。

(4)将设计结果存放在考生目录中,文件名为考号后 5 位数 +“ -1”,扩展名为“. MAX”。

【设计过程】

(1)打开 C:\3DMAXTK\SCENES\ONE-7. MAX 文件,场景中有一个圆环 Donut01,选择工作窗口中的 Front 前视图,单击右下角的最大化显示按钮,将整个工作区定为前视图。

(2)创建 Create(创建)→Shape(二维图形)→Circle(圆形),创建一个半径为 25 个单位的小圆,定位在 Donut01 圆环大圈的右侧,且该圆圆心与圆环 Donut01 外圈相切,该圆命名为 Circle01,如图 1.7.2 所示。

(3)选择刚创建的 Circle01 圆形并设置其轴心,在右侧的命令面板中单击层级面板,选择 Pivot 轴,在 Adjust Pivot 调整轴心选项的命令面板中,单击 Affect Pivot Only (只影响到被选物体的轴心)按钮,使之呈现黄色,如图1.7.3所示,此时 Circle01 圆形轴心定位在本身的圆心。

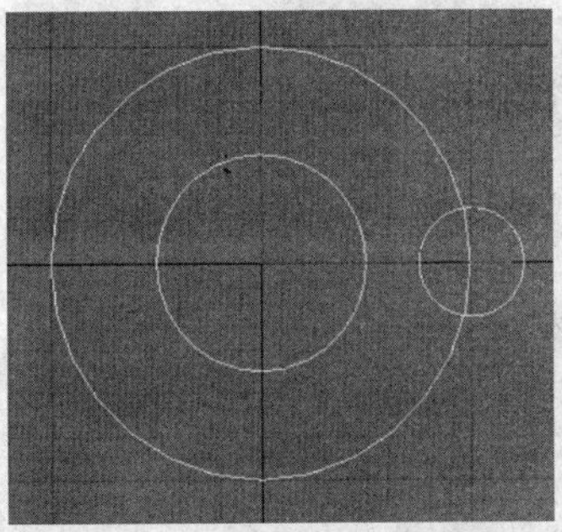
图 1.7.2　创建小圆 Circle01

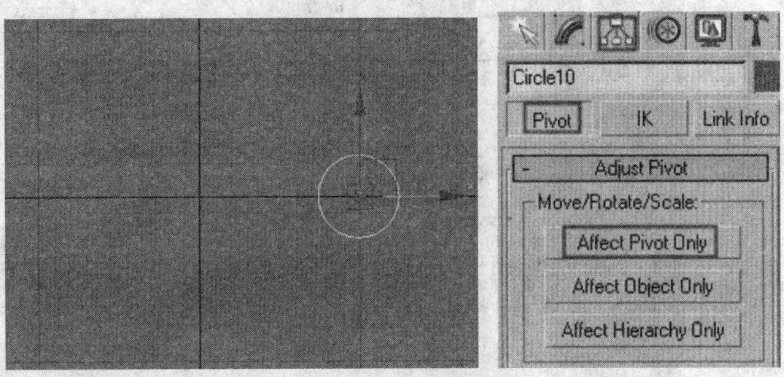

图 1.7.3　使用层级命令设置 Circle01 圆的轴心

(4)单击工具栏中的对齐工具,再单击图中的 Donut01 圆环作为目标物体,设置 Circle01圆形轴心定位到 Donut01 圆环中心,如图 1.7.4 所示。

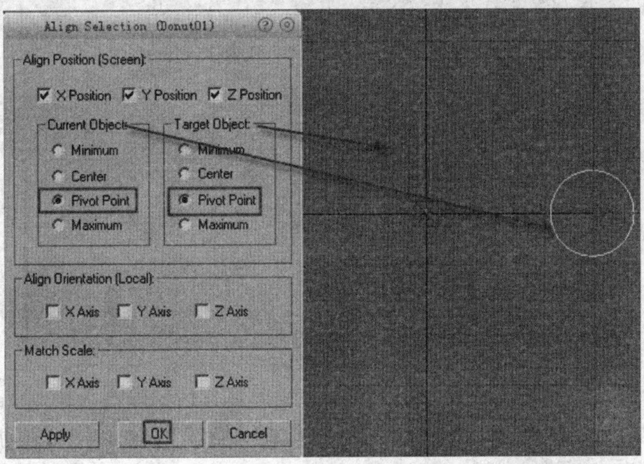

图 1.7.4　将 Circle01 圆的轴心对齐到 Donut01 圆环中心

(5)单击 Tools(工具)→Array(阵列),或将鼠标拖到主工具栏空白处,指针变成小手时,单击鼠标右键,在弹出的快捷菜单中单击 Extras 命令,弹出 Extras(额外工具栏),单击其上的(阵列)按钮,即可弹出 Array(阵列)对话框,如图 1.7.5 所示,设置 Circle01 圆沿中心轴阵列复制 10 个圆。

(6)选择圆 Circle01,单击鼠标右键选择 Convert to Editable Spline(转换为可编辑样条曲线),在命令面板中单击 Attach Mult. 命令,单击 All 按钮,将图中所有圆形都选中形成一个整体。

(7)进入 Spline 编辑状态,选择 Donut01 圆环外圈线条,在命令面板中单击 Boolean 运算,单击(A-B)图标,再在工作区单击任意一个阵列的圆圈,删除两个图形相交的线段,如图 1.7.6所示,然后再依次点击图中其余阵列圆形。

(8)展开 Interpolation(插补)选项,设置 Steps(步长)值为 12,优化曲线的光滑度。

(9)展开 Rendering(渲染)选项,设置图形可渲染,渲染线框粗度为 2。

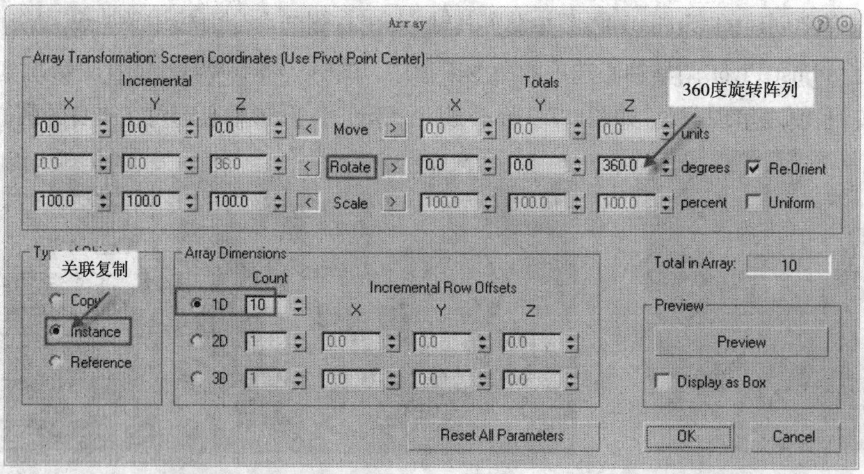

图 1.7.5 将 Circle01 圆沿中心轴阵列复制 10 个圆

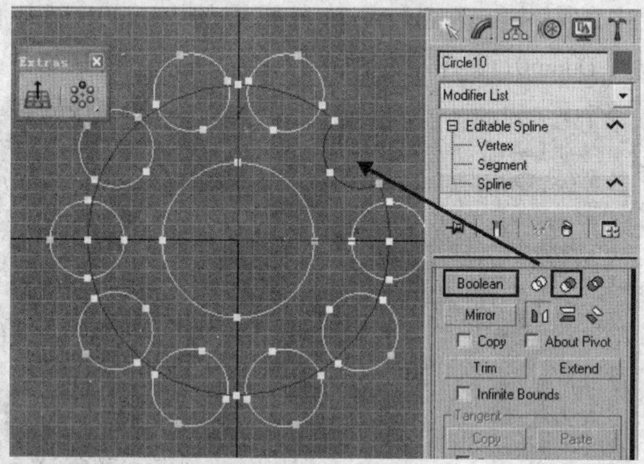

图 1.7.6 使用 Boolean 运算制作齿轮外圈

(10)将设计结果存放在考生目录中,文件名为考号后 5 位数 + " -1",扩展名为". MAX"。

1.8 卡通造型

图 1.8.1 卡通熊效果图

【设计要求】

(1)打开 C:\3DMAXTK\SCENES\ONE-8. MAX 文件。

(2)适当增加若干个二维图形,运用相关命令,将图形编辑成卡通图像,要求所有图形为一个整体,编辑后的效果图如图 1.8.1 所示。

(3)设置图形可渲染,渲染线框粗度为 2。

(4)将设计结果存放在考生目录中,文件名为考号后 5 位数 + " -1",扩展名为". MAX"。

【设计过程】

(1)打开C:\3DMAXTK\SCENES\ONE-8. MAX文件,场景中一个圆Circle02,选择工作窗口中的Front前视图,单击右下角的最大化显示按钮,将整个工作区定为前视图。

(2)在圆Circle02的右上角创建一个半径为30个单位的圆Circle01(熊的右耳),在圆Circle02内分别创建两个椭圆Ellipse01(熊的眼睛)和Ellipse02(熊的嘴),再在下面创建文本“Bear”(Time New Roman字体,80号字),如图1.8.2所示。

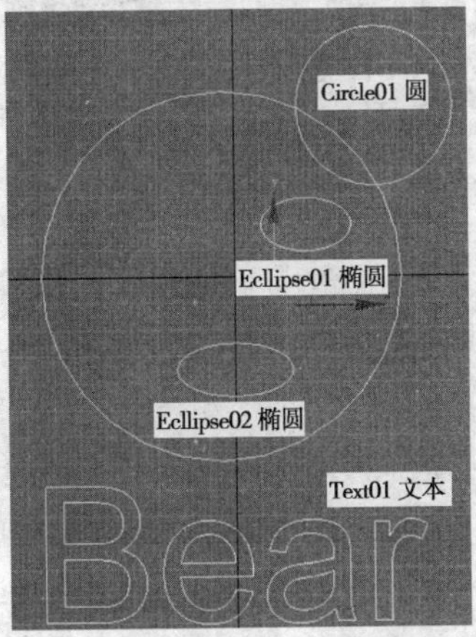

图1.8.2 创建其他二维图形

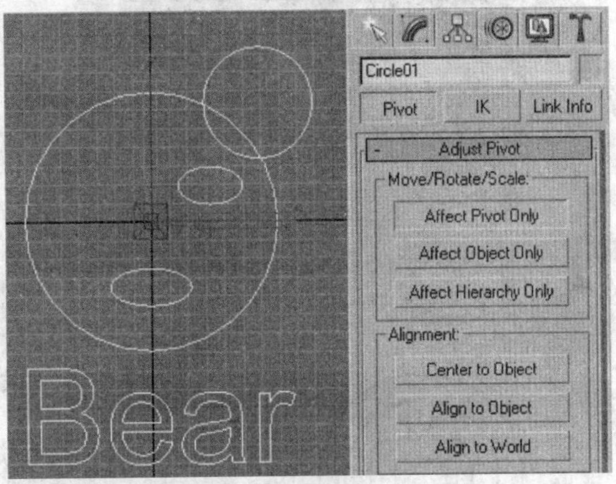

图1.8.3 设置二维图形的轴心

(3)选择Circle01(熊的右耳),单击鼠标右键,选择Conver to Editable Spline(转换成可编辑样条线),将Circle01转换成可编辑样条曲线。

(4)在命令面板中选择 Attach Mult. (附加多个),单击All按钮选择所有二维图形,将场景中所有二维图形结合成一个整体。

(5)选择工作区中的图形并设置其轴心,在右侧的命令面板中单击层级面板,选择Pivot轴,在Adjust Pivot调整轴心选项的命令面板中,单击 Affect Pivot Only (只影响到被选物体的轴心)按钮,使用移动工具把工作区中出现的空心坐标定位到熊头部的中心,如图1.8.3所示。

(6)选择(修改)命令选项卡,单击或Spline选项,在工作区单击Circle01圆(熊右耳),再按Ctrl键同时选择Ecllipse01(熊右眼),在右侧命令面板中设定Mirror(镜像)工具Copy和About Pivot选项打钩,再单击 Mirror 按钮,在工作区镜像生成熊的左眼和左耳,如图1.8.4所示。

(7)选择图中熊的右耳,在命令面板中单击 Boolean (布尔运算)后面的(并集)按钮,再单击 Boolean (布尔运算)按钮,在工作区选择熊的脸,将熊右耳与脸部大圆进行布尔运算,去除多余的交叉线段,如图1.8.5所示,再单击熊的左耳,完成熊的头部的制作。

(8)展开Interpolation(插补)选项,设置Steps(步长)值为12,优化曲线的光滑度。

(9)展开Rendering(渲染)选项,设置图形可渲染,渲染线框粗度为2,按F9键渲染预览前视图效果图。

(10)将设计结果存放在考生目录中,文件名为考号后5位数+“-1”,扩展名为“.MAX”。

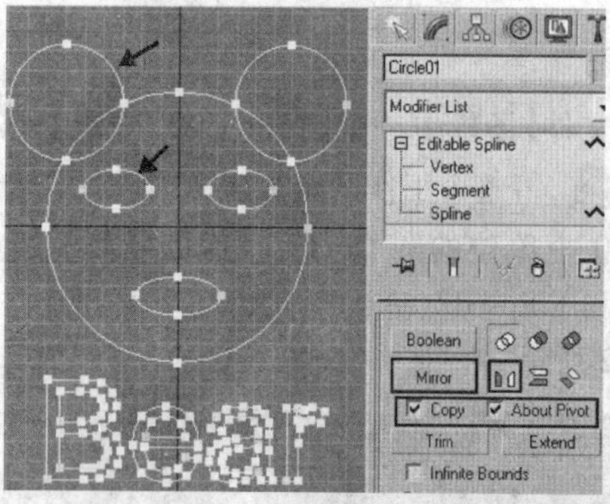

图 1.8.4　水平镜像复制熊的耳朵和眼睛

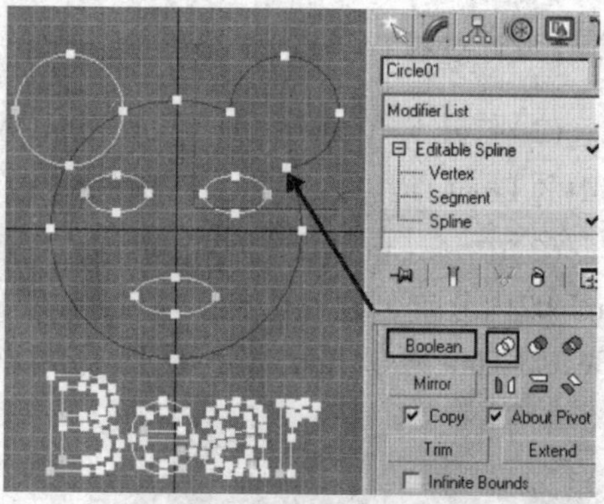

图 1.8.5　去掉耳朵多余线段

1.9　中国银行标志

图 1.9.1　中国银行标志效果图

【设计要求】

(1)打开 C:\3DMAXTK\SCENES\ONE-9. MAX 文件。

(2)适当增加若干个二维图形,运用相关命令,将图形编辑成中国银行标志,要求所有图形为一个整体,编辑后的效果图如图 1.9.1 所示。

(3)设置图形可渲染,渲染线框粗度为 2。

(4)将设计结果存放在考生目录中,文件名为考号后 5 位数 +" -1",扩展名为". MAX"。

【设计过程】

(1)打开 C:\3DMAXTK\SCENES\ONE-9. MAX 文件,场景中一个圆环 Donut01,选择工作窗口中的 Front 前视图,单击右下角的最大化显示按钮,将整个工作区定为前视图。

(2)在场景中创建一个长条矩形(长 135,宽 20),将其定位到圆环 Donut01 的内圈,并纵贯内圈(注:一定要穿过圈外),再创建两个同心矩形,其中内矩长 30,宽 40,外矩长 60,宽 80,圆角半径为 15,在圆环 Donut01 下创建文本"中国银行",华文行楷,70 号字,如图 1.9.2 所示。

(3)设置内矩 Convert to Editable Spline(转换成可编辑的样条线),选择 Attach Mult. (附加多个),将场景中所有的二维图形组合成一个整体。

(4)选择(修改)命令选项卡,单击或 Spline 选项,进入 Spline 样条线的编辑状态,选择 Donut01 圆环内圈,与交叉的长条矩形进行相减的布尔运算,删除长条矩形两头的多余线段,如图 1.9.3 所示。

(5)单击 Mirror (水平镜像)复制外矩,并单击 Hide 按钮隐藏被复制的矩形。

(6)选择命令面板中布尔运算的(相减)命令,进行外矩和长条矩形的布尔运算,删除

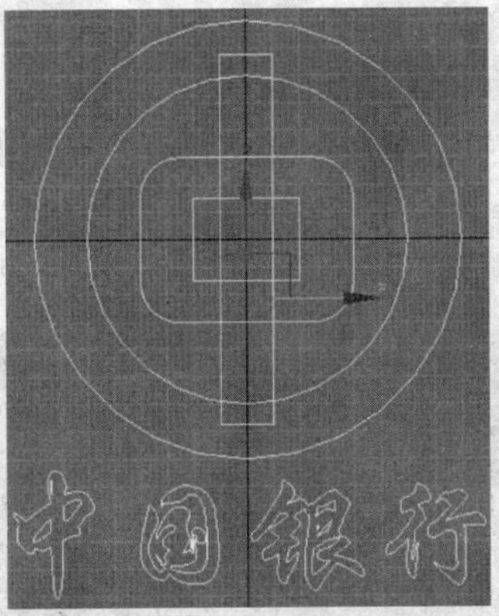

图1.9.2　创建二维图形和文本

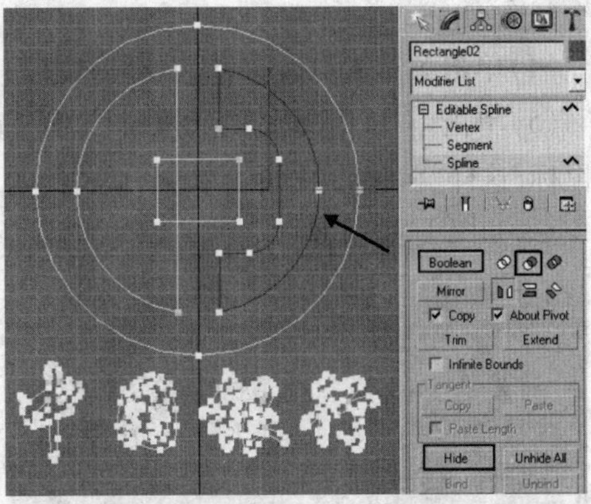

图1.9.3　执行 Boolean 运算的相减命令

交叉的线段，生成右边轮廓线。

(7)单击命令面板中 Unhide All (取消隐藏)按钮，显示复制的外矩，进行这个外矩和长条矩形线段(相减)的布尔运算。

(8)设置 Steps(步长)值为12，优化曲线的光滑度。设置图形可渲染，渲染线框粗度为2。

(9)将设计结果存放在考生目录中，文件名为考号后5位数+"-1"，扩展名为".MAX"。

1.10　文字标志

【设计要求】

(1)打开 C:\3DMAXTK\SCENES\ONE-10.MAX 文件。

(2)不增加其他二维图形，运用相关命令对图形进行编辑，使之成为某公司徽标图案，要求该徽标局部图形均为封闭状，整个图形成为一个整体，编辑后的效果图如图1.10.1所示。

(3)设置图形可渲染，渲染线框粗度为2。

(4)将设计结果存放在考生目录中，文件名为考号后5位数+"-1"，扩展名为".MAX"。

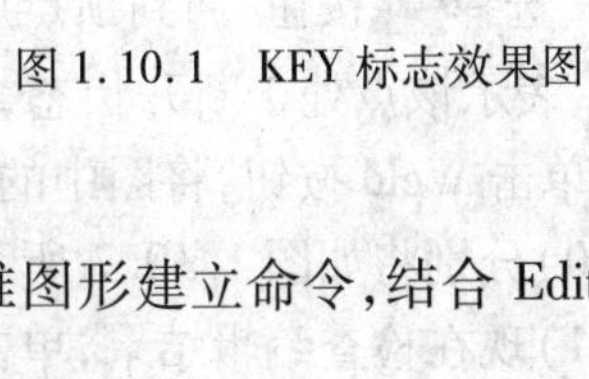

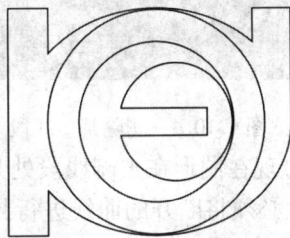

图1.10.1　KEY 标志效果图

【设计过程】

该实例表现"KEY"3个英文字母的组合。通过标准二维图形建立命令，结合 Edit Spline 编辑器完成徽标的建立。

(1)Reset 重置系统，激活 Front 视图，单击按钮，将前视图最大化显示。

(2)打开 One-10.max 文件，出现如图1.10.2所示二维图形。

(3)选择椭圆 Ellipse01，单击按钮进入修改面板，单击面板上的 Attach Mult. (结合多个)按钮，在弹出对话框中单击 All 按钮，然后单击 Attach(附加)按钮，将所有的二维图形结合成一个复合型。

(4)单击菜单 Edit→Hold(编辑→暂存)命令,将当前场景保存在内存中。

(5)单击 或 Vertex 顶点按钮,选择 CrossInsert(交叉插入)命令,在椭圆与矩形相交处单击鼠标,这样就在椭圆和矩形上各加一点,用同样方法在椭圆与所有矩形相交处均插入一个交叉顶点,如图 1.10.3 所示。

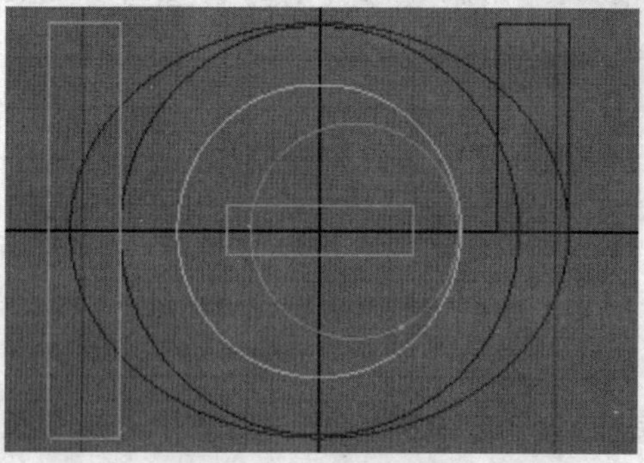

图 1.10.2　二维图形

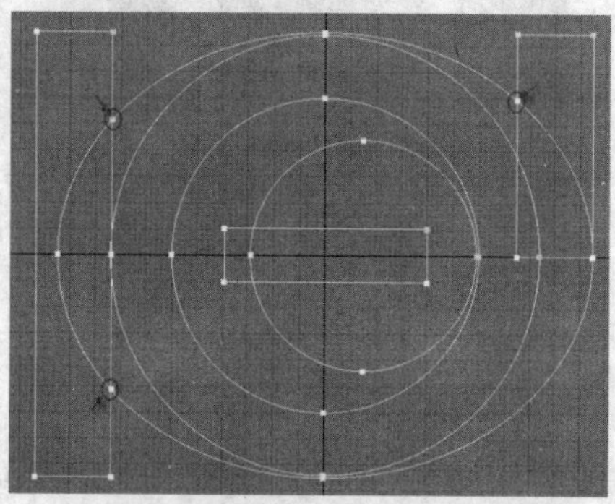

图 1.10.3　使用 CrossInsert 插入 3 个顶点

(6)选择 按钮,进入线段编辑层级,如图 1.10.4 所示,将相交处理后的某些线段删除。

(7)使用相同方法将中间小圆与小矩形编辑成如图 1.10.5 所示的效果。

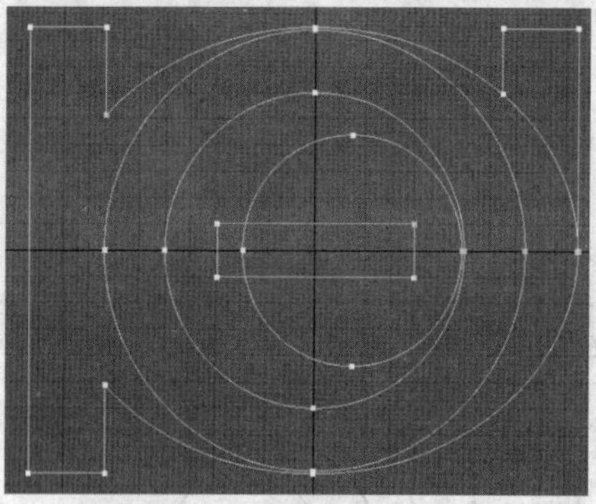

图 1.10.4　删除某些线段

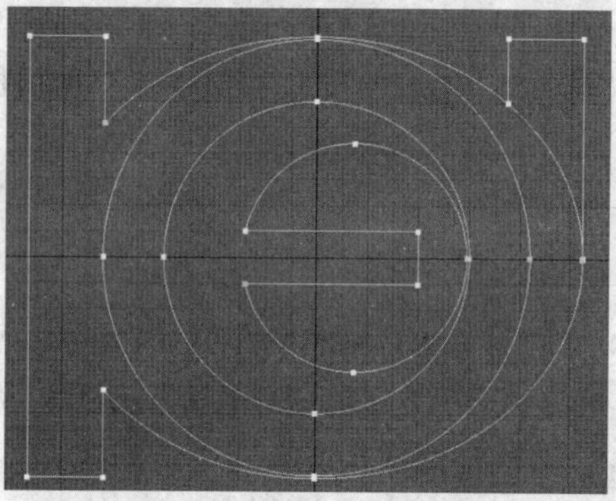

图 1.10.5　删除多余线段

(8)现在图形在被删线段处是断开的,如果使用 Extrude 拉伸该图形,会发现其正面没有面,因此必须将断开的曲线进行封闭。

(9)选择 按钮,回到顶点层级,选择左上边矩形与椭圆相交处的一个顶点,出现 4 个绿色句柄,表示该点处于断开状态,在右边命令面板中选择 Weld 焊接命令,先设置其权重值为 5,然后单击 Weld 按钮,将图中的断点合并成一个点,如图 1.10.6 所示。

(10)分别将如图 1.10.7 所示的 6 个点进行焊接。

(11)现在检查编辑结果,单击菜单命令 Modifiers→Mesh Editing→Extrude(修改→网格修改→位伸),效果如图 1.10.8 所示。

(12)删除 Extrude(拉伸)命令,展开 Interpolation(插补)选项,设置 Steps(步长)值为 12,优化曲线的光滑度。

(13)展开 Rendering(渲染)选项,设置图形可渲染,渲染线框粗度为 2。

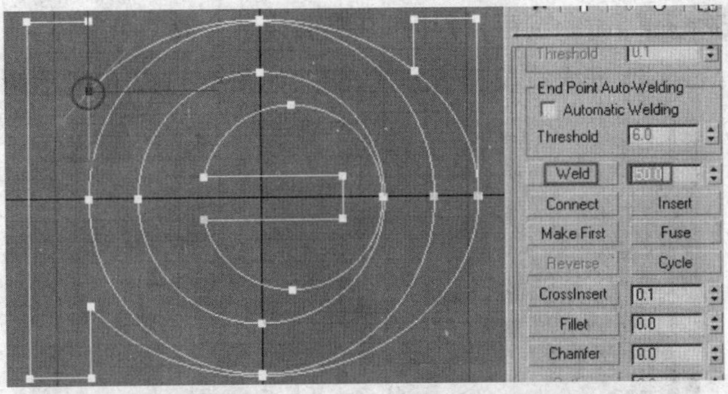

图 1.10.6　焊接断点

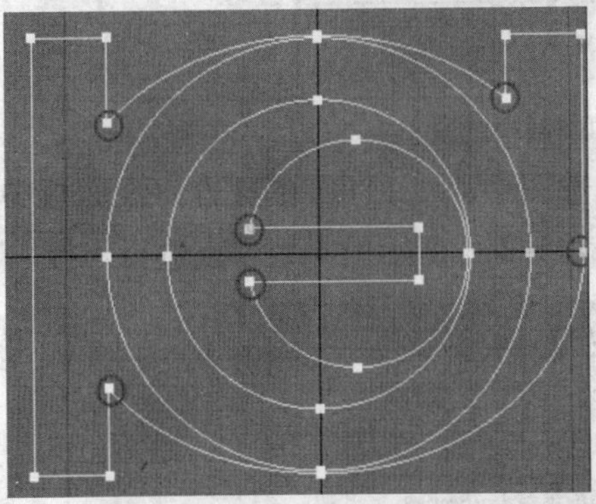

图 1.10.7　焊接其余各处顶点

图 1.10.8　拉伸检查编辑结果

(14)将设计结果存放在考生目录中,文件名为考号后 5 位数 +“ -1”,扩展名为“. MAX”。

1.11　封闭轮廓造型

【设计要求】

(1)打开 C:\3DMAXTK\SCENES\ONE-11. MAX 文件。

(2)不增加其他二维图形,运用相关命令对图形进行编辑,使其成为一个有 10 个单位的轮廓封闭曲线,编辑后的效果图如图 1.11.1 所示。

图 1.11.1　封闭轮廓曲线效果图

(3)设置图形可渲染,渲染线框粗度为 3。

(4)将设计结果存放在考生目录中,文件名为考号后 5 位数 +“ -1”,扩展名为“. MAX”。

【设计过程】

(1)打开 C:\3DMAXTK\SCENES\ONE-11. MAX 文件,选择工作窗口中的 Top 顶视图,单击右下角的最大化显示按钮,将整个工作区定为顶视图。

(2)选择场景中的一个矩形 Rectangle01,将其转换成可编辑的样条曲线 Convert to Editable Spline，选择 Attach Mult. 命令按钮，将其他二维曲线结合成一个整体。

(3)单击 或 Segment 进入线段编辑方式，删除如图 1.11.2 中所示两根线段。

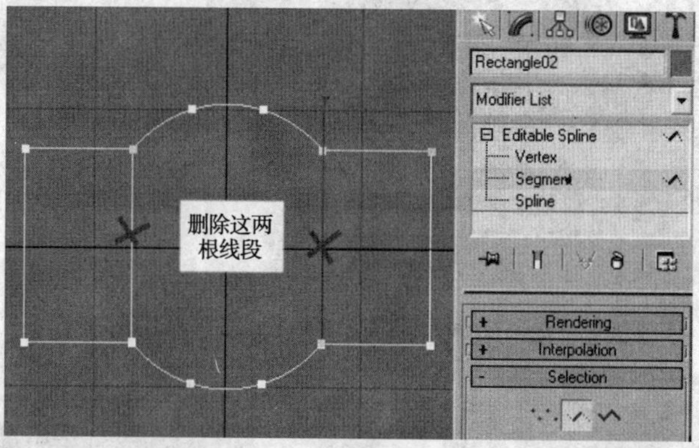

图 1.11.2　删除轮廓曲线中间两根线段

(4)单击 或 Vertex 进入顶点编辑方式，分别框选图中 4 处顶点，在右边命令面板中在 Weld(焊接)的输入框中输入 5，再单击 Weld，将如图 1.11.3 中所示的 4 处顶点进行焊接。

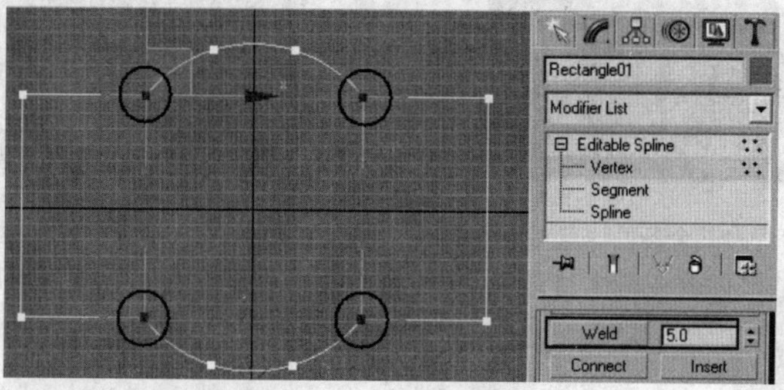

图 1.11.3　焊接 4 处断点

(5)进入 Spline 编辑状态，设置 Outline 轮廓值为 10，单击 Outline 按钮，使其成为一个有 10 个单位的轮廓封闭曲线，如图 1.11.4 所示。

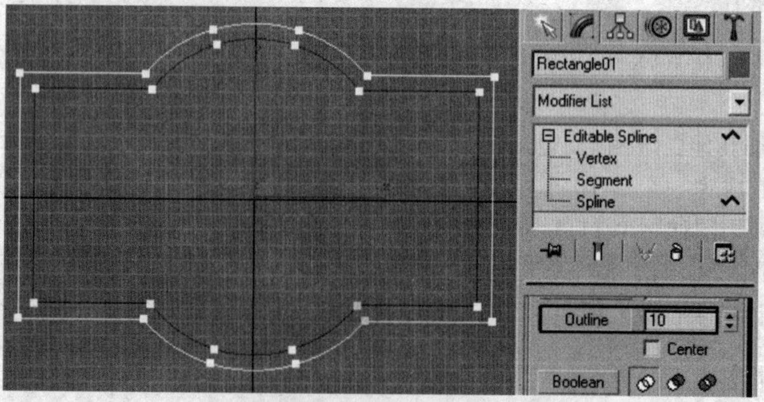

图 1.11.4　执行 Outline 命令制作轮廓双线

(6)展开 Interpolation(插补)选项，设置 Steps(步长)值为 12，优化曲线的光滑度。

(7)展开 Rendering(渲染)选项，设置图形可渲染，渲染线框粗度为 3。

(8)将设计结果存放在考生目录中,文件名为考号后5位数+“-1”,扩展名为“.MAX”。

1.12　窗户造型

【设计要求】

(1)打开C:\3DMAXTK\SCENES\ONE-12.MAX文件。

(2)适当建立若干个二维图形,运用相关命令,将图形编辑成窗户模型,编辑后的效果图如图1.12.1所示。

(3)设置图形可渲染,渲染线框粗度为2。

(4)将设计结果存放在考生目录中,文件名为考号后5位数+“-1”,扩展名为“.MAX”。

【设计过程】

(1)打开C:\3DMAXTK\SCENES\ONE-12.MAX文件,选择工作窗口中的Front前视图,单击右下角的最大化显示按钮,将整个工作区定为前视图。

(2)选择场景中的二维图形,在命令面板中单击 Create Line (创建线条)按钮,在场景中创建4条line直线,如图1.12.2所示。

图1.12.1　窗户效果图

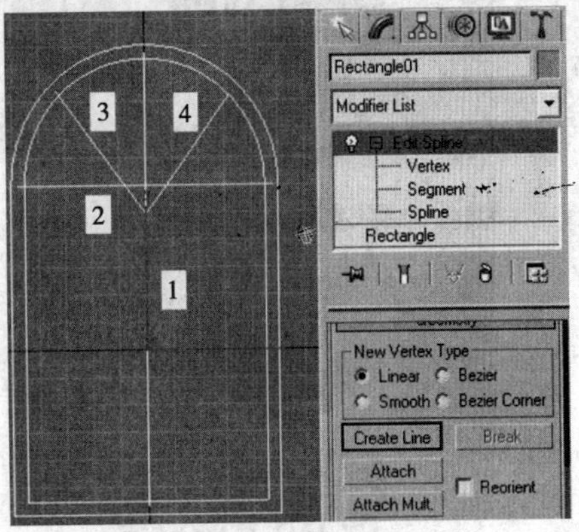

图1.12.2　创建4条直线

注:4条line直线必须要穿过原二维曲线

(3)分别对这4条直线进行Outline轮廓化处理,设置其轮廓参数为5,Center(中心)复选框打钩,如图1.12.3所示。

(4)单击Vertex(顶点)或进入顶点编辑方式,在命令面板中单击 CrossInsert 按钮,在如图1.12.4所示7处线段交叉处插入顶点。

(5)单击Segment或进入线段编辑方式,删除如图1.12.5所示10处线段。

(6)单击Vertex(顶点)或进入顶点编辑方式,框选整个二维图形发现很多顶点出现4个绿色句柄,表示该点处于断开状态,在右边命令面板中选择Weld焊接命令,先设置其权重值为5,然后单击Weld按钮,将图中的断点合并成一个点。

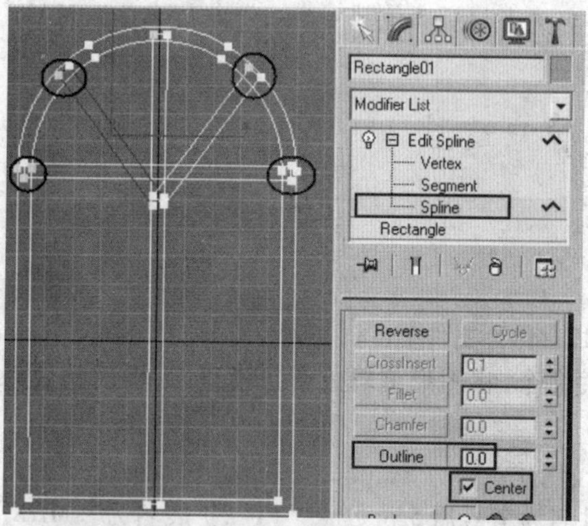

图 1.12.3　4 条直线执行 Outline 命令形成双轮廓线

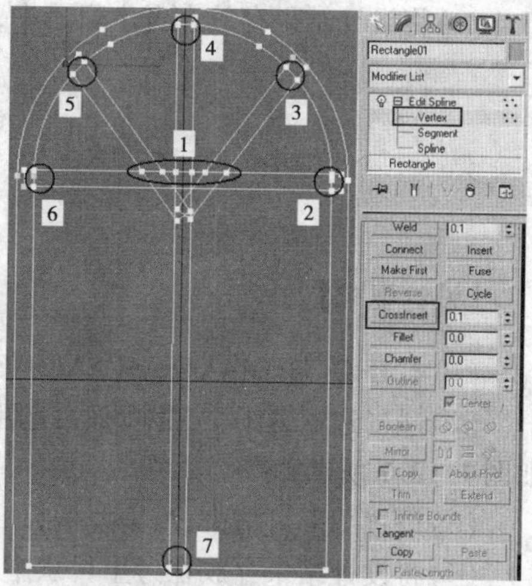

图 1.12.4　执行 CrossInsert 命令插入交叉点

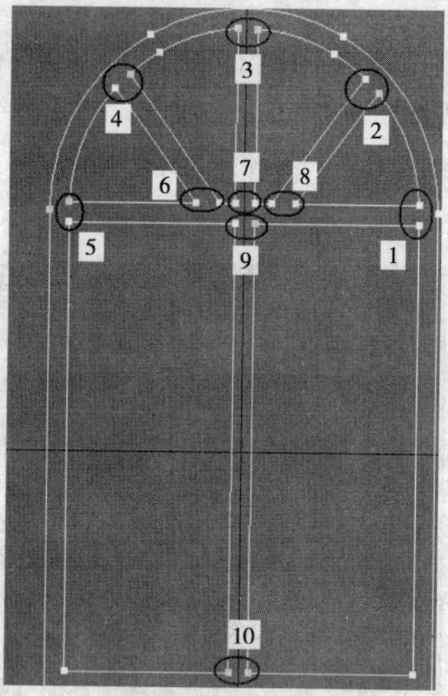

图 1.12.5　焊接断点

图 1.12.6　执行 Extrude 拉伸命令验证断点

注：Weld 焊接完所有断点后，可以执行 Extrude（拉伸）命令验证是否还存在断点，有断点处拉伸后会形成实心平面，如所有断点均焊接完成，拉伸后结果如图 1.12.6 所示。验证无断点后，一定要删除 Extrude（拉伸）命令。

（7）展开 Interpolation（插补）选项，设置 Steps（步长）值为 12，优化曲线的光滑度。

（8）展开 Rendering（渲染）选项，设置图形可渲染，渲染线框粗度为 2。

（9）将设计结果存放在考生目录中，文件名为考号后 5 位数 +“-1”，扩展名为“.MAX”。

1.13　中国工商银行标志

【设计要求】

(1)打开 C:\3DMAXTK\SCENES\ONE-13. MAX 文件。

(2)适当建立若干个二维图形,运用相关命令,将图形编辑成中国工商银行标志,要求标志成为一个整体,编辑后的效果图如图 1.13.1 所示。

图 1.13.1　中国工商银行标志效果图

(3)设置图形可渲染,渲染线框粗度为 2。

(4)将设计结果存放在考生目录中,文件名为考号后 5 位数 +“ -1”,扩展名为“. MAX”。

【设计过程】

(1)打开 C:\3DMAXTK\SCENES\ONE-13. MAX 文件,场景中已经绘制好一个双圆环,选择工作窗口中的 Front 前视图,单击右下角的最大化显示按钮,将整个工作区定为前视图。

(2)选择场景中的双圆环,单击鼠标右键,在弹出的菜单中选择 Convert to Editable Spline (转换成可编辑样条线)命令,将双圆环转换成可编辑的样条曲线。

(3)在命令面板 Geometry(几何体)中单击 Create Line (创建线条)按钮,创建一条二维线条,如图 1.13.2 所示。

(4)单击或 Spline 进入样条线编辑状态,在命令面板 Geometry(几何体)中单击 Outline (轮廓)按钮,在场景中的“弓”形曲线上单击鼠标左键不松向左拖动,形成“弓”形双曲线,如图 1.13.3 所示。

(5)选择工作区中的图形并设置其轴心,在右侧的命令面板中单击层级面板,单击 Affect Pivot Only (只影响到被选物体的轴心)按钮,将场景中二维图形的空心坐标定位到图形中心,如图 1.13.4 所示。

(6)选择(修改)选项卡,在 Spline 样条线编辑状态下,选择水平镜像方式,设置 Copy

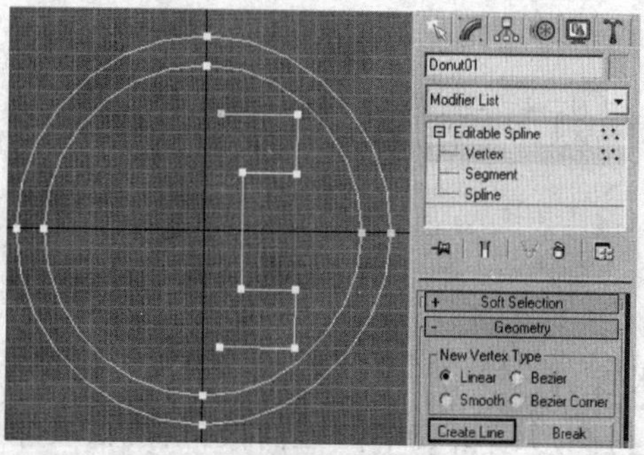

图 1.13.2　创建二维曲线

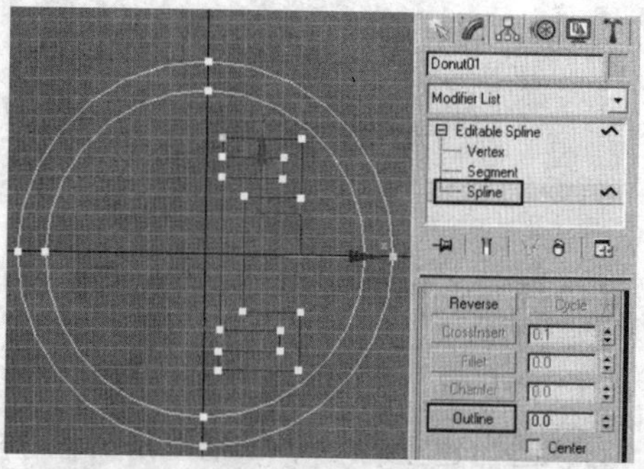

图 1.13.3　形成封闭轮廓双线

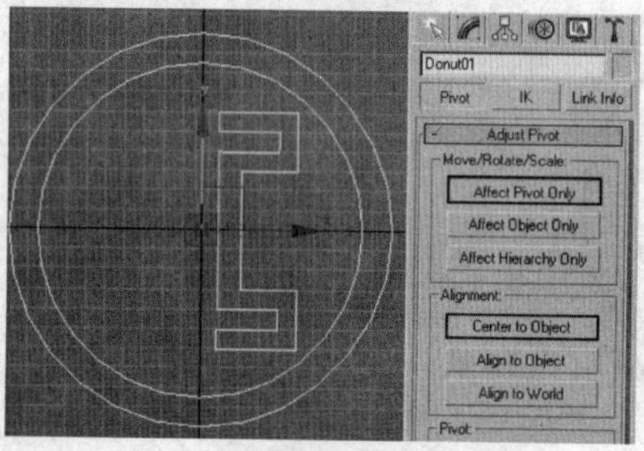

图 1.13.4　设置二维曲线轴心

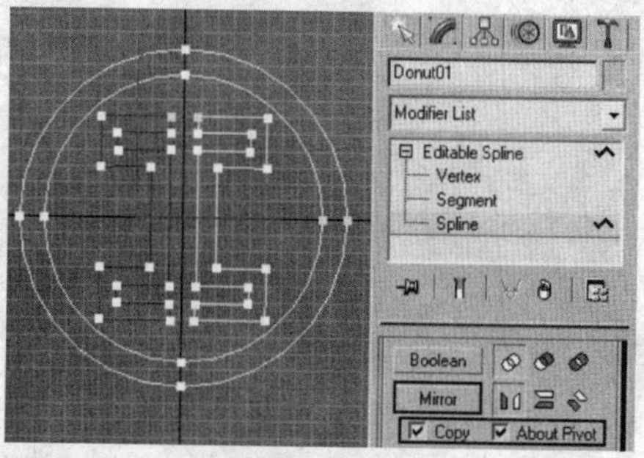

图 1.13.5　水平镜像复制左轮廓线

(复制)和 About Pivot(关于轴)打钩,选择场景中的"弓"形双曲线,单击 Mirror (镜像)按钮,复制曲线另一半,如图 1.13.5 所示。

(7)单击(创建)→(二维图形)→ Text (文本),在场景中的二维曲线下创建文本"中国工商银行",字体为幼圆,字号 Size 为 65。

注:使用对齐工具将"中国工商银行"文字对齐到工商银行徽标正下方。

(8)选择场景中的标志曲线,单击命令面板中的 Attach Mult. (附加多个),选择 Text01,将场景中的标志曲线及文本结合成一个整体。

(9)展开 Interpolation(插补)选项,设置 Steps(步长)值为 12,优化曲线的光滑度。

(10)展开 Rendering(渲染)选项,设置图形可渲染,渲染线框粗度为 2。

(11)将设计结果存放在考生目录中,文件名为考号后 5 位数 + " -1",扩展名为". MAX"。

1.14　扳手形状

【设计要求】

(1)打开 C:\3DMAXTK\SCENES\ONE-14. MAX 文件。

(2)不增加其他二维图形,运用相关命令,将图形编辑成扳手形状,编辑后的效果图如图 1.14.1 所示。

(3)设置图形可渲染,渲染线框粗度为 2。

(4)将设计结果存放在考生目录中,文件名为考号后 5 位数 + “ -1”,扩展名为“. MAX”。

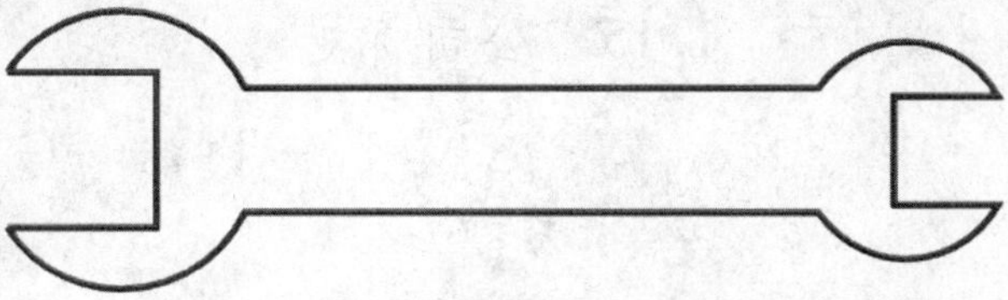

图 1.14.1　扳手形状效果图

【设计过程】

(1)打开 C:\3DMAXTK\SCENES\ONE-14. MAX 文件,场景中已经绘制好两个圆形 Circle01、Circle02,3 个矩形 Rectangle01、Rectangle02、Rectangle03,如图 1.14.2 所示,选择工作窗口中的 Front 前视图,单击右下角的最大化显示按钮,将整个工作区定为前视图。

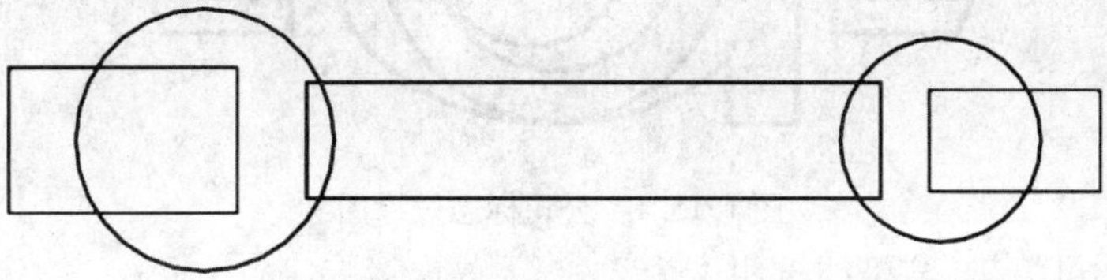

图 1.14.2　场景已绘制的二维图形

(2)选择中间的长条矩形 Rectangle01,在右边命令面板中,单击 Attach Mult. (附加多个)按钮,选择 All 按钮,将场景中的二维图形合并成一个整体。

(3)单击或 Spline 进入样条编辑状态,先选择场景中的长条矩形 Rectangle01,单击右侧命令面板中 Boolean(布尔运算)的(并集)按钮,再单击 Boolean 按钮,使按钮显示为亮黄色后分别单击两个圆形 Circle01、Circle02,删除长条矩形 Rectangle01 与两个圆相交的线段,如图 1.14.3 所示。

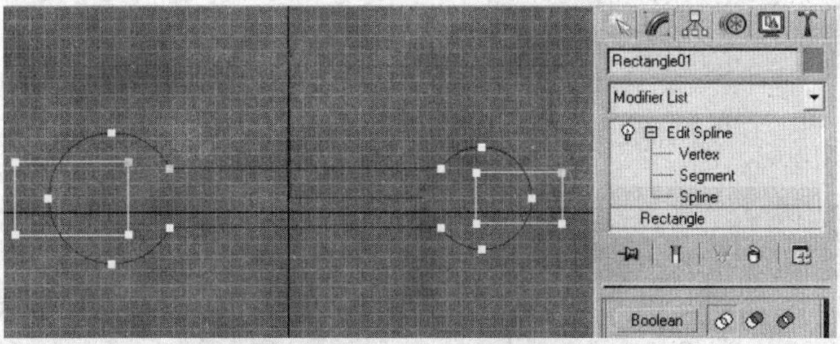

图 1.14.3　执行 Boolean 运算的并集命令删除多余线段

(4)单击右侧命令面板中 Boolean(布尔运算)的(交集)按钮,再单击 Boolean 按钮,再分别单击两侧的两个小矩形 Rectangle02、Rectangle03。

(5)展开 Interpolation(插补)选项,设置 Steps(步长)值为 12,优化曲线的光滑度。

(6)展开 Rendering(渲染)选项,设置图形可渲染,渲染线框粗度为 2。

(7)将设计结果存放在考生目录中,文件名为考号后 5 位数 + “ -1”,扩展名为“. MAX”。

1.15 公司标志

【设计要求】

(1)打开 C:\3DMAXTK\SCENES\ONE-15. MAX 文件。

(2)增加6个矩形,运用相关命令对其作一定的编辑,使之成镜像效果并放置在原图形的两侧,要求所有图形成为一个整体,编辑后的效果图如图 1.15.1 所示。

图 1.15.1 公司标志效果图

(3)设置图形可渲染,渲染线框粗度为 2。

(4)将设计结果存放在考生目录中,文件名为考号后 5 位数 +“ -1”,扩展名为“. MAX”。

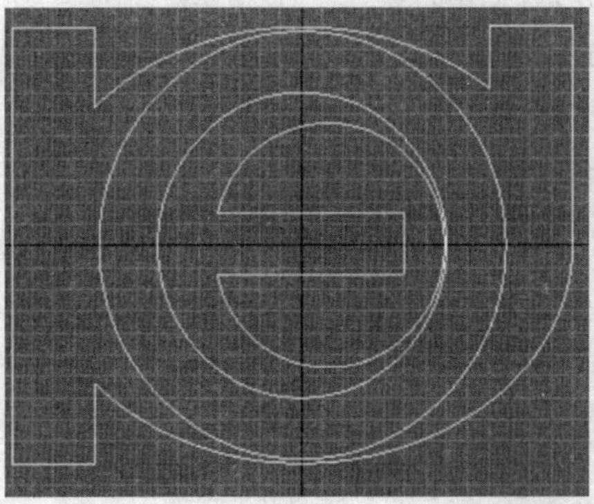

图 1.15.2 场景已绘制的二维图形

【设计过程】

(1)打开 C:\3DMAXTK\SCENES\ONE-15. MAX 文件,场景中已经绘制好一个 Rectangle04 的二维图形,如图 1.15.2 所示,选择工作窗口中的 Front 前视图,单击右下角的最大化显示按钮,将整个工作区定为前视图。

(2)在标志的右侧创建一个长 30,宽 150 的矩形,再按住键盘的 Shift 键,单击鼠标左键向下拖曳一段距离,在弹出的对话框中设置复制两个矩形,如图 1.15.3 所示。

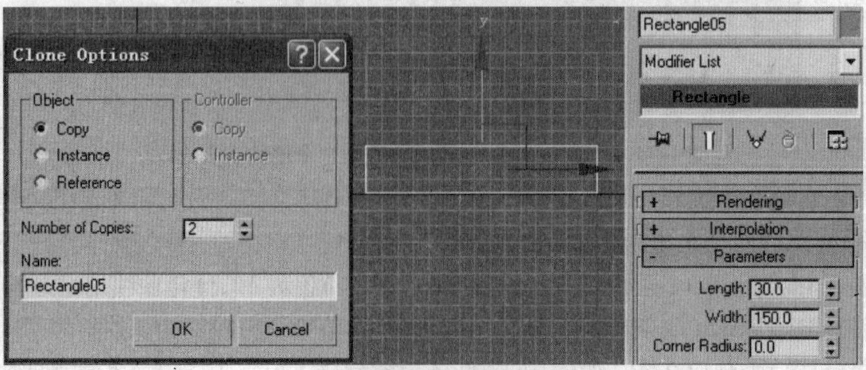

图 1.15.3 创建并复制 3 个矩形

(3)选择局部放大工具，将场景中的 3 个矩形放大到整个屏幕，在场景中创建一条 Line 直线，如图 1.15.4 所示，直线的创建方法，初始类型与拖动类型都为“角点”。

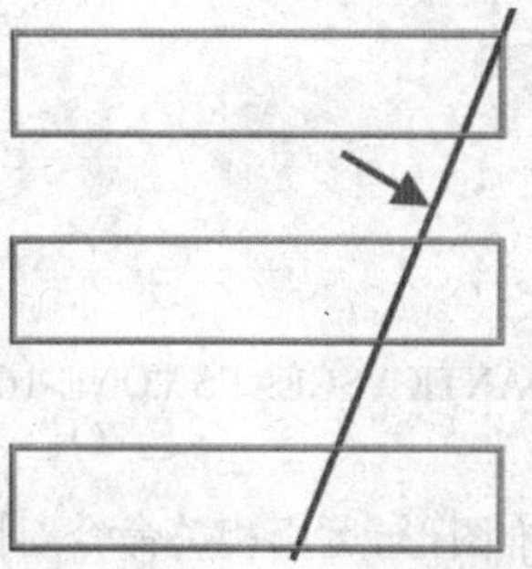

图 1.15.4　创建 Line 直线

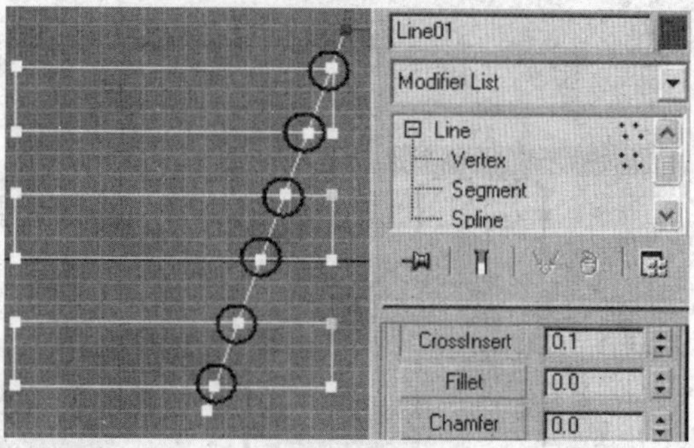

图 1.15.5　插入交叉点

(4)确认选择了直线 line 后，单击 Attach Mult. (附加多个)按钮，在弹出的 Attach Multiple (附加多个)对话框中，单击 All 按钮，将图中所有图形结合成一个整体。

(5)单击或 Vertex 进入顶点编辑状态，单击 CrossInsert (交叉插入)按钮，在图 1.15.5 中的圈选的 6 个点插入交叉点。

(6)单击或 Segment 进入线段编辑状态，选择相应线段将其删除，如图 1.15.6 所示。

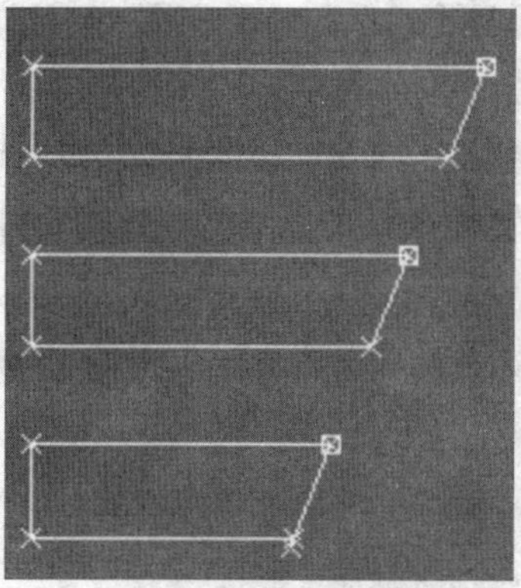

图 1.15.6　删除多余线段

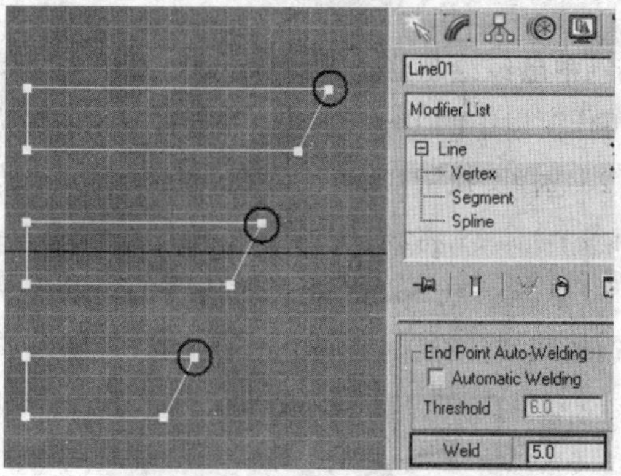

图 1.15.7　焊接断点

(7)单击或 Vertex 进入顶点编辑状态，在命令面板中单击 Weld (焊接)按钮，焊接参数设置为 5，分别将如图 1.15.7 所示 3 个圈选的 3 个顶点进行焊接。

(8)选择工作区中的图形并设置其轴心，在右侧的命令面板中单击层级面板，选择 Pivot 轴，在 Adjust Pivot 调整轴心选项的命令面板中，单击 Affect Pivot Only (只影响到被选物体的轴心)按钮，使用移动工具将场景中二维图形的空心坐标定位到图形中心。

(9)选择(修改)选项卡，在 Spline 样条线编辑状态下，选择水平镜像方式，设置 Copy (复制)和 About Pivot(关于轴)打钩，框选右侧的 3 个矩形，单击 Mirror (镜像)按钮，复制 3 个矩形到标志的左侧。

(10)展开 Interpolation(插补)选项，设置 Steps(步长)值为 12，优化曲线的光滑度。

(11)设置图形可渲染，渲染线框粗度为 2。

(12)将设计结果存放在考生目录中,文件名为考号后5位数+“-1”,扩展名为“.MAX”。

1.16 古钱币形状

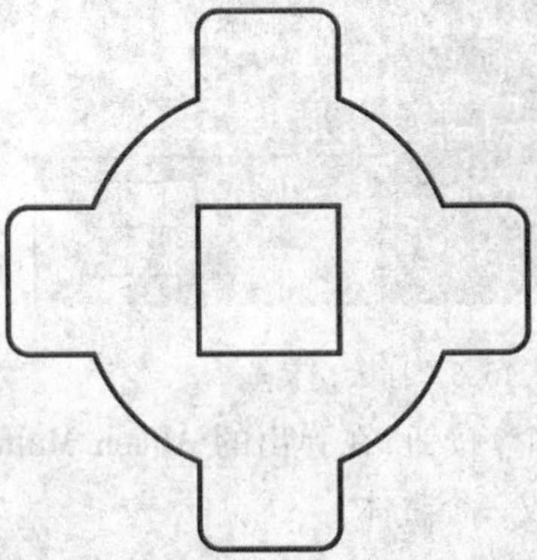

图1.16.1 古钱币效果图

【设计要求】

(1)打开C:\3DMAXTK\SCENES\ONE-16.MAX文件。

(2)不增加其他二维图形,运用相关命令对图形进行编辑,编辑后的图形必须为封闭状,要求所有图形成为一个整体,编辑后的效果图如图1.16.1所示。

(3)设置图形可渲染,渲染线框粗度为2。

(4)将设计结果存放在考生目录中,文件名为考号后5位数+“-1”,扩展名为“.MAX”。

【设计过程】

(1)打开C:\3DMAXTK\SCENES\ONE-16.MAX文件,场景中已经绘制好一个圆Circle01,两个矩形Rectangle01、Rectangle02,如图1.16.2所示,选择工作窗口中的Top顶视图,单击右下角的最大化显示按钮,将整个工作区定为顶视图。

(2)选择圆执行Convert to Editable Spline(转换成可编辑样条线)命令,单击 Attach Mult. (附加多个)命令,将场景中所有二维形结合成为一个整体。

(3)单击或Spline进入样条线编辑状态,水平镜像复制两个矩形,再单击 Hide (隐藏)按钮,将刚复制的两个矩形隐藏,其结果如图1.16.3所示。

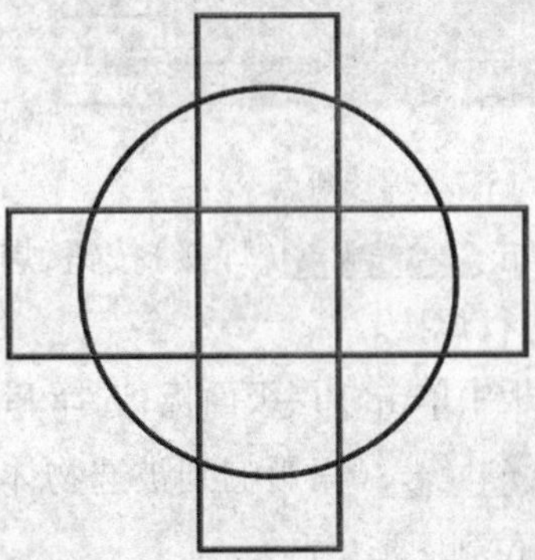

图1.16.2 二维图形

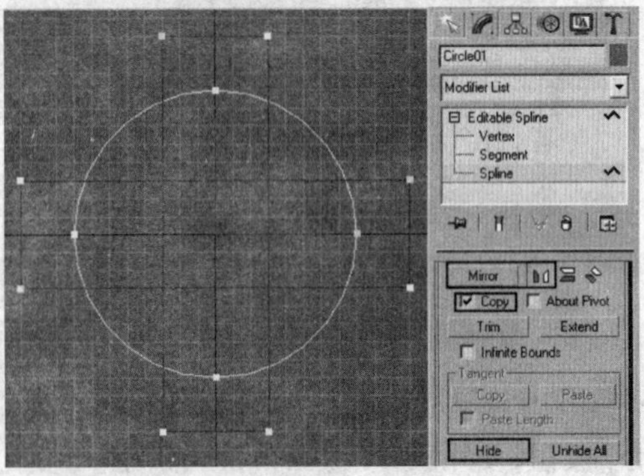

图1.16.3 镜像复制两个矩形

(4)选择圆分别与两个矩形进行并集的布尔运算,其结果如图1.16.4所示。

(5)单击 Unhide All 取消隐藏按钮,将隐藏的两个矩形显示出来,进行两个矩形交集的布尔运算。

(6)展开Interpolation(插补)选项,设置Steps(步长)值为12,优化曲线的光滑度。

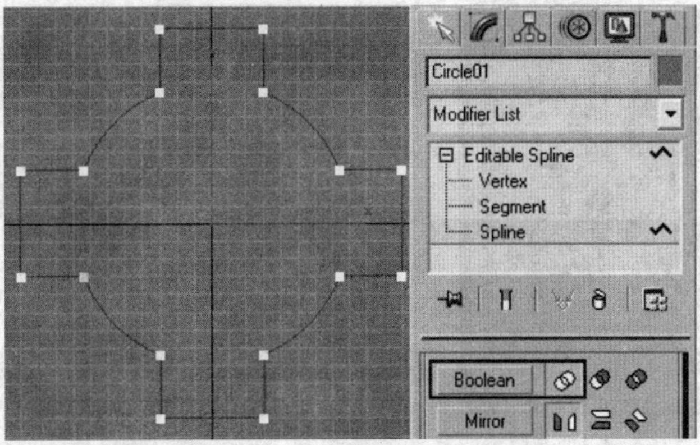

图 1.16.4　执行 Boolean 运算的并集命令删除多余线段

(7)设置图形可渲染,渲染线框粗度为 2。

(8)将设计结果存放在考生目录中,文件名为考号后 5 位数 +“ -1”,扩展名为“.MAX”。

1.17　百事可乐标志

【设计要求】

(1)打开 C:\3DMAXTK\SCENES\ONE-17.MAX 文件。

(2)不增加其他二维图形,运用相关命令对图形进行编辑,使之成为百事可乐标志图案,编辑后的效果图如图 1.17.1 所示。

(3)设置图形可渲染,渲染线框粗度为 3。

(4)将设计结果存放在考生目录中,文件名为考号后 5 位数 +“ -1”,扩展名为“.MAX”。

图 1.17.1　百事可乐标志效果图

【设计过程】

(1)打开 C:\3DMAXTK\SCENES\ONE-17.MAX 文件,场景中已经绘制好一个圆环 Donut01、一个矩形 Rectangle01、“PEPSI”文字 Text01,如图 1.17.2 所示,选择工作窗口中的 Front 前视图,单击右下角的最大化显示按钮,将整个工作区定为前视图。

(2)将场景中的矩形 Rectangle01 转换成可编辑样条线 Convert to Editable Spline,单击 Attach Mult.(附加多个)按钮,将所有二维形结合成一个整体。

(3)单击或 Spline 进入样条线编辑状态,选择矩形框线条后,在命令面板单击 Boolean 运算后的相减运算,再单击场景中的大圆。

(4)单击 Create Line(创建线条)按钮,在场景中创建一条直线,选择直线两个顶点类型为 Bizer Corner(贝塞尔角点),调整顶点的控制杆如图 1.17.3 所示。

图 1.17.2　创建文本

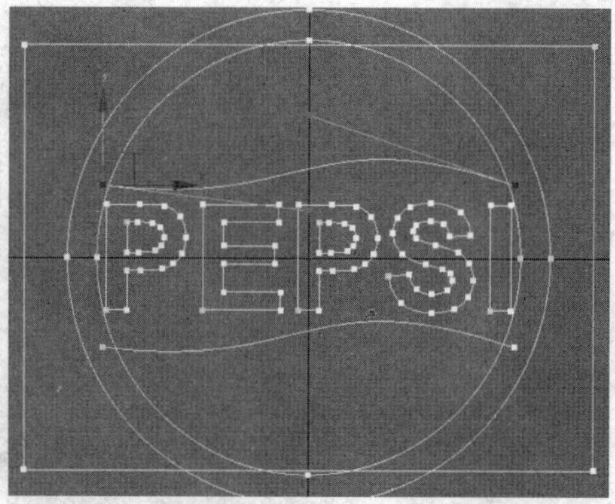

图 1.17.3　创建直线并调整直线曲度

(5)单击或 Segment 进入线段编辑状态,复制刚创建的曲线到"PEPSI"文字下方,选择顶点编辑方式,单击 CrossInsert (交叉插入)按钮,在标志中的相应位置插入 4 个交叉点,如图 1.17.4 所示。

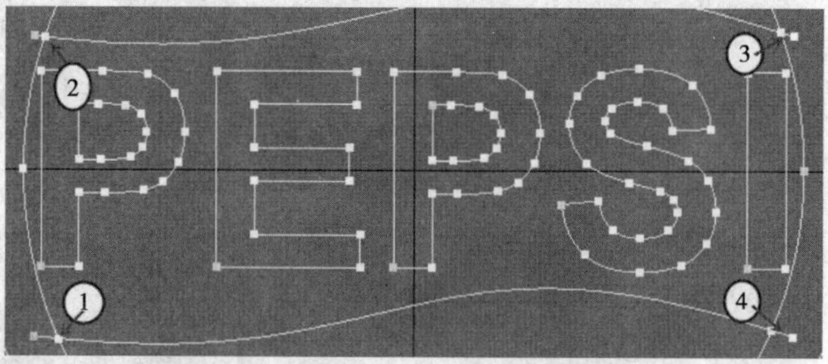

图 1.17.4　执行 CrossInsert 命令插入顶点

(6)进入或 Segment 进入线段编辑状态,将多余的线段删除,如图 1.17.5 所示。

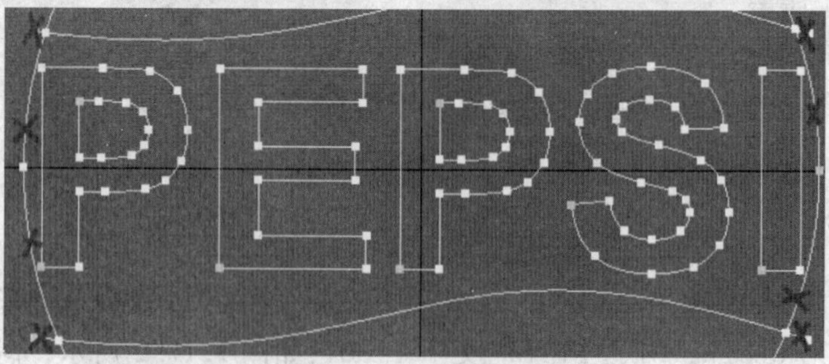

图 1.17.5　删除多余线段

(7)选择顶点编辑方式,再选择如图 1.17.4 中所示的 4 处顶点,单击 Weld(焊接),焊接参数为 5,完成 4 个点的焊接。

(8)展开 Interpolation(插补)选项,设置 Steps(步长)值为 12,优化曲线的光滑度。

(9)设置图形可渲染,渲染线框粗度为 3。

(10)将设计结果存放在考生目录中,文件名为考号后 5 位数 +" -1",扩展名为". MAX"。

1.18　车轮形状

【设计要求】

(1)打开C:\3DMAXTK\SCENES\ONE-18.MAX文件。

(2)运用相关命令,将场景中的图形进行编辑,编辑后的图形必须成为一个整体,编辑后的效果图如图1.18.1所示。

(3)设置图形可渲染,渲染线框粗度为2。

(4)将设计结果存放在考生目录中,文件名为考号后5位数+"-1",扩展名为".MAX"。

图1.18.1　车轮效果图

【设计过程】

(1)打开C:\3DMAXTK\SCENES\ONE-18.MAX文件,场景中已经绘制好一个大圆环Donut01、一个小圆环Donut02和一个椭圆Ellipse01,选择工作窗口中的Front前视图,单击右下角的最大化显示按钮,将整个工作区定为前视图。

(2)选择椭圆Ellipse01,选择层级面板,单击 Affect Pivot Only 只影响轴心按钮,使用对齐工具,将椭圆的空心坐标轴心移动到大圆的圆心。

(3)单击菜单Tools(工具)→Array(阵列),在弹出的Array(阵列)对话框中设置参数,如图1.18.2所示。

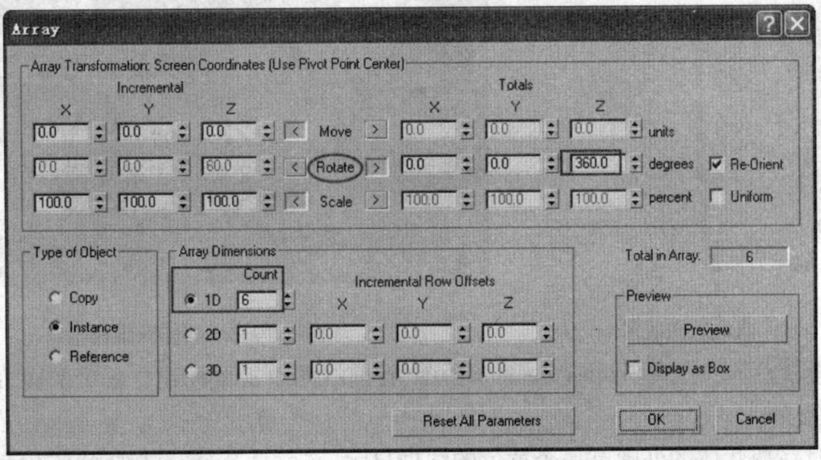

图1.18.2　阵列复制6个椭圆

(4)选择场景中的大圆环Donut01,单击鼠标右键,在弹出的菜单中选择Convert to Editable Spline(转换成可编辑样条线),在命令面板中单击 Attach Mult. (附加多个),选择All(所有),将场景中所有的二维线合并成一个整体。

(5)单击或Spline进入样条编辑状态,选定大圆环内圈,选择相减运算方式,单击

Boolean（布尔运算）按钮，在场景中分别点选6个椭圆和小圆环外圈。

（6）展开 Interpolation（插补）选项，设置 Steps（步长）值为12，优化曲线的光滑度。

（7）展开 Rendering（渲染）选项，设置图形可渲染，渲染线框粗度为2。

（8）将设计结果存放在考生目录中，文件名为考号后5位数+"-1"，扩展名为".MAX"。

1.19 瓶体截面形状

【设计要求】

（1）打开 C:\3DMAXTK\SCENES\ONE-19.MAX 文件。

（2）运用相关命令，在前视图将三维物体的截面形截取下来，截取后的效果图如图1.19.1所示。

（3）设置图形可渲染，渲染线框粗度为3。

（4）将设计结果存放在考生目录中，文件名为考号后5位数+"-1"，扩展名为".MAX"。

【设计过程】

（1）打开 C:\3DMAXTK\SCENES\ONE-19.MAX 文件，如图1.19.2所示。

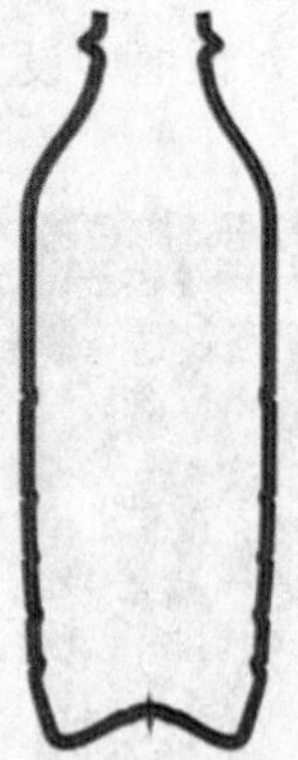

图1.19.1 瓶体截面剖面效果图

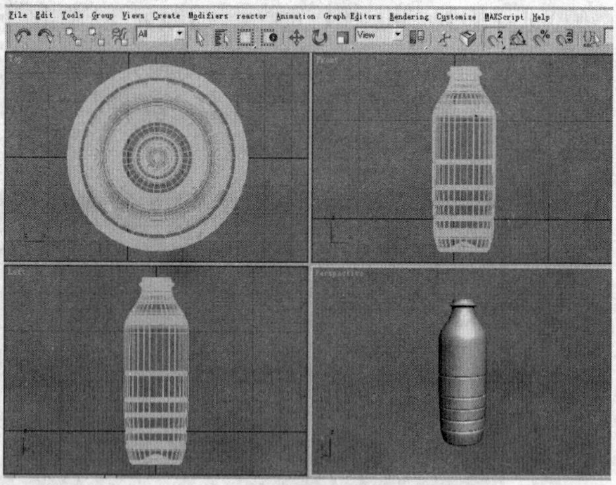

图1.19.2 瓶体三维模型

（2）选择 Create\ Shapes\Section 命令，在前视图单击鼠标建立一个剖面，系统默认剖面是无限扩展的。

（3）此时在瓶状体的外围有一个黄色的线框显示，它就是 Section 与瓶状体相交处的剖面。

（4）单击按钮，进入修改面板，单击面板上的 Create Shape（创建二维图形）按钮，认可对话框中名称，这样一个新的剖面被截取下来，如图1.19.3所示。

（5）删除瓶状体和 Section，设置剖面线可渲染，渲染线框粗度为3。最后留下来的图形如图1.19.3所示。

（6）将设计结果存放在考生目录中，文件名为考号后5位数+"-1"，扩展名为".MAX"。

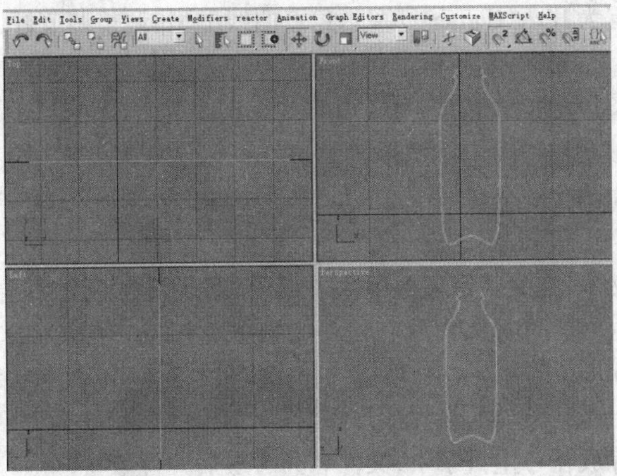

图 1.19.3　瓶体剖面的二维图形

1.20　公司徽标

【设计要求】

(1)打开 C:\3DMAXTK\SCENES\ONE-20.MAX 文件。

(2)运用相关命令,在前视图将背景图形的外围轮廓线描绘出来并作适当编辑,编辑后的图形必须成为一个整体,编辑后的效果图如图 1.20.1 所示。

(3)设置图形可渲染,渲染线框粗度为 2。

(4)将设计结果存放在考生目录中,文件名为考号后 5 位数 +“ -1”,扩展名为“.MAX”。

【设计过程】

(1)打开 C:\3DMAXTK\SCENES\ONE-20.MAX 文件,场景中已经绘制好二维图形,选择工作窗口中的 Front 前视图,单击右下角的最大化显示按钮,将整个工作区定为前视图。

(2)选择创建图形中的 Line,在场景中创建一条三角形的封闭曲线,注意 3 个顶点要与背景中的图形吻合,如图 1.20.2 所示。

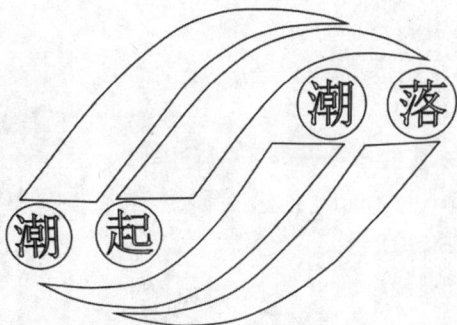

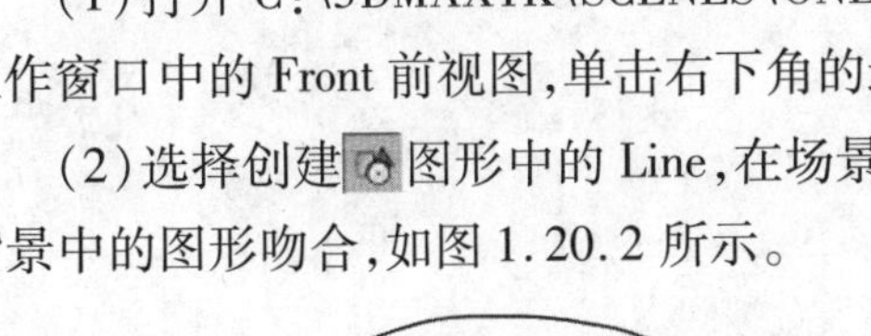

图 1.20.1　公司徽标效果图

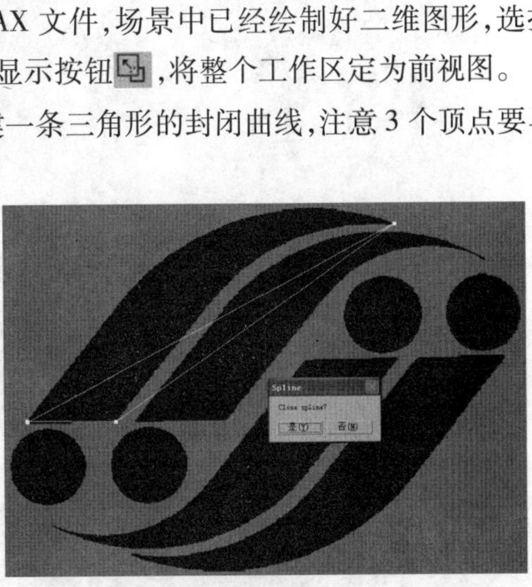

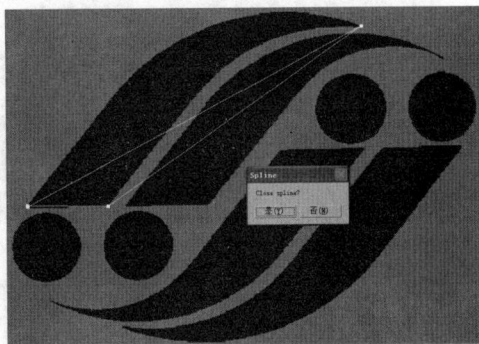

图 1.20.2　创建一条三角形的封闭曲线

(3)设置 3 个顶点为 Bizer Corner 贝塞尔角点曲线类型,调整调节杆,使图中的两根直线与背景曲线保持一致。

(4)复制该二维图形,使复制曲线与右边的背景图相吻合。选择制作好的两个二维图形,单击镜像复制,生成另外一对二维图形。

(5)在场景中相应的位置创建一个 Circle 圆,按 Shift 键复制另外 3 个圆,并放置到合适的位置。

(6)在圆内创建文本,在文字输入框中输入“潮起潮落”,注意文字不能超过圆圈以外。编辑后单击 Attach Mult 按钮,选择 All(所有),将场景中所有的二维图形合成一个整体。

(7)展开 Interpolation(插补)选项,设置 Steps(步长)值为 12,优化曲线的光滑度。

(8)展开 Rendering 渲染选项,设置图形可渲染,渲染线框粗度为 2。

(9)将设计结果存放在考生目录中,文件名为考号后 5 位数 +“ -1”,扩展名为“. MAX”。

第 2 章

物体基础建模

【本章导读】

3ds Max 包含 10 个基本物体(几何体):长方体基本体、圆锥体基本体、球体基本体、几何球体基本体、圆柱体基本体、管状体基本体、环形基本体、四棱锥基本体、茶壶基本体及平面基本体。在视图中,通过鼠标可以轻松创建各种基本物体,大多数基本体也可以通过键盘生成。

【学习目标】

- 掌握 10 个基本物体(几何体)的创建方法。
- 熟悉 10 个基本物体(几何体)参数的设置方法。
- 掌握各物体间布尔运算的复合运算方法。

2.1 台球三角架

【设计主题】

使用标准几何体命令建立台球三角架及 15 个球体模型,如图 2.1.1 所示。

【设计要求】

(1)三角架的半径 1 为 45 个单位,半径 2 为 5 个单位,边数为 20,表面非常光滑。

(2)15 个小球的半径均为 6 个单位,32 个分段数。

(3)小球的摆放需按要求排列。

(4)将设计结果存放在考生目录中,文件名为考号后 5 位数字 +"-2",扩展名为".MAX"。

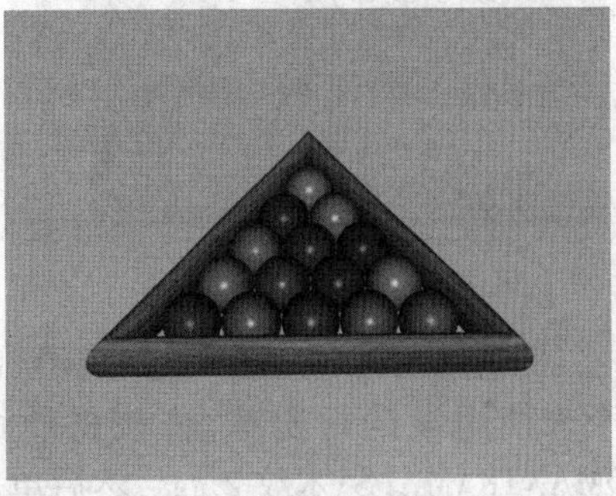

图 2.1.1 台球三角架效果图

【设计过程】

（1）使用 Reset（重置）命令重新设定系统，选定顶视图，在创建面板上单击标准几何体下的 Torus（圆环）按钮，在 Keyboard Entry（键盘输入）参数栏上设置圆环半径 1 为 45 个单位，半径 2 为 5 个单位，Segment（段数）为 3，Side（边数）为 20，Smooth（光滑）设置为 None（表面非光滑），如图 2.1.2 所示。

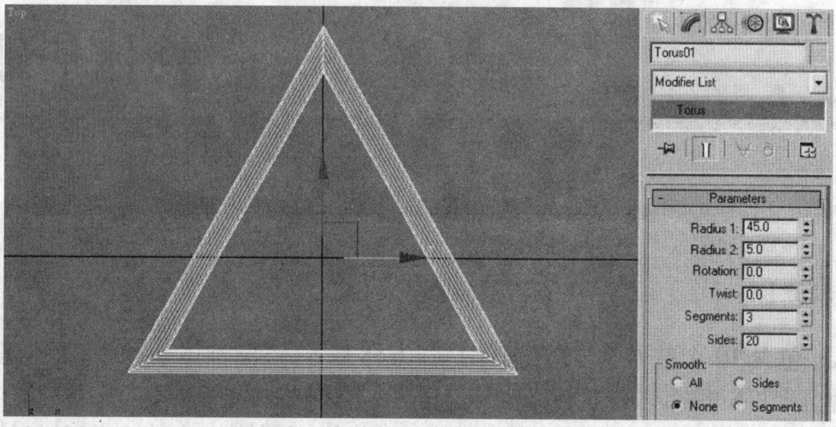

图 2.1.2　创建三角架

（2）在顶视图创建一个 Sphere 球体，半径为 6 个单位，32 个分段数，并将该小球移动到三角架的左下角位置。

（3）按住 Shift 键，沿 X 方向拖曳鼠标，在弹出的对话框中输入 4，选择 Copy 复制 4 个小球，将 5 个小球一字排开，如图 2.1.3 所示。

（4）按同样的方法创建其余小球，三角架中共 15 个小球。在用户视图（Perspective）中，分别将场景中的 15 个小球设为不同的颜色，如图 2.1.4 所示。

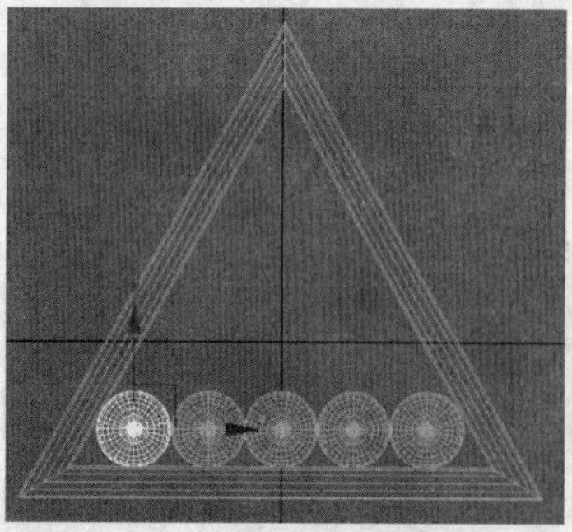

图 2.1.3　创建并复制球体

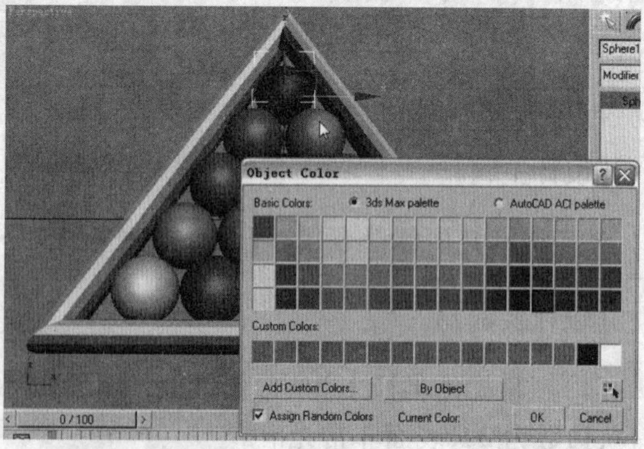

图 2.1.4　设置小球颜色

（5）选中三角架，按 M 键或单击工具栏中的，进入 Material Editor（材质编辑器），选择第 1 个未使用过的材质球，将该材质命名为“三角架材质”，选择 Diffuse（漫反射）贴图为 3DMAXTK\MAPS\木纹 2. tga，然后单击按钮将“三角架材质”赋给场景中的三角架，打开按钮（在视窗中显示材质），如图 2.1.5 所示。

（6）单击菜单栏 Rendering（渲染）→Environment（环境）或按数字键 8，弹出 Environment

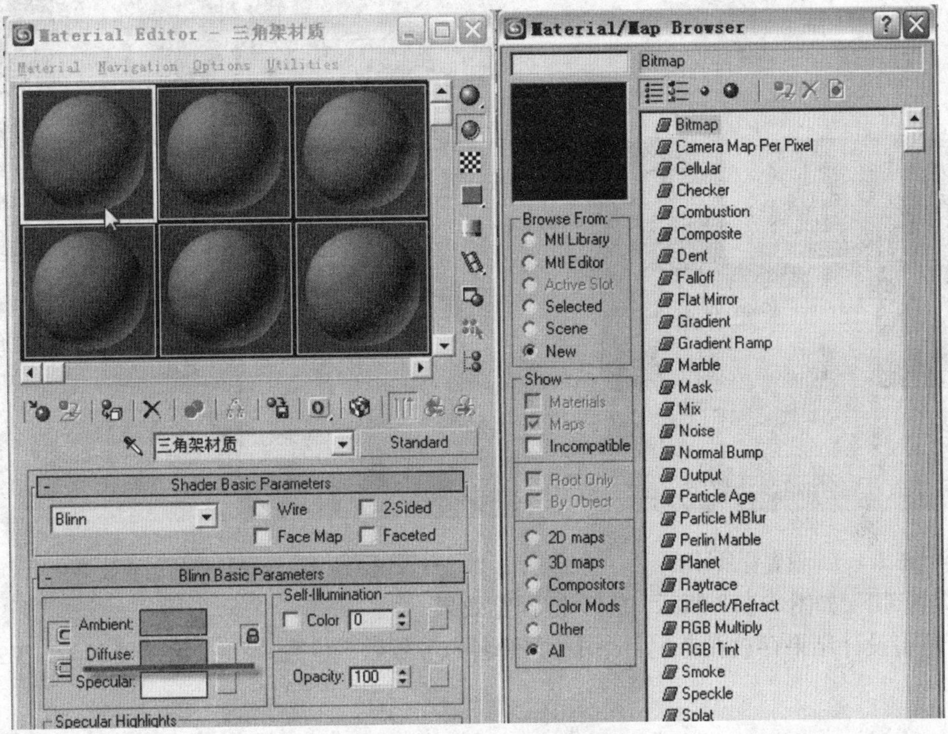

图 2.1.5　设置三角架材质

and Effects(环境及效果)对话框,将环境贴图设为 Gradient Ramp(渐变坡度),如图 2.1.6 所示。

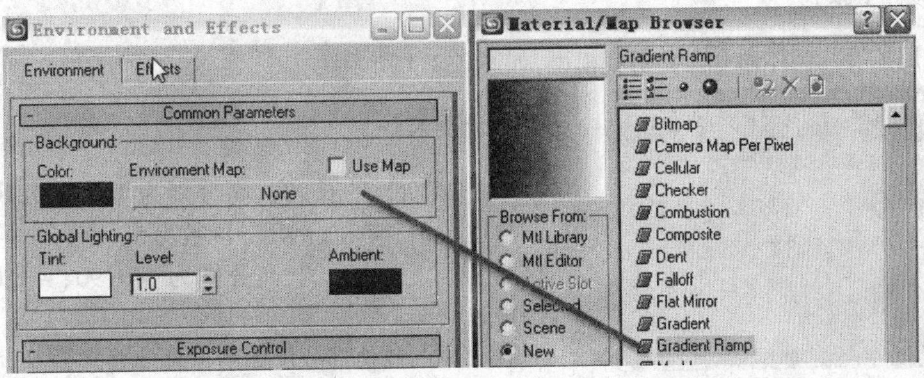

图 2.1.6　环境及效果对话框

(7)按住 Environment and Effects(环境及效果)对话框中 Map#2 (Gradient Ramp)按钮,将其拖放到材质编辑器中未使用过的材质球上,此时弹出对话框,选择 Instance(关联复制),如图 2.1.7 所示。

(8)在材质编辑器中设置 Gradient Ramp(渐变坡度)材质,双击 Gradient Ramp Parameters (渐变坡度参数)颜色框左下角的游标设置颜色框左边颜色,在弹出的 Color Select(颜色选择)对话框中设置 RGB 的参数为(187,188,255),设置右边颜色 RGB(163,229,189),但此时材质球显示颜色从左到右,调整 Coordinates 卷展栏下的 Angle(角度)的 W 设为 -90,将颜色渐变

图 2.1.7　设置背景材质

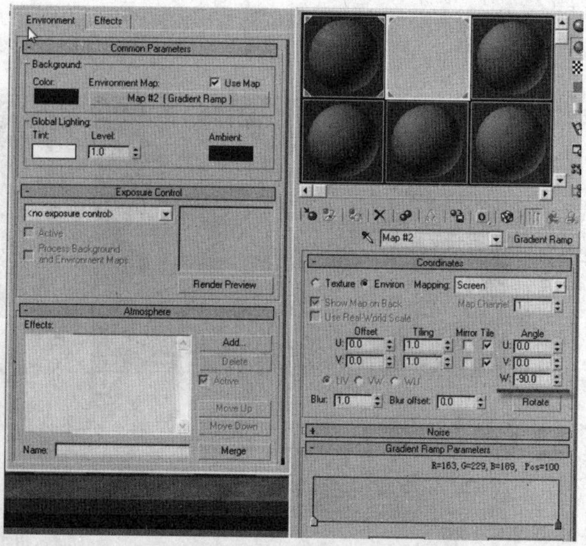

图 2.1.8　设置背景的渐变效果

设为从上到下，如图 2.1.8 所示，按 F9 键预览效果。

(9)将设计结果存放在考生目录中，文件名为考号后 5 位数 +“ -2”，扩展名为“. MAX”。

2.2　书　桌

【设计主题】

使用扩展几何体命令建立书桌模型，如图 2.2.1 所示。

图 2.2.1　书桌效果图

【设计要求】

(1)书桌面板的长、宽、高分别为 150、300、10 个单位，倒角边缘 3 个单位，倒角分段数为 5。

(2)抽屉柜的长、宽、高分别为 140、90、-150 个单位，倒角边缘 3 个单位，倒角分段数为 10。

(3)书桌的其他部分尺寸不作具体要求，与图中相近即可。

(4)将设计结果存放在考生目录中，文件名为考号后 5 位数字 +“ -2”，扩展名为“. MAX”。

【设计过程】

(1)使用 Reset(重置)命令重新设定系统，选定顶视图，在创建面板上单击 Creat(创建)→Extended Primitives(扩展几何体)→ChamferBox(倒角立方体)，在 Keyboard Entry(键盘输入)的输入框中输入长、宽、高分别为 150、300、10 个单位，倒角边缘 3 个单位，单击 Create(创建)

按钮,在 Parameters(参数)中设置 Fillet Segs(倒角分段数)为5,并将该倒角立方体命名为"桌面",如图2.2.2所示。

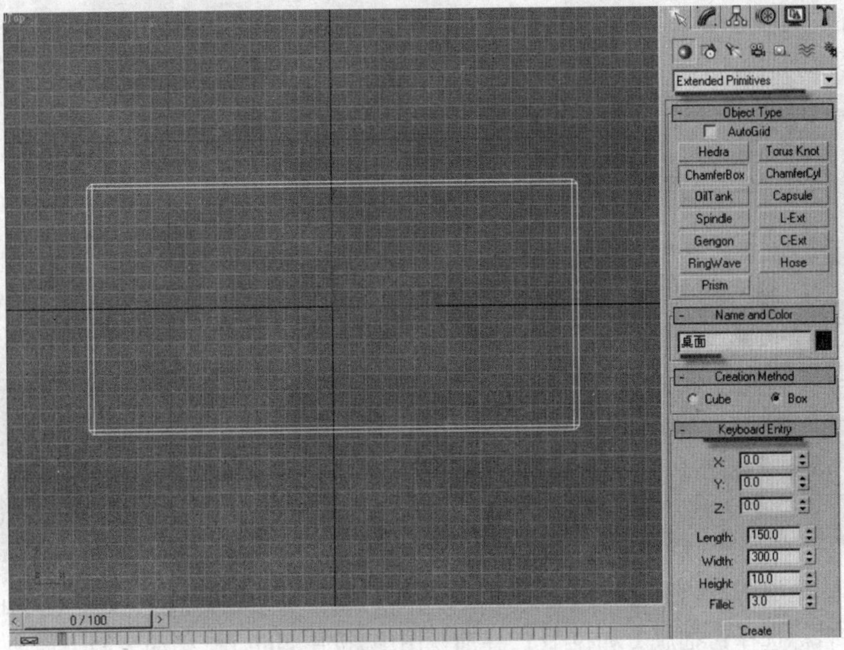

图2.2.2　创建桌面

(2)用步骤(1)的方法,在顶视图再创建一个 ChamferBox(倒角立方体),长、宽、高分别为140、90、-150个单位,倒角边缘3个单位,倒角分段数为10,并将该倒角立方体命名为"左抽屉柜"。设置抽屉柜对齐到桌面适当位置,如图2.2.3所示。

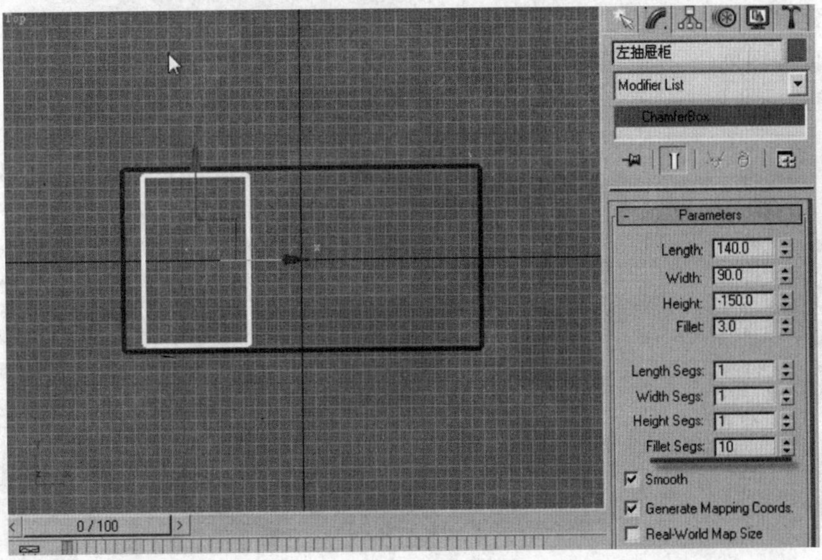

图2.2.3　创建左抽屉柜

(3)用步骤(1)的方法,在顶视图创建一个 ChamferBox(倒角立方体),长、宽、高分别为10、90、43个单位,倒角边缘3个单位,倒角分段数为10,并将该倒角立方体命名为"抽屉1",

并将该抽屉对齐到左抽屉柜的上端。

(4)用步骤(1)的方法,在顶视图创建一个ChamferBox(倒角立方体),长、宽、高分别为8、30、5个单位,倒角边缘3个单位,倒角分段数为10,将该倒角立方体命名为“拉手1”,并将该拉手对齐到抽屉1的中间表面,如图2.2.4所示。

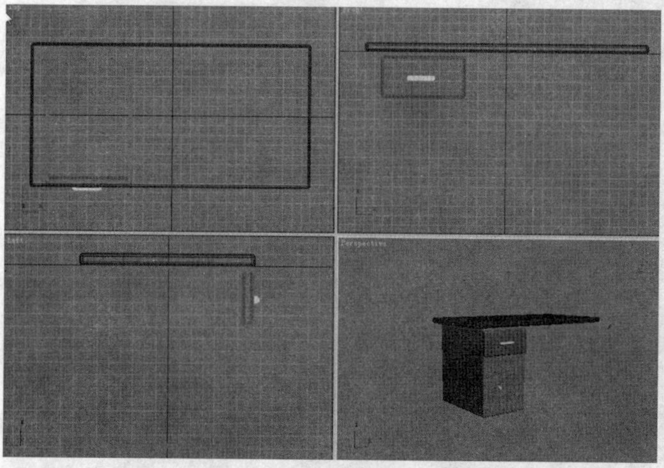

图2.2.4　创建抽屉1和拉手1

图2.2.5　创建右侧抽屉柜及地板

(5)按名称选择抽屉1和拉手1,在前视图中,按住Shift键,移动复制下面两个抽屉,分别命名为“抽屉2”和“抽屉3”,“拉手2”和“拉手3”,修改“抽屉3”的参数为长、宽、高分别为10、90、56个单位,倒角边缘3个单位,倒角分段数为10。至此左抽屉柜及3个抽屉建模完成。

(6)按名称选择左抽屉柜、3个抽屉及3个拉手,在前视图中,按住Shift键,水平移动复制到桌面右端。

(7)创建Plane平面,自定义参数,对齐到书桌的底端,命名为“地板”, 如图2.2.5所示。

(8)在顶视图创建一盏泛光灯,位置如图2.2.6所示,将泛光灯命令面板参数中的Shadows投影打开,即On前打钩。

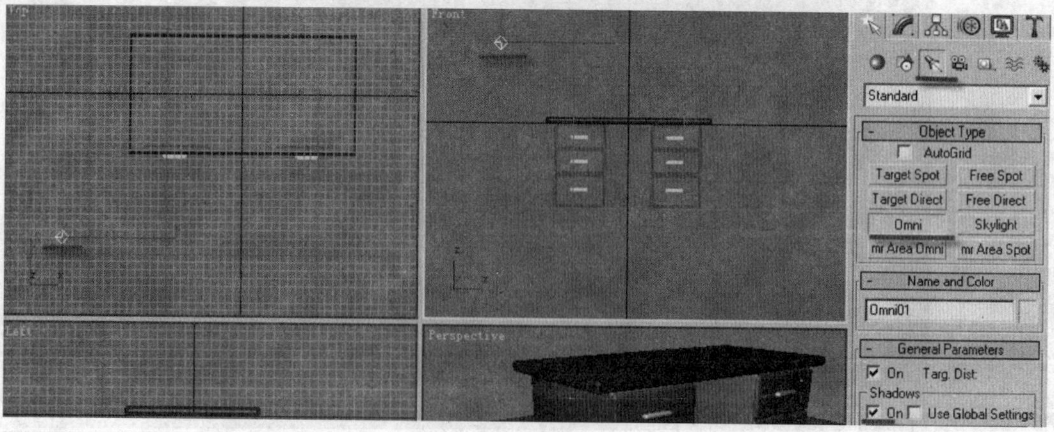

图2.2.6　创建泛光灯

(9)按M键或单击工具栏中的,进入材质编辑器,设置书桌材质的表面贴图为Maps\木纹1.jpg,Specular Level(高光级别)为40,Glossiness(光泽度)为30,如图2.2.7所示。

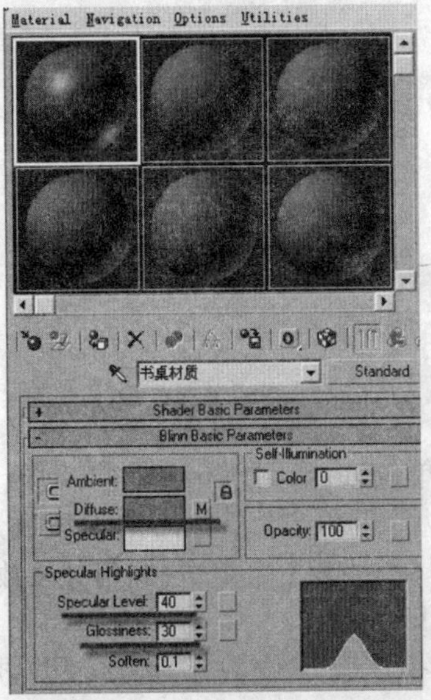

图 2.2.7　设置书桌材质

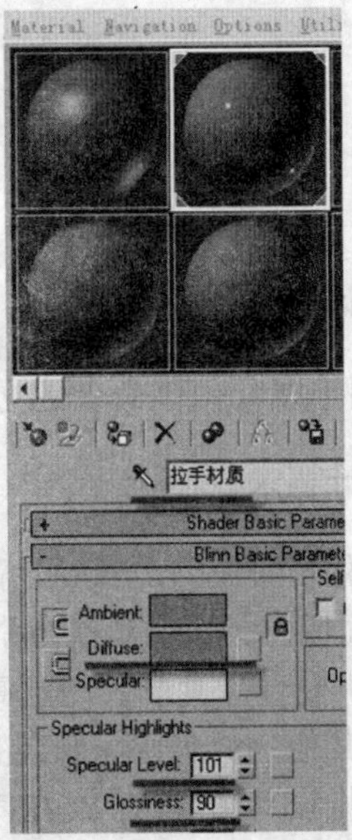

图 2.2.8　设置拉手材质

(10)拉手材质、地面材质，具体设置参数如图 2.2.8 和图 2.2.9 所示。设置后单击按钮，将材质分别赋给场景中的指定物体，打开按钮(在视窗中显示材质)。

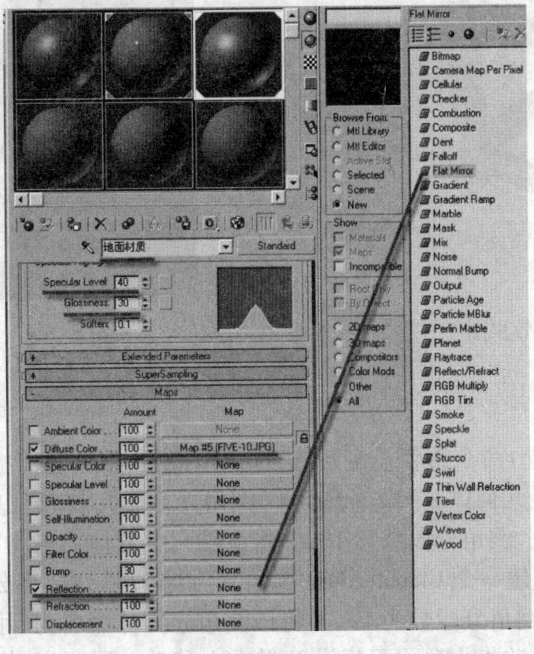

图 2.2.9　设置地面材质

(11)将设计结果存放在考生目录中，文件名为考号后 5 位数字 +“ -2”，扩展名为“. MAX”。

2.3 小木凳

【设计主题】

使用扩展几何体命令建立小木凳模型,如图 2.3.1 所示。

【设计要求】

(1)凳面面板(大)长、宽、高分别为 150、200、17 个单位,边缘倒角 6 个单位,倒角分段数为 10;凳面面板(小)长、宽、高分别为 130、180、17 个单位,边缘倒角 5 个单位,倒角分段数为 10。

(2)4 根直立凳脚长、宽、高分别为 18、18、150 个单位,倒角 1 个单位,倒角分段数为 3。

(3)其他物体尺寸不作具体要求,与图中所示相近即可。

(4)将设计结果存放在考生目录中,文件名为考号后 5 位数字 +"-2",扩展名为".MAX"。

图 2.3.1　小木凳效果图

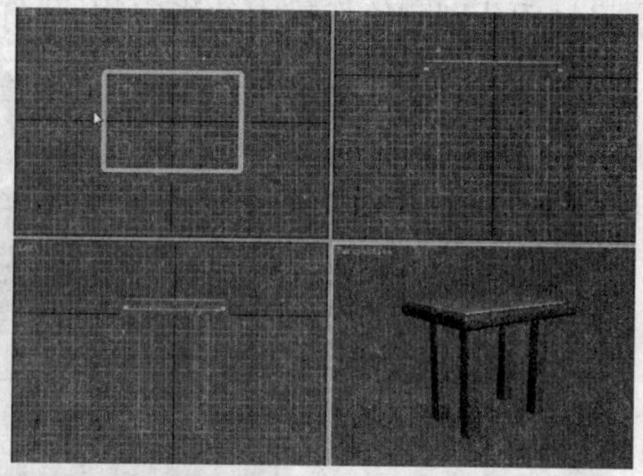

图 2.3.2　凳子的基本模型

【设计过程】

(1)使用 Reset(重置)命令重新设定系统,选定顶视图,在创建面板上单击 Creat(创建)→Extended Primitives(扩展几何体)→ChamferBox(倒角立方体),长、宽、高分别为 150、200、17 个单位,倒角边缘 6 个单位,倒角分段数为 10,并将该倒角立方体命名为"大凳面面板"。

(2)按步骤(1)再创建一个 ChamferBox(倒角立方体),长、宽、高分别为 130、180、17 个单位,边缘倒角 5 个单位,倒角分段数为 10,并将该倒角立方体命名为"小凳面面板"。将两个倒角立方体设置中心对齐,并将小凳面面板沿 Y 轴向上移动一段距离,使其产生凸起效果。

(3)在顶视图再创建一个 ChamferBox(倒角立方体),长、宽、高分别为 18、18、150 个单位,边缘倒角 1 个单位,倒角分段数为 3,并将该倒角立方体命名为"凳脚 1",在前视图将"凳脚 1"放置在"大凳面面板"下方。

(4)按 Shift 键,拖曳鼠标复制另外 3 个凳脚,分别命名为"凳脚 2"、"凳脚 3"、"凳脚 4",放置到相应的位置,注意不要使凳脚出现高低不平的现象,如图 2.3.2 所示。

(5)在前视图再创建一个 ChamferBox(倒角立方体),长、宽、高分别为 18、165、18 个单位,边缘倒角 1 个单位，倒角分段数为 3，并将该倒角立方体命名为“上梁 1”，移动到如图实例 2.3.1所示放置，按 Shift 键，拖曳鼠标复制对面的“上梁 3”。

(6)以同样的方法再创建一个 ChamferBox(倒角立方体)，长、宽、高分别为 120、18、18 个单位，边缘倒角 1 个单位，倒角分段数为 3，并将该倒角立方体命名为“上梁 2”，移动到如图实例 2.3.1 所示放置，按 Shift 键，拖曳鼠标复制对面的“上梁 4”。

(7)分别选定 4 个上梁，按 Shift 键，拖曳鼠标复制凳脚下方的 4 个下梁，分别命名为“下梁 1”、“下梁 2”、“下梁 3”、“下梁 4”，修改两条长的下梁的宽度尺寸为“10”，如图 2.3.3 所示。

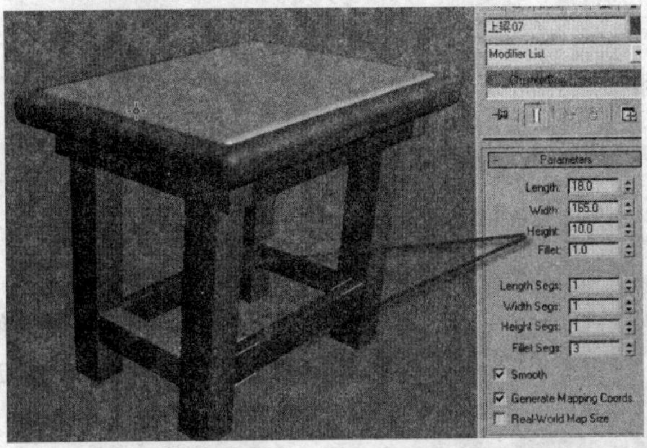

图 2.3.3　修改下梁参数

(8)按 M 键或单击工具栏中的按钮，进入材质编辑器，分别设置小木凳的凳面材质和凳脚材质。具体设置参数如图 2.3.4 和图 2.3.5 所示，设置后单击按钮，将材质分别赋给场景中的指定物体。

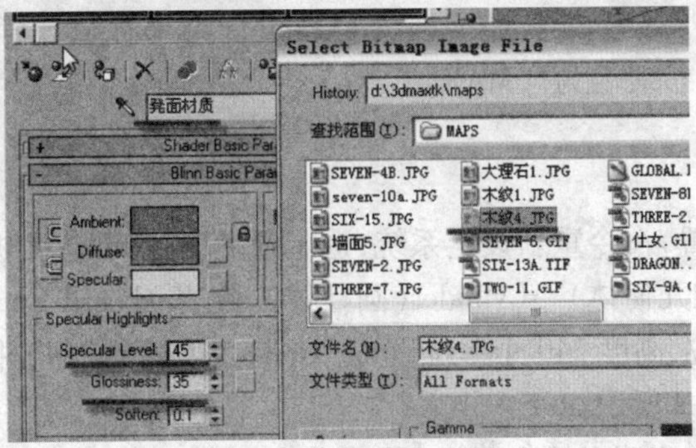

图 2.3.4　设置凳面材质

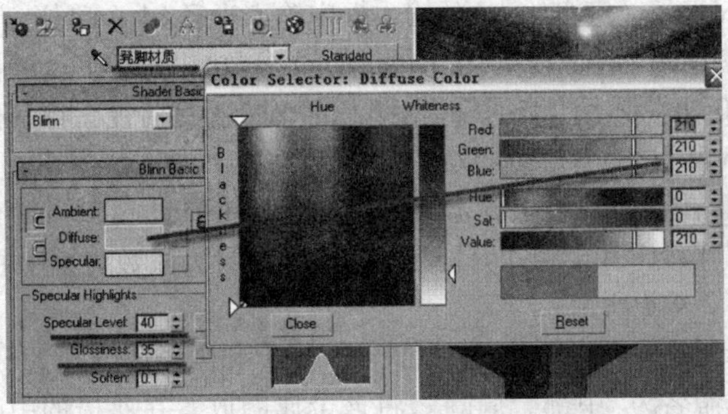

图 2.3.5　设置凳脚材质

(9)将设计结果存放在考生目录中,文件名为考号后 5 位数字 +“-2”,扩展名为“.MAX”。

2.4 吧台座椅

【设计主题】

使用标准几何体和扩展几何体命令建立吧台座椅模型,如图 2.4.1 所示。

【设计要求】

图 2.4.1 吧台座椅效果图

(1)座椅支架柱体半径为 15 个单位,高度 240 个单位。

(2)顶部坐垫半径 64 个单位、高 28 个单位,顶部坐垫外围金属圈半径 1 和半径 2 分别为 65 和 4 个单位;中部金属圈的半径 1 和半径 2 分别为 64 个单位和 5 个单位,3 个柱状体半径均为 4 个单位,每两个柱体之间的夹角为 120°。

(3)其他物体尺寸不作具体要求,与图中所示相近即可。

(4)将设计结果存放在考生目录中,文件名为考号后 5 位数字 +“-2”,扩展名为“.MAX”。

【设计过程】

(1)使用 Reset(重置)命令重新设定系统,选定顶视图,在创建面板上单击 Creat(创建)→Standard Primitives(标准几何体)→Cylinder(圆柱体),在 Keyboard Entry(键盘输入)的输入框中输入半径为 15 个单位,高度 240 个单位,单击 Create(创建)按钮,并将该圆柱体命名为“座椅支架柱体”,如图 2.4.2 所示。

(2)在创建面板上单击 Creat(创建)→Extended Primitives(扩展几何体)→ChamferCyl(倒角圆柱),在 Keyboard Entry(键盘输入)的输入框中输入半径 64 个单位、高 28 个单位,倒角边缘 14 个单位,单击 Create(创建)按钮,在 Parameters(参数)中设置 Fillet Segs(倒角分段数)为 30,Sides(边数)为 50,并将该倒角圆柱命名为“顶部坐垫”,在前视图将其移动到“座椅支架柱体”上方,如图 2.4.3 所示。

(3)选定顶视图,在创建面板上单击 Creat(创建)→Standard Primitives(标准几何体)→Torus(圆环),设置其半径 1 和半径 2 分别为 65 和 4 个单位,段数为 50,并将该圆柱体命名为“顶部金属圈”,如图 2.4.4 所示。

(4)在顶视图再创建一个圆环 Torus,设置其半径 1 和半径 2 分别为 64 和 5 个单位,段数为 50,并将该圆柱体命名为“中部金属圈”,将该金属圈放置在座椅的中间位置,如图 2.4.5 所示。

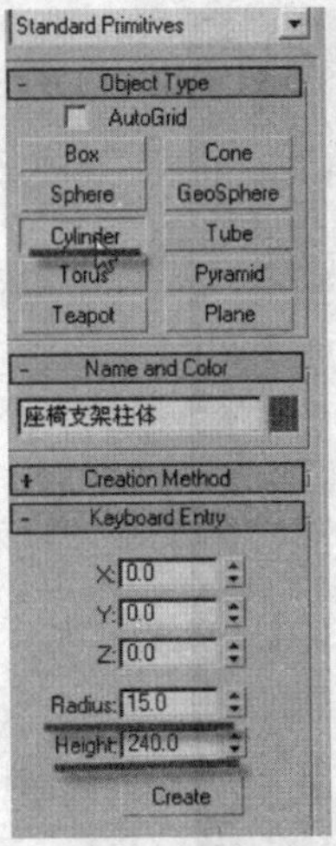

图 2.4.2　创建“座椅支架柱体”

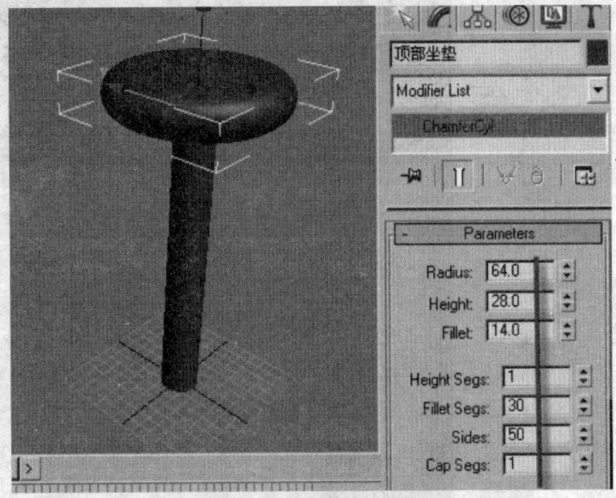

图 2.4.3　创建“顶部坐垫”

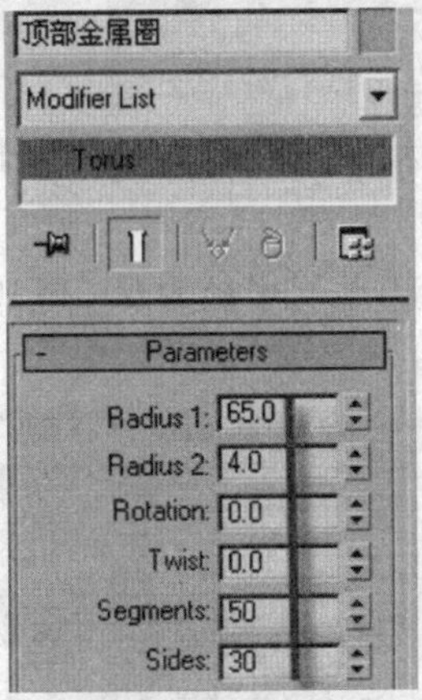

图 2.4.4　创建“顶部金属环”

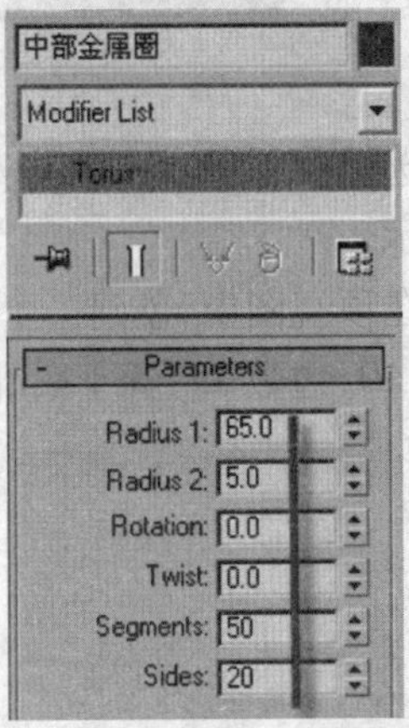

图 2.4.5　创建“中部金属环”

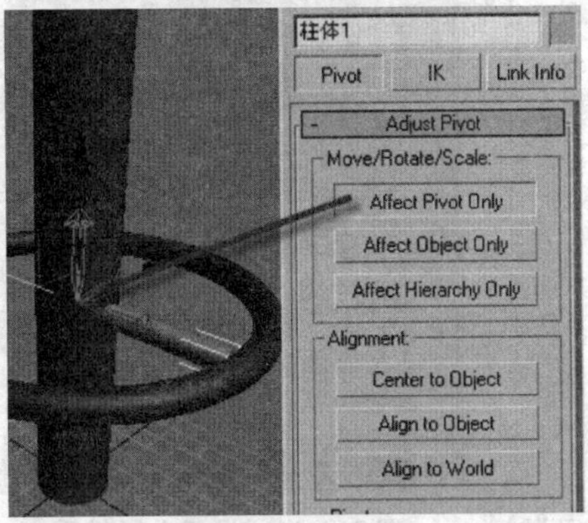

图 2.4.6　创建“柱体 1”

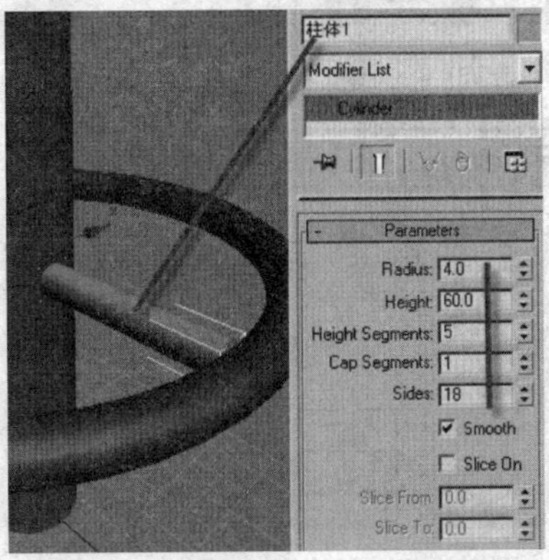

图 2.4.7　设置层级命令

(5)在前视图创建一个圆柱体，半径为 4 个单位，高度为 60 个单位，并命名为“柱体 1”，并将其移动到“中部金属圈”，如图 2.4.6 所示。单击层级命令，单击 Affect Pivot Only 只影响轴心，设置“柱体 1”的轴心在“中部金属圈”的圆心，如图 2.4.7 所示，再取消 Affect Pivot Only 。

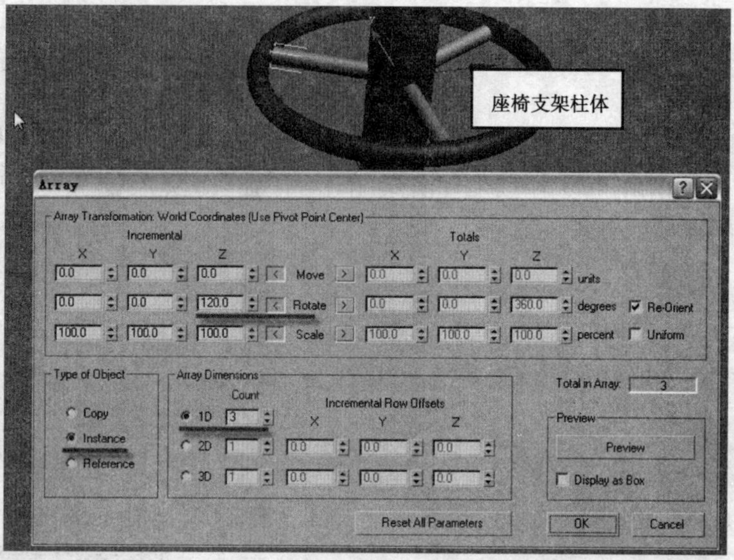

图 2.4.8　复制柱体

(6)选择菜单 Tools→Array 阵列,复制 3 个柱体,使每两个柱体之间的夹角各为 120°,如图 2.4.8 所示。

(7)在顶视图中,创建一个 ChamferCyl 倒角圆柱,命名为“底盘”,半径为 60,高 10,倒角 5,倒角段数 10,边数 25,置于底部,如图 2.4.9 所示。

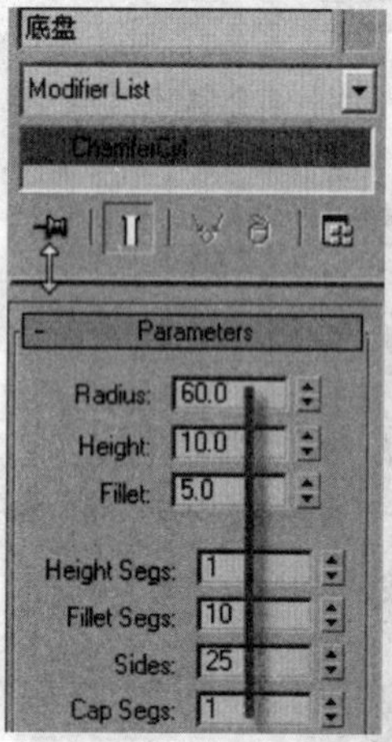

图 2.4.9　创建“底盘”

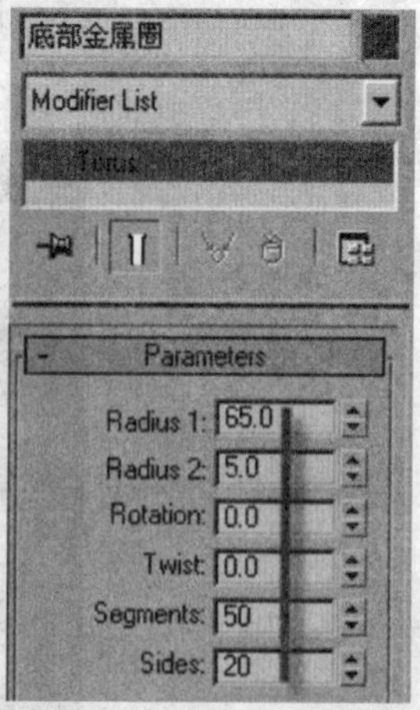

图 2.4.10　创建“底部金属环”

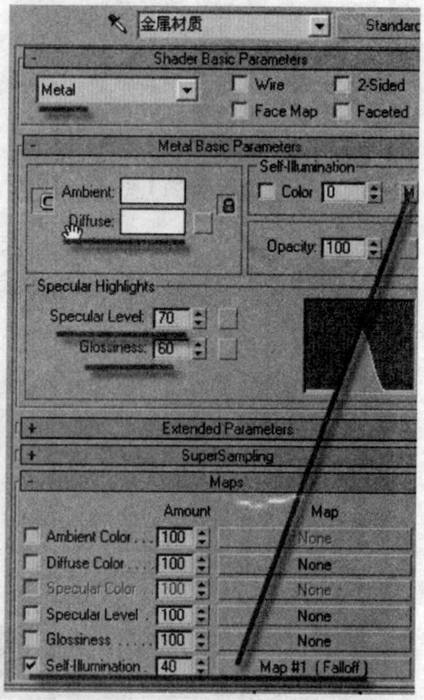

图 2.4.11　设置金属材质

(8)创建一个圆环 Torus,命名为“底部金属圈”,半径 1 为 60,半径 2 为 5,分段数为 50,边数为 20,置于底部,如图 2.4.10 所示。

(9)调整好场景中物体的相应位置后,按 M 键或单击工具栏中的,进入材质编辑器,分别设置各物体材质。具体设置参数如图 2.4.11 和图 2.4.12 所示,设置后单击按钮,将材质分别赋给场景中的指定物体。

(10)按数字键8进入环境设置窗口,将环境贴图设为 Gradient 渐变,如图 2.4.13 所示。再将渐变贴图按钮,拖放到材质编辑器中未使用过的材质球上,此时弹出对话框,选择 Instance 关联复制,如图 2.4.14 所示。然后在材质编辑器中编辑环境贴图,参数设置颜色 1:R230,G140,B250;颜色 2:RGB255;颜色 3:R100,G200,B100,如图 2.4.15 所示。

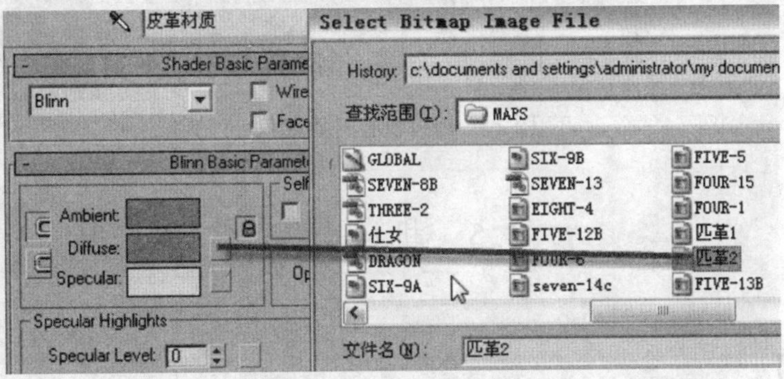

图 2.4.12　设置皮革材质

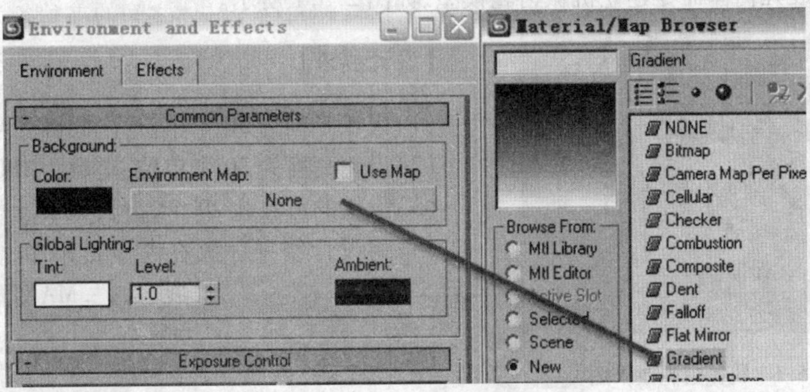

图 2.4.13　环境设置窗口

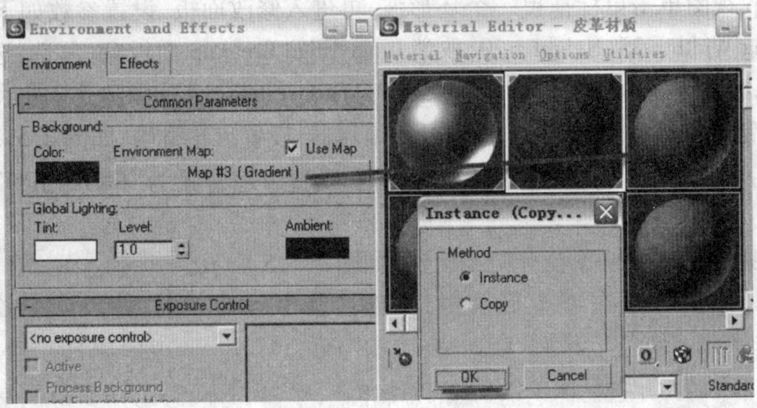

图 2.4.14　关联环境材质

(11)将设计结果存放在考生目录中,文件名为考号后 5 位数字 +“ - 2”,扩展名为“. MAX”。

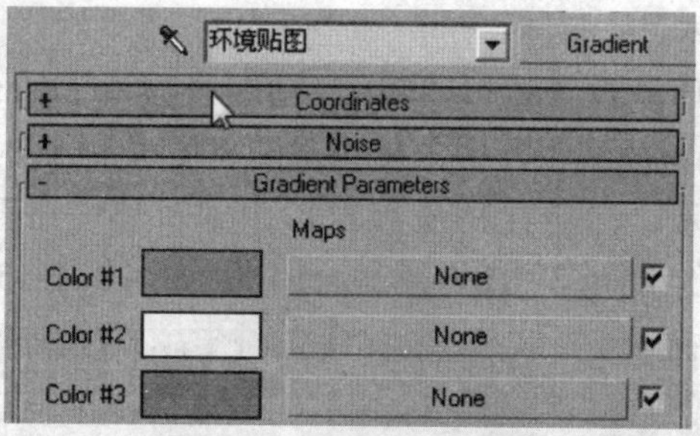

图 2.4.15　设置材质颜色

2.5　机械齿轮

【设计主题】

使用扩展几何体命令建立机械齿轮模型，如图 2.5.1 所示。

图 2.5.1　机械齿轮效果图

【设计要求】

(1)齿轮半径为 50 个单位，中间圆孔半径为 25。

(2)齿轮高度为 20 个单位，边数为 180。

(3)齿轮的齿数为 20 个，齿长为 15。

(4)将设计结果存放在考生目录中，文件名为考号后 5 位数字 +“ -2”，扩展名为“. MAX”。

【设计过程】

(1)单击 Create 创建→Extend 扩展基本体→Ring Wave 环形波。

(2)在 Top 视图单击鼠标拖曳一个环形波，再进入修改面板，设置参数如下：Radius = 50，Side = 180，Ring Width = 25，Height = 20，取消 Inner Edge Breakup 面板 On 复选，选择 Outer Edge Breakup 面板 On 复选项，设置 Major Cycles = 20，Width Flux = 15，如图2.5.2所示。

(3)按 M 键或工具栏中图标，进入材质编辑器，设置齿轮材质，如图 2.5.3 所示。

(4)按数字键 8 进入环境和特效设置对话框，设置环境背景为“SKY2. JPG”图片文件，如图 2.5.4 所示。

(5)在左视图中，添加一个泛光灯，其位置如图 2.5.5 所示。

(6)将设计结果存放在考生目录中，文件名为考号后 5 位数字 +“ -2”，扩展名为“. MAX”。

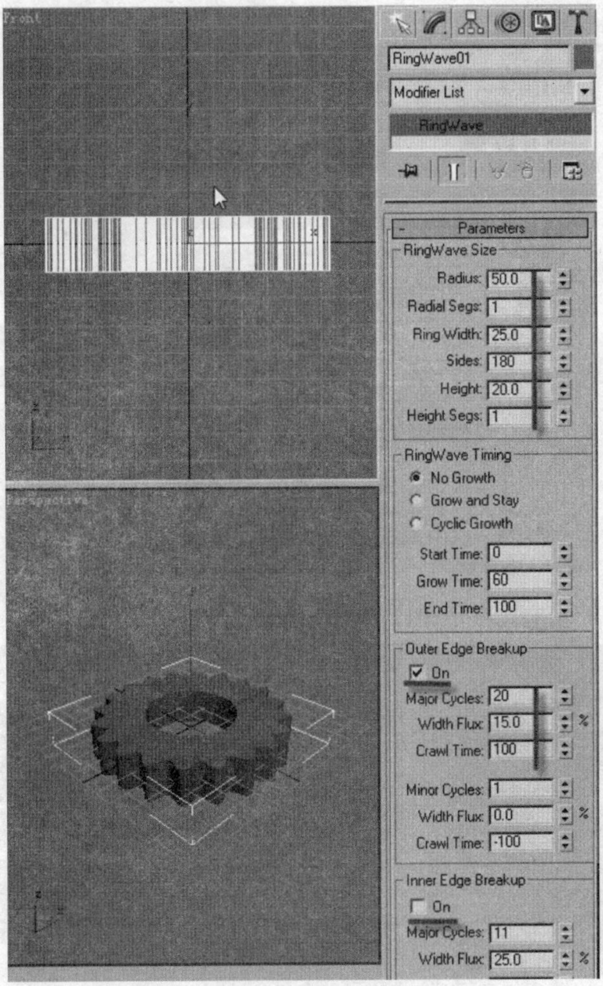

图 2.5.2　创建 Ring Wave 环形波

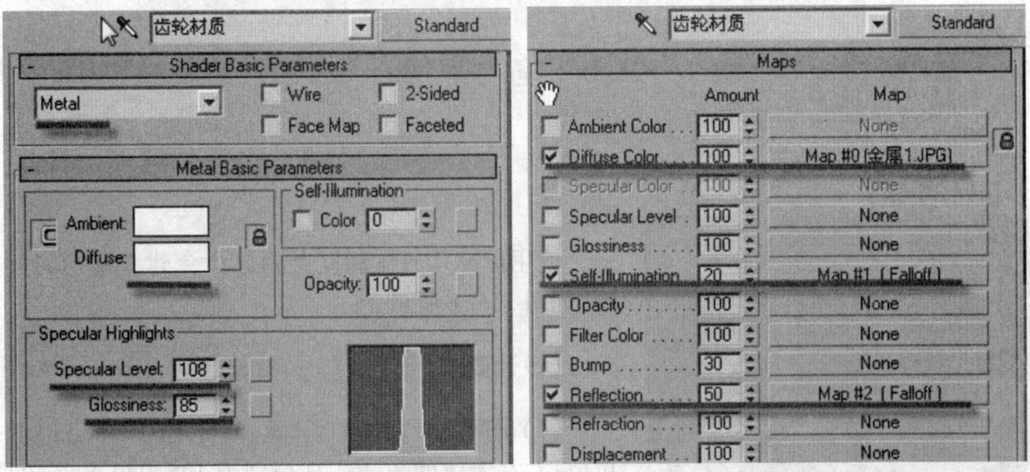

图 2.5.3　设置齿轮材质

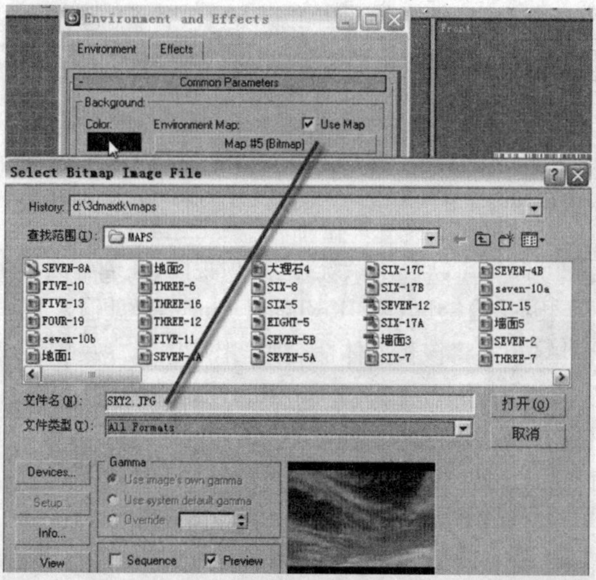

图 2.5.4　设置环境背景

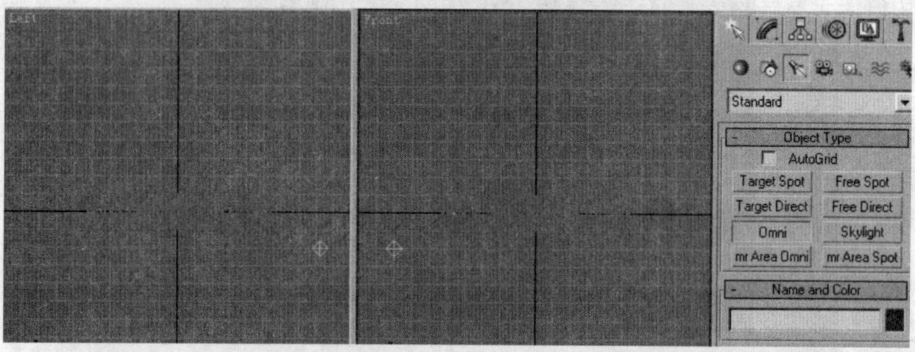

图 2.5.5　添加泛光灯

2.6　室内房间

【设计主题】

图 2.6.1　室内房间效果图

使用标准几何体和复合物体命令建立室内房间模型,如图 2.6.1 所示。

【设计要求】

(1)房间上下墙体的长、宽、高分别为 234、330、8 个单位;左右墙体的长、宽、高分别为 195、230、8 个单位;后墙的长、宽、高分别为 195、330、8 个单位;房间 3 个方形柱子的长、宽、高分别为 195、32、10 个单位。

(2)墙裙的厚度为8个单位,高为18个单位。

(3)在左墙开辟两个窗户,窗户的长和宽分别为100和60个单位。

(4)将设计结果存放在考生目录中,文件名为考号后5位数字+“-2”,扩展名为“.MAX”。

【设计过程】

(1)使用Reset(重置)命令重新设定系统,选定顶视图,在创建面板上单击Creat(创建)→Standard Primitives(标准几何体)→box,在Keyboard Entry(键盘输入)的输入框中输入长、宽、高分别为234、330、8个单位,并将该长方体命名为“上墙体”。

(2)选择Left左视图,创建Box,在Keyboard Entry(键盘输入)的输入框中输入长、宽、高分别为195、230、8个单位,并将该长方体命名为“左墙体”。

(3)选择Front前视图,创建Box,在Keyboard Entry(键盘输入)的输入框中输入长、宽、高分别为195、330、8个单位,并将该长方体命名为“后墙体”。

(4)使用对齐工具,分别将“后墙体”和“左墙体”对齐到场景中相应的位置。

(5)分别复制“下墙体”、“左墙体”、“后墙体”,并分别命名为“上墙体”、“右墙体”、“前墙体”,使用对齐工具放置在场景中合适的位置,如图2.6.2所示。

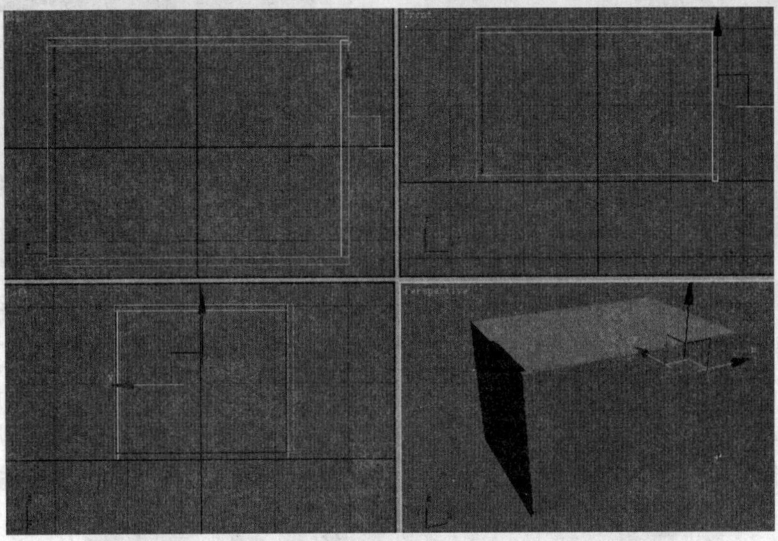

图2.6.2　制作房间墙体

(6)在顶视图创建一架摄像机,并配合前视图和左视图调整摄像机的位置,如图2.6.3所示。

(7)在顶视图创建一个Box,在Keyboard Entry(键盘输入)的输入框中输入长、宽、高分别为10、32、195个单位,并将该长方体命名为“方形柱1”。

(8)复制“方形柱1”,形成两个box,分别命名为“方形柱2”、“方形柱3”,并调整3个柱子在墙壁上的具体位置,使用对齐工具将3个柱子的底部对齐“地面”,如图2.6.4所示。

(9)在顶视图创建一个Box,在Keyboard Entry(键盘输入)的输入框中输入长、宽、高分别为230、8、18个单位,并将该长方体命名为“墙裙1”;再创建一个Box,长、宽、高分别为8、330、18个单位,并将该长方体命名为“墙裙2”,将两个墙裙分别对齐到左墙和后墙上,如图2.6.5所示。

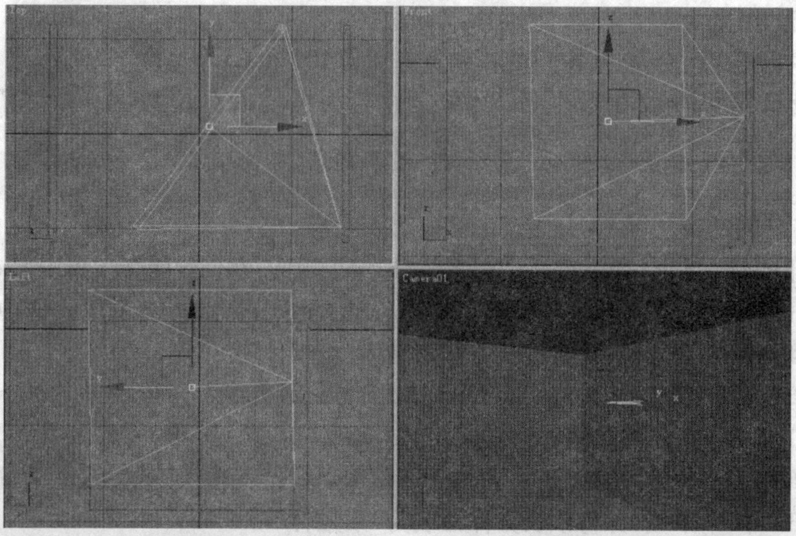

图 2.6.3　创建一架摄像机

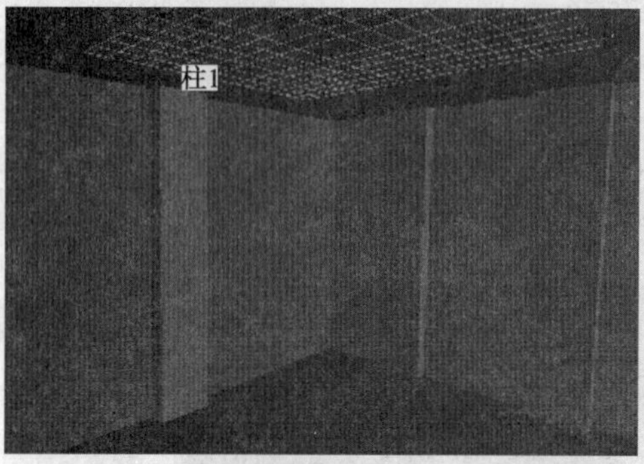

图 2.6.4　创建 3 个方形柱

图 2.6.5　创建墙裙

（10）分别复制“墙裙 1”和“墙裙 2”，并使复制后的两个墙裙对齐到前墙和右墙上。

（11）在左视图创建一个 Box，在 Keyboard Entry（键盘输入）的输入框中输入长、宽、高分别为 100、60、20 个单位，并将该长方体命名为“窗户 1”，复制 Box 生成“窗户 2”，调整两个窗户的相应位置，使用布尔运算相减的方法减去两个窗户，形成窗口，如图 2.6.6 所示。

图 2.6.6　创建窗户

(12)给房间赋上材质和环境后,将设计结果存放在考生目录中,文件名为考号后 5 位数字 +“ -2”,扩展名为“. MAX”。

2.7　球形镂空状方体

【设计主题】

使用标准几何体和扩展几何体命令制作中心为球形镂空状方体模型,如图 2.7.1 所示。

图 2.7.1　球形镂空状方体效果图

【设计要求】

(1)该物体由正方体和球体复合而成,正方体的边长为 160 个单位,边缘倒角 3 个单位,倒角分段数为 5,球体半径为 100 个单位。

(2)物体经复合后在正方体的每个面产生一圆形空洞,每个空洞大小一致。

(3)将设计结果存放在考生目录中,文件名为考号后 5 位数字 +“ -2”,扩展名为“. MAX”。

【设计过程】

(1)使用 Reset(重置)命令重新设定系统,在创建面板上单击扩展几何体下的 ChamferBox(方体)按钮,在 Creation Method(创建方式)参数栏上点击 Cube(立方体),如图 2.7.2 所示。

(2)激活 Top(顶)视图,建立边长为 160 个单位,边缘倒角 3 个单位,倒角分段数为 5 的倒角立方体。

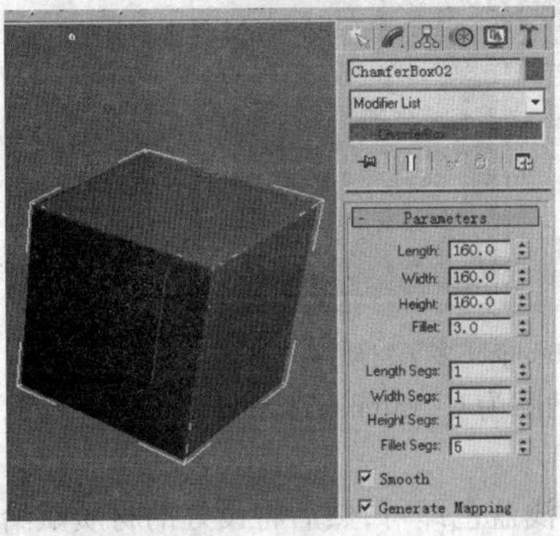

图 2.7.2　创建倒角立方体

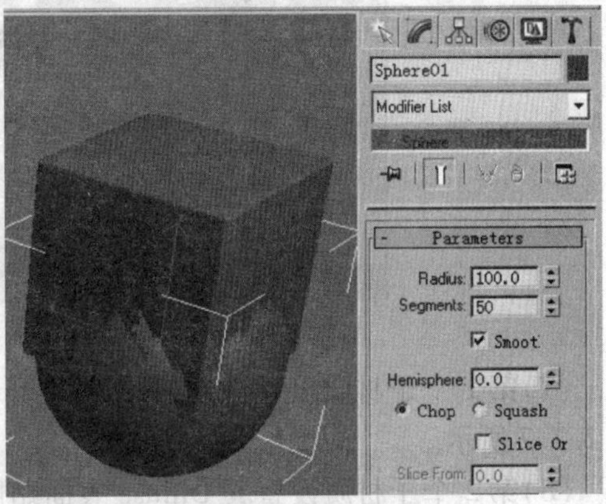

图 2.7.3　创建球体

(3)单击创建面板上的 Sphere(球体)命令,在顶视图建立一个 Radius 为 100 个单位,Segments为 50 的球体 Sphere01,如图 2.7.3 所示。

(4)选择 Sphere01,单击工具栏上的对齐按钮,在顶视图单击 Box01 物体,打开对齐对话框,Align Position(对齐位置)下的 X、Y、Z 轴,然后单击 OK 按钮退出,对齐后的效果如图 2.7.4 所示。

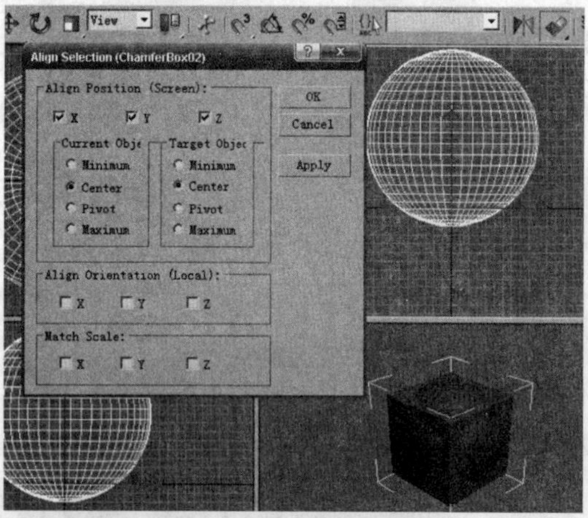

图 2.7.4 球体对齐方体中心

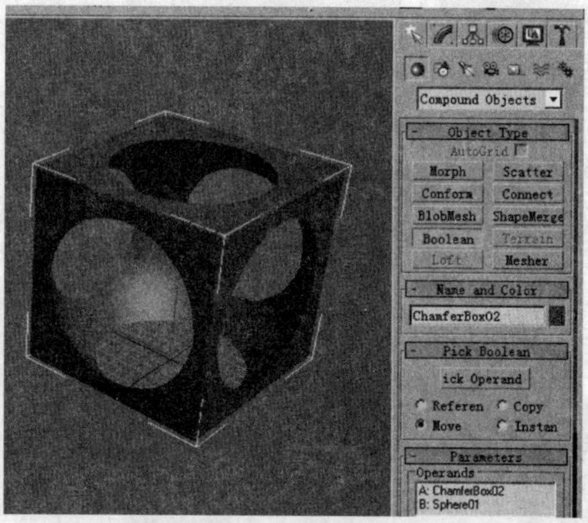

图 2.7.5 布尔运算生成空心方体

(5)选择立方体,单击 Create→Geometry→Compound Object→Boolean 命令,单击参数面板上的 Pick Operand B(拾取操作物体 B)按钮,确认复制类型为 Move(移动)类型,在任意视图单击球体,结果球体不见了,将立方体中间挖出一个大窟窿,如图 2.7.5 所示,布尔运算命令初始运算方式为 Subtraction(A-B)。

(6)选择镂空体后,按 M 键或单击工具条中的材质编辑器图标,进入材质编辑器,设置镂空体的材质。选择第一个未使用过的材质球,命名为“镂空体”,将 Standard 标准按钮改为 Mult/Sub-object 多子材质,设置材质数为 2,如图 2.7.6 所示。

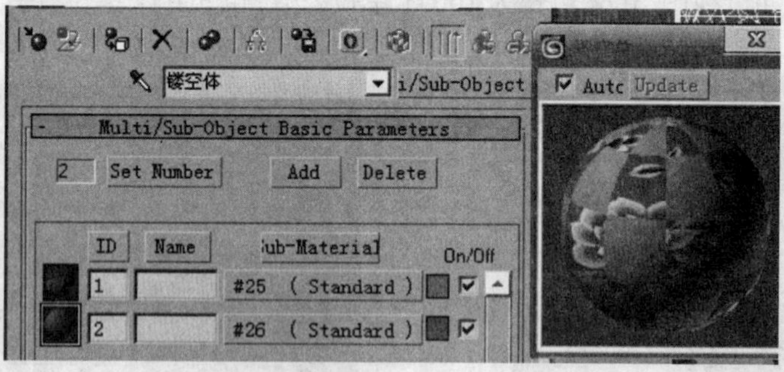

图 2.7.6 设置镂空体为 Mult/Sub-object 多子材质

(7)第 1 个子材质设置参数如图,其 Diffuse 表面贴图为 C:\3dmaxTK\maps\Two-11.gif,如图 2.7.7 所示。

(8)第 2 个子材质设置其 Diffuse 表面贴图颜色为浅蓝色即可,然后将设好的材质赋给场景中的镂空体,如图 2.7.8 所示。

(9)按数字键 8 进入环境设置窗口,将环境贴图设为 Gradient 渐变,如图 2.7.9 所示。

(10)将渐变贴图按钮,拖放到材质编辑器中未使用过的材质球,此时弹出对话框,选择 Instance 关联复制,然后在材质编辑器中编辑环境贴图,设置 Color#1 为黄色,Color#2 为紫色,Color#3 为绿色,参数设置如图 2.7.10 所示。

(11)将设计结果存放在考生目录中,文件名为考号后 5 位数字 + “ - 2”,扩展名为 “. MAX”。

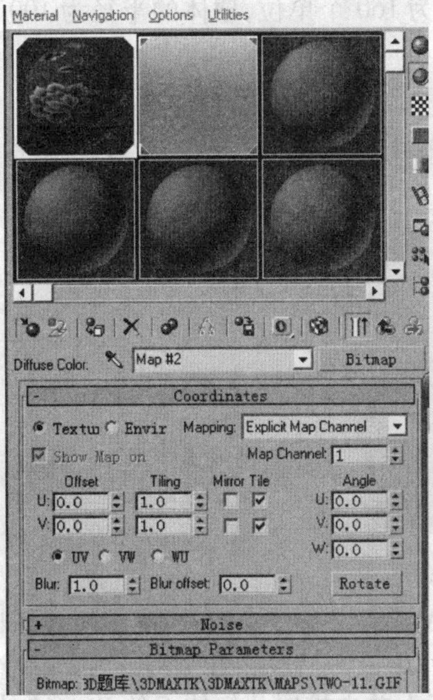

图 2.7.7　设置 ID1 表面贴图

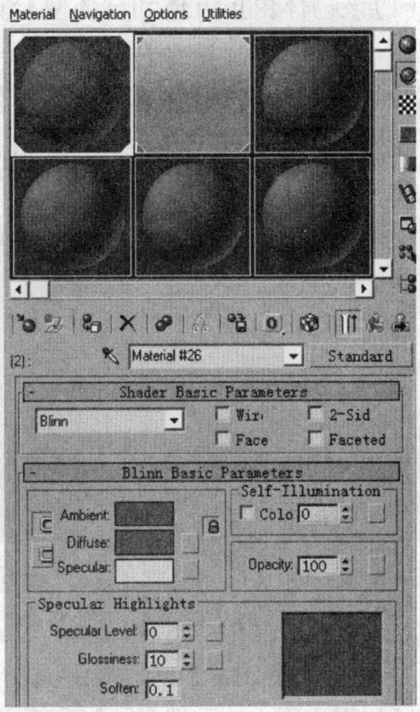

图 2.7.8　设置 ID2 表面贴图

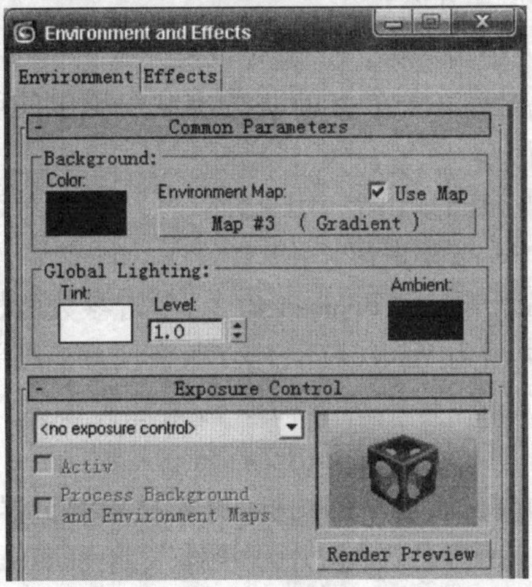

图 2.7.9　设置环境背景

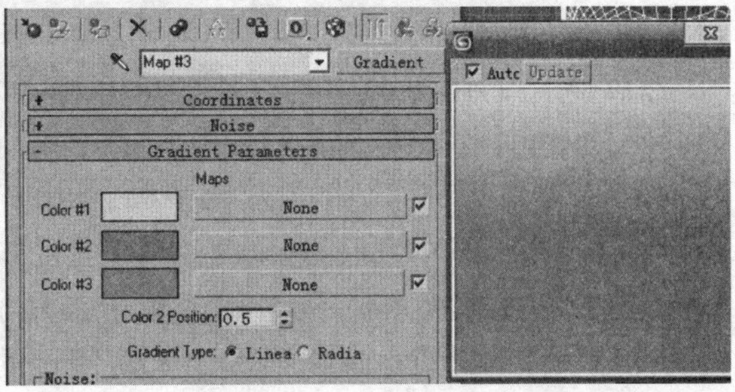

图 2.7.10　设置渐变贴图

2.8　切片球状体

【设计主题】

使用标准几何体和复合物体命令建立切片球状体模型,如图 2.8.1 所示。

【设计要求】

(1)该物体由正方体和球体复合而成,正方体的边长为160个单位,球体的半径为100个单位。

(2)物体经复合后共有6个圆形切面,每个切面大小一致。

(3)将设计结果存放在考生目录中,文件名为考号后5位数字+"-2",扩展名为".MAX"。

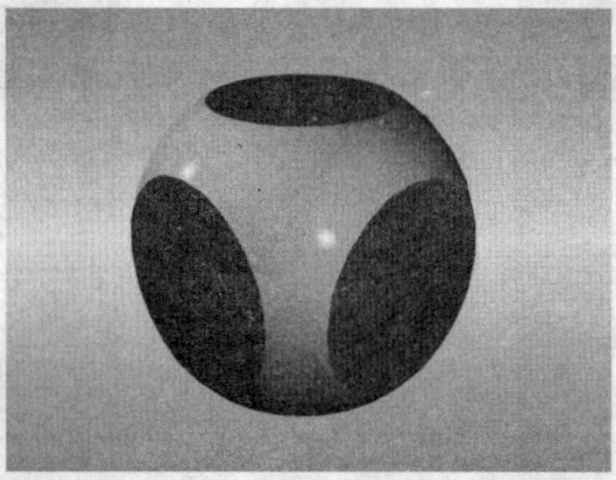

图2.8.1 切片球状体效果图

【设计过程】

(1)使用Reset(重置)命令重新设定系统,在创建面板上单击扩展几何体下的Box(方体)按钮,在Creation Method(创建方式)参数栏上点击Cube(立方体)。

(2)激活Top(顶)视图,建立边长为160个单位立方体Box01。

(3)单击创建面板上的Sphere(球体)命令,在顶视图建立一个Radius为100个单位的球体Sphere01。

(4)选择Sphere01,单击工具栏上的对齐按钮,在顶视图单击Box01物体,打开对齐对话框,Align Position(对齐位置)下的X、Y、Z轴,然后单击OK按钮退出。

(5)选择立方体,单击Create→Geometry→Compound Object→Boolean命令,单击参数面板上的Pick Operand B(拾取操作物体B)按钮,确认复制类型为Move(移动)类型,在任意视图单击球体,结果球体不见了,将立方体中间挖出一个大窟窿,布尔运算命令初始运算方式为Subtraction(A-B)。选择Intersection(交集)运算方式,视图显示只留下相交部分。

(6)选择切片球状体后,按M键或单击工具条中的材质编辑器图标,进入材质编辑器,设置切片球状体的材质。选择第1个未使用过的材质球,命名为"切片球状体",将Standard标准按钮改为Mult/Sub-object多子材质,设置材质数为2。材质1的Diffuse表面贴图为C:\3dmaxTK\maps\木纹3.jpg,材质2的Diffuse表面贴图颜色为:R100,G255,B160,两种材质都设置相应的高光级别及光泽度。设置完后,将材质赋给场景中的切片球状体。

(7)按数字键8进入环境设置窗口,将环境贴图设为Gradient渐变,再将渐变贴图按钮拖放到材质编辑器中未使用过的材质球上,此时弹出对话框,选择Instance关联复制,然后在材质编辑器中编辑环境贴图,Color#1与Color#3的贴图颜色都为:R180,G130,B255,Color#2的颜色为RGB:255白色。

(8)将设计结果存放在考生目录中,文件名为考号后5位数字+"-2",扩展名为".MAX"。

2.9 砚　台

【设计主题】

使用扩展几何体和复合物体命令建立六角砚台模型，如图2.9.1所示。

【设计要求】

(1)砚台为六角，每个角边缘有8个单位的倒角。

(2)砚台的半径为100个单位，高35个单位，砚台内部深为25个单位。

(3)砚墨的长、宽、高分别为15、30、80个单位，倒角为3个单位，倒角分段数为10。

(4)将设计结果存放在考生目录中，文件名为考号后5位数字+“-2”，扩展名为“.MAX”。

图2.9.1　六角砚台效果图

【设计过程】

(1)在顶视图创建一个扩展几何体正多边形Gengon，命名为“砚台”，Create →几何体 →Extended Primitives扩展几何体→Gengon正多边形，砚台为六角，每个角边缘有8个单位的倒角，砚台的半径为100个单位，高35个单位，参数设置如图2.9.2所示。

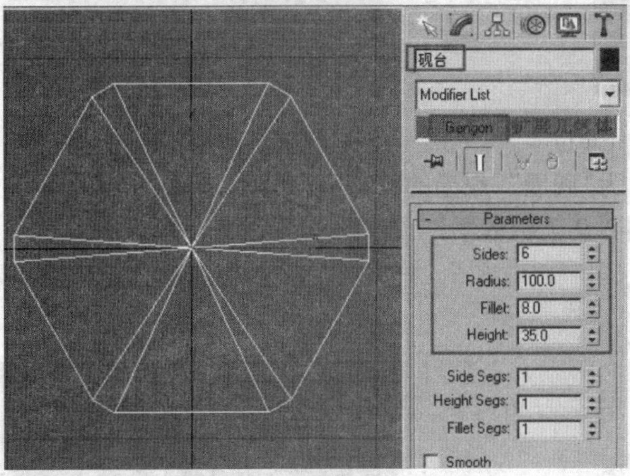

图2.9.2　创建Gengon(正多边形)

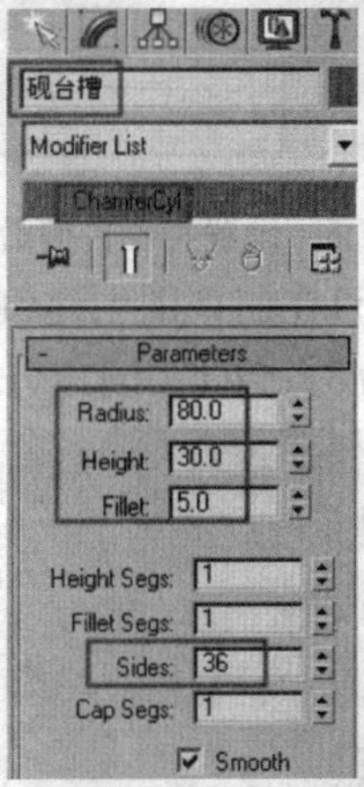

图2.9.3　创建ChamferCyl倒角圆柱

(2)再在顶视图创建一个倒角圆柱chamferCyl，命名为“砚台槽”，半径为80，高度为30，倒角Fillet为5，边数为36，使圆柱边缘更光滑，参数设置如图2.9.3所示。

(3)在前视图选择砚台槽，设置Y轴砚台槽底部对齐砚台顶部，设置如图2.9.4所示。

(4)选择 移动工具右击，在弹出的移动对话框中，设置将砚台槽沿Y轴向下移动25个单位，使内部深为25个单位，如图2.9.5所示。

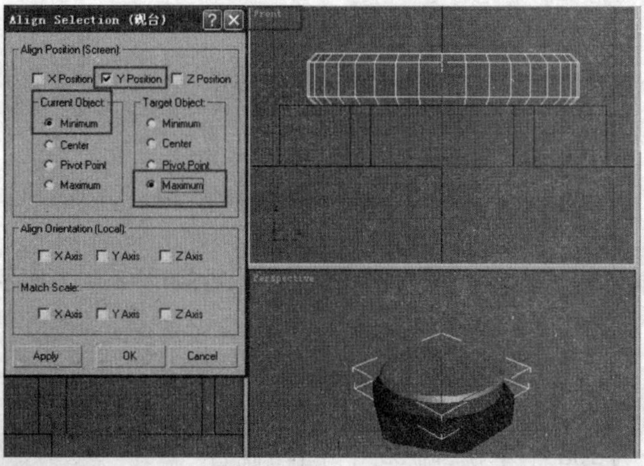

图 2.9.4　设置 Y 轴砚台槽底部对齐砚台顶部

(5)选择砚台后，单击 Create →几何体 →Compound Primitives 复合几何体→Boolean 布尔运算，拾取砚台槽，形成砚台的三维模型，如图 2.9.6 所示。

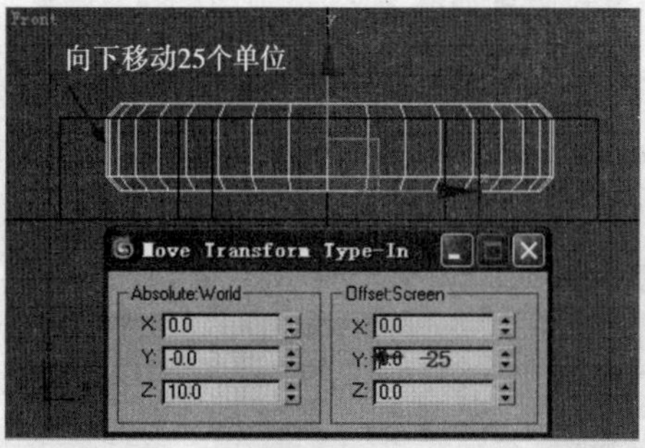

图 2.9.5　设置将砚台槽沿 Y 轴向下移动 25 个单位

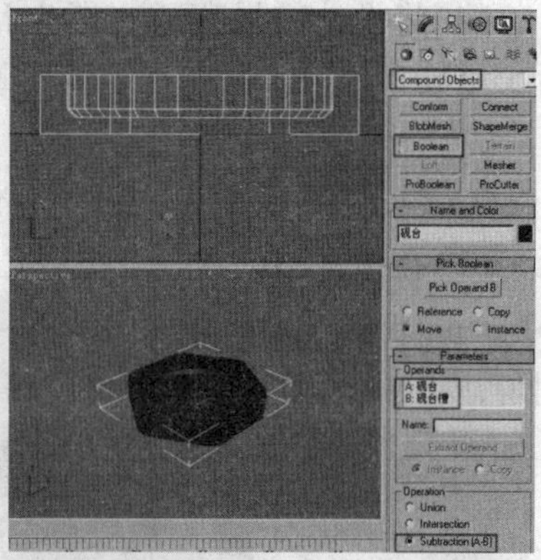

图 2.9.6　形成砚台的三维模型

(6)在前视图创建倒角立方体，命名为“砚墨”，砚墨的长、宽、高分别为 15、30、80 个单位，倒角为 3 个单位，倒角分段数为 10，如图 2.9.7 所示。

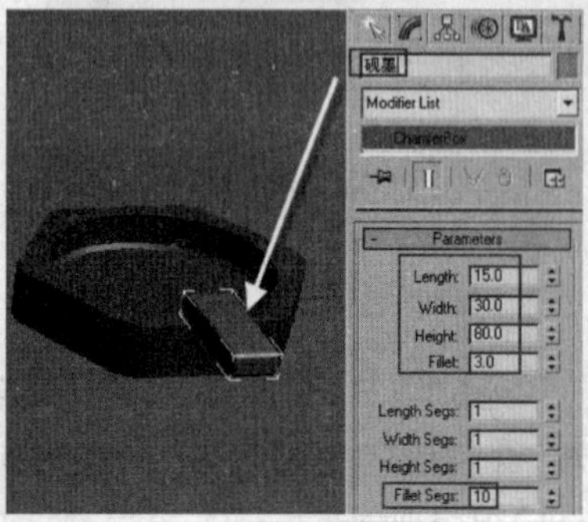

图 2.9.7　创建 ChamferBox 倒角立方体

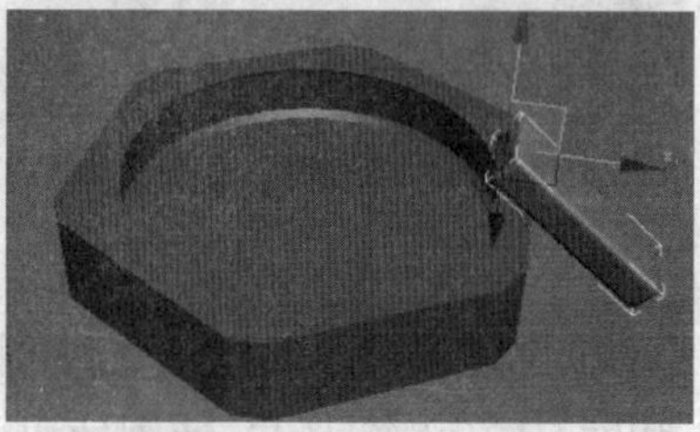

图 2.9.8　调整砚墨的位置

(7)使用旋转工具调整砚墨的位置，如图 2.9.8 所示。

(8)将设计结果存放在考生目录中，文件名为考号后 5 位数字 +“-2”，扩展名为“.MAX”。

2.10　笛　子

【设计主题】

使用标准几何体和复合物体命令建立笛子模型,如图2.10.1所示。

【设计要求】

(1)笛子的内外半径分别为6个单位和8个单位,长250个单位。

(2)在笛子的正上方有9个圆孔,圆孔半径为4个单位,其中左边8个圆孔之间的间距均为20个单位左右。

(3)将设计结果存放在考生目录中,文件名为考号后5位数字+"-2",扩展名为".MAX"。

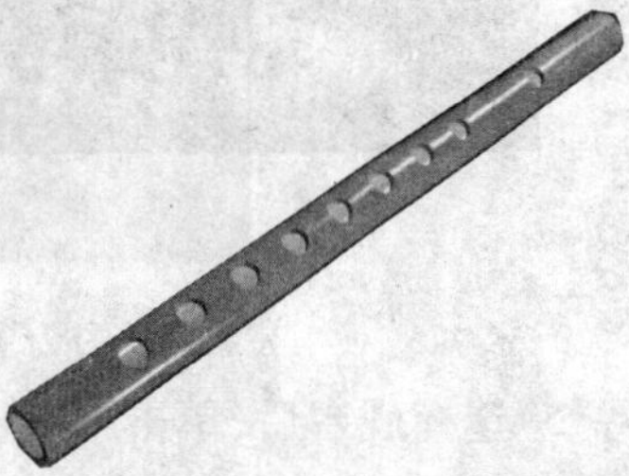

图2.10.1　笛子效果图

【设计过程】

(1)在前视图创建标准几何体圆管Tube,内径为6个单位,外径为8个单位,高度为250个单位,如图2.10.2所示。

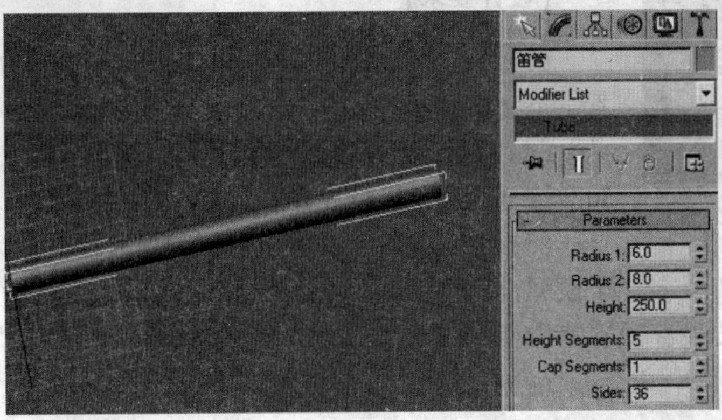

图2.10.2　创建Tube(圆管)

(2)在顶视图创建标准几何体Cylinder(圆柱),半径为4个单位,高度为8个单位,如图2.10.3所示。

(3)将圆柱放置在笛管的上方前端的中心位置,再使用阵列工具Array复制另外8个圆柱。

(4)创建复合物体,选择布尔运算,制作出笛子上的9个圆孔。

(5)将设计结果存放在考生目录中,文件名为考号后5位数字+"-2",扩展名为".MAX"。

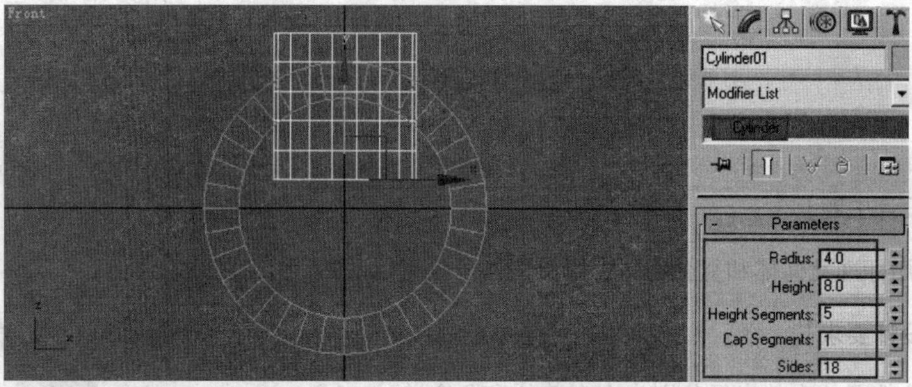

图 2.10.3　创建 Cylinder(圆柱)

2.11　中国象棋

【设计主题】

使用扩展几何体和复合物体命令建立中国象棋棋子模型,如图 2.11.1 所示。

图 2.11.1　中国象棋棋子效果图

【设计要求】

(1)打开 C:\3DMAXTK\SCENES\TWO-11. MAX 文件,场景中有一个文字模型。

(2)建立一个倒角圆柱体,圆柱的半径为 100 个单位,高度为 50 个单位,倒角为 24 个单位,倒角分段数为 10,边为 36。

(3)将文字模型与圆柱体进行复合,使其成为一粒中国象棋棋子模型,棋子具有一定的雕刻感,雕刻深度为 10 个单位。

(4)将设计结果存放在考生目录中,文件名为考号后 5 位数字 +“ -2”,扩展名为“. MAX”。

【设计过程】

(1)选择菜单 File\Reset(文件\重置)命令,恢复系统设置。

(2)使用 ChamfeCyl(倒角圆柱)命令在顶视图建立一个倒角圆柱体,修改它的参数如下:Radius = 100, Height = 50, Fillet = 24, Fillet Segs = 10, Sides = 36。

(3)在创建面板上单击 Shapes(二维图形)命令标签,进入二维图形创建面板,单击 Text(文本)命令按钮,将下面示例文本框中的样文“Max Text”删掉,然后输入一个中文字“将”。

(4)在顶视图单击鼠标左键,一个中文字出现了,但是看上去比较小,进入修改面板,修改中文字的大小(Size)为 160。

(5)选择菜单 Modifiers List→Extrude(修改→拉伸)命令,拉伸量为 25,将文字移到(或使用对齐工具对齐)如图 2.11.2 所示的位置。

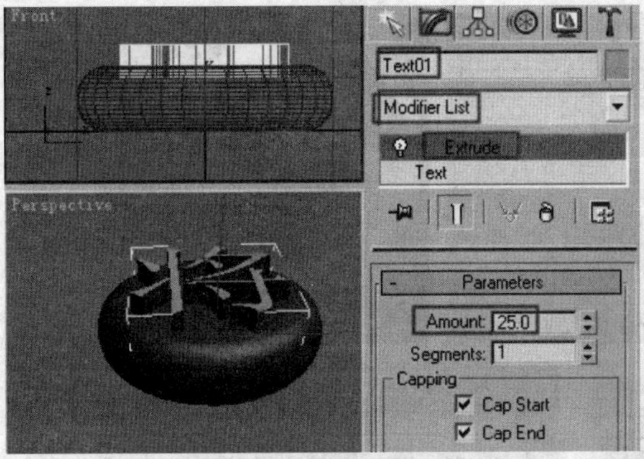

图2.11.2　Extrude(挤出)形成三维文字

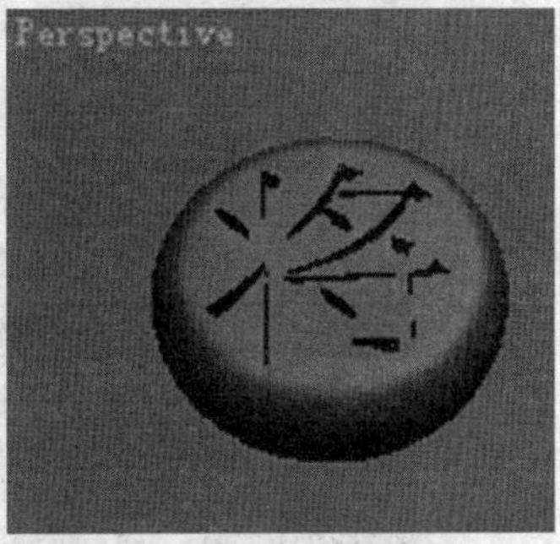

图2.11.3　制作中国象棋棋子造型

(6)进入复合物体面板,使用Boolean命令,将文字与倒角圆柱体进行相减运算,制作出一粒中国象棋棋子造型,如图2.11.3所示。

(7)现在给布尔物体换一种中文字体,进入修改面板,会发现面板上并没有文字参数,但是在Operand选项列表中列出了参与布尔运算的两个原始物体的名称,如图2.11.4所示。

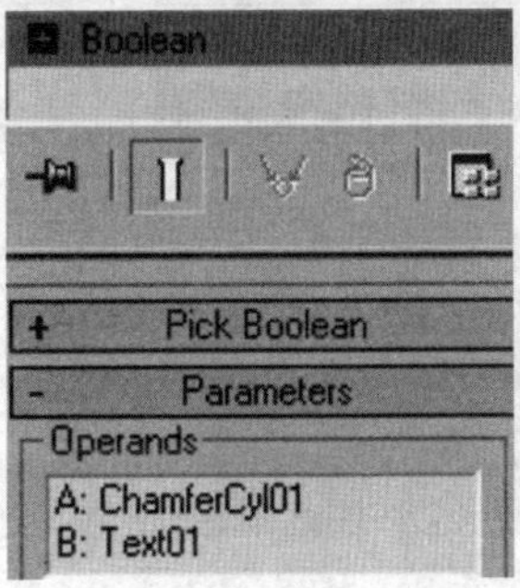

图2.11.4　Boolean(布尔运算)设置

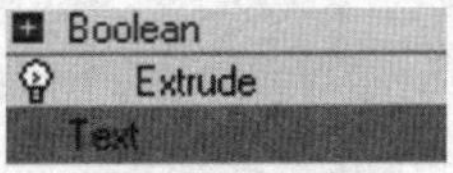

图2.11.5　选择修改器命令里的Text

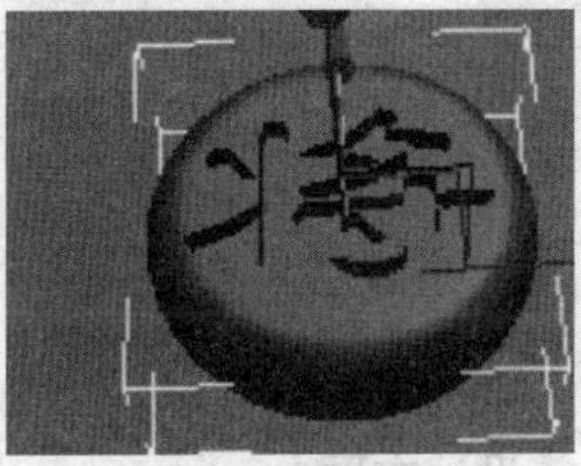

图2.11.6　设置文字字体为隶书

(8)鼠标选择B物体Text01,此时在编辑堆栈中出现了文本建立命令和应用其上的修改器命令,如图2.11.5所示。

(9)在编辑堆栈中选择Text,面板上随即出现创建文本的原始参数,从字体列表框中选择另外一种中文字体,例如隶书,布尔物体上的文字自动变为隶书文字,而布尔物体的其他变化并没有任何改变,如图2.11.6所示。

(10)在编辑堆栈中选择Boolean层级,返回到布尔运算面板,用同样的方法可以对倒角圆柱体的参数进行修改。

(11)按M键或单击工具栏中的,进入材质编辑器,选择第一个未使用过的材质球,设置象棋的材质,将该材质命名为"象棋材质",将标准材质改为Mult/Subject Obj,具体设置参数如图2.11.7所示,设置后单击按钮,将"象棋材质"赋给场景中的象棋。

(12)将设计结果存放在考生目录中,文件名为考号后5位数字+"-2",扩展名为".MAX"。

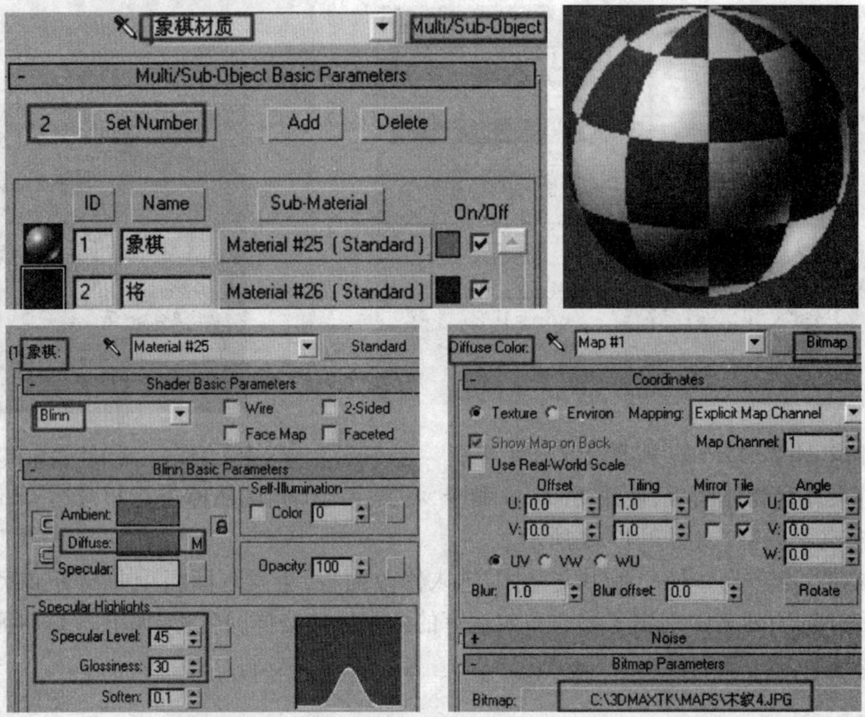

图 2.11.7　设置象棋材质

2.12　烟灰缸

【设计主题】

使用扩展几何体和复合物体命令建立烟灰缸模型，如图 2.12.1 所示。

【设计要求】

(1)烟灰缸的半径为 100 个单位，高度为 70 个单位。

(2)烟灰缸的内外边缘必须有一定的倒角，表面光滑。

(3)烟灰缸上的 3 个缺口之间的夹角各为 120°。

(4)将设计结果存放在考生目录中，文件名为考号后 5 位数字 +“－2”，扩展名为“.MAX”。

【设计过程】

(1)单击菜单 File→Reset(文件→重置)命令，恢复系统设置。

(2)在顶视图建立一个倒角圆柱体 ChamferCy01，修改参数如下：Radius = 100，Height = 70，Fillet = 8，Fillet Segs = 10，Sides = 30，其他参数使用默认值。

(3)在提示栏中右击按钮，打开 Grid and Snap Setting 对话框，设置 Percent 捕捉值为 5，

图 2.12.1　烟灰缸效果图

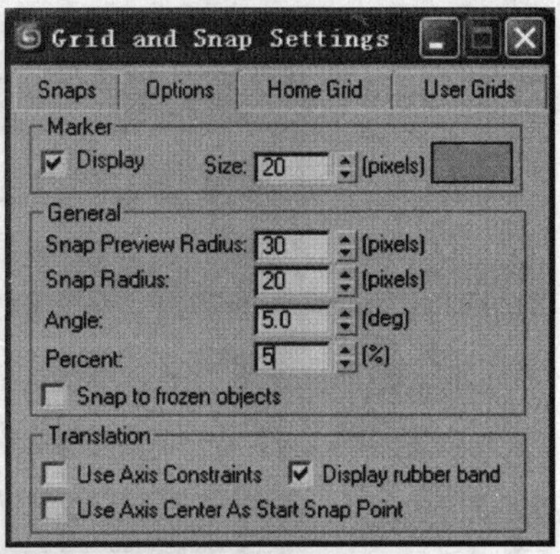

图 2.12.2　启用捕捉工具

如图 2.12.2 所示，然后关闭对话框退出。

(4)确认按钮被激活(鼠标左键单击即可)，选择工具栏上的缩放按钮，按住 Shift 键，在顶视图对 ChamferCy01 物体进行等比缩放，待状态栏中的 X、Y、Z 显示的数值为 85 时放开鼠标，在弹出的复制对话框中单击 OK 按钮，这样就复制出另一个倒角圆柱体 ChamferCy02。

(5)选择 ChamferCy02，在前视图沿 Y 轴将其向上移动 18 个单位，如图 2.12.3 所示。

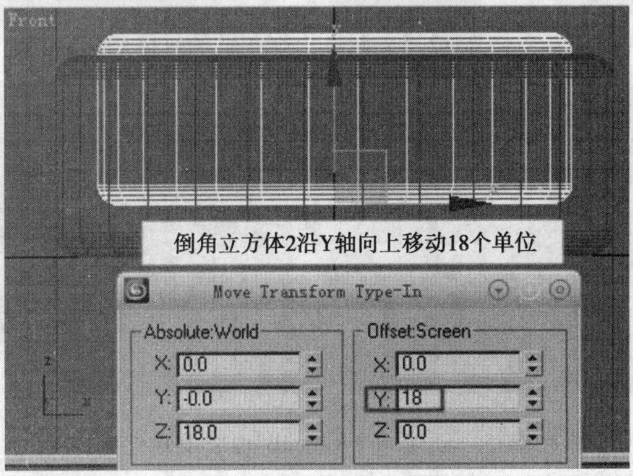

图 2.12.3　ChamferCy02(倒角立方体)向上移动 18 个单位

(6)选择 ChamferCy01 物体，进入复合物体建立面板，单击 Boolean 命令，在参数面板中单击 Pick Operand B 按钮，确认当前运算方式为 Sbtraction(A-B)，在透视图中单击 ChamferCy02 物体，结果小圆柱将大圆柱挖出一个洞，如图 2.12.4 所示，制作出烟灰缸的缸体。

(7)在左视图创建一个倒角方体 ChamBox01，设置参数如下：Length = 30，Width = 20，Height = 40，Fillet = 8，Fillet Segs = 10，并将其移至如图 2.12.5 所示的位置。

(8)选择 ChamBox01 物体，选择 Hierarchy(层级)面板上的 Affect Pivot Only(仅影响枢轴点)命令，此时在 ChamBox01 物体上出现枢轴点坐标。

(9)选择工具栏上的对齐按钮，在顶视图单击布尔物体，打开对齐对话框，设置如图2.12.6所示的参数，单击 OK 按钮退出，发现 ChamBox01 的枢轴点落在布尔物体的枢轴点位置上。

(10)关闭 Affect Pivot Only 按钮，激活顶视图，选择工具栏上的按钮，在打开的对话框中，设置 Rotate(旋转)Z 轴的放置角度为 120，1D 的复制数量(Count)为 3，单击 OK 按钮退出，如图 2.12.7 所示复制出两个倒角方体，并且每两个倒角方体之间的夹角为 120°。

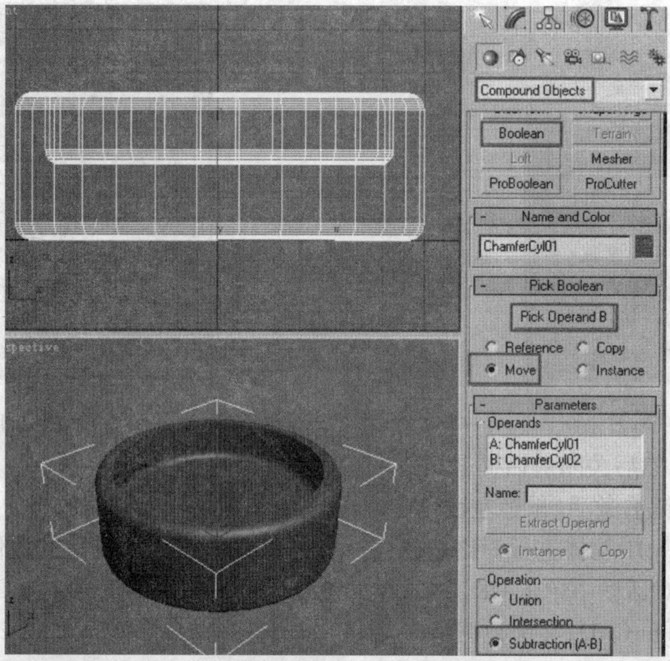

图 2.12.4　制作出烟灰缸的缸体

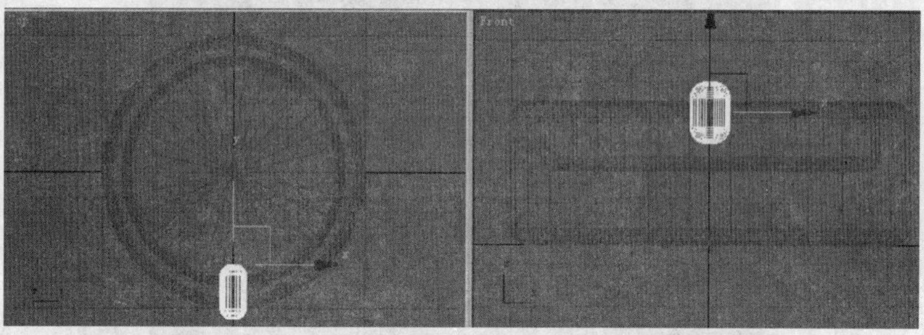

图 2.12.5　创建一个 ChamBox01(倒角立方体)

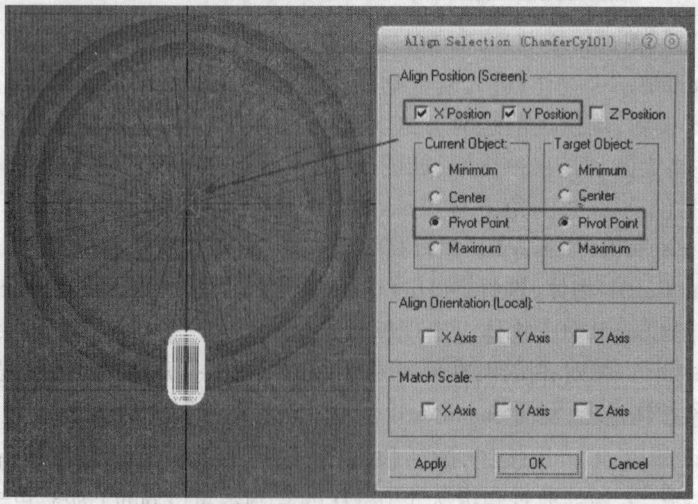

图 2.12.6　设置 ChamBox01 的枢轴点

（11）选择烟灰缸的缸体，选择 Boolean 命令，单击 Pick Operand B 按钮，确认当前运算方式为 Subtraction（A-B），在透视图单击 ChamBox01 物体，结果烟灰缸被挖出一个小缺口。

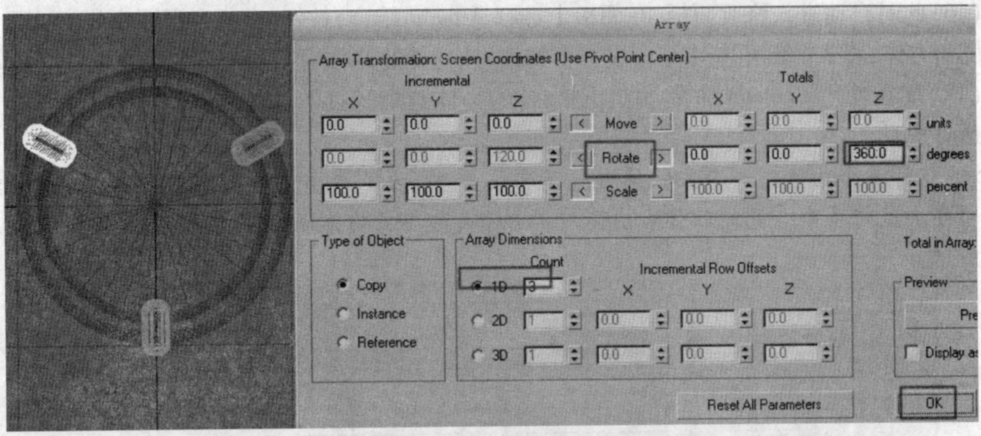

图 2.12.7　阵列旋转复制 3 个倒角立方体

（12）继续单击 Pick Operand B 按钮，然后在视图中拾取 ChamBox02 物体，现在会发现一个奇怪的现象，当第二个缺口被挖出来后，第一个缺口就会自动补上，如图 2.12.8 所示。

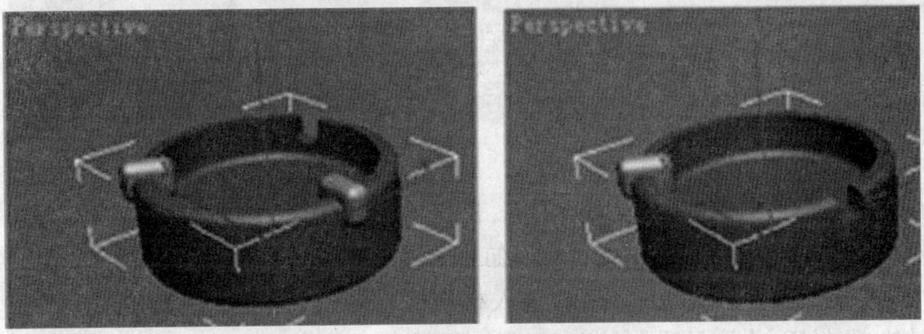

图 2.12.8　第一个缺口被自动补上

（13）在没有搞清楚前，我们改变一下操作方法。将布尔命令面板往下拉，可以看到面板上的 Boolean 命令按钮仍然激活状态（背景呈黄色显示），鼠标单击其他按钮命令或按右键撤销 Boolean 命令，直到在面板上看不见 Boolean 参数了，再次选择 Boolean 命令，重复步骤（11）将烟灰缸的最后一个缺口挖出来，现在的效果如图 2.12.9 所示。

（14）连续按 Ctrl + Z 键，恢复场景如图所示效果，使用步骤（13）的方法，重新将烟灰缸的 3 个小缺口挖掉。

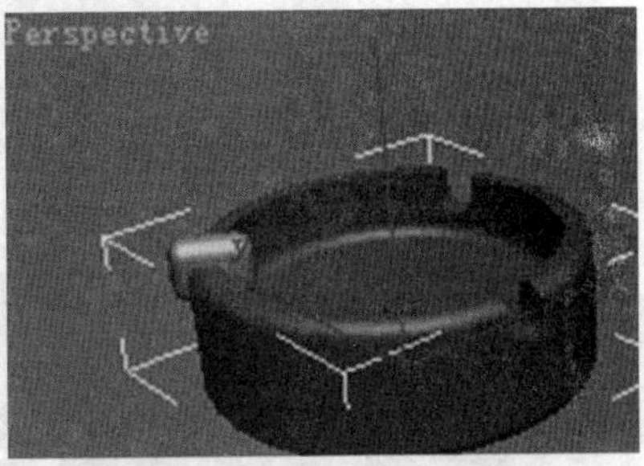

图 2.12.9　制作烟灰缸凹槽

注：对三维物体进行布尔运算时，只能两两运算，并且在一次激活的命令中只能运算一次，不能连续运算，否则会运算错误或失败，这就是步骤（13）要按右键撤销该命令的缘故。

上述操作中，烟灰缸上只有 3 个小缺口，如果按常规方法，至少要进行 3 次布尔运算，如果要挖出 10 个甚至更多的缺口，是不是也要进行十多次布尔运算呢？可以采用下面的方法进行简化操作：

（15）连续单击 Undo 按钮，恢复步骤（10）状态，选择其中的一个倒角方体（如 ChamBox01），右击鼠标,在打开快捷菜单中选择 Convert to→Convert to Editable Mesh(转化→转化可编辑的网格体)命令。

(16)此时自动进入修改面板,在面板上选择 Attach(结合)按钮,在任意视图中集资选择另外两个倒角方体,将3个倒角方体结合成一个物体,该物件的名称为第一个选取的物体的名称。

(17)现在使用 Boolean 命令,用刚刚结合的物体与烟灰缸的缸体物体进行差集运算,至此一次运算成功。

注:当有多个物体对一个主物体进行布尔运算时,为了减少计算的次数和避免计算错误,最好的办法是将多个并列的物体合并成一个物体,再与主物体进行布尔运算,这样做既快又不容易出错。

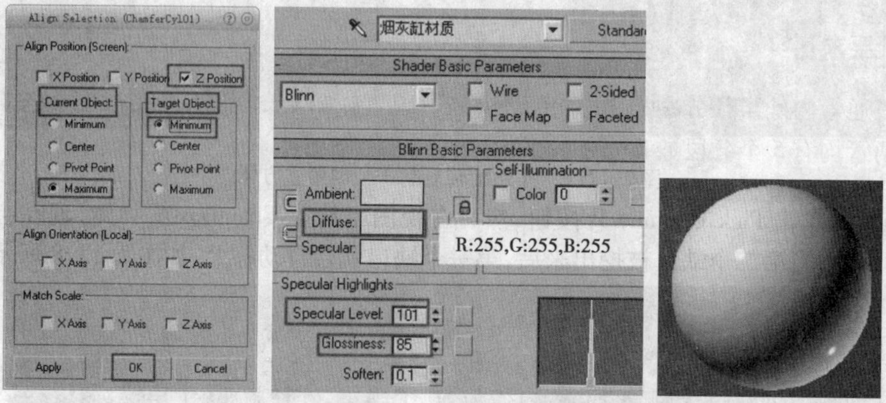

图 2.12.10　设置烟灰缸材质

(18)在 Top 顶视图创建一个 Plane 平面,长500个单位,宽500个单位。

(19)设置平面与烟灰缸对齐,保证烟灰缸能放置在 Plane 平面上,如图2.12.10所示。

(20)按 M 键或单击工具栏中的图标,进入材质编辑器,选择第一个未使用过的材质球,首先设置烟灰缸的材质,将该材质命名为"烟灰缸材质",具体设置参数如图2.12.10所示,设置后单击图标按钮,将"烟灰缸材质"赋给场景中的烟灰缸。

(21)再选择第二个未使用的材质球,设置地面 Plane 的材质贴图,将该材质命名为"平面材质",具体设置参数如图2.12.11所示,设置后单击图标按钮,将"平面材质"赋给场景中的平面。

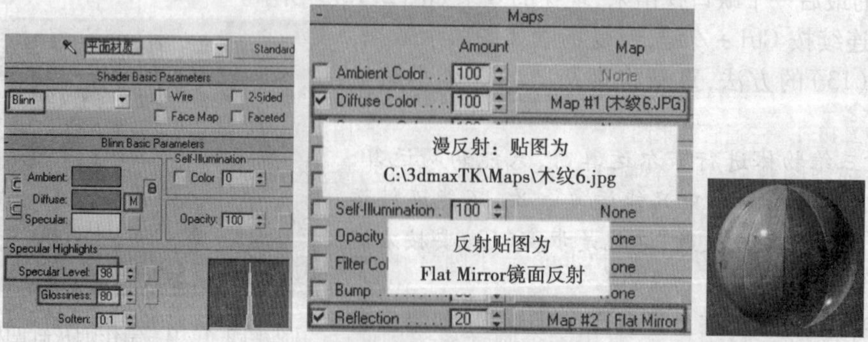

图 2.12.11　设置木地板材质

(22)将设计结果存放在考生目录中,文件名为考号后 5 位数字 +“ - 2”,扩展名为“. MAX”。

2.13　三通管

【设计主题】

使用标准几何体和复合物体命令建立三通管模型,如图 2.13.1 所示。

【设计要求】

(1)三通管内外半径分别为 30 个单位和 40 个单位,两管长均为 220 个单位。

(2)两管均有 5 个分段数,36 边,呈“丁”字形三通。

(3)两管必须复合成一个整体。

(4)将设计结果存放在考生目录中,文件名为考号后 5 位数字 +“ - 2”,扩展名为“. MAX”。

【设计过程】

(1)在前视图创建一个圆管 Tube,内径为 30 个单位,外径为 40 个单位,高度为 220 个单位,5 个分段数,36 边,如图 2.13.2 所示。

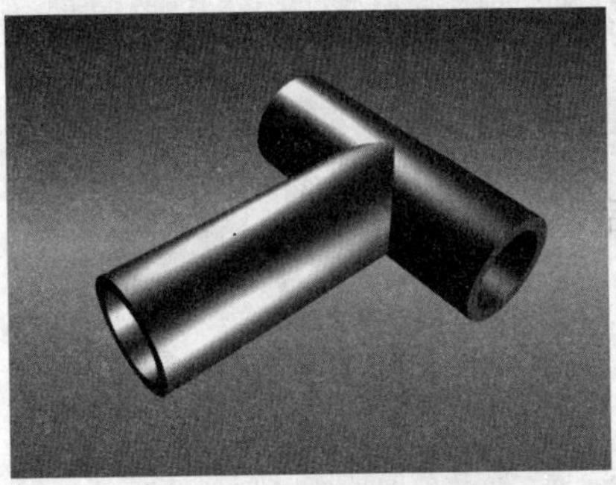

图 2.13.1　三通管效果图

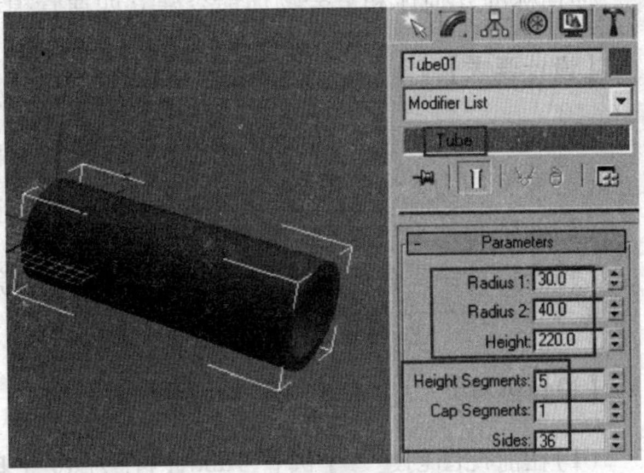

图 2.13.2　创建 Tube(圆管)

(2)在前视图再创建一个圆柱,半径为 30 个单位,高度为 250 个单位,5 个分段数,36 边,位于圆管中央,如图 2.13.3 所示。

(3)选定圆管和圆柱,再复制 Clone 一个圆管和圆柱,使用旋转工具沿 Z 轴旋转 90°,调整相互的位置,使物体呈丁字形三通,如图 2.13.4 所示。

(4)使用布尔运算工具,将其中一个圆管和与其垂直的圆柱进行相减的布尔运算,这样形成三通的圆孔,同步制作垂直的另一个圆孔,如图 2.13.5 所示。

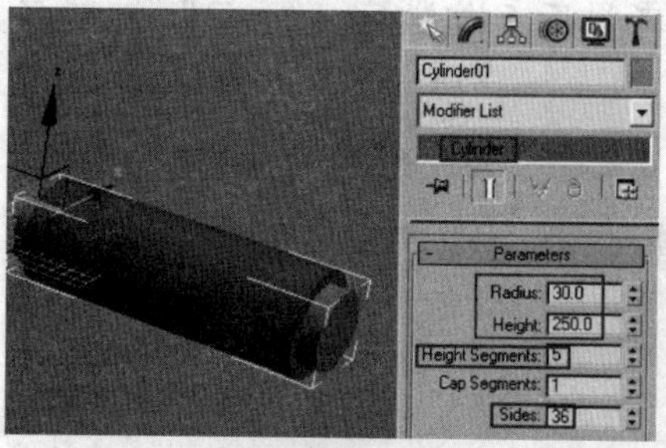

图 2.13.3　创建 Cylinder(圆柱)

图 2.13.4　生成“丁”字形三通

图 2.13.5　挖空内管

(5)利用布尔运算合并 Union 工具,将两个互相垂直的圆管合成一个整体。

(6)将设计结果存放在考生目录中,文件名为考号后 5 位数字 +“ -2”,扩展名为“. MAX”。

2.14　四通管

【设计主题】

使用标准几何体和复合物体命令建立四通管模型,如图 2.14.1 所示。

【设计要求】

(1)四通管外半径为 50 个单位,内半径为 40 个单位,管长为 330 个单位。

(2)两管均为 5 个分段数,30 边,呈“十”字形四通。

(3)两管必须复合成一个整体。

(4)将设计结果存放在考生目录中,文件名为考号后 5 位数字 +“ -2”,扩展名为“. MAX”。

图 2.14.1　四通管效果图

【设计过程】

(1)在前视图创建一个圆管 Tube,内径为 40 个单位,外径为 50 个单位,高度为 330 个单位,5 个分段数,边为 30,如图 2.14.2 所示。

(2)在前视图再创建一个圆柱,半径为 40 个单位,高度为 350 个单位,5 个分段数,30 边,位于圆管中央,如图 2.14.3 所示。

(3)选定圆管和圆柱,再复制 Clone 一个圆管和圆柱,使用旋转工具沿 Z 轴旋转 90°,调整相互的位置,使物体呈“十”字形四通,如图 2.14.4 所示。

(4)使用布尔运算工具,将其中一个圆管和与其垂直的圆柱进行相减的布尔运算,这样形成四通的圆孔,同步制作垂直的另一个圆孔,如图 2.14.5 所示。

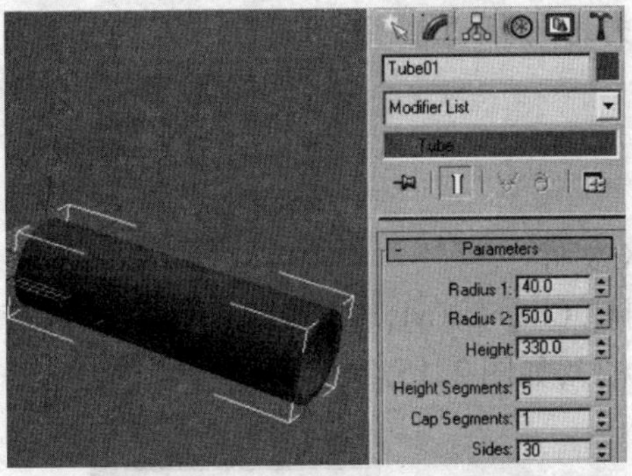

图 2.14.2　创建 Tube(圆管)

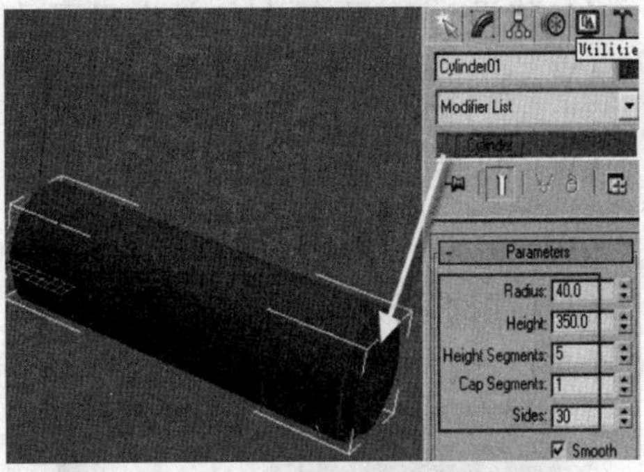

图 2.14.3　创建圆柱

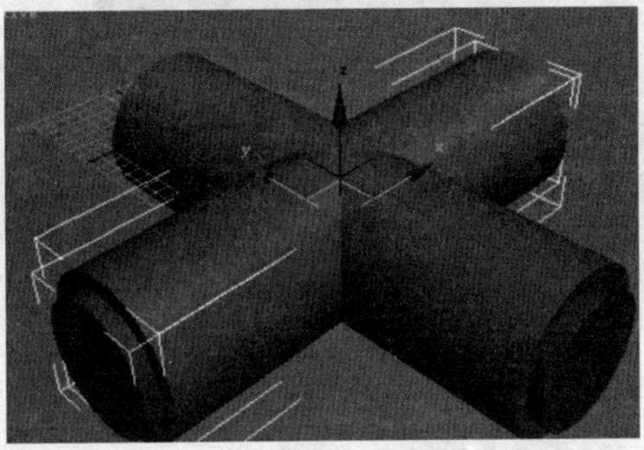

图 2.14.4　形成“十”字形四通

图 2.14.5　制作四通管模型

(5)再利用布尔运算合并 Union 工具,将两个互相垂直的圆管合成一个整体。

(6)将设计结果存放在考生目录中,文件名为考号后 5 位数字 +“ –2”,扩展名为“. MAX”。

2.15　螺丝刀

【设计主题】

使用标准几何体和复合物体命令建立螺丝刀模型,如图 2.15.1 所示。

【设计要求】

(1)打开 C:\3DMAXTK\SCENES\TWO-15. MAX 文件。

(2)使用扩展几何体和复合物体命令建立螺丝刀的上部手柄,手柄中央为倒角柱体,其上有 6 道小凹槽,手柄相关尺寸与图中相近即可。

(3)在手柄上部制作一个扁平球体,使其与中央手柄成为一个整体。

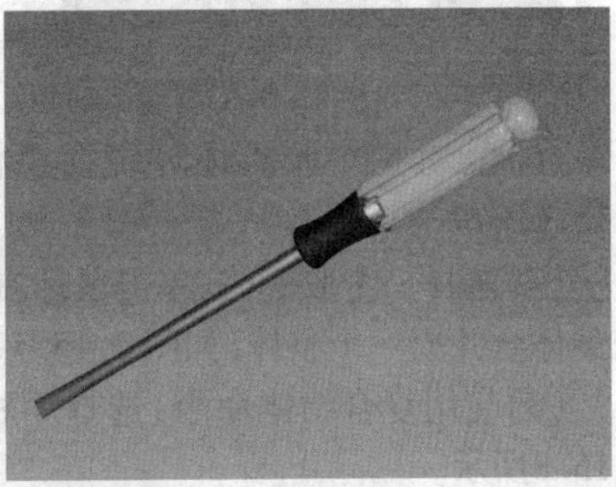

图 2.15.1　螺丝刀效果图

(4)将设计结果存放在考生目录中,文件名为考号后 5 位数字 + " - 2",扩展名为 ". MAX"。

【设计过程】

(1)打开 C:\3DMAXTK\SCENES\TWO-15. MAX 文件。

(2)使用扩展几何体,在顶视图创建一个倒角圆柱 ChamferCyl,半径为 25 个单位,高度为 300 个单位,倒角为 5 个单位,边数为 36,命名为"手柄",如图 2.15.2 所示。

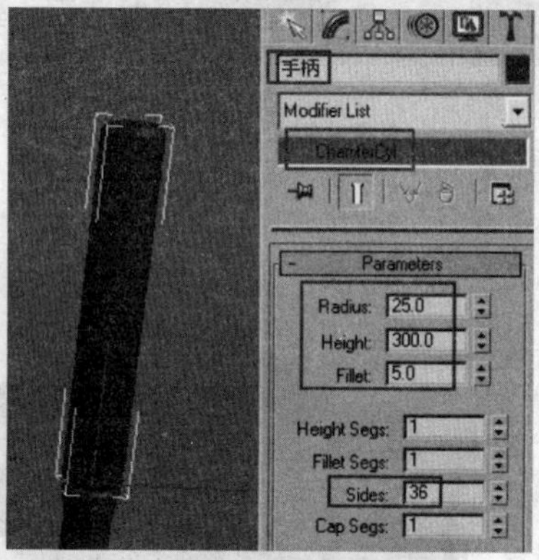

图 2.15.2　创建倒角圆柱体

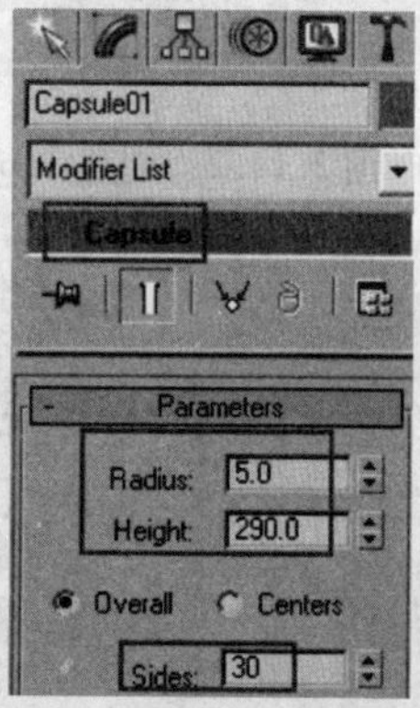

图 2.15.3　创建胶囊体

(3)使用对齐工具将手柄对齐螺丝刀上端。

(4)在顶视图创建一个胶囊体 Capsule,半径为 5 个单位,高度为 290 个单位,边数为 30,居于手柄边缘平齐位置,如图 2.15.3 所示。

(5)使用层级工具中的 Affect Pivot Only 将胶囊体 Capsule 轴心对齐手柄中心,如图2.15.4 所示。

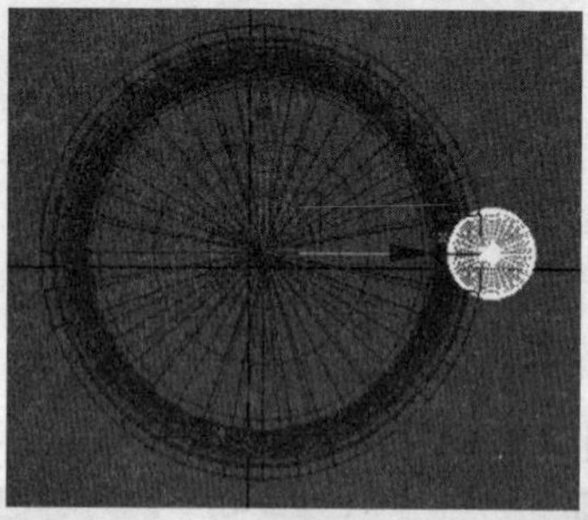

图 2.15.4　设置 Capsule 胶囊体轴心

图 2.15.5　阵列旋转复制 6 个胶囊体

(6)复制 6 个胶囊体环绕在手柄周围,如图 2.15.5 所示,使用 Array 阵列工具,如图 2.15.6所示。

(7)选择一个胶囊体,单击鼠标右键 Editable to Mesh 转换为网格,Attach 附加其他的 5 个胶囊体合并成一个整体,如图 2.15.7 所示。

(8)使用复合物体命令,选择手柄与胶囊体进行布尔相减运算,制作 6 道小凹槽,如图 2.15.8所示。

(9)在顶视图创建一个球体 Sphere,使用变形工具对球体进行压缩,在手柄上部制作一个扁平球体,如图 2.15.9 所示,再使用布尔合并工具使其与中央手柄成为一个整体。

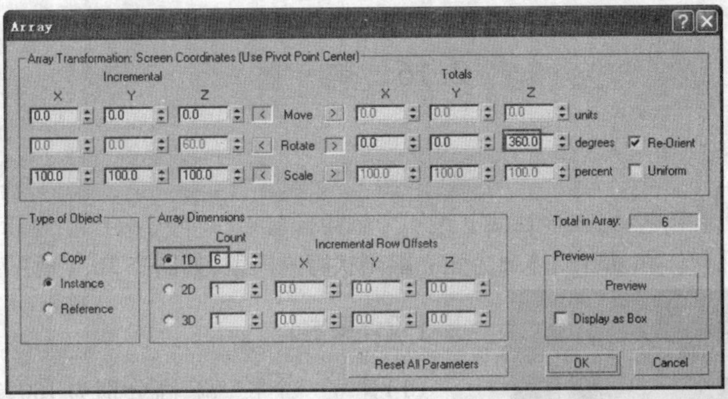

图 2.15.6　设置 Array(阵列)对话框

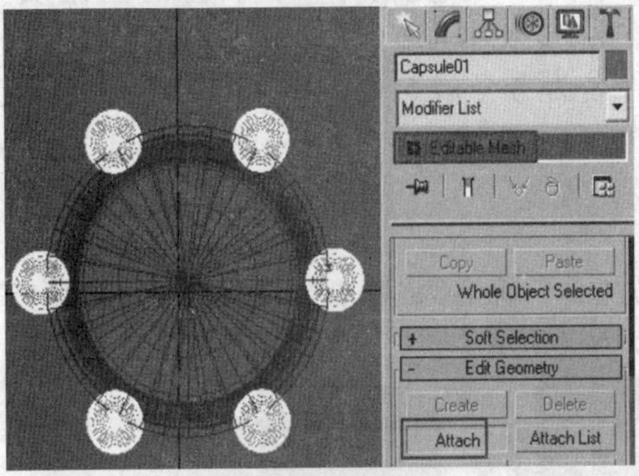

图 2.15.7　合交 6 个胶囊体

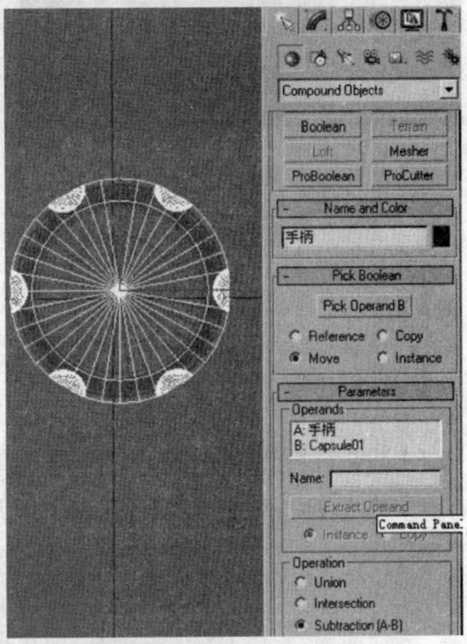

图 2.15.8　制作 6 道小凹槽

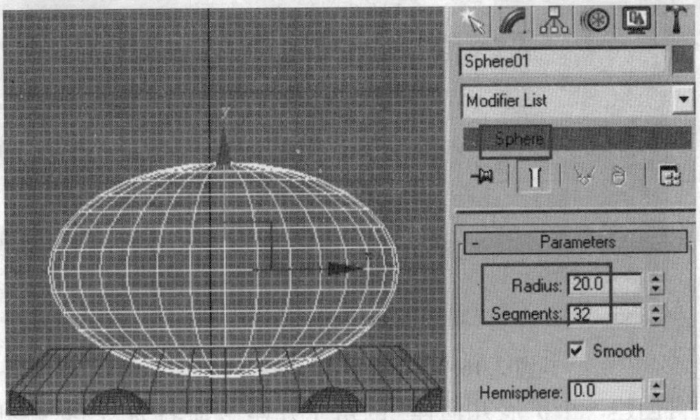

图 2.15.9　创建螺丝刀顶点扁平球体

(10)将设计结果存放在考生目录中,文件名为考号后 5 位数字 + “ - 2”,扩展名为“. MAX”。

2.16 牌 匾

【设计主题】

使用扩展几何体和复合物体命令建立雕刻状牌匾模型,如图 2.16.1 所示。

图 2.16.1 雕刻状牌匾效果图

【设计要求】

(1)建立一个长、宽、高分别为 160、300、15 个单位,倒角为 1 个单位的方体。

(2)在该方体正前面制作一个凹状雕刻平面,该平面长、宽分别为 140、280 个单位,倒角为 2 个单位,雕刻深度约为 3 个单位。

(3) 制作一个厚度为 10 个单位的三维文字“3DMAX”,并使该文字与雕刻方体成凸状雕刻状。

(4)将设计结果存放在考生目录中,文件名为考号后 5 位数字 + “ - 2”,扩展名为“. MAX”。

【设计过程】

(1)在前视图创建一个扩展几何体“倒角立方体”,命名为“牌匾”,长、宽、高分别为 160、300、15 个单位、倒角为 1 个单位的方体,如图 2.16.2 所示。

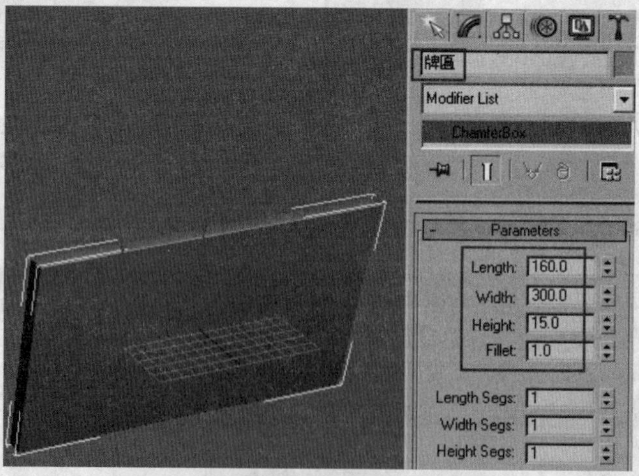

图 2.16.2 创建倒角立方体“牌匾”

(2)在前视图再创建一个扩展几何体“倒角立方体”,命名为“凹状雕刻平面”,长、宽、高分别为 140、280、15 个单位、倒角为 2 个单位的方体,如图 2.16.3 所示。

(3)在顶视图将凹状雕刻平面移至牌匾前端,设置向内移动 3 个单位,使雕刻深度约为 3 个单位。

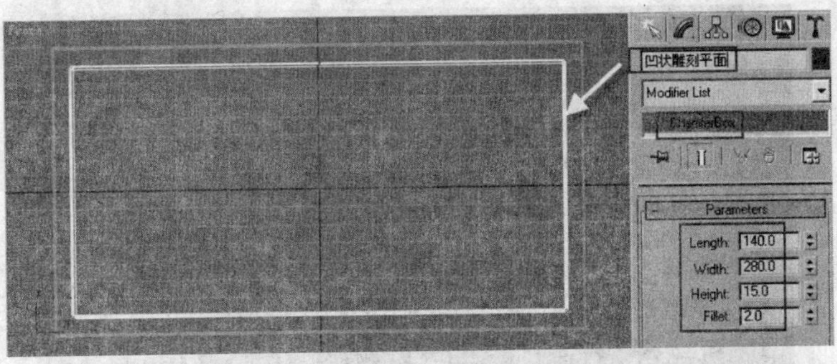

图 2.16.3　创建倒角立方体 “凹状雕刻平面”

(4)使用布尔运算制作牌匾的凹状雕刻平面效果，如图 2.16.4 所示。

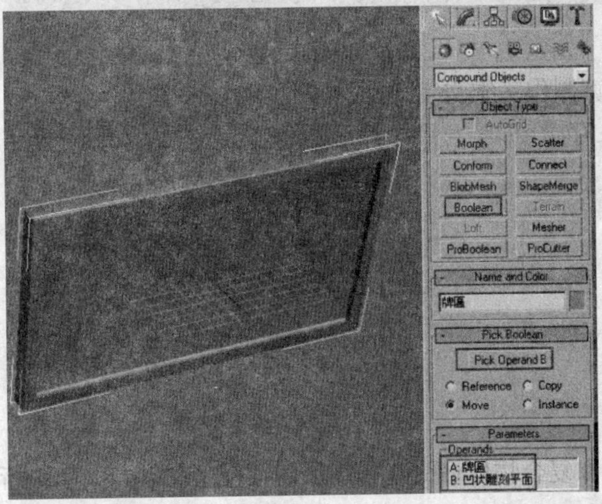

图 2.16.4　制作牌匾的凹状雕刻平面效果

(5)在前视图创建二维文字“3DMAX”，字号为 80，设置文字对齐牌匾的凹状雕刻平面中心，如图 2.16.5 所示。

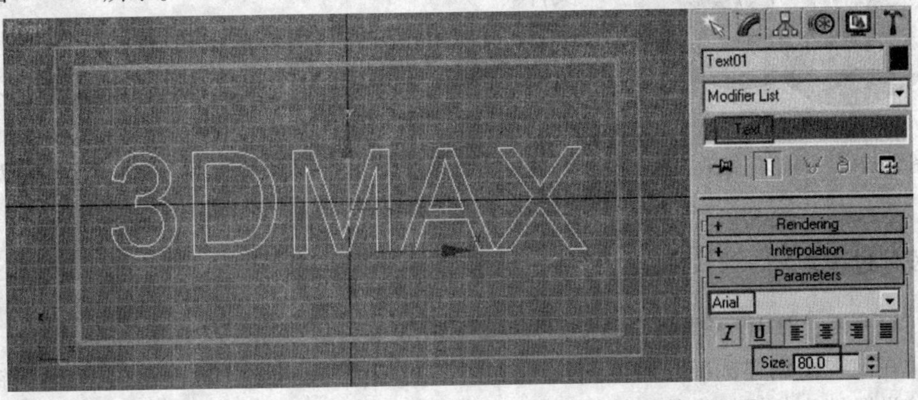

图 2.16.5　创建二维文字“3DMAX”

(6)将文字进行 Extrude(拉伸)变形，拉伸量为 10，制作一个厚度为 10 个单位的三维文字“3DMAX”，注意文字在凹状雕刻平面前伸出 10 个单位(使用对齐工具)如图 2.16.6 所示。

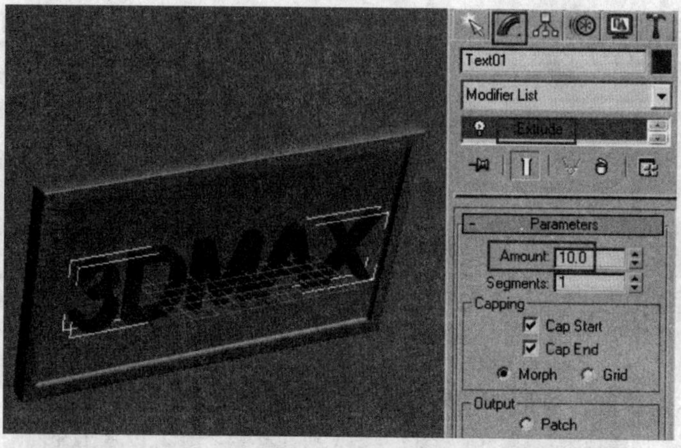

图 2.16.6　Extrude(拉伸)三维文字

(7)使用布尔运算制作三维文字,合成到凹状雕刻平面上。

(8)将设计结果存放在考生目录中,文件名为考号后 5 位数字 +“ -2”,扩展名为“. MAX”。

2.17　球形门锁

【设计主题】

使用标准几何体和复合物体命令建立球形门锁模型,如图 2.17.1 所示。

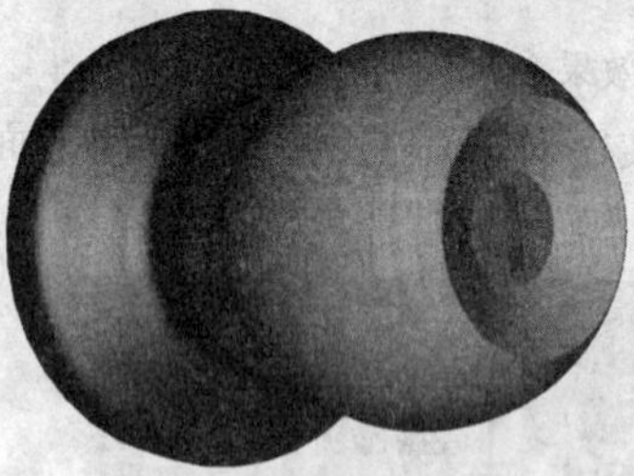

图 2.17.1　球形门锁效果图

【设计要求】

(1) 打开 C:\3DMAXTK\SCENES\TWO-17. MAX 文件。

(2)使用相关的几何体命令再建立一个球型锁锁头及锁眼,锁头半径为 120 个单位,锁眼处平面半径为 15 个单位,其他尺寸与图中相近即可。

(3)将设计结果存放在考生目录中,文件名为考号后 5 位数字 +“ -2”,扩展名为“. MAX”。

【设计过程】

(1)打开 C:\3DMAXTK\SCENES\TWO-17. MAX 文件。

(2)在前视图创建标准几何体 Sphere,如图 2.17.2 所示,半径 120 个单位,命名为锁头。

(3)设置锁头与场景中的圆柱体 X、Y、Z 3 个方向中心对齐,再将锁头移至圆柱体前端位置,如图 2.17.3 所示。

(4)再在前视图创建标准几何体 Sphere,如图 2.17.2 所示,半径 120 个单位,命名为凹面。使用对齐工具将凹面 X、Y、Z 中心对齐锁头后,再将凹面移至锁头前端。

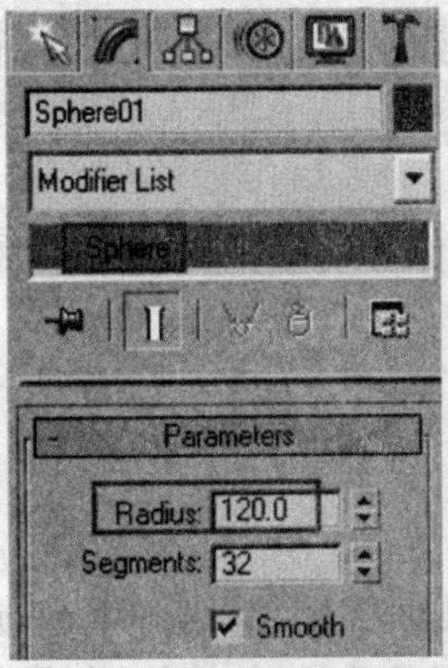

图 2.17.2　创建锁头

图 2.17.3　调整锁与锁头的位置

(5)创建复合物体,使用布尔运算工具将锁头与凹面相减,形成锁头凹面,如图 2.17.4 所示。

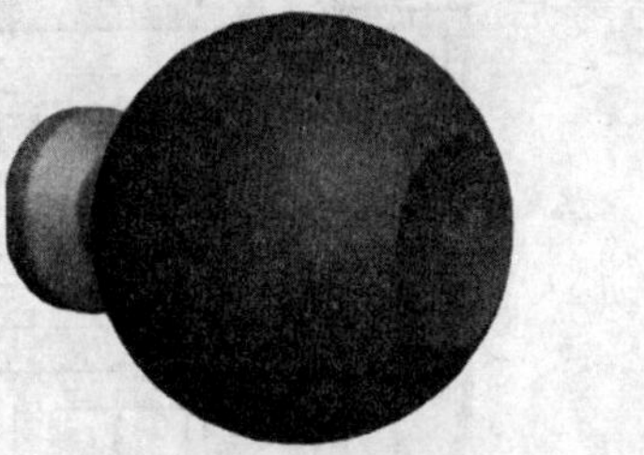

图 2.17.4　形成锁头凹面

图 2.17.5　创建锁芯

(6)再在前视图创建标准几何体 Sphere,如图 2.17.5 所示,半径 15 个单位,命名为锁芯,锁芯一定要对齐锁头中心位置。

(7)在前视图创建一个 Box,长 20 个单位,宽 5 个单位,高 50 个单位,命名为锁孔,对齐锁芯中心位置。

(8)使用布尔运算将锁芯减锁孔,形成锁孔的凹槽。

(9)将设计结果存放在考生目录中,文件名为考号后 5 位数字 +“-2”,扩展名为“.MAX”。

2.18　瓶　盖

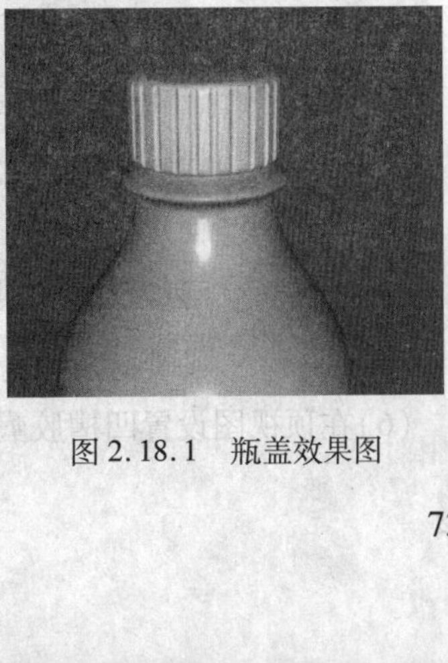

图 2.18.1　瓶盖效果图

【设计主题】

使用扩展几何体和复合物体命令建立瓶盖模型,如图 2.18.1 所示。

【设计要求】

(1)打开 C:\3DMAXTK\SCENES\TWO-18.MAX 文件。

(2)使用相关的几何体命令,在瓶口位置制作一个瓶盖,瓶盖的半径为16个单位,高度为18个单位,瓶盖上下两个端的倒角为2个单位。

(3)在瓶盖的外围制作出25道小凹槽。

(4)将设计结果存放在考生目录中,文件名为考号后5位数字+“-2”,扩展名为“.MAX”。

【设计过程】

(1)打开C:\3DMAXTK\SCENES\TWO-18.MAX文件。

(2)使用扩展几何体,在瓶口位置制作一个瓶盖,即创建扩展几何体倒角圆柱Chamfercyl,瓶盖的半径为16个单位,高度为18个单位,瓶盖上下两个端的倒角为2个单位,如图2.18.2所示。

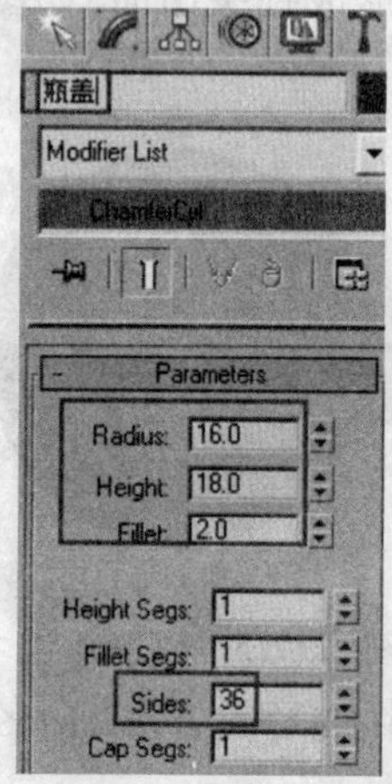

图2.18.2 创建瓶盖

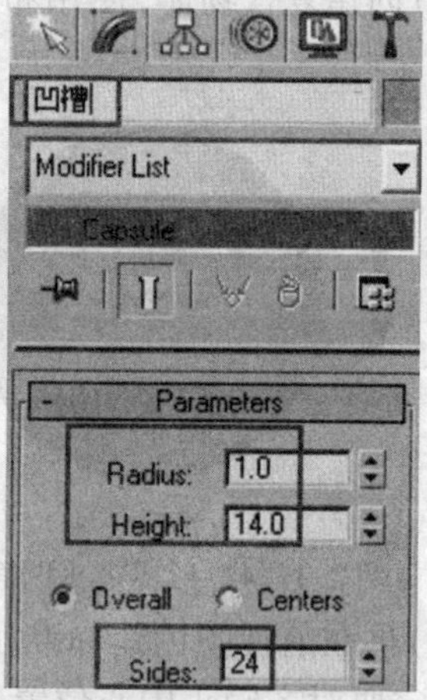

图2.18.3 创建胶囊体Capsule

(3)设置倒角圆柱与瓶体在顶视图中,X和Y方向中心对齐,Z方向居于瓶口顶端。

(4)在顶视图创建一个胶囊体Capsule,如图2.18.3所示,设置胶囊体对齐到瓶盖边缘。

(5)设置凹槽的轴心与瓶盖中心对齐,如图2.18.4所示。

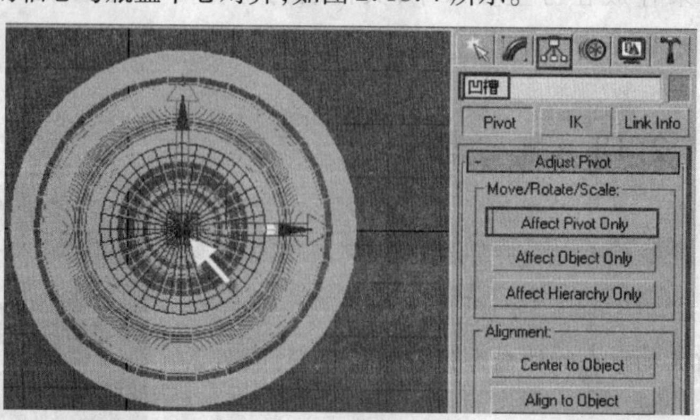

图2.18.4 设置凹槽的轴心与瓶盖中心对齐

(6)在顶视图设置凹槽胶囊体围绕瓶盖旋转复制25个,采用Array阵列复制命令,如图

2.18.5所示。

(7)选择任一个凹槽胶囊体转换为网格 Edit Mesh,选择 Attach 命令,将场景中所有的凹槽胶囊体合并成一个整体,如图 2.18.6 所示。

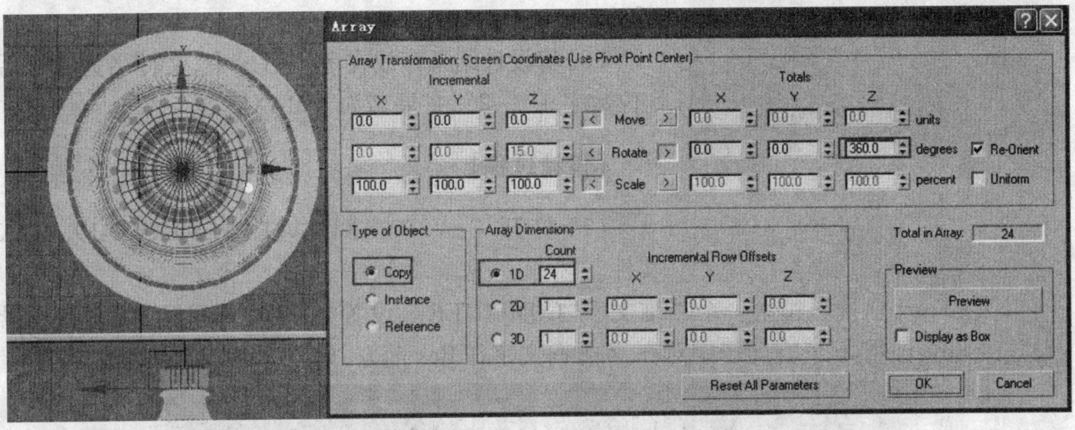

图 2.18.5　阵列复制 25 个胶囊体

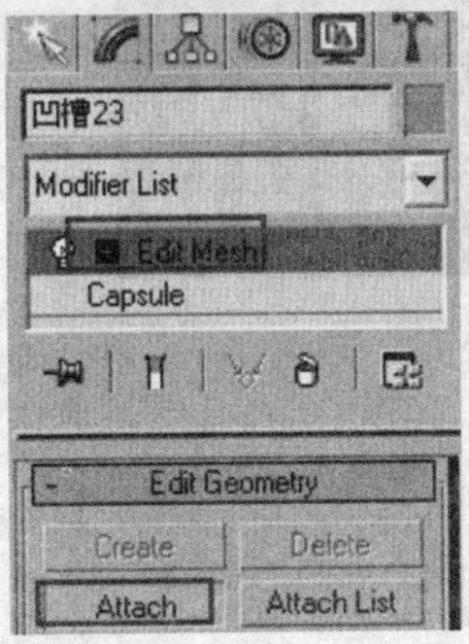

图 2.18.6　整合 25 个胶囊体

图 2.18.7　制作 25 道小凹槽

(8)采用复合物体命令,在瓶盖的外围制作出 25 道小凹槽。选择瓶盖,创建复合物体,选择 Boolean 布尔运算, Pick Operand B 拾取凹槽胶囊体,注意操作类型是 Subtraction A-B,如图 2.18.7 所示。

(9)将瓶盖颜色设为白色后,将设计结果存放在考生目录中,文件名为考号后 5 位数字 + “ -2”,扩展名为“. MAX”。

2.19　镂空文字牌匾

【设计主题】

使用二维图形和复合物体命令建立镂空文字牌匾模型,如图 2.19.1 所示。

【设计要求】

(1)打开 C:\3DMAXTK\SCENES\TWO-19. MAX 文件。

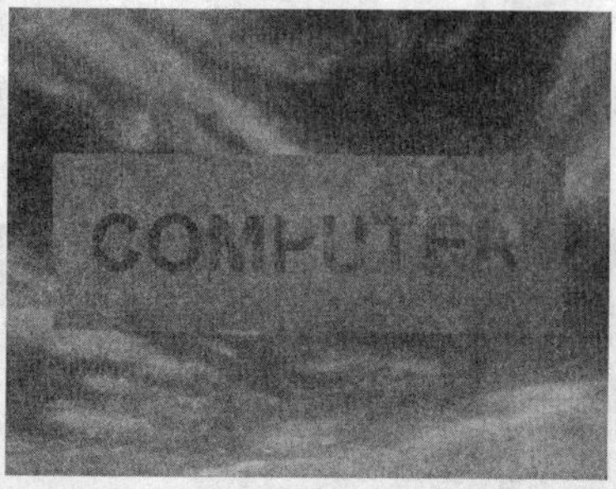

图 2.19.1　镂空文字牌匾效果图

（2）建立一个二维文字“COMPUTER”（注意：该文字不允许变成三维模型），使用相关的几何体命令，使之与视图中的方体进行复合，制作文字镂空效果，如图 2.19.5 所示。

（3）将设计结果存放在考生目录中，文件名为考号后 5 位数字 +“ -2”，扩展名为“. MAX”。

【设计过程】

（1）打开 C：\ 3DMAXTK \ SCENES \ TWO-19. MAX 文件。

（2）在 Front 前视图建立一个二维文字“COMPUTER”，设置文字“COMPUTER”对齐场景中已建的 Box，注重 X、Y 方向居中对齐，Z 方向文字在 Box 前方，如图 2.19.2 所示。

图 2.19.2　创建二维文字“COMPUTER”

（3）创建复合物体 Compound Objects，如图 2.19.3 所示。

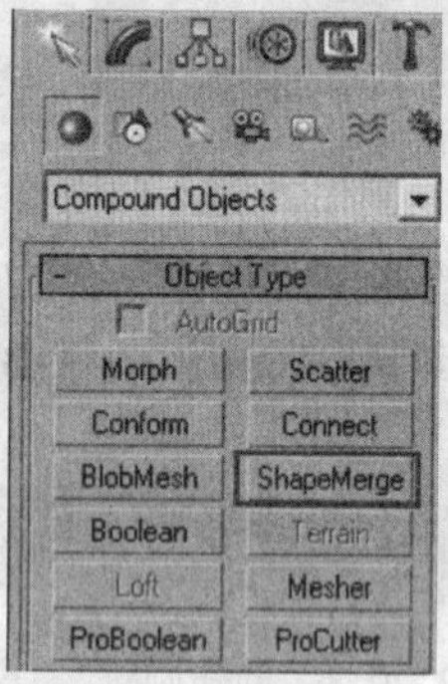

图 2.19.3　创建复合物体

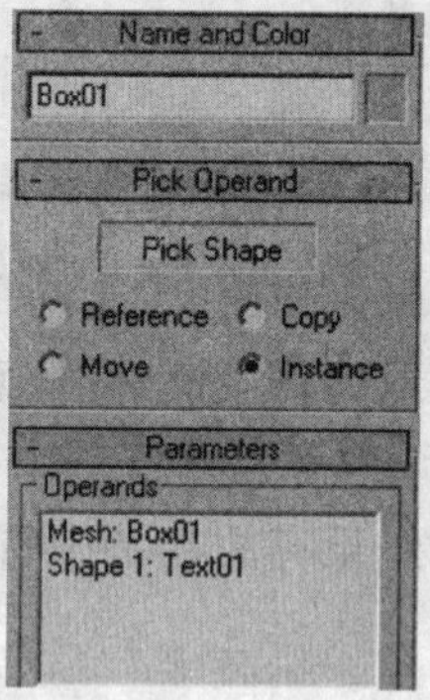

图 2.19.4　拾取 Box 和 Text

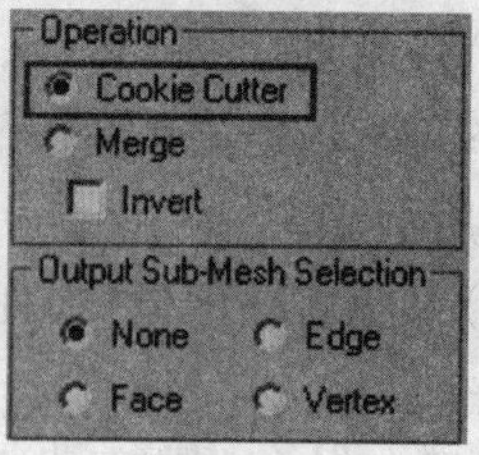

图 2.19.5　设置复合物体参数

（4）在拾取物体 Pick Operand 选项框中，单击 Pick Shape 拾取形状按钮，单击场景中的 COMPUTER 文字，此时物体参数框中出现 Mesh：Box01 和 Shape 1：Text01，如图 2.19.4 所示。

（5）在操作类型选项中，选择 Cookie Cutter 剪切，使之与视图中的方体进行复合，制作文字镂空效果，如图 2.19.5 所示。

（6）将设计结果存放在考生目录中，文件名为考号后 5 位数字 +“ - 2”，扩展名为“. MAX”。

2.20　刺猬球

【设计主题】

使用标准几何体和复合物体命令建立刺猬球模型，如图2.20.1所示。

【设计要求】

(1)刺猬球由三角面网格球体和圆锥体复合而成，球体半径为50个单位，4个分段数；圆锥体半径为3个单位，高度为20个单位，高度分段数为1，边数为15。

(2)刺猬球的刺均匀地分布在球体的每个面的中心。

(3)将设计结果存放在考生目录中，文件名为考号后5位数字+"-2"，扩展名为".MAX"。

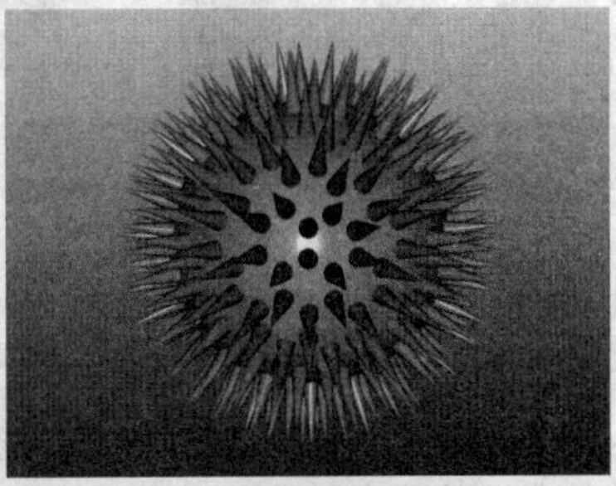

图2.20.1　刺猬球效果图

【设计过程】

(1)刺猬球由三角面网格球体和圆锥体复合而成，球体半径为50个单位，4个分段数，如图2.20.2所示。

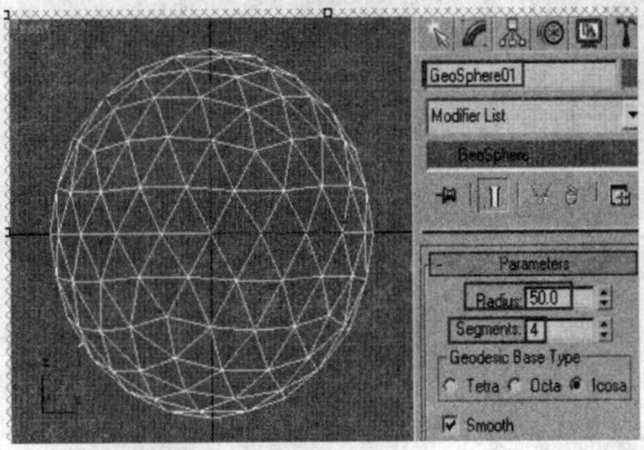

图2.20.2　创建三角面网格球体

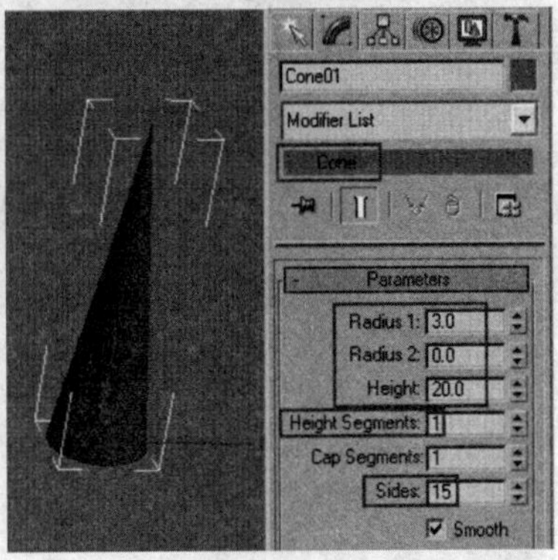

图2.20.3　创建圆锥

(2)圆锥体半径为3个单位，高度为20个单位，高度分段数为1，边数为15，如图2.20.3所示。

(3)在前视图设置圆锥体对齐到三角面网格球体的表面，X和Z轴中心对齐，Y轴的对齐为圆锥底部(最小)与球体顶部(最大)，如图2.20.4所示。

(4)选择球体，创建复合物体Compound Objects下的Scatter离散，拾取分布物体圆锥，设置分布在所有面的中心，使刺猬球的刺均匀地分布在球体的每个面的中心，如图2.20.5所示。

(5)设置好环境背景后，将设计结果存放在考生目录中，文件名为考号后5位数字+"-2"，扩展名为".MAX"。

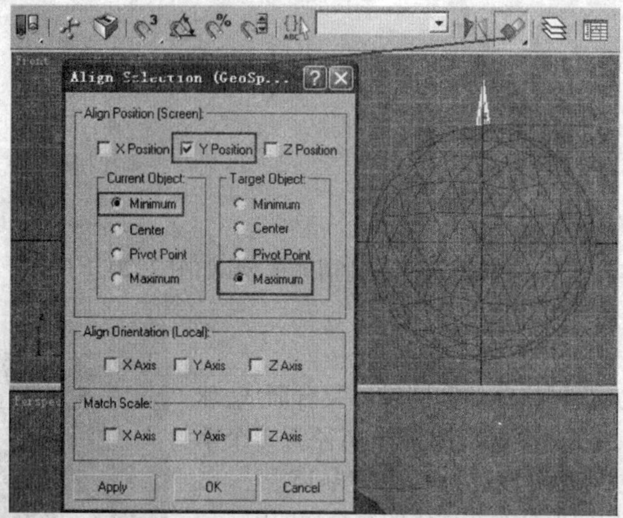

图 2.20.4　设置圆锥体对齐到
三角面网格球体的表面

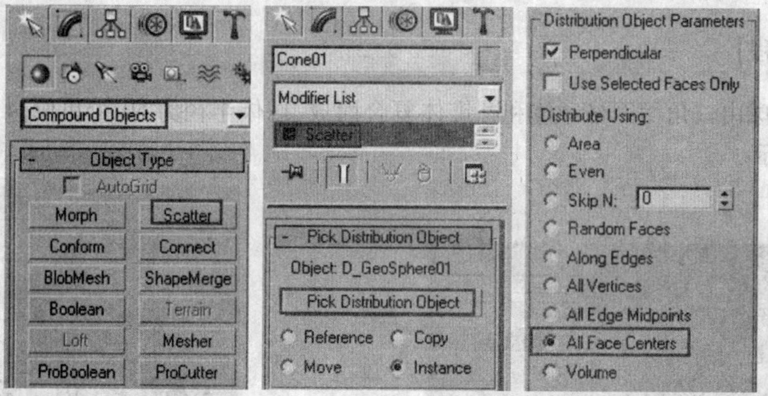

图 2.20.5　设置 Scatter(散布)参数

第 3 章

物体高级建模

【本章导读】

修改器的种类非常多,但是它们已经被组织到几个不同的修改器序列中。在修改器面板的 Modifier List(修改器列表)和修改器菜单里都可找到这些修改器序列。在 Modifier(修改器)菜单中共包括 7 个修改器:网格选择修改器、多边形选择修改器、面片选择修改器、样条曲线选择修改器、体积选择修改器、自由变形选择修改器和 NURBS 曲面选择修改器。

【学习目标】

- 掌握多边形选择修改器的使用方法。
- 掌握自由变形选择修改器的使用方法。
- 掌握旋转、噪波、挤出、弯曲等修改器的使用方法。

3.1 弯曲板状体

【设计要求】

(1)在前视图建立一个方体,方体的长、宽、高分别为 200、180、8 个单位,长、宽、高的分段数分别为 20、18、1。

(2)使用适当的编辑修改命令,将方体上部约三分之一处进行压弯,弯曲角度为 90°,如图 3.1.1 所示。

(3)将设计结果存放在考生目录中,文件名为考号后 5 位数字 +“ - 3”,扩展名为“. MAX”。

【设计过程】

(1)在右侧命令面板中选择创建命令选项卡,在下边选择创建 Box;在前视图建立一个方体，方体的长、宽、高分别为200、180、8个单位，长、宽、高的分段数分别为20、18、1，如图3.1.2所示。

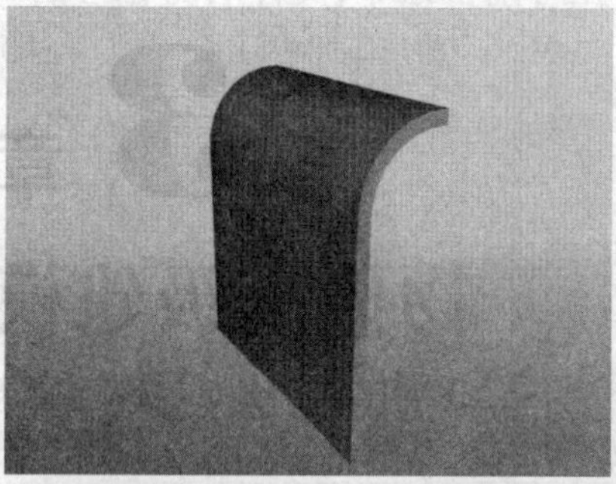

图3.1.1　弯曲板状体效果图

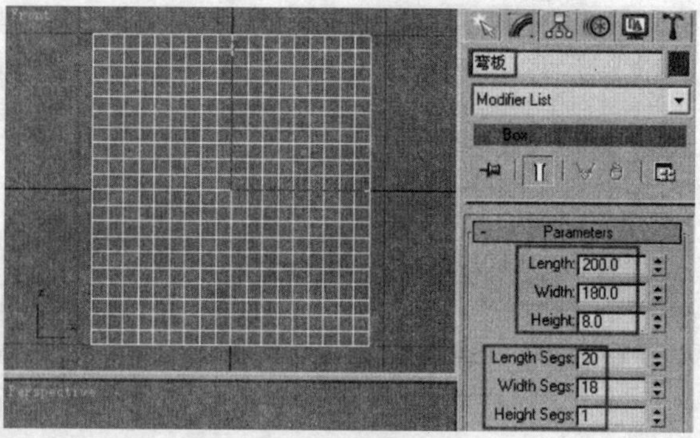

图3.1.2　创建Box立方体

(2)在右侧命令面板中选择修改命令选项卡，在变动命令列表里边选择Bend，使用Bend弯曲的编辑修改命令，设置Angle角度为90°，Direction方向为90，弯曲轴为Y轴，上端限制为90，将方体上部约三分之一处进行压弯，弯曲角度为90°，如图3.1.3所示。

(3)赋上材质后，将设计结果存放在考生目录中，文件名为考号后5位数字+“-3”，扩展名为“.MAX”。

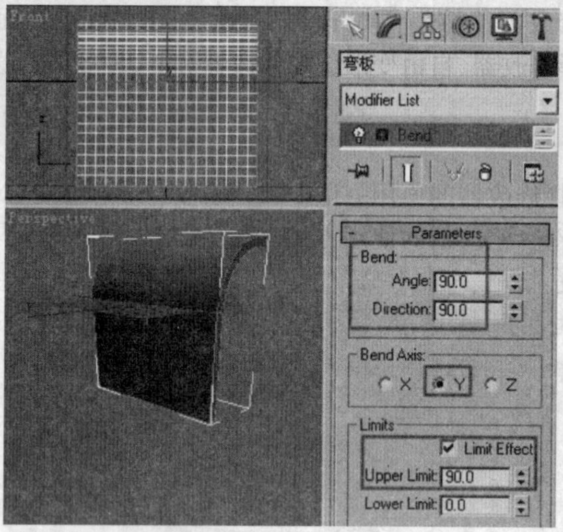

图3.1.3　设置Bend(弯曲)修改器参数

3.2　飞　毯

【设计要求】

(1)在顶视图创建一个方体，方体的长、宽、高分别为300、400、2个单位，长、宽、高的分段数分别为20、20、1个单位。

(2)使用适当的编辑修改器,将文体制作出一些类似波浪的凹凸效果,其上下高度变化最大范围为 50 个单位,如图 3.2.1 所示。

图 3.2.1　飞毯效果图

(3)将设计结果存放在考生目录中,文件名为考号后 5 位数字 +“ -3”,扩展名为“. MAX”。

【设计过程】

(1)在右侧命令面板中选择创建命令选项卡,在下边选择创建 Box,如图 3.2.2 所示。在顶视图创建一个方体,方体的长、宽、高分别为 300、400、2 个单位,长、宽、高的分段数分别为 20、20、1 个单位,如图 3.2.2 所示。

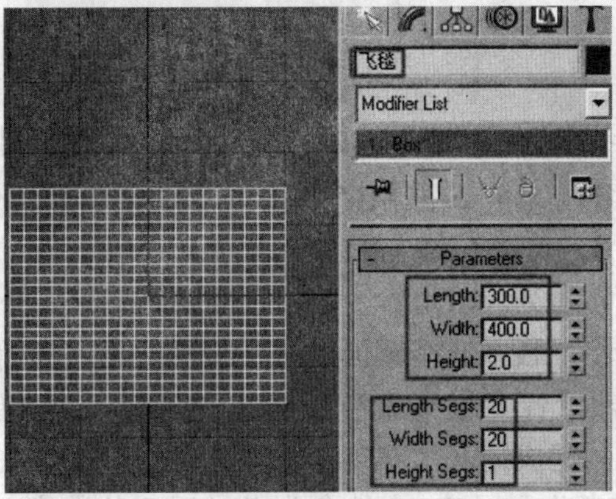

图 3.2.2　创建 Box 立方体

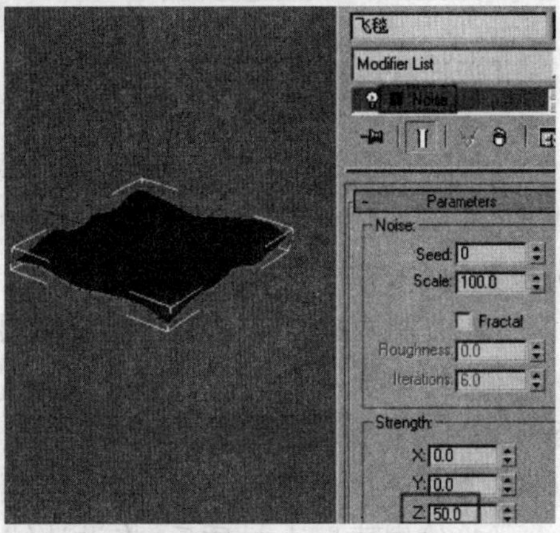

图 3.2.3　设置 Noise(噪波)修改器参数

(2)在右侧命令面板中选择修改命令选项卡,在变动命令列表里边选择 Noise,使用 Noise 的编辑修改器,设置 Strengh 的 Z 拉伸量为 50,将方体制作出一些类似波浪的凹凸效果,其上下高度变化最大范围为 50 个单位。

(3)给方体赋上 Three-2. tif 的贴图,将设计结果存放在考生目录中,文件名为考号后 5 位数字 +“ -3”,扩展名为“. MAX”。

3.3　钢丝绳

【设计要求】

(1)钢丝绳由 3 根小钢丝组成,每根小钢丝的半径为 5 个单位,高度为 250 个单位,高度上的分段数为 60。

(2)3 根小钢丝必须相互拧在一起成绳索状,拧成的最大角度为 1080°,如图 3.3.1 所示。

(3)将设计结果存放在考生目录中,文件名为考号后 5 位数字 +“ -3”,扩展名为“. MAX”。

图 3.3.1　钢丝绳效果图

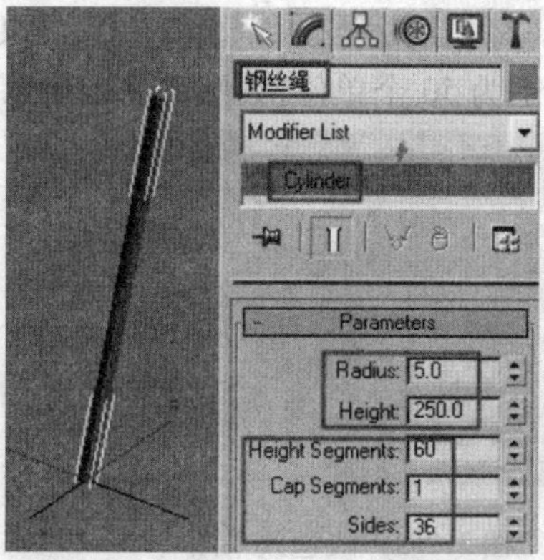

图 3.3.2　创建 Cylinder 圆柱体

【设计过程】

(1)在右侧命令面板中选择创建命令选项卡,在下边选择创建 Cylinder;创建一根小钢丝;钢丝绳由 3 根小钢丝组成,每根小钢丝的半径为 5 个单位,高度为 250 个单位,高度上的分段数为 60,如图 3.3.2 所示。

(2)复制两根同样的圆柱体,按如图 3.3.3 所示排列成三角形。

(3)将场景中 3 根圆柱体同时选中,在右侧命令面板中选择修改命令选项卡,在变动命令列表里边选择 Twist,使用 Twist 的编辑修改器,设置 3 根绳索沿 Z 轴扭转角度 Angle 为 1080°,如图 3.3.4 所示,3 根小钢丝必须相互拧在一起成绳索状,拧成的最大角度为 1080°。

(4)给绳索赋上材质后,将设计结果存放在考生目录中,文件名为考号后 5 位数字 + "-3",扩展名为".MAX"。

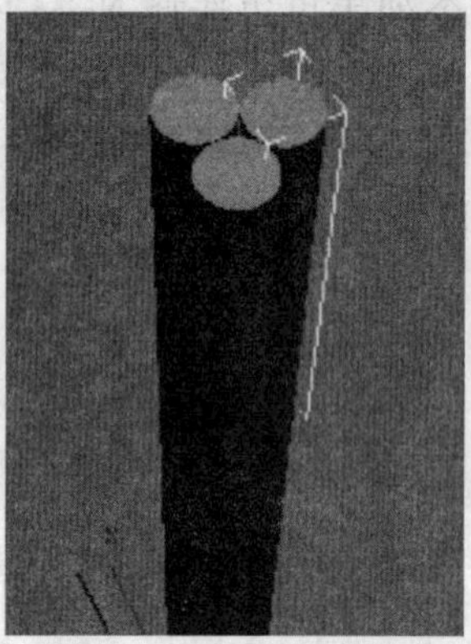

图 3.3.3　复制成 3 根圆柱体

图 3.3.4　设置 Twist(扭曲)修改器参数

3.4 钢　圈

【设计要求】

(1)在顶视图建立一个圆环,圆环的两个半径分别为80个单位和5个单位,圆环的边数为20,分段数为60。

(2)使用适当的编辑修改命令,将圆环编辑成车轮钢圈模型,如图3.4.1所示。

(3)将设计结果存放在考生目录中,文件名为考号后5位数字+"-3",扩展名为".MAX"。

图3.4.1　钢圈效果图

【设计过程】

(1)在右侧命令面板中选择创建命令选项卡,在下边选择创建Torus(圆环);在顶视图建立一个圆环,圆环的两个半径分别为80个单位和5个单位,圆环的边数为20,分段数为60,如图3.4.2所示。

(2)在右侧命令面板中选择修改命令选项卡,在变动命令列表里边选择Squeeze;使用Squeeze(挤压)的编辑修改命令,设置半径变形量为0.1,将圆环编辑成车轮钢圈模型,如图3.4.3所示。

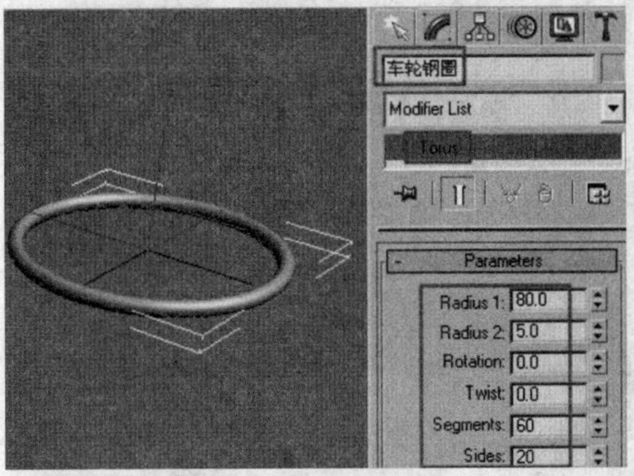

图3.4.2　创建Torus(圆环)

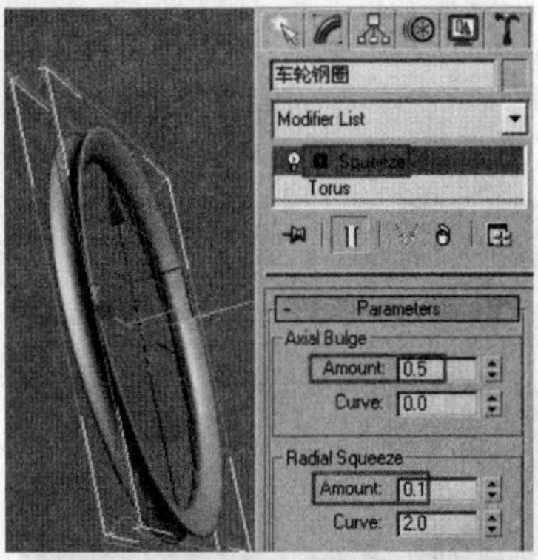

图3.4.3　设置Squeeze(挤压)修改器参数

(3)给钢圈赋上材质,将设计结果存放在考生目录中,文件名为考号后5位数字+"-3",扩展名为".MAX"。

3.5 框架屋顶

【设计要求】

(1)打开 C:\3DMAXTK\SCENES\THREE-5. MAX 文件。

(2)使用适当的编辑修改命令对场景中的三角屋顶进行修改,使之成为一个框架结构的屋顶模型,如图 3.5.1 所示。

(3)将设计结果存放在考生目录中,文件名为考号后 5 位数字 +“-3”,扩展名为“. MAX”。

【设计过程】

(1)打开 C:\3DMAXTK\SCENES\THREE-5. MAX 文件。

(2)将三角框架物体变成真正的网格框架物体,在右侧命令面板中选择修改命令选项卡,从 Modifiers List 中选择 Lattice 修改器,为三角框架物体加入一个新的修改。

(3)在参数面板上选择 Struts Only from Edges(仅从边中产生支架)选项,修改 Radius 值为 1,Sides 为 8,取消 Ignore Hidden Edges(忽略隐藏边)复选项,选择 Smooth(光滑)复选项,修改后的效果如图 3.5.2 所示。

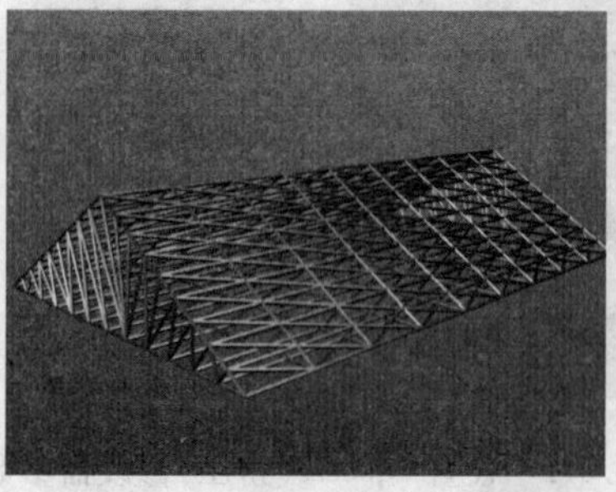

图 3.5.1　框架屋顶效果图

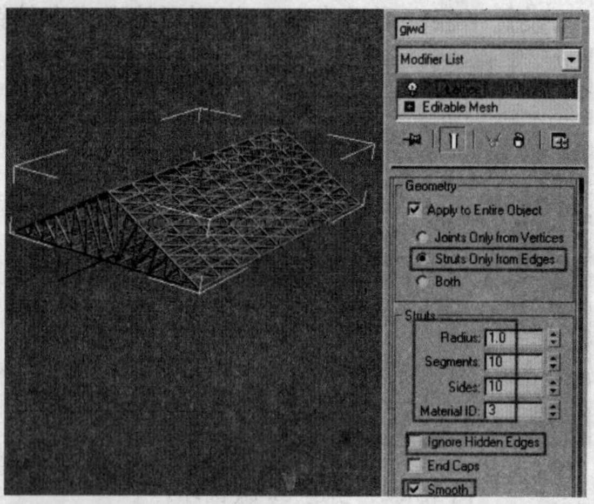

图 3.5.2　将三角框架物体变成真正的网格框架物体

(4)给屋顶模型赋上材质后,将设计结果存放在考生目录中,文件名为考号后 5 位数字 +“-3”,扩展名为“. MAX”。

3.6 纸　杯

【设计要求】

(1)打开 C:\3DMAXTK\SCENES\THREE-6. MAX 文件。

(2)使用适当的编辑修改命令,将场景中的二维图形编辑成一只纸杯三维模型,纸杯的杯底要光滑,不产生皱痕,纸杯分段数为36,如图3.6.1所示。

(3)将设计结果存放在考生目录中,文件名为考号后5位数字+"-3",扩展名为".MAX"。

图3.6.1　纸杯效果图

【设计过程】

(1)打开 C:\3DMAXTK\SCENES\THREE-6. MAX 文件。

(2)在右侧命令面板中选择修改命令选项卡,从 Modifiers List 中选择 Lathe(旋转)修改器;使用 Lathe 旋转的编辑修改命令,将场景中的二维图形沿 Y 轴,以 Min 最小对齐方式编辑成一只纸杯三维模型,选择 Weld Core 选项,取消焊点,使纸杯的杯底光滑,不产生皱痕,纸杯分段数为36,如图3.6.2所示。

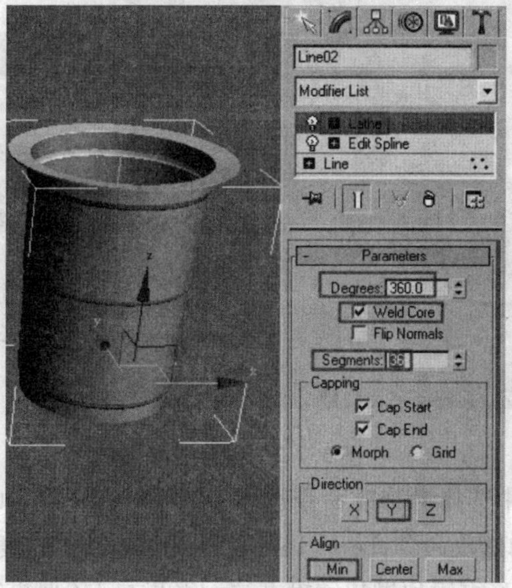

图3.6.2　设置塑料杯 Lathe(旋转)参数

(3)给纸杯赋上材质后,将设计结果存放在考生目录中,文件名为考号后5位数字+"-3",扩展名为".MAX"。

3.7 倒角三维文字

【设计要求】

(1)在前视图创建一个大小为100磅、字体为黑体的文本——“高新考试”。

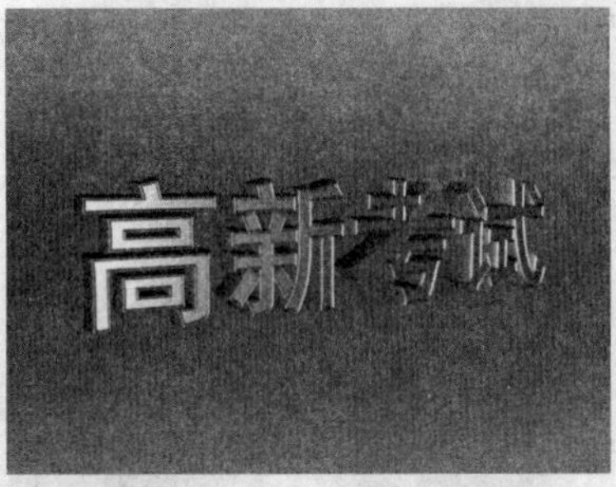

图3.7.1 倒角三维文字效果图

(2)使用适当的编辑修改命令,将文本编辑成倒角三维文字,该文字总体厚度为30个单位,前后两个端面的倒角约为3个单位,如图3.7.1所示。

(3)将设计结果存放在考生目录中,文件名为考号后5位数字+“-3”,扩展名为“.MAX”。

【设计过程】

(1)在右侧命令面板中选择创建命令选项卡,然后选择创建图形选项卡,在下边选择创建Text;在前视图创建一个大小为100磅、字体为黑体的文本——“高新考试”,如图3.7.2所示。

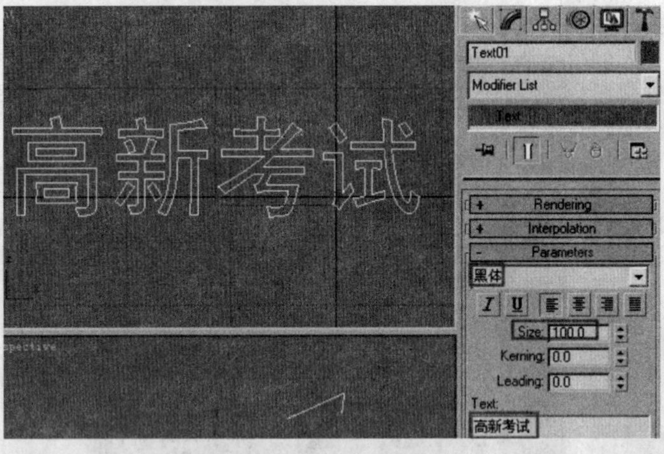

图3.7.2 创建文本

(2)在右侧命令面板中选择修改命令选项卡,从Modifiers List中选择Bevel(倒角)修改器;使用Bevel倒角的编辑修改命令,Level 1高度为30,Level 2高度为3,轮廓为2,Level 3高度为-3,轮廓为-2,将文本编辑成倒角三维文字,该文字总体厚度为30个单位,前后两个端面的倒角约为3个单位,如图3.7.3所示。

(3)为场景和三维文字赋上相应的材质,将设计结果存放在考生目录中,文件名为考号后5位数字+“-3”,扩展名为“.MAX”。

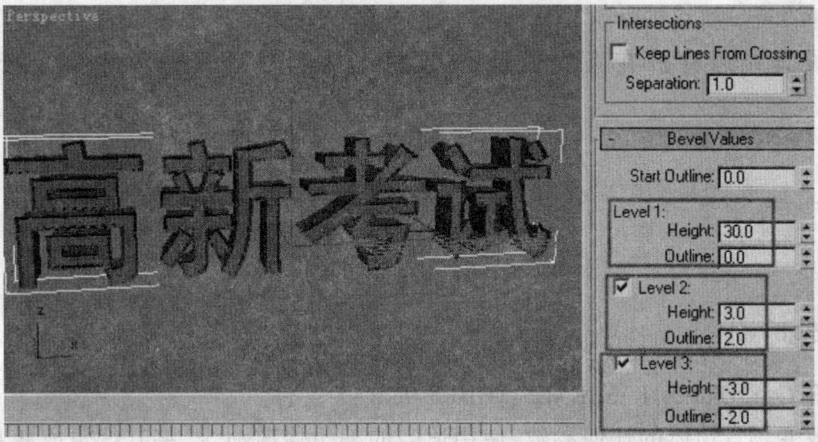

图 3.7.3　设置 Bevel(倒角)修改器参数

3.8　弧排文字

【设计要求】

(1)打开 C:\3DMAXTK\SCENES\THREE-8. MAX 文件。

(2)使用适当的编辑修改命令,将场景中的中文字"江西省计算机培训学院"编辑成半圆形弧排字,如图 3.8.1 所示。

(3)将设计结果存放在考生目录中,文件名为考号后 5 位数字 + " - 3",扩展名为". MAX"。

图 3.8.1　弧排文字效果图

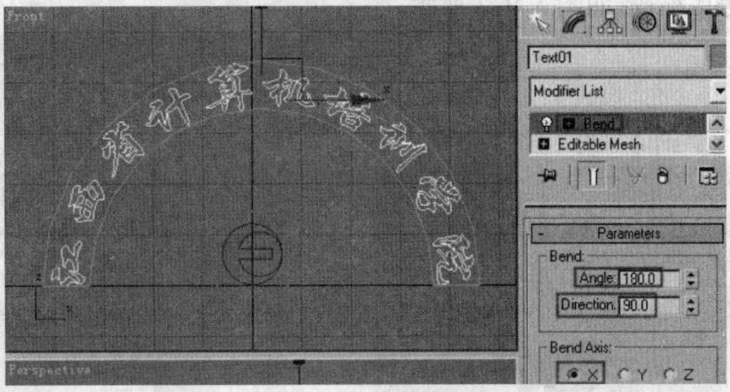

图 3.8.2　设置 Bend(弯曲)修改器参数

【设计过程】

(1)打开 C:\3DMAXTK\SCENES\THREE-8. MAX 文件。

(2)在右侧命令面板中选择修改命令选项卡,从 Modifiers List 中选择 Bend 修改器;使用 Bend 弯曲的编辑修改命令,设置弯曲角度为 180°,方向为 90,如图 3.8.2 所示,将场景中的中文字“江西省计算机培训学院”编辑成半圆形弧排字。

(3)将设计结果存放在考生目录中，文件名为考号后 5 位数字 +“ -3”，扩展名为“. MAX”。

3.9 瓷 瓶

【设计要求】

(1)打开 C:\3DMAXTK\SCENES\THREE-9. MAX 文件。

(2)不改变场景物体的任何参数，使用适当的编辑修改命令，将其编辑成瓶状体三维模型，如图 3.9.1 所示。

(3)将设计结果存放在考生目录中，文件名为考号后 5 位数字 +“ -3”，扩展名为“. MAX”。

【设计过程】

(1)打开 C:\3DMAXTK\SCENES\THREE-9. MAX 文件。

(2)单击菜单命令 Modifiers→Free From Deformers→FFD Cylinder(修改→自由变形→自由变形圆柱体)，为其加入一个新的修改。

(3)单击参数面板上的 Set Number of Points(设置点的数目)按钮，在弹出的对话框中修改 Sides 值为 20，Radius 值为 4，Height 值为 10，结果在瓶体上布满了一些黄色的晶格线条。

(4)单击修改列表中的 FDD Cylinder 前的 + 号，展开次物体层级，选择 Control Points(控制点)命令，在 Front (前)视图框选第二排所有的点，并使用缩放工具对这些选定的控制点进行等比缩放，如图 3.9.2 所示。

图 3.9.1 瓷瓶效果图

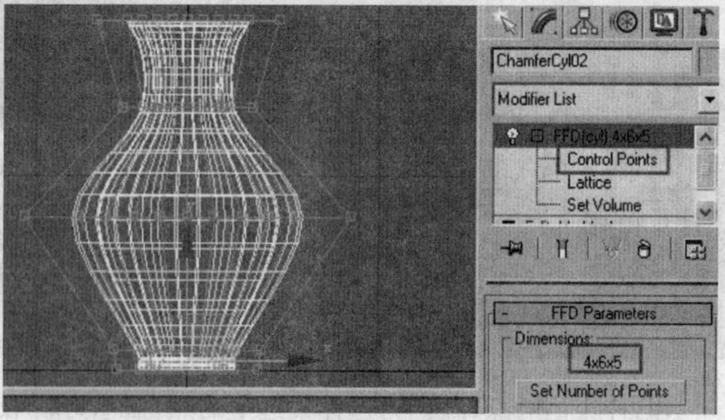

图 3.9.2 调整 FDD Cylinder(圆柱自由变形)控制点

(5)用同样的方法，将其他的控制点进行适当地缩放，并辅助使用移动工具，对控制点进行适当地移动。

(6)给瓶体赋上材质，将设计结果存放在考生目录中，文件名为考号后 5 位数字 +“ -3”，扩展名为“. MAX”。

3.10　刺猬球

【设计要求】

(1)打开 C:\3DMAXTK\SCENES\THREE-10. MAX 文件。

(2)使用适当的编辑修改命令对球体进行编号,使之成为一个刺猬球,如图 3.10.1 所示。

(3)将设计结果存放在考生目录中,文件名为考号后 5 位数字 +“ - 3”,扩展名为“. MAX”。

【设计过程】

(1)打开 C:\3DMAXTK\SCENES\THREE-10. MAX 文件。

(2)在右侧命令面板中选择修改命令选项卡,从 modeifiers List 列表中选择 Edit Mesh 修改器,在编辑堆栈列表中选择次物体 Vertex 层级。

(3)按 Ctrl + A 键框选球体所有的点,在工具栏选择集命名栏(named Selection Sets)中任输入一个选择集的名称,如“A”,按回车键结束,如图 3.10.2 所示。

图 3.10.1　刺猬球效果图

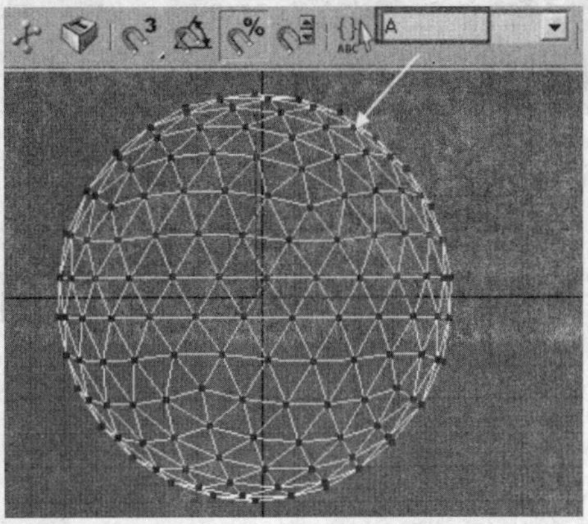

图 3.10.2　命名球体所有点的集名称

(4)在面板中选择 Face 次物体,在透视图中框选所有的面。

(5)将参数面板往上推,直到看到 tessellate 命令,选中其下的 Face-Center 选项,然后单击 Tessellate 按钮,此时在球体的每个三角面的中心增加了一个顶点,如图 3.10.3 所示。

(6)返回 Vertex 层级,单击选择集列表右边的三角箭头按钮,选择 A 选择集,这时球体上显示两种颜色的点,红色为选择集选中的点,蓝色为新增加的点,如图 3.10.4 所示。

(7)选择缩放工具,按空格键锁定选择集的顶点,在视图中将被选择的点向球体内部缩小 60% 左右,出现一个非常规则的刺猬球,如图 3.10.5 所示。

(8)给刺猬球赋上相应的材质后,将设计结果存放在考生目录中,文件名为考号后 5 位数字 +“ - 3”,扩展名为“. MAX”。

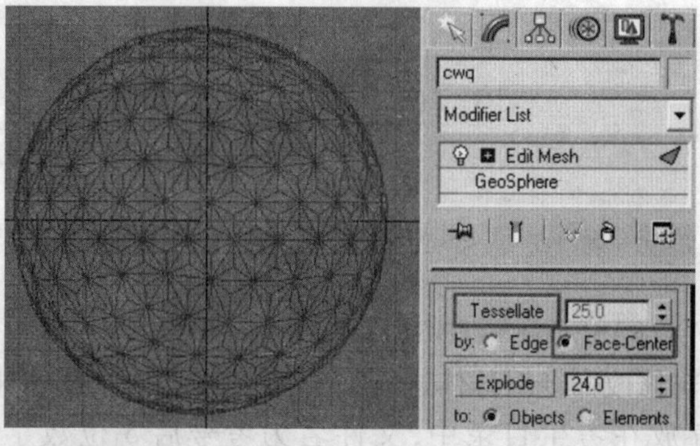

图 3.10.3　球体每个三角面中心增加一个顶点

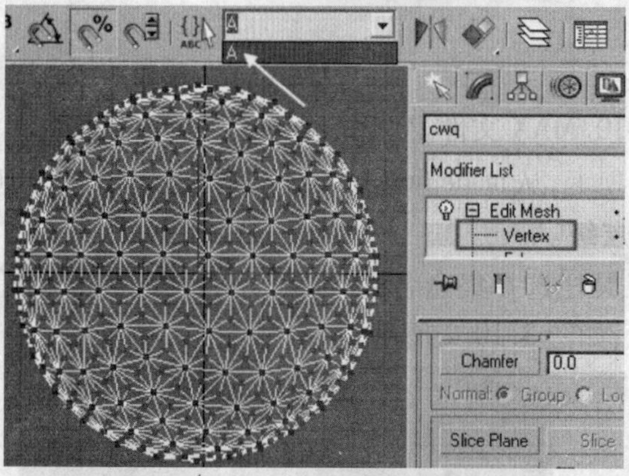

图 3.10.4　选择 A 集顶点

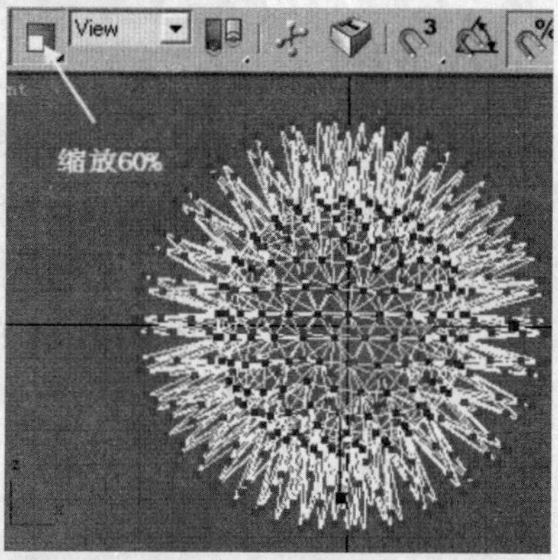

图 3.10.5　A 集顶点缩放 60%

3.11　雨　伞

【设计要求】

(1)打开 C:\3DMAXTK\SCENES\THREE-11. MAX 文件。

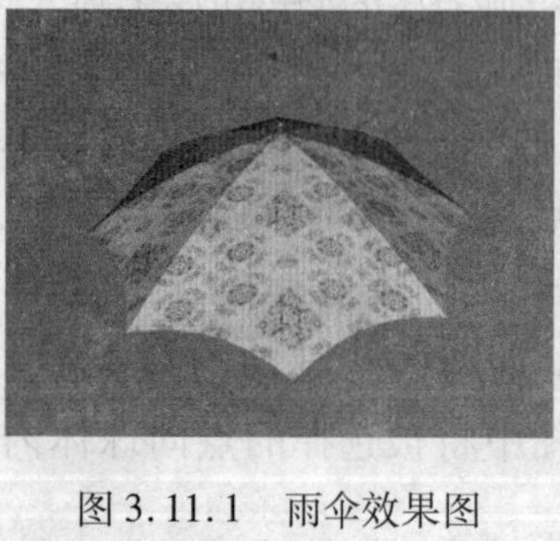

图 3.11.1　雨伞效果图

(2)使用适当的编辑修改命令,将场景中的物体编辑成雨伞模型,如图 3.11.1 所示。

(3)将设计结果存放在考生目录中,文件名为考号后 5 位数字 +“ -3”,扩展名为“. MAX”。

【设计过程】

(1)打开 C:\3DMAXTK\SCENES\THREE-11. MAX 文件,场景中有一个经过初步编辑好的三维网格模型,如图 3.11.2 所示。

(2)在右侧命令面板中选择修改命令选项卡,从 modeifiers List 列表中选择 Squeeze(挤压)修改器,激活次物体选项,并选中 Center。仔细观察前视图,发现在造型的底部有一个黄色

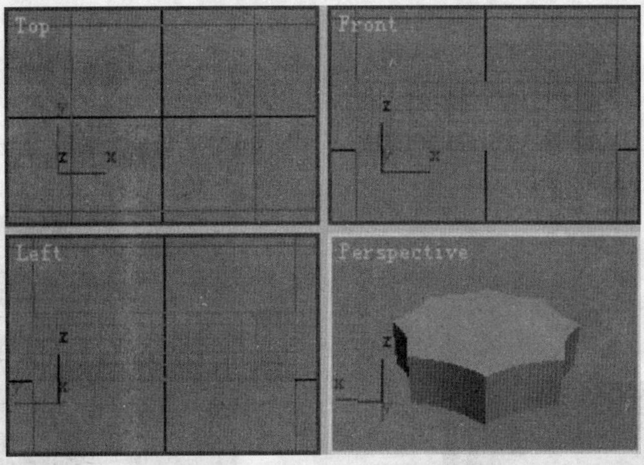

图 3.11.2　场景文件

交叉十字线，它就是 Center，用鼠标拖动该中心点，将其移到如图 3.11.3 所示位置。

(3) 在参数面板上设置 Axial Bulge 选项下的 Amount（程度）值为 0.5，Curve（曲率）值为 -2.5，调整 Radial Squeeze 选项下的 Amount 值为 50，Curve 值为 0.75，修改后的效果如图 3.11.4所示，一把撑开的雨伞模型形成了。

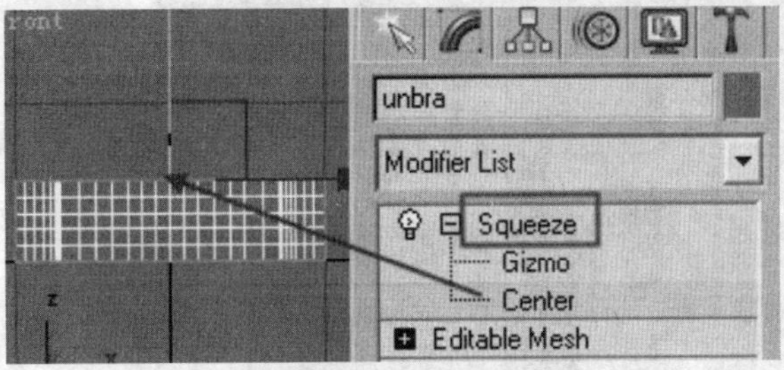

图 3.11.3　调整 Squeeze（挤压）中心点位置

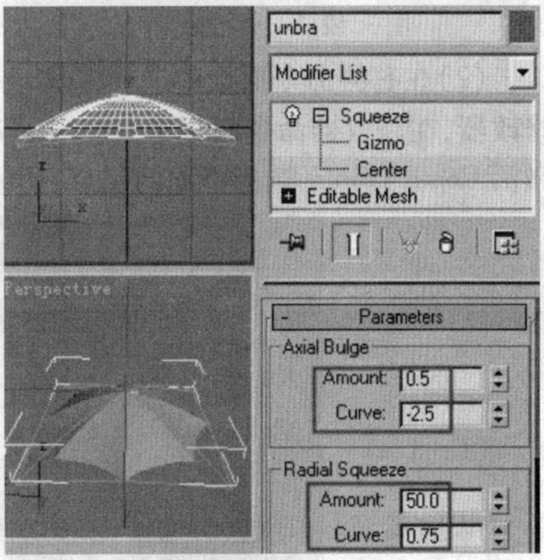

图 3.11.4　调整 Squeeze（挤压）修改器参数

(4) 给雨伞赋上材质后，将设计结果存放在考生目录中，文件名为考号后 5 位数字 +“ -3”，扩展名为“.MAX”。

3.12　桌　布

【设计要求】

(1) 打开 C：\3DMAXTK\SCENES\THREE-12.MAX 文件。

(2) 使用适当的编辑修改命令，将场景中的圆柱编辑成桌布效果，如图 3.12.1 所示。

(3) 将设计结果存放在考生目录中，文件名为考号后 5 位数字 +“ -3”，扩展名为

“. MAX”。

【设计过程】

(1)打开 C:\3DMAXTK\SCENES\THREE-12. MAX 文件,场景中有一个经过初步编辑好的圆柱体模型,如图 3.12.2 所示。

图 3.12.1　桌布效果图

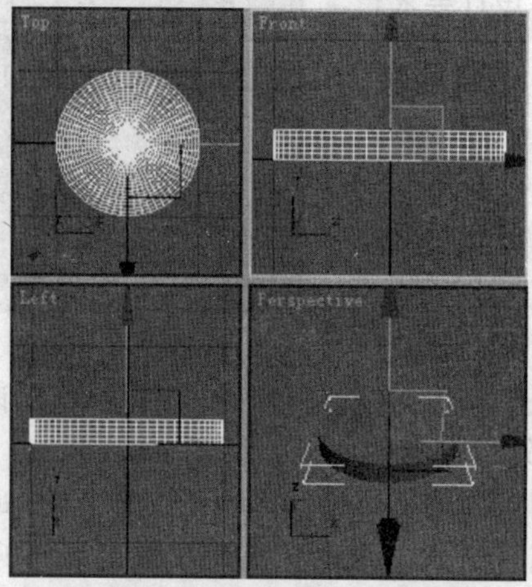

图 3.12.2　场景文件

(2)在右侧命令面板中选择修改命令选项卡,从 modeifiers List 列表中选择 FFD(Cyl)修改器,在修改器命令面板中 Set Number to Points 为 4×24×3,展开 FFD(Cyl)前面的“+”,激活 Contrl Points,选择下面两层点,调节桌布的长度,如图 3.12.3 所示。

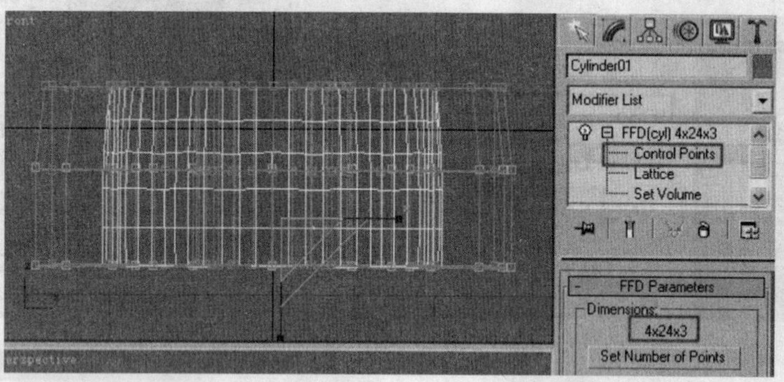

图 3.12.3　设置 FFD(Cyl)修改器命令

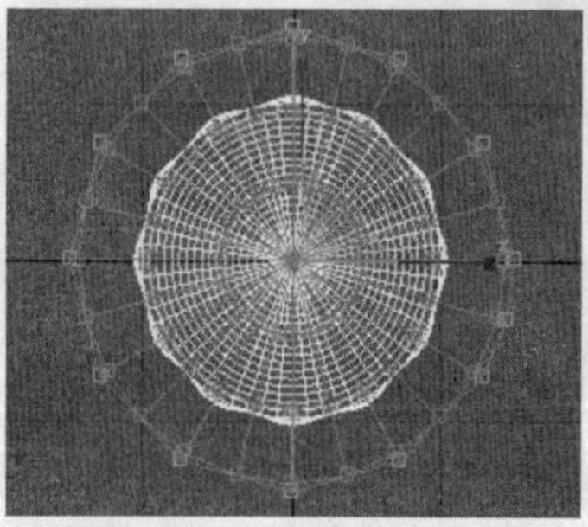

图 3.12.4　隔点选择外圈顶点

(3)在前视图每隔一排点对点进行选择(按 Ctrl 键加选点),再在前视图排除最上层点(按 Alt 键排除点),如图 3.12.4所示。

(4)使用缩放工具对选择的点进行放大调整,直至适合桌面形状。

(5)将设计结果存放在考生目录中,文件名为考号后 5 位数字+“-3”,扩展名为“. MAX”。

3.13　子弹头

【设计要求】

(1)打开 C:\3DMAXTK\SCENES\THREE-13. MAX 文件。

(2)使用适当的编辑修改命令,将场景中的物体的两上端面封闭起来。

(3)使用适当的编辑修改命令,将场景中的物体编辑成子弹头模型,如图3.13.1所示。

(4)将设计结果存放在考生目录中,文件名为考号后5位数字+“-3”,扩展名为“.MAX”。

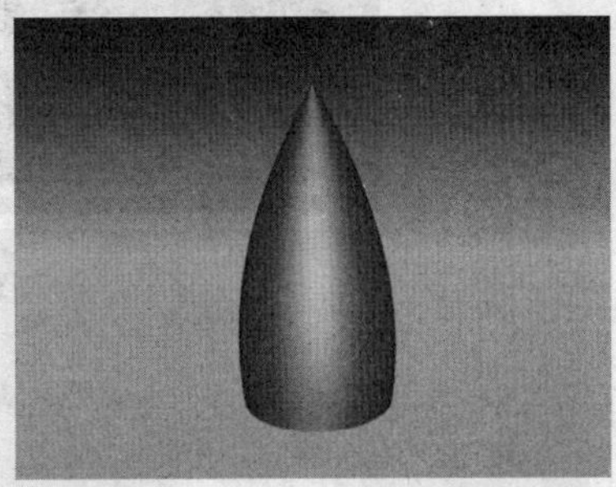

图3.13.1　子弹头效果图

【设计过程】

(1)打开 C:\3DMAXTK\SCENES\THREE-13. MAX 文件,场景中制作了一个三维网格模型,如图3.13.2所示。

(2)在右侧命令面板中选择修改命令选项卡,从 modeifiers List 列表中选择 Cap Holes(补洞)修改器,如图3.13.3所示,将场景中的物体的两上端面封闭起来。

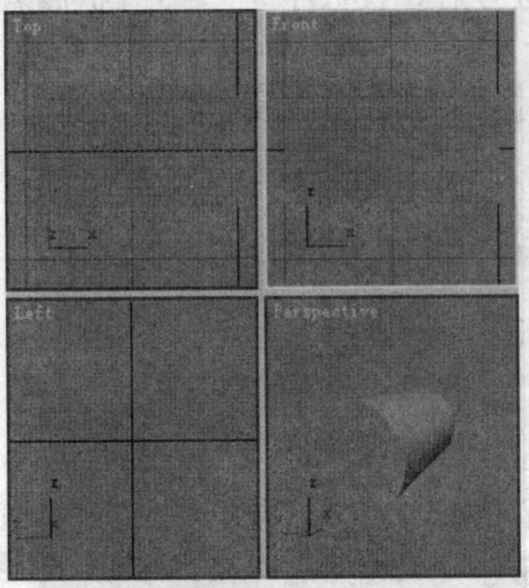

图3.13.2　场景文件

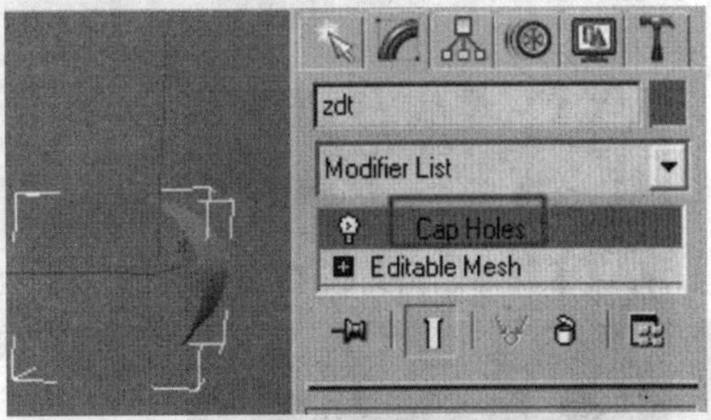

图3.13.3　执行 Cap Holes(补洞)修改器命令

(3)再从 modeifiers List 列表中选择 FFD(Cyl)修改器,如图3.13.4所示,设置高度的点数为3层,框选左边所有点,使用缩放工具设置缩小参数为0%,将场景中的物体编辑成子弹头模型。

(4)将设计结果存放在考生目录中,文件名为考号后5位数字+“-3”,扩展名为“.MAX”。

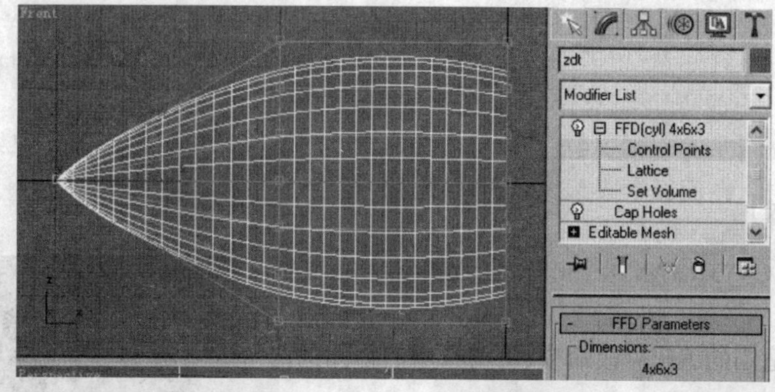

图 3.13.4　收缩子弹头控制点

3.14　保龄球瓶

【设计要求】

(1)打开 C:\3DMAXTK\SCENES\THREE-14.MAX 文件。

(2)不改变场景中二维图形,使用适当的瞩命令,将其编辑成保龄球瓶三维模型,并生成10 个复制品,如图 3.14.1 所示。

(3)将设计结果存放在考生目录中,文件名为考号后 5 位数字 +“-3”,扩展名为“.MAX”。

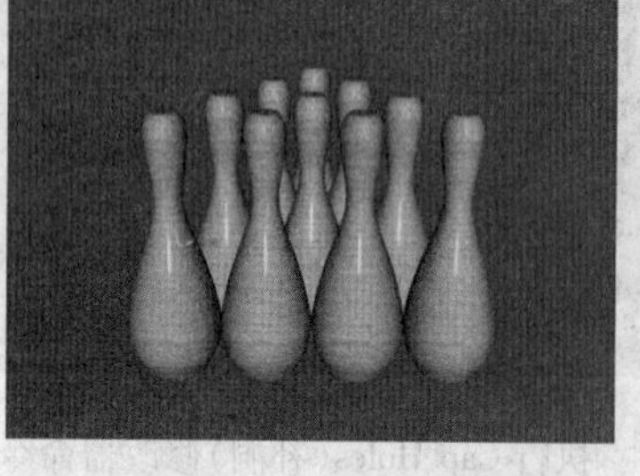

图 3.14.1　保龄球瓶效果图

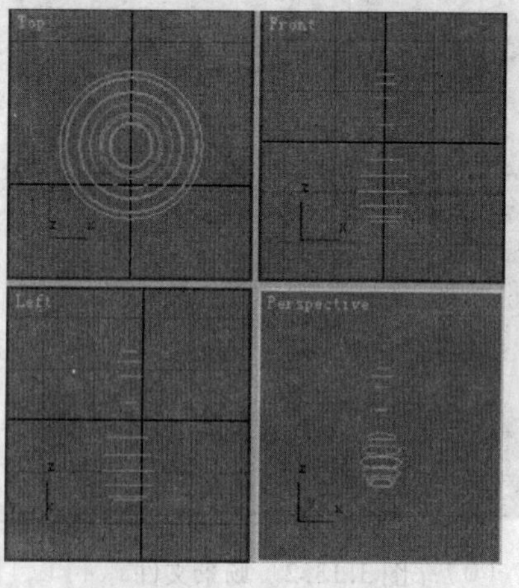

图 3.14.2　场景文件

【设计过程】

(1)打开 C:\3DMAXTK\SCENES\THREE-14.MAX 文件,如图 3.14.2 所示,它是一组绘制好了的圆形图形,通过更改半径大小和位置的移动调整成保龄球的基本形状。

(2)在前视图选中最顶上的圆形,在右侧命令面板中选择修改命令选项卡,从 modeifiers List 列表中选择 Edit Spline 修改器，单击面板上的 Attach 按钮，然后在前视图从上至下依次点取其他的圆形（注意：切不可任意点取，一定要按顺序点取，也不要使用 Attach Mult. 命令进行结合），将所有的圆形结合在一起，如图 3.14.3 所示。

（3）从 Modifiers List 列表中选择 Cross Section（横截面）修改器，使所有的二维图形自动生成一个框架网格，在面板中选择 Smooth 选项，将网格曲线变得圆滑，如图 3.14.4 所示。

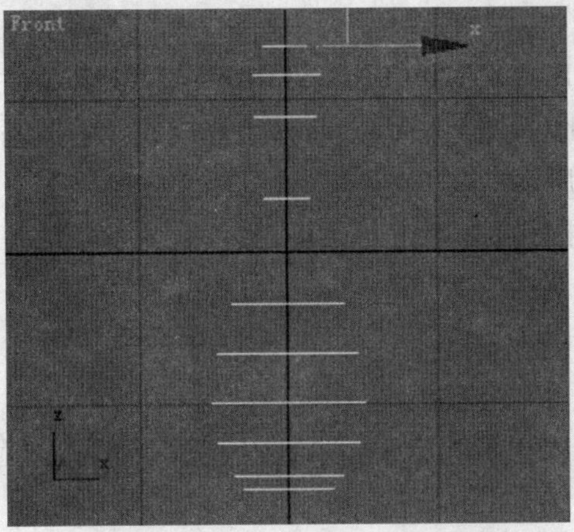

图 3.14.3　结合所有的圆形

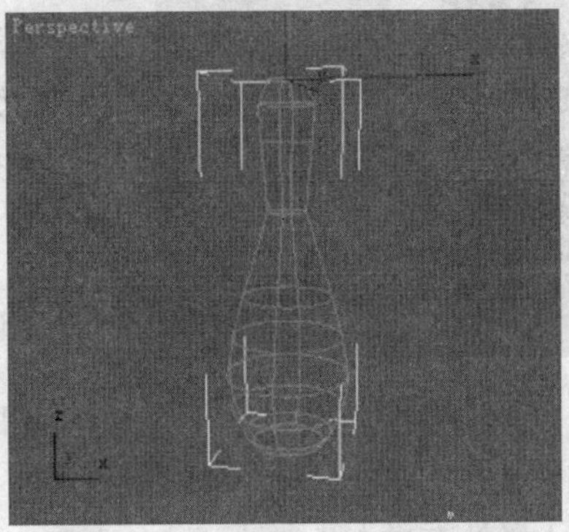

图 3.14.4　生成框架网格

（4）现在的保龄球球瓶并没有面，接下来我们使其自动产生表面，打开 Modifiers List 列表，选择 Surface 命令，发现球瓶表面并不光滑，如图 3.14.5 所示。

（5）选择 Remove interior patches（除去内部面片）复选项，结果球瓶表面变光滑了，如图 3.14.6所示。

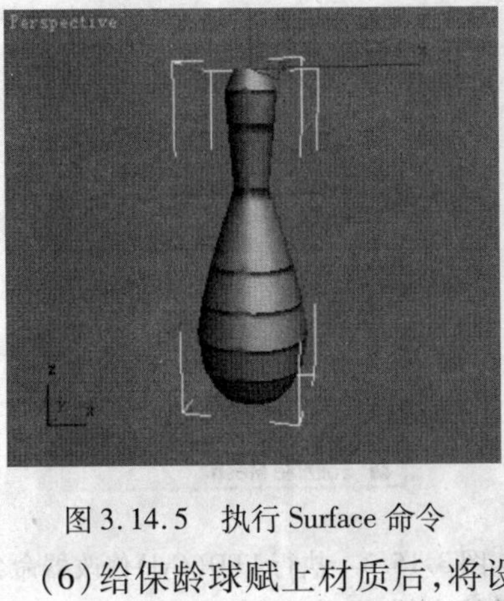

图 3.14.5　执行 Surface 命令

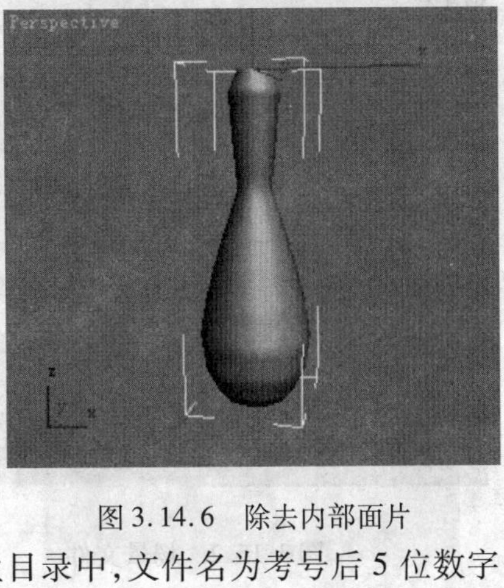

图 3.14.6　除去内部面片

（6）给保龄球赋上材质后，将设计结果存放在考生目录中，文件名为考号后 5 位数字 + "－3"，扩展名为".MAX"。

3.15 电脑显示器

【设计要求】

图 3.15.1 电脑显示器效果图

(1)打开 C:\3DMAXTK\SCENES\THREE-15. MAX 文件。

(2)使用适当的编辑修改命令,将模型修改成显示器基本模型,如图 3.15.1 所示。

(3)将设计结果存放在考生目录中,文件名为考号后 5 位数字 +“ -3”,扩展名为“. MAX”。

【设计过程】

(1)打开 C:\3DMAXTK\SCENES\THREE-15. MAX 文件,如图 3.15.2 所示。

(2)在右侧命令面板中选择修改命令选项卡,从 modeifiers List 列表中选择 FFD(Cyl)修改器,如图 3.15.3 所示。

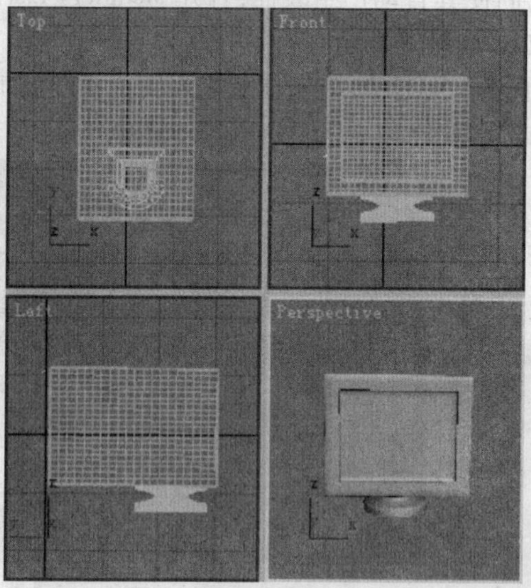

图 3.15.2 场景文件

图 3.15.3 执行 FFD(Cyl)修改器命令

(3)对每层的点进行适当的调整,将模型修改成显示器基本模型,如图 3.15.4 所示。

(4)给显示器赋上材质后,将设计结果存放在考生目录中,文件名为考号后 5 位数字 +“ -3”,扩展名为“. MAX”。

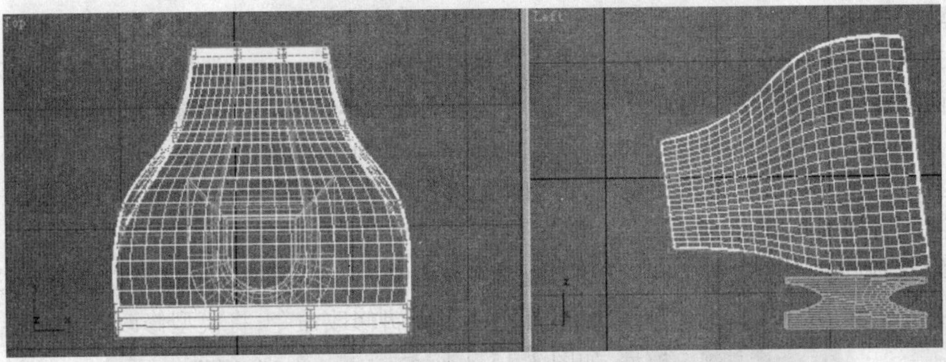

图 3.15.4　对每层的点进行适当的调整

3.16　枕　头

【设计要求】

(1)打开 C:\3DMAXTK\SCENES\THREE-16. MAX 文件。

(2)使用适当的编辑修改命令,将场景中的物体编辑成一个枕头模型,如图 3.16.1 所示。

(3)将设计结果存放在考生目录中,文件名为考号后 5 位数字 +“ -3”,扩展名为“. MAX”。

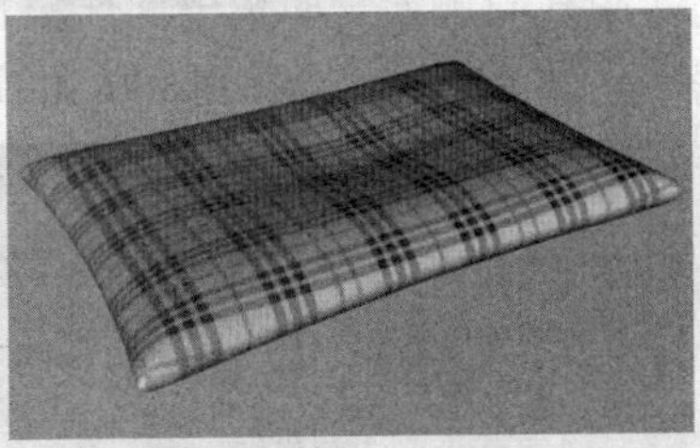

图 3.16.1　枕头效果图

【设计过程】

(1)打开 C:\3DMAXTK\SCENES\THREE-16. MAX 文件,如图 3.16.2 所示。

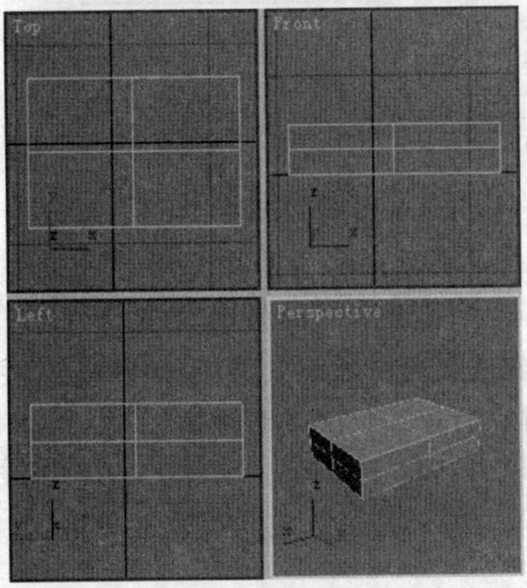

图 3.16.2　场景文件

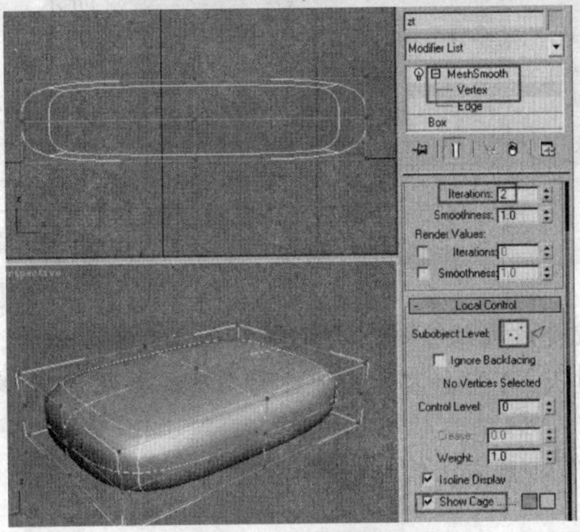

图 3.16.3　显示控制网格

(2)在右侧命令面板中选择修改命令选项卡,从 Modifiers List 列表中选择 mesh Smooth

修改器,为其加入一个新的修改。

(3)在 Subdivision Amount(细分程度)展卷栏中,修改 Iterations(迭代)值为 2,观察方形物体,表面增加了更多网格线的划分,由一个有棱有角的方体变成一个圆滑肥皂状物体。

(4)单击 Subobject Level(子物体层级)右面的 Vertext 顶点按钮,选择 Display Control Mesh(显示控制网格)复选项,激活透视图,在物体的外围出现一个橘黄色的线框,线框上有一些蓝色的控制点,如图 3.16.3 所示。

(5)选择线框 4 个边角中间的控制点,在 Local Control(局部控制)展卷栏中修改 Weight(权重)值为 12,为选中的点增加权重值,如图 3.16.4 所示。

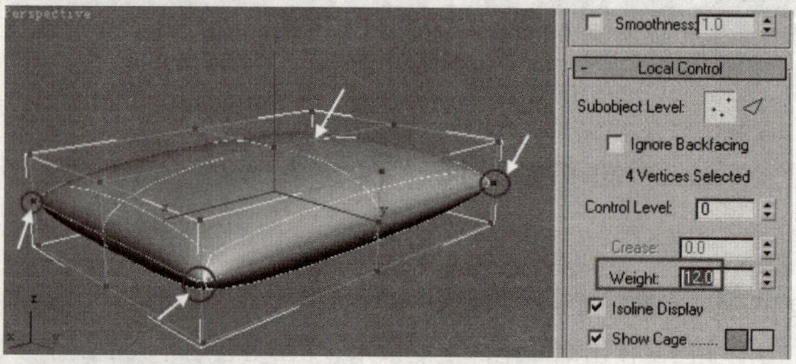

图 3.16.4　增加线框 4 个边角中间的控制点的权重值

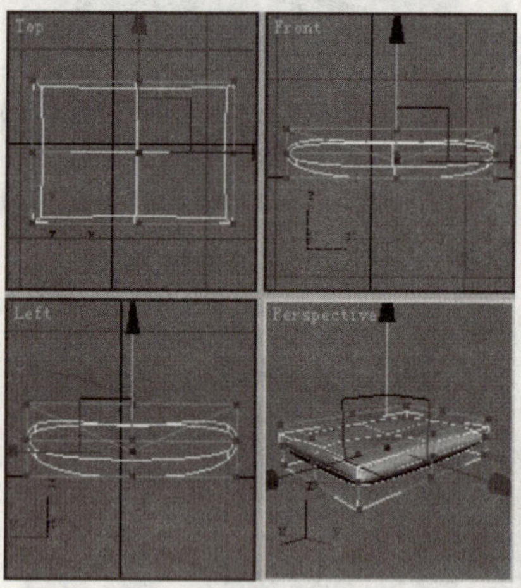

图 3.16.5　下移枕头正中间点制作凹陷效果

(6)在 Top 视图框选左排中间所有的点,使用移动工具,沿着 X 轴向右移动一点。

(7)用同样的方法将其他点进行移动,这样使得枕头的 4 个边角变得尖锐一些。

(8)在 Top 视图选中正中间的一个点(注意不要框选),在透视图沿着 Z 轴将其向下移动少许距离,这样就做出枕头中间的向下凹陷效果,如图 3.16.5 所示。

(9)给枕头赋上相应材质后,将设计结果存放在考生目录中,文件名为考号后 5 位数字 +“ -3”,扩展名为“. MAX”。

注:使用 MeshSmooth 修改器对网格物体进行光滑处理,事实上就是在原网格的基础上对其进行更多面的细分,因此要求原物体的网格面尽量少一些;再一点就是设置细分迭代次数要由小到大慢慢试验,大多数迭代两三次就足够了,如果迭代次数设置过大,可能会因计算量过大而造成系统崩溃,即使用户的计算机配置非常高。

3.17　烟　斗

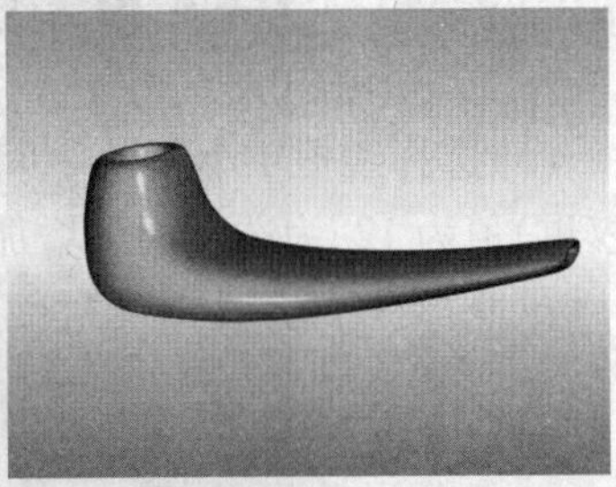

图3.17.1　烟斗效果图

【设计要求】

(1) 打开 C:\3DMAXTK\SCENES\THREE-17. MAX 文件。

(2)使用适当的编辑修改命令,将烟斗头部作进一步的编辑,使之成为一个完整的烟斗,如图3.17.1 所示。

(3)将设计结果存放在考生目录中,文件名为考号后5位数字+“-3”,扩展名为“. MAX”。

【设计过程】

(1)打开 C:\3DMAXTK\SCENES\THREE-17. MAX 文件,如图3.17.2 所示。

(2)场景中的烟斗已制作出烟斗尾部空洞效果,现在完成烟斗头部的加工,选择烟斗头部最顶部的多边形,选择 Bevel 命令将其向上拉出一定的高度并适当缩小,如图3.17.3 所示。

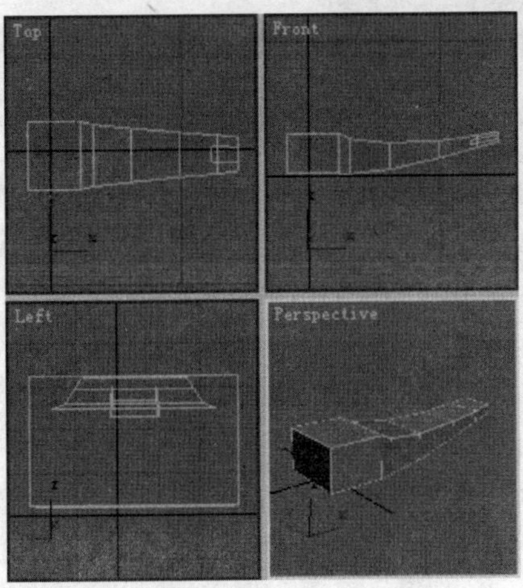

图3.17.2　场景文件

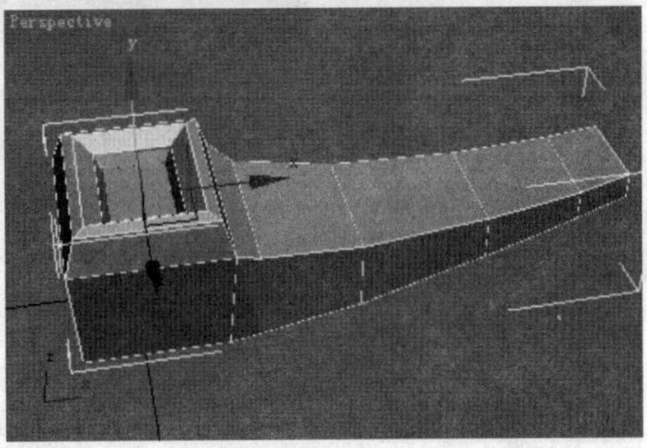

图3.17.3　制作烟斗头部

(3)使用同样制作烟斗尾部方法,最后将烟斗头部拉伸出,如图3.17.4 所示效果。

(4)现在烟斗的整体轮廓基本上制作好了,最后将烟斗的网格面进行细分并使之圆滑,选择编辑堆栈列表中的 Edit Mesh,回到最高层。

(5)在命令面板的 Modifiers List 列表窗口中选择 MeshSmooth 修改器,设置 Iterations(迭代)值为3,渲染透视图,整个烟斗变得光滑了,如图3.17.5 所示。

(6)给烟斗赋上材质后,将设计结果存放在考生目录中,文件名为考号后5位数字+“-3”,扩展名为“. MAX”。

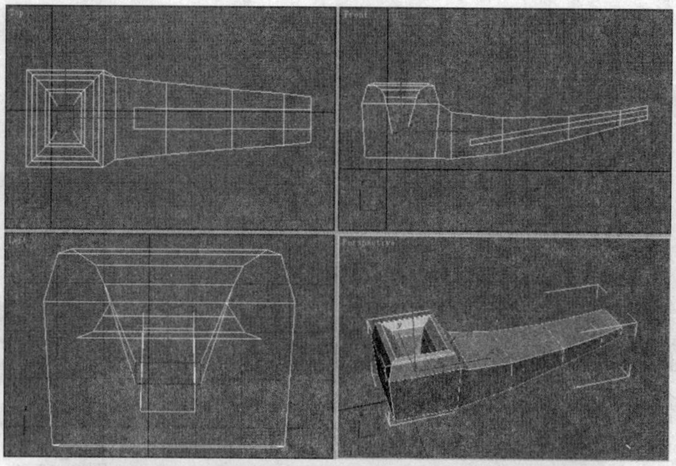

图 3.17.4　烟斗头尾成形

图 3.17.5　MeshSmooth 网格光滑

3.18　喇叭花

【设计要求】

(1)打开 C:\3DMAXTK\SCENES\THREE-18.MAX 文件。

(2)使用适当的编辑修改命令,将图形编辑成喇叭花三维模型,如图 3.18.1 所示。

(3)将设计结果存放在考生目录中,文件名为考号后 5 位数字 +“ – 3”,扩展名为“.MAX”。

【设计过程】

(1)打开 C:\3DMAXTK\SCENES\THREE-18.MAX 文件,如图 3.18.2 所示。

(2)先选择场景中的 Star01 二维图形,在右侧命令面板中选择修改命令选项卡,从 Modifiers List 列表窗口中选择 Bevle Profile 修改器,在命令面板中单击 Pick Profile 按钮,在场景中点取 Line01 二维形,将图形编辑成喇叭花三维模型,如图3.18.3所示。

图3.18.1　喇叭花效果图

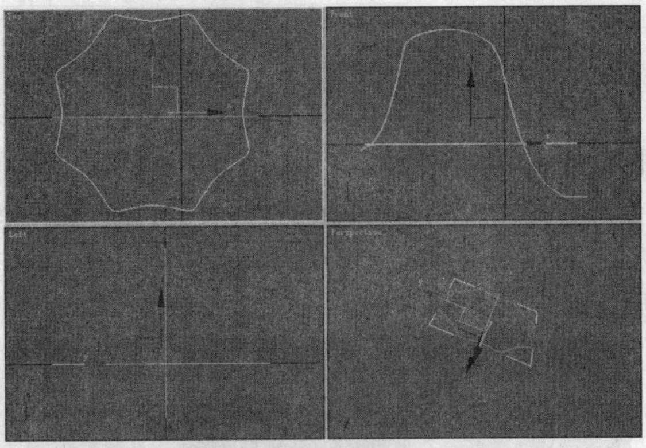

图3.18.2　场景文件

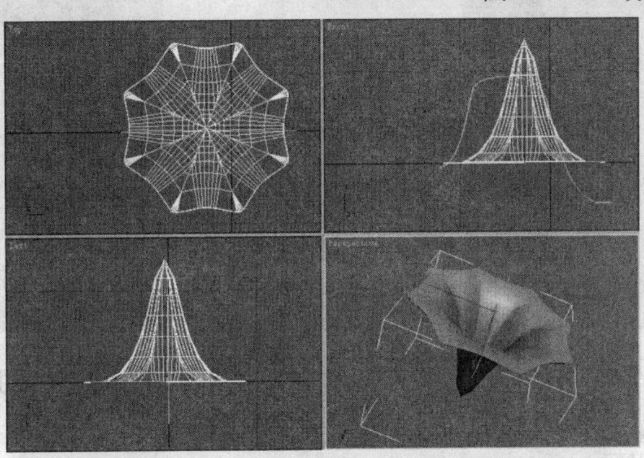

图3.18.3　执行 Bevle Profile 修改器

(3)给喇叭花赋上材质后,将设计结果存放在考生目录中,文件名为考号后5位数字+“-3”,扩展名为“.MAX”。

3.19　皮鞋底

【设计要求】

(1)打开 C:\3DMAXTK\SCENES\THREE-19.MAX 文件。

(2)使用适当的编辑修改命令,将该面片物体编辑成一只皮鞋底三维模型,其中鞋底厚为5个单位,鞋跟厚为10个单位,如图3.19.1所示。

(3)将设计结果存放在考生目录中,文件名为考号后5位数字+“-3”,扩展名为“.MAX”。

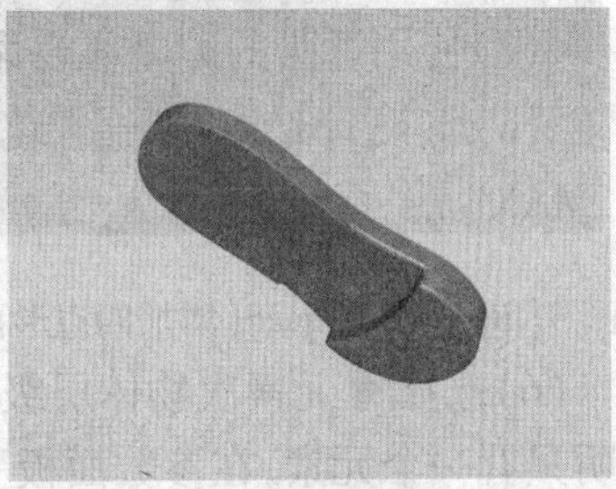

图3.19.1　皮鞋底效果图

【设计过程】

(1)打开 C:\3DMAXTK\SCENES\THREE-19.MAX 文件,如图 3.19.2 所示。

(2)单击菜单 Modifiers→Patch→Spline Editing→Edit Patch 命令,进入编辑修改面板。

(3)在编辑列表中选择◇边次物体层级,在顶视图选择面片最上面的那条边,如图 3.19.3 所示。

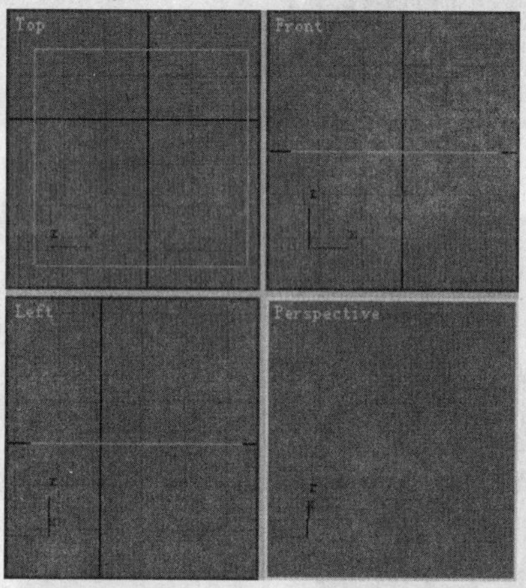

图 3.19.2 场景文件

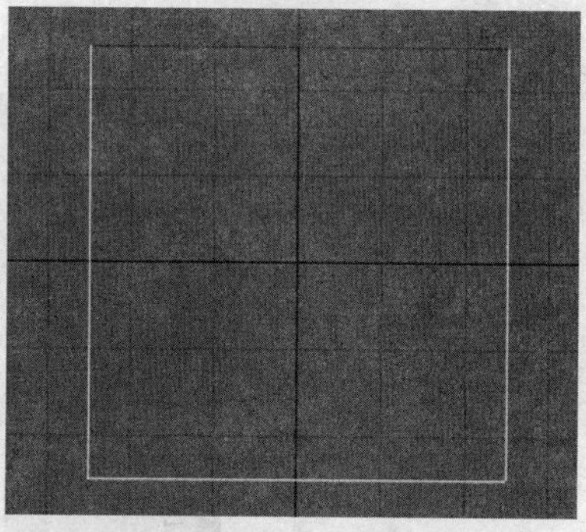
图 3.19.3 选择面片最上面的那条边

(4)单击 Add quad(增加四边形面片)按钮,结果在被选择边的外围长出一个新的面片,并且与原面片相连。回到∴点物体层级,选中其中的一个顶点,该点两侧有两根句柄(Handle)显示,如图 3.19.4 所示。

(5)在顶视图使用✥移动工具将面片上的顶点作适当移动,并调节句柄的方向,努力使边缘就得圆滑,使之成为一只鞋底的基本模型,如图 3.19.5 所示。

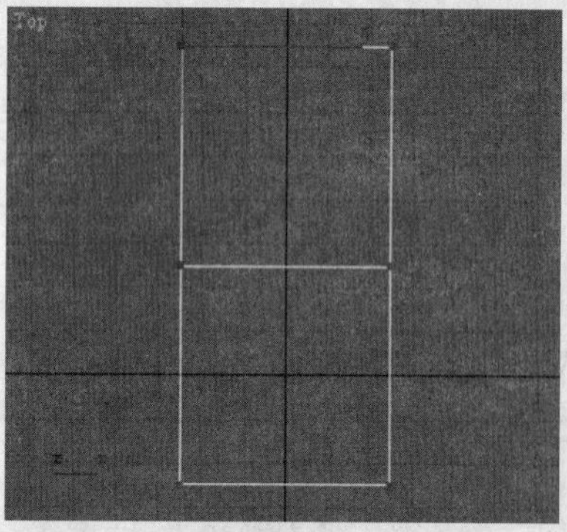

图 3.19.4 Add quad(增加四边形面片)

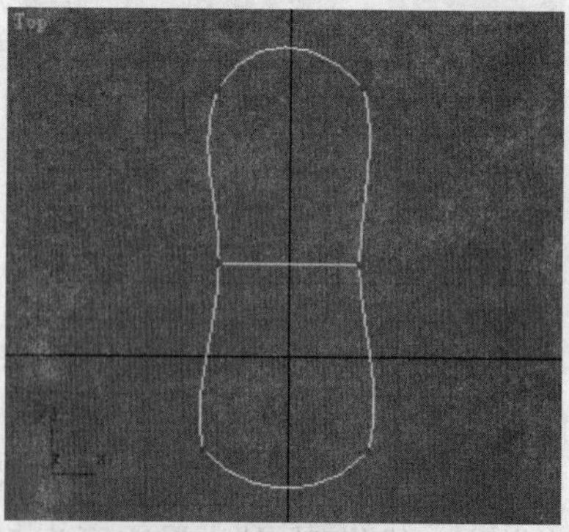

图 3.19.5 调整顶点

(6)选择■元素次物体层级,在视图中点击面片物体,整个面片的网格线变为红色显示,表明只有一个元素,在参数面板上单击 Extrude(拉伸)按钮,在右边的输入框中输入 3,将面片拉伸出 3 个单位的厚度,如图 3.19.6 所示。

(7)目前的面片看上去比较粗糙,不够细腻,现在对它的显示和渲染精度进行调节。在 Surface(表面)参数项中取消 Show Interior Edges(显示内部边)选择,这样就不会显示出中央的细分网格面了,有利于复杂物体的编辑。

(8)继续在 Surface 参数项下修改 View Steps(视图步幅)值为 10,使视图中表面显示精度更高、更光滑,如图 3.19.7 所示。

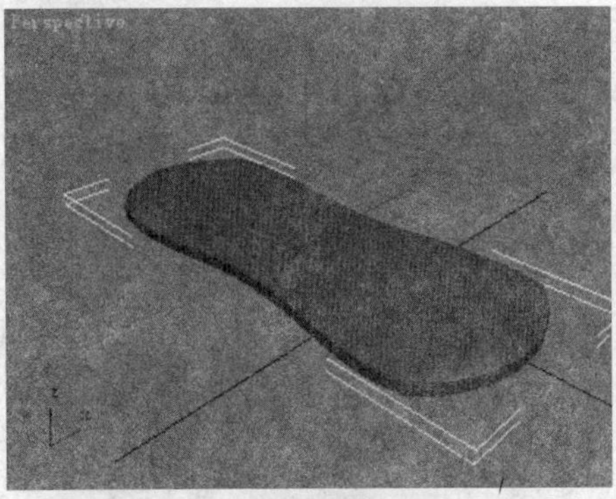

图 3.19.6　Extrude(拉伸)鞋面

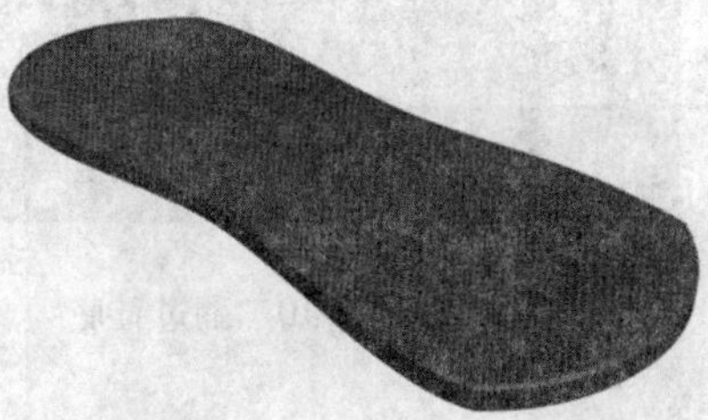

图 3.19.7　光滑设置

(9)选择工具栏上的快速渲染按钮,渲染透视图,发现渲染效果仍粗糙,这是因为 render Steps 值默认设置为 5,更改其值为 20,再次渲染,现在效果看起来比较圆滑了。

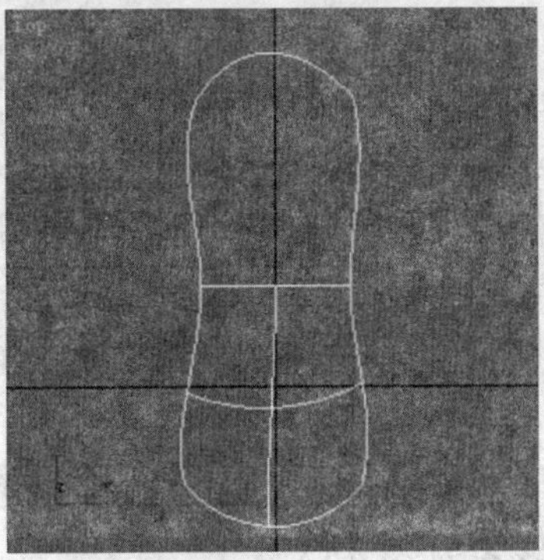

图 3.19.8　subdivide(细分)分成 4 个小面片

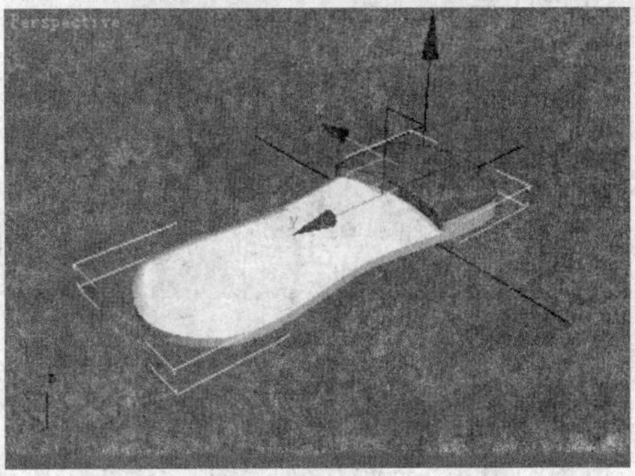

图 3.19.9　Extrude(挤出)挤出鞋面高度

(10)单击面片次物体按钮,回到面片修改层级,在视图中选择鞋底后半部分的面片,单击面板上的 subdivide(细分)按钮,该面片被细分成 4 个小面片,如图 3.19.8 所示。

(11)选择鞋底后面的被细分出来的两个面片,单击 Extrude(挤出)按钮,在 Extrusion 输入框中输入 4,将该面片拉伸出 4 个单位,制作出鞋跟效果,如图 3.19.9 所示。

(12)将鞋底翻过来看,其正面是空的,如图 3.19.10 所示。

(13)现在将鞋底正面的洞补起来。在右侧命令面板中选择修改命令选项卡下 Modifiers List 列表中的 Cap Holes(补洞)修改器,鞋底的正面自动封闭了,最后效果如图 3.19.11 所示。

(14)将设计结果存放在考生目录中,文件名为考号后 5 位数字 +“-3”,扩展名为“.MAX”。

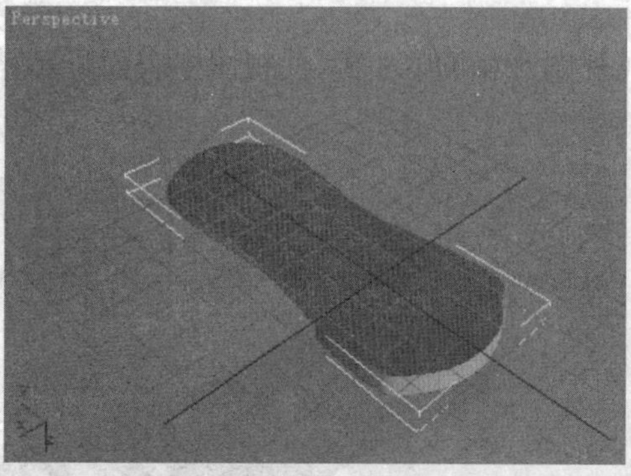

图 3.19.10　翻过鞋底

图 3.19.11　Cap Holes(补洞)封闭鞋底

3.20　交叉汉字

【设计要求】

图 3.20.1　交叉汉字效果图

(1)打开 C:\3DMAXTK\SCENES\THREE-20. MAX 文件。

(2)使用适当的编辑修改命令,将汉字串各汉字位置进行交换,使"计算机技术"和"计算机应用"呈交叉摆放,并保持屏幕上仅有一个物体存在,更改物体名称为 HZ01,如图3.20.1所示。

(3)将设计结果存放在考生目录中,文件名为考号后 5 位数字 +" -3",扩展名为". MAX"。

【设计过程】

(1)打开 C:\3DMAXTK\SCENES\THREE-20. MAX 文件,如图 3.20.2 所示。

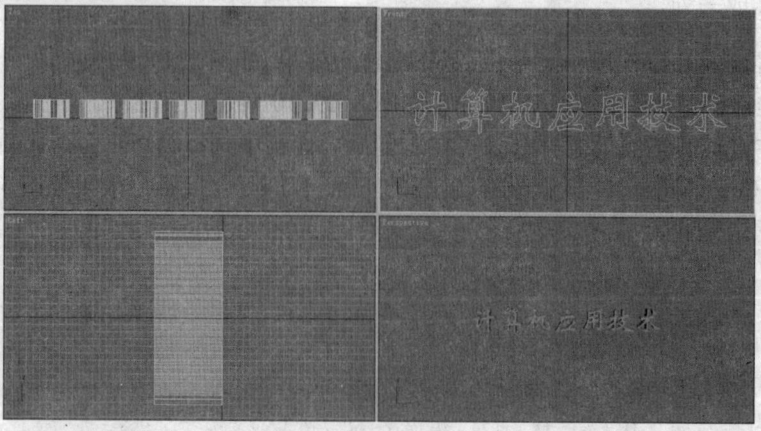

图 3.20.2　场景文件

(2)展开右边的命令面板 Modifier List\Editable Mesh 前的“+”,选择 Polygon 多边形次物体级,框选场景中的“计”字,如图 3.20.3 所示。

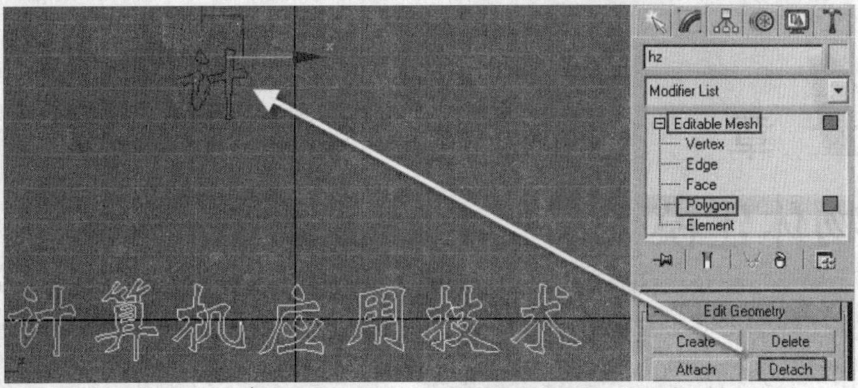

图 3.20.3 分离文字

(3)在 Edit Geometry 命令面板中选择 Detach 分离按钮,弹出如图 3.20.4 所示的对话框,输入分离为 Detach as“计”,选取 Detach As Clone 作为克隆分离复选框,单击 OK 按钮,将场景中的“计”字复制分离,然后将复制的“计”字移到“机”字上方。

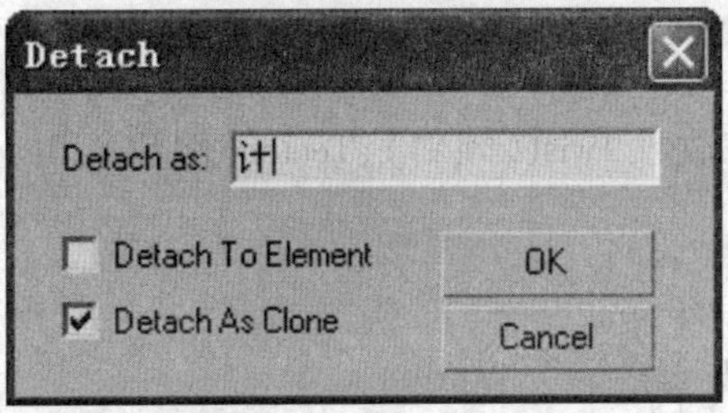

图 3.20.4 Detach(分离)对话框

图 3.20.5 “计算机技术”和“计算机应用”交叉摆放

(4)同步复制分离出“算”字移至“机”字上方,与前面复制的“计”字排成一列。

(5)分别选择“技”、“术”直接对文字进行移动,如图 3.20.5所示对分离的文字进行排列,并按复合键 Alt + A 键对纵向的文字进行对齐排列,将汉字串各汉字位置进行交换,使“计算机技术”和“计算机应用”呈交叉摆放。

(6)使用 Attach 附加命令,将各汉字进行合并,保持屏幕上仅有一个物体存在,在工具条中单击选择物体按钮,在 Select Objects 对话框中将 hz 物体更改物体名称为 HZ01,如图 3.20.6 所示。

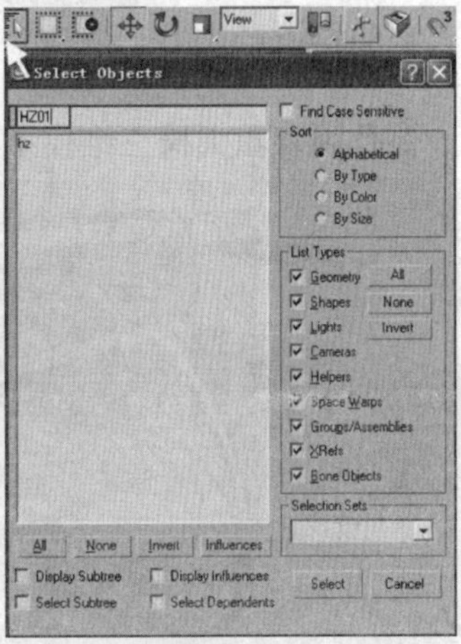

图 3.20.6 按名称选择 hz 文字

(7)给场景和物体赋上材质后,将设计结果存放在考生目录中,文件名为考号后5位数字+“-3”,扩展名为“.MAX”。

第 4 章 复合物体建模

【本章导读】

Loft Object(放样)是将一个二维图形对象作为沿某个路径的剖面,而形成复杂的三维对象。同一路径上可在不同的段给予不同的形体。我们可以利用放样来实现很多复杂模型的构建。

【学习目标】

➢ 掌握创建放样路径与截面的方法。

➢ 掌握 Deformations(变形修饰器)中 Scale(缩放)、Twist(倾斜)、Teeter(倒角)、Bevel(扭曲)、Fit(拟合)5 种修饰器的使用方法。

4.1 魏森霍夫椅

【设计主题】

制作魏森霍夫椅三维模型,如图 4.1.1 所示。

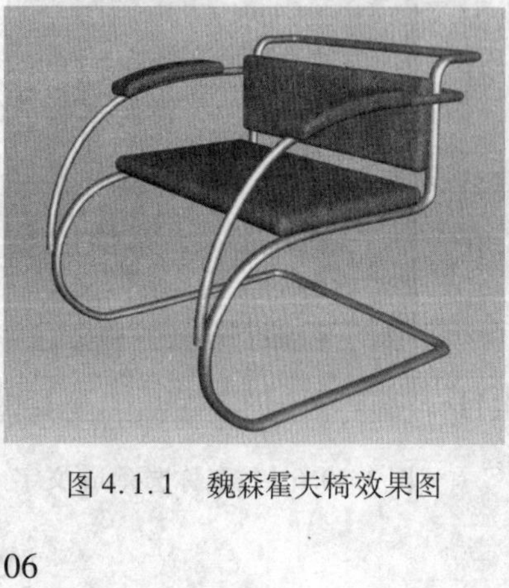

图 4.1.1 魏森霍夫椅效果图

【设计要求】

(1)打开 C:\3DMAXTK\SCENES\FOUR-1. MAX 文件。

(2)绘制两个截面形并使用放样命令,将魏森霍夫椅的扶手和支撑架放样成三维实体,其中扶手截面形为圆形,半径为 4 个单位,支撑架的截面形为椭圆形,长、短轴分别为 10、8 个单位。

(3)更改放样路径的步数(PATH STEPS)为 10。

(4)将设计结果存放在考生目录中,文件名为考号后 5 位数字 +“ -4”,扩展名为“. MAX”。

【设计过程】

(1)打开 C:\3DMAXTK\SCENES\FOUR-1. MAX 文件,如图 4.1.2 所示。

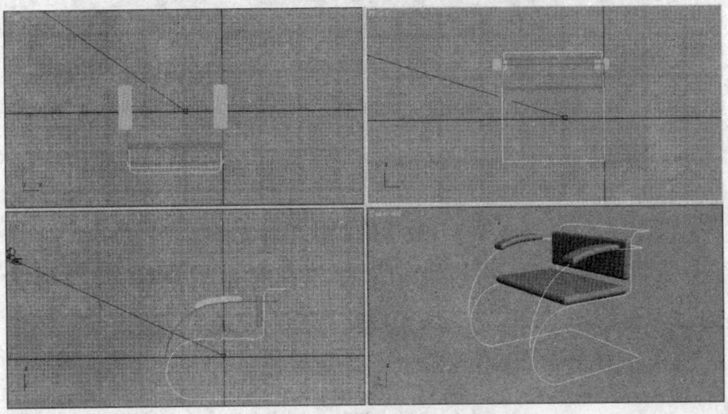

图 4.1.2　场景文件

(2)在前视图分别绘制两个截面形,其中扶手截面形为圆形,半径为 4 个单位,支撑架截面形为椭圆形,长、短轴分别为 10、8 个单位,如图 4.1.3 所示。

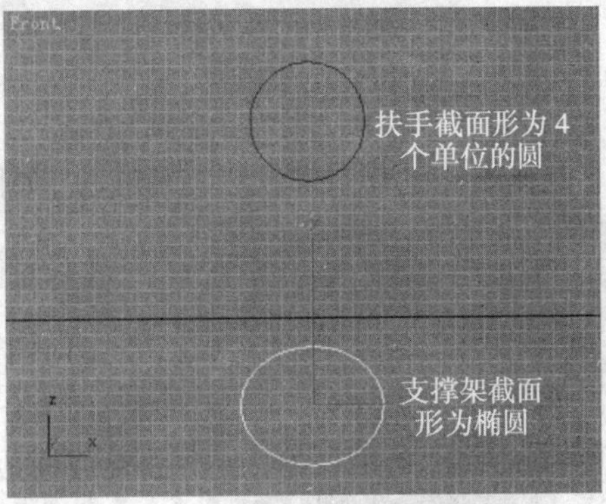

图 4.1.3　绘制两个截面形

(3)在透视图中选取扶手二维线条,创建复合物体 Compound Objects/Loft 放样,Get Shapge 获取 Circle01 圆形为放样形。注意 Skin Parametres\Path Steps 为 10,使放样后的扶手更光滑,如图 4.1.4 所示。

(4)按同样的步骤放样支撑架,选择椭圆为放样形,如图 4.1.5 所示。

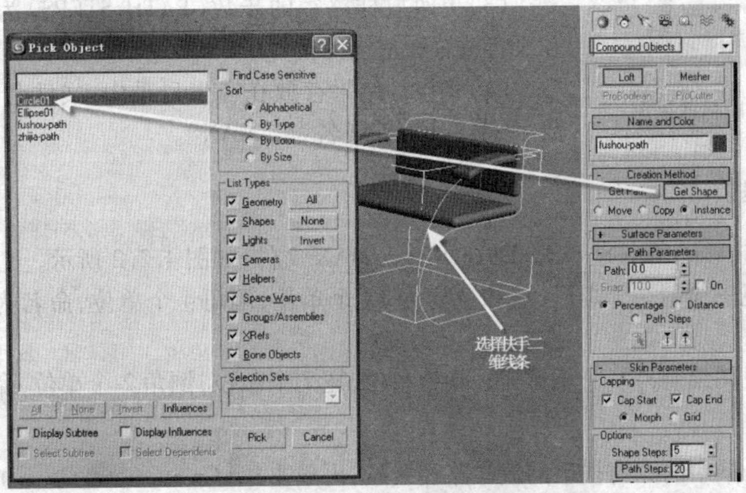

图 4.1.4　创建“放样”复合物体

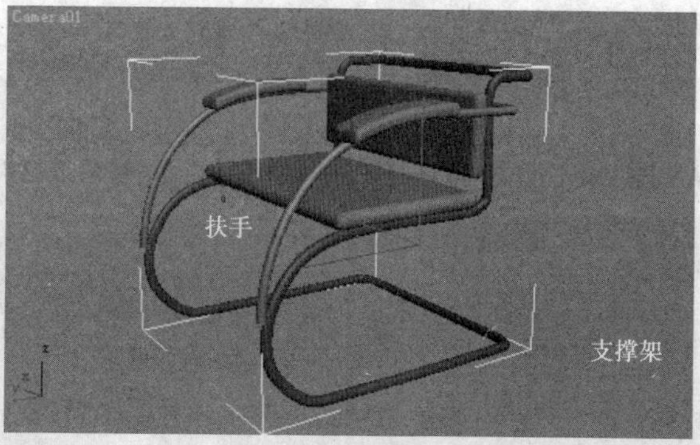

图 4.1.5　放样形成扶手和支撑架

(5)给魏森霍夫椅赋上材质后,将设计结果存放在考生目录中,文件名为考号后 5 位数字 +“-4”,扩展名为“.MAX”。

4.2　圈　椅

【设计主题】

制作圈椅的靠背和扶手三维模型,如图 4.2.1 所示。

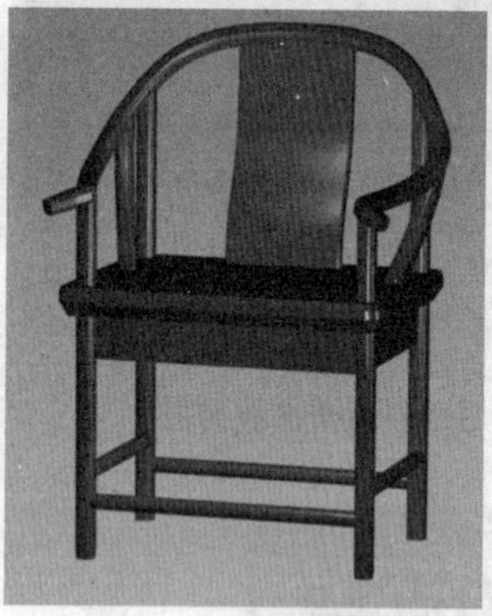

图 4.2.1　圈椅效果图

【设计要求】

(1)打开 C:\3DMAXTK\SCENES\FOUR-2.MAX 文件。

(2)绘制两个截面并使用放样命令,将圈椅的扶手和靠背面板放样成三维实体,其中圈椅扶手的截面形为矩形,长和宽均为 12 个单位,倒角 4 个单位,靠背的截面形为矩形,长 80 个单位,宽 7 个单位,倒角 2 个单位。

(3)更改放样路径的步数(PATH STEPS)为 10,并将扶手和靠背放置在适当的位置。

(4)将设计结果存放在考生目录中,文件名为考号后 5 位数字 +“-4”,扩展名为“.MAX”。

【设计过程】

(1)打开 C:\3DMAXTK\SCENES\FOUR-2.MAX 文件,如图 4.2.2 所示。

(2)在前视图绘制一个矩形,长和宽均为 12 个单位,倒角 4 个单位,命名为“圈椅扶手的截面形”。

(3)在顶视图绘制另一个矩形,长 80 个单位,宽 7 个单位,倒角 2 个单位,命名为“靠背的截面形”。

(4)选择场景中的圈椅扶手的放样路径线条,再单击 Create→ Geometry→Compound Object→Loft(创建→几何体→复合物体→放样)命令,在 Creation Method(创建方法)卷展栏下

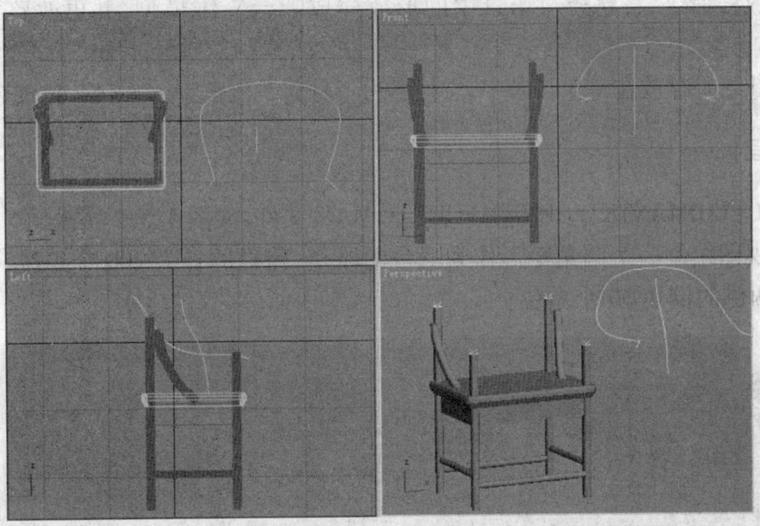

图 4.2.2　场景文件

单击 Get Shape(获取剖面)按钮,并确认其下选取了 Instance(关联)选项,将鼠标移向视图中的“圈椅扶手的截面形”,待其改变形状时点取它,观察视图扶手生成。

(5)同样使用放样命令放样靠背三维形状,如图 4.2.3 所示。

(6)更改放样路径的步数(PATH STEPS)为 10,并将扶手和靠背放置在适当的位置。

(7)将设计结果存放在考生目录中,文件名为考号后 5 位数字 +“ -4”,扩展名为“. MAX”。

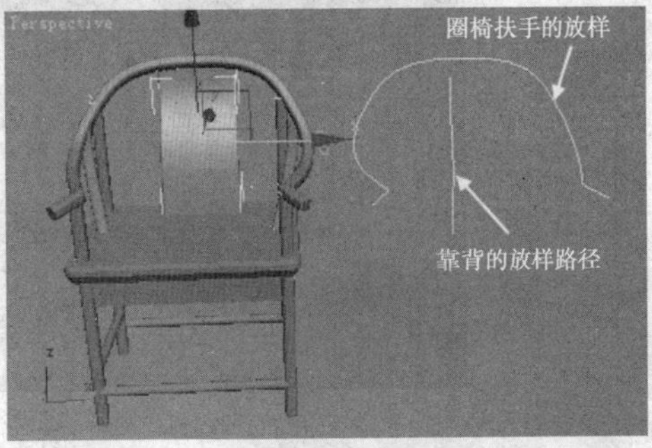

图 4.2.3　选取圈椅扶手和靠背的放样路径

4.3　吧　台

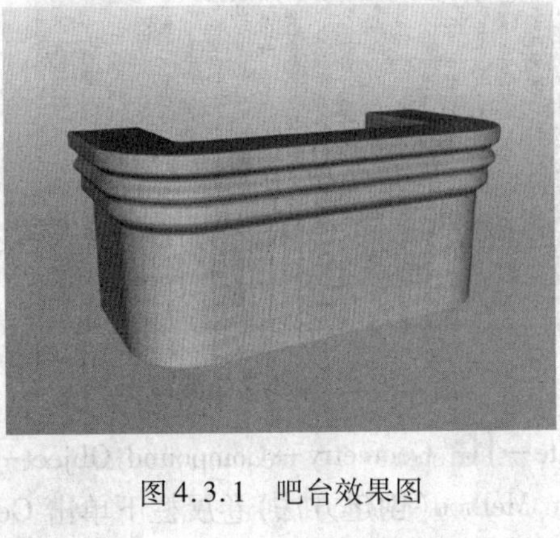

图 4.3.1　吧台效果图

【设计主题】

制作吧台三维模型,如图 4.3.1 所示。

【设计要求】

(1)打开 C:\3DMAXTK\SCENES\FOUR-3. MAX 文件。

(2)在顶视图绘制吧台的路径,路径的长为 200 个单位,宽为 400 个单位,吧台前面两侧的倒角 50 个单位。

(3)使用放样命令,将路径与场景中的形放样成吧台三维模型,并更改路径步数(PATH STEPS)为15。

(4)将设计结果存放在考生目录中,文件名为考号后5位数字+“-4”,扩展名为“.MAX”。

【设计过程】

(1)打开C:\3DMAXTK\SCENES\FOUR-3.MAX文件,如图4.3.2所示。

(2)在顶视图绘制一个圆角矩形作为吧台的路径,路径的长为200个单位,宽为400个单位,吧台前面两侧的倒角50个单位。

图4.3.2 场景文件

(3)在圆角矩形上单击鼠标右键,选择Convert to Editable Spline转换为曲线,进入顶点修改模式,在命令面板中单击Refine插入点按钮,在顶视图的圆角矩形中间插入两个点,如图4.3.3所示。

(4)进入线段模式,框选圆角矩形下面的线段后删除,吧台的路径效果如图4.3.4所示。

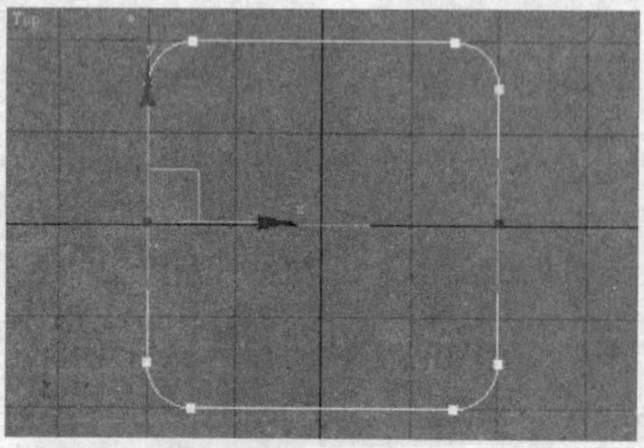

图4.3.3 在圆角矩形中间插入两个点

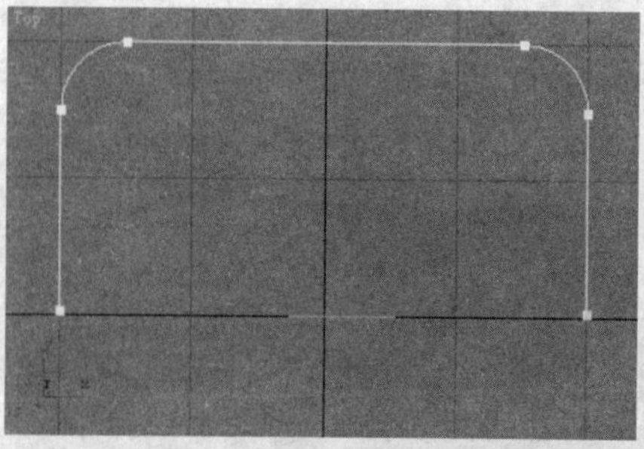

图4.3.4 删除多余线段

(5)选择场景中的吧台路径线条,再单击 Create→ Geometry→Compound Object→Loft(创建→几何体→复合物体→放样)命令,在Creation Method(创建方法)卷展栏下单击Get

Shape(获取剖面)按钮,并确认其下选取了Instance(关联)选项,将鼠标移向视图中已经绘制好的二维形 batai-shap,待其改变形状时点取它,观察视图中吧台生成,如图 4.3.5 所示。

(6)更改路径步数(PATH STEPS)为 15,如图 4.3.6 所示。

(7)吧台赋上材质后,将设计结果存放在考生目录中,文件名为考号后 5 位数字 +“-4”,扩展名为“.MAX”。

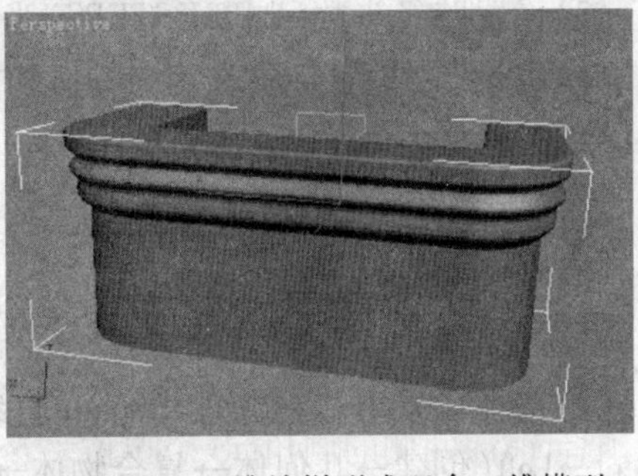

图 4.3.5　二维放样形成吧台三维模型

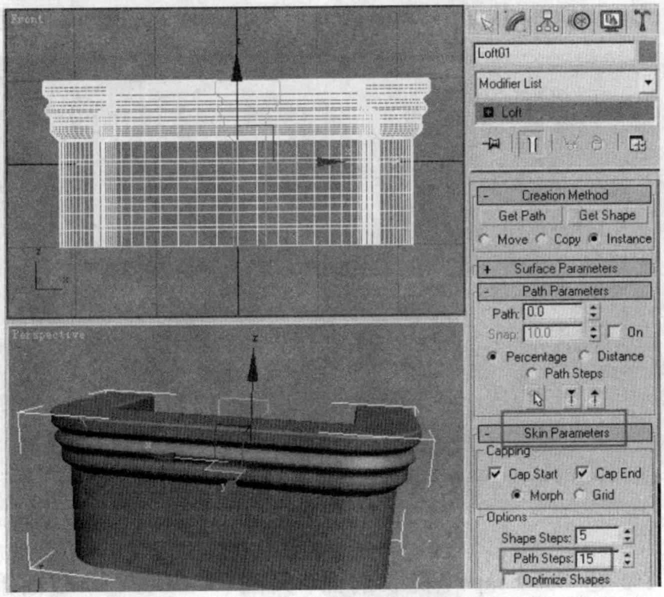

图 4.3.6　更改路径步数

4.4　陶立克柱

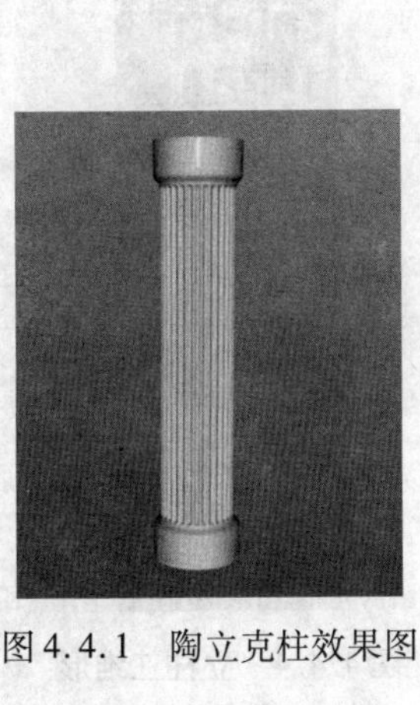

图 4.4.1　陶立克柱效果图

【设计主题】

制作陶立克柱三维模型,如图 4.4.1 所示。

【设计要求】

(1)打开 C:\3DMAXTK\SCENES\FOUR-4.MAX 文件。

(2)使用放样命令放样出一根立柱效果,该立柱上端 0% ~8% 处为大圆(B-CIRCLE)截面形,10% 处为小圆(S-CIRCLE)截面形,11% 处为星形(STAR)截面形,并使用对称效果制作立柱另一端模型。

(3)设置路径步数(PATH STEPS)为10。

(4)将设计结果存放在考生目录中,文件名为考号后5位数字+“-4”,扩展名为“.MAX”。

【设计过程】

(1)打开C:\3DMAXTK\SCENES\FOUR-4.MAX文件,如图4.4.2所示。

(2)选择场景中前视图的lz-path直线路径,再单击 Create→ Geometry→Compound Object→Loft(创建→几何体→复合物体→放样)命令,在Creation Method(创建方法)卷展栏下单击Get Shape(获取剖面)按钮,并确认其下选取了Instance(关联)选项,将鼠标移向视图中已经绘制好的大圆(B-CIRCLE)截面形,待其改变形状时点取它,视图中生成了一个大圆柱。

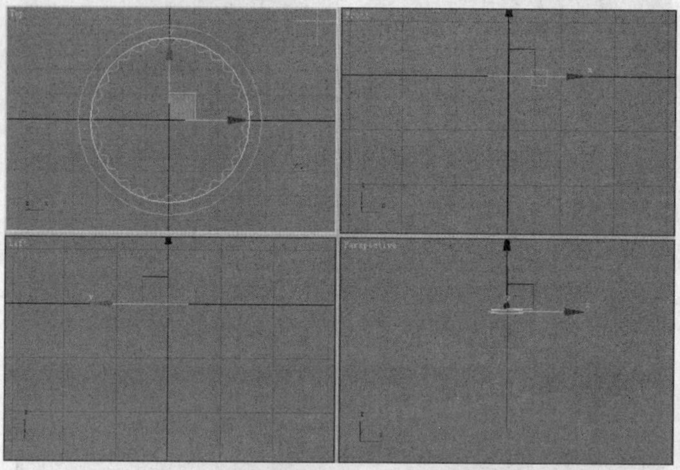

图4.4.2 场景文件

(3)在路径的8%处Get Shape(获取剖面)大圆(B-CIRCLE)截面形,10%处为小圆(S-CIRCLE)截面形,11%处为星形(STAR)截面形,如图4.4.3所示。

(4)再使用对称效果制作立柱另一端模型,即在路径的89%处Get Shape(获取剖面)为星形(STAR)截面形,90%处为小圆(S-CIRCLE)截面形,92%和100%处都获取大圆(B-CIRCLE)截面形,如图4.4.4所示。

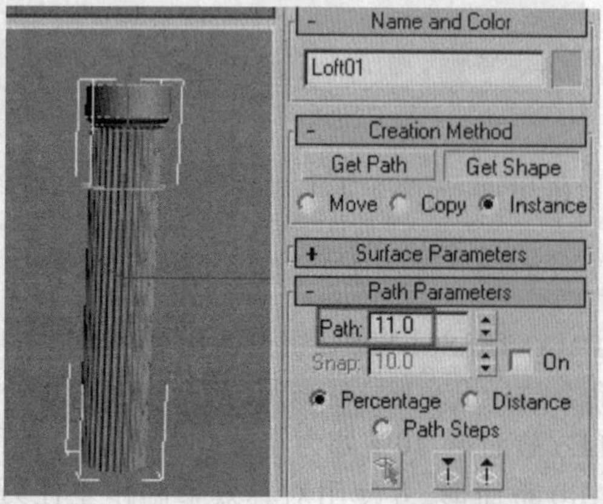

图4.4.3 在放样路径的11%处获取星形截面

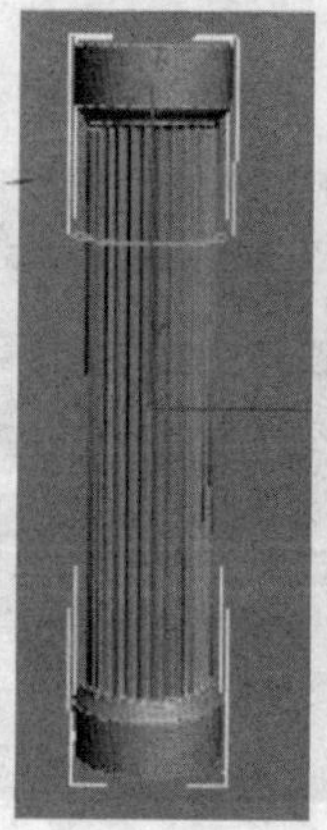

图4.4.4 立柱三维形

(5)设置路径步数(PATH STEPS)为10。

(6)给立柱赋上材质后,将设计结果存放在考生目录中,文件名为考号后5位数字+"-4",扩展名为".MAX"。

4.5　漏　斗

【设计主题】

制作漏斗三维模型,如图4.5.1所示。

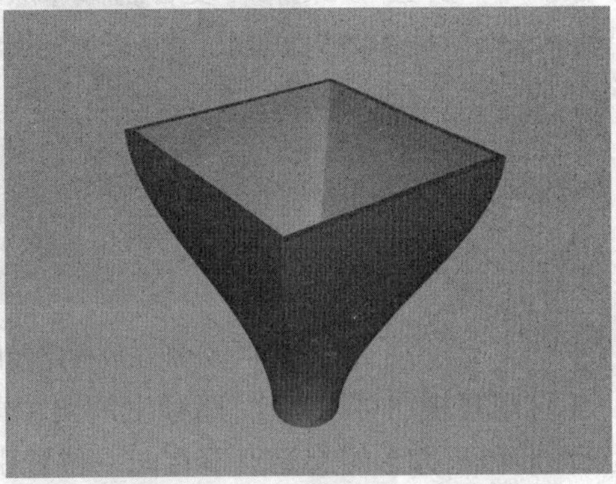

图4.5.1　漏斗效果图

【设计要求】

(1)漏斗的高度为250个单位,厚度为6个单位。

(2)漏斗的上端截面为正方形,最大边长为200个单位,漏斗的下端截面为圆环形,最大半径为30个单位,该漏斗不能产生扭曲效果。

(3)更改路径的步数(PATH STEPS)为20。

(4)将设计结果存放在考生目录中,文件名为考号后5位数字+"-4",扩展名为".MAX"。

【设计过程】

(1)在前视图绘制一条直线,高度为250个单位,起点参数都为0,终点Y值为250个单位,单击Finish按钮结束直线的绘制,如图4.5.2所示。

(2)在顶视图绘制一个双环形Donut,大圆半径为30个单位,小圆半径为24个单位,再绘制一个正方形,边长为200个单位,Convert to Editable Spline转换为可编辑曲线后,Outline轮廓化-6个单位,在场景中形成两个方形,如图4.5.3所示。

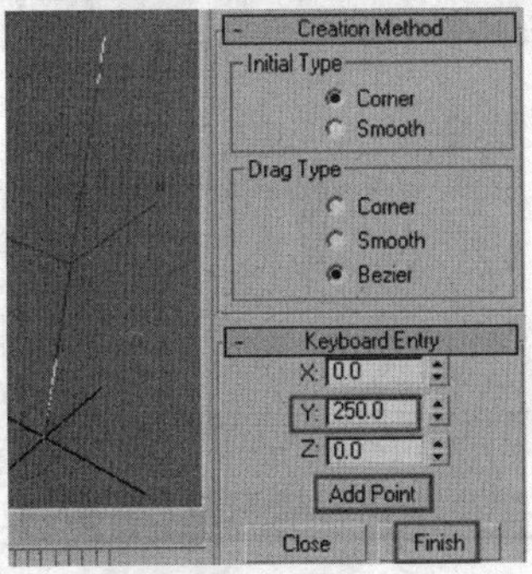

图4.5.2　创建一条直线

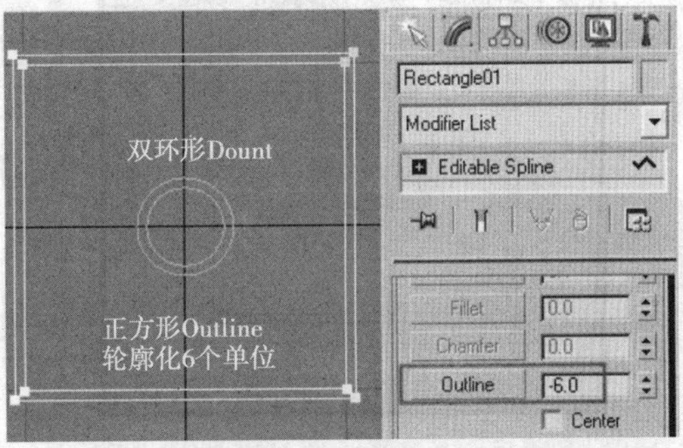

图4.5.3　创建一个双环形

(3)先选择场景中的直线路径,再单击 Create→ Geometry→Compound Object→Loft(创建→几何体→复合物体→放样)命令,在Creation Method(创建方法)卷展栏下单击Get

Shape(获取剖面)按钮,并确认其下选取了 Instance(关联)选项,将鼠标移向视图中已经绘制好的双环形截面形,待其改变形状时点取它,视图中生成了一个圆管。

(4)在 Path Parameters(路径参数)卷展中修改 Path(路径)值为 100,在前视图中会发现路径的另一个端点上有一个黄色的小交叉点,该点表示剖面形在路径上放置的位置。单击 Get Shape 按钮,再点取视图中的正方形,方形截面已取到放样物体的另一端,如图 4.5.4 所示。

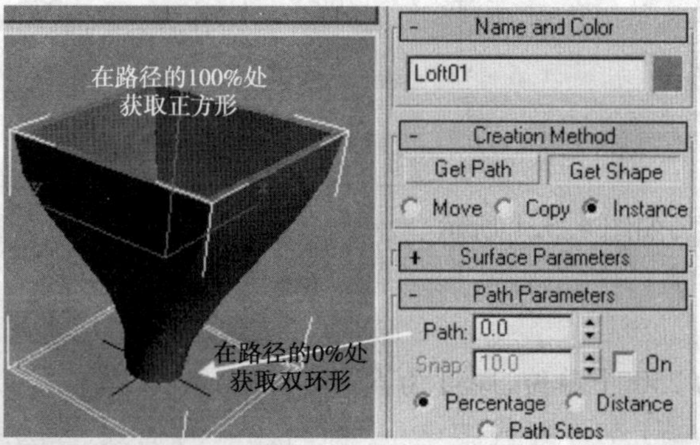

图 4.5.4　分别在放样路径的 0% 和 100% 处获取相应放样图形

(5)观察视图可以看出,路径上的两个截面形产生了一定的扭曲,造成这种扭曲的原因是因双环形和正方形的起始点不在同一位置引起的。

(6)确认选定放样物体,单击按钮,进入修改面板,在编辑列表中展开 Loft 前的"+",选择次物体 Shape,并单击面板下的 Compare(比较)按钮,屏幕弹出比较图形对话框。

(7)单击图形对话框中的 Pick Shape(拾取截面形)按钮,分别在放样物体的顶端和底端截面处点取用于放样的截面形,点中之后该截面形会呈红色显示,将两个截面形取到比较图形对话框中,如图 4.5.5 所示。

(8)从比较对话框中可以看出,圆形和正方形的起始点相差的角度为 45°,这也是放样物体扭曲的角度。选择旋转按钮,在放样物体上旋转圆形或正方形截面形,参照比较对话框,使它们的起始点在同一条线上,如图 4.5.6 所示。

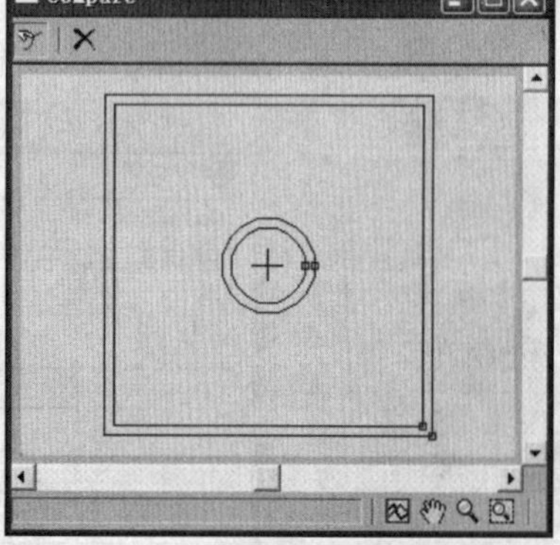

图 4.5.5　图形对话框

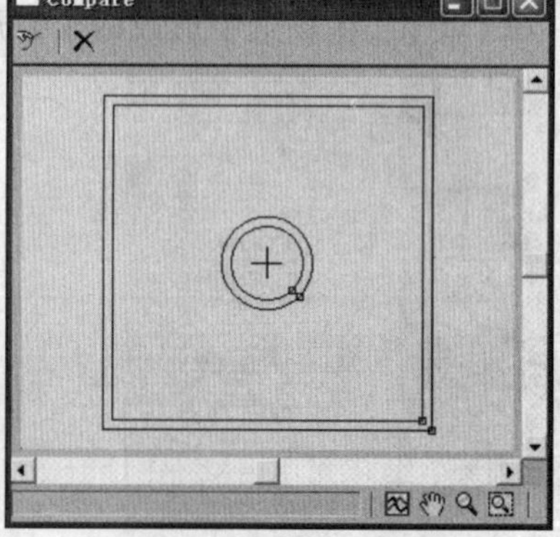

图 4.5.6　调整两个截面形位置

(9)更改路径的步数(PATH STEPS)为 20。

(10)绘漏斗赋上材质后,将设计结果存放在考生目录中,文件名为考号后 5 位数字+"-4",扩展名为".MAX"。

4.6　变形棒

【设计主题】

制作变形棒三维模型，如图 4.6.1 所示。

【设计要求】

（1）变形棒顶部横切面为圆形，圆形半径为 80 个单位，底部横切面为正方形，边长为 160 个单位。

（2）变形棒高度为 400 个单位，横切面形状在 100 个单位处即由方形变为圆形。

（3）更改路径的步数（PATH STEPS）为 20。

（4）将设计结果存放在考生目录中，文件名为考号后 5 位数字 +“-4”，扩展名为“.MAX”。

【设计过程】

（1）在顶视图分别创建一个圆 Circle 和一个正方形 Rentangle，变形棒顶部横切面为圆形，圆形半径为 80 个单位，如图 4.6.2 所示。底部横切面为正方形，边长为 160 个单位，如图 4.6.3所示。

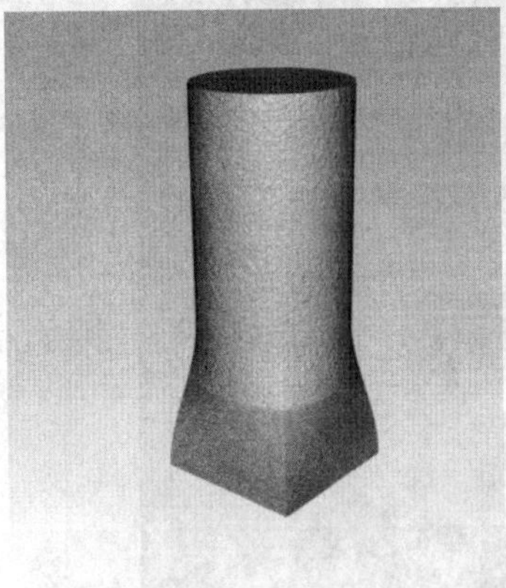

图 4.6.1　变形棒效果图

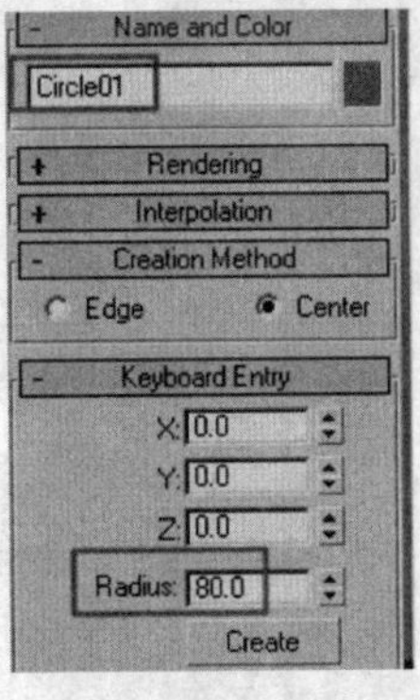

图 4.6.2　创建一个圆

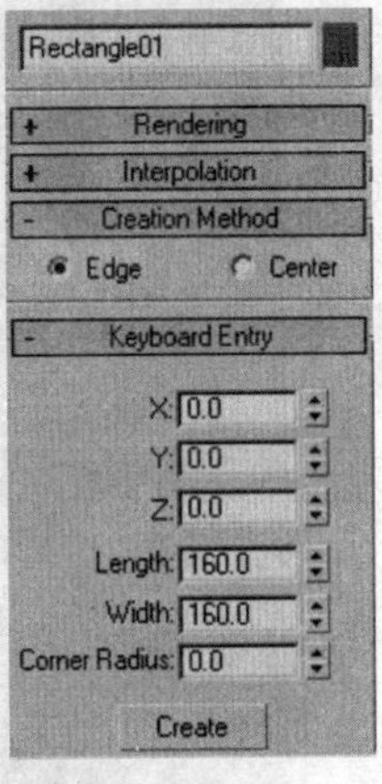

4.6.3　创建一个矩形

（2）在前视图创建一条 Line 直线，长度为 400 个单位，它将作为放样的路径，也就是变形棒的高度，绘制好的效果如图 4.6.4 所示。

注：该直线可用 Keyboard Entry 方式画，并且直线的顶点类型为 Corner 点。

（3）选择直线，单击 Create→ Geometry→Compound Object→Loft（创建→几何体→复合物体→放样）命令，在 Creation Method（创建方法）卷展栏下单击 Get Shape（获取剖面）按钮，并确认其下选取了 Instance（关联）选项，将鼠标移向视图中的正方形，待其改变形状时点取它，观察视图一个方体生成。

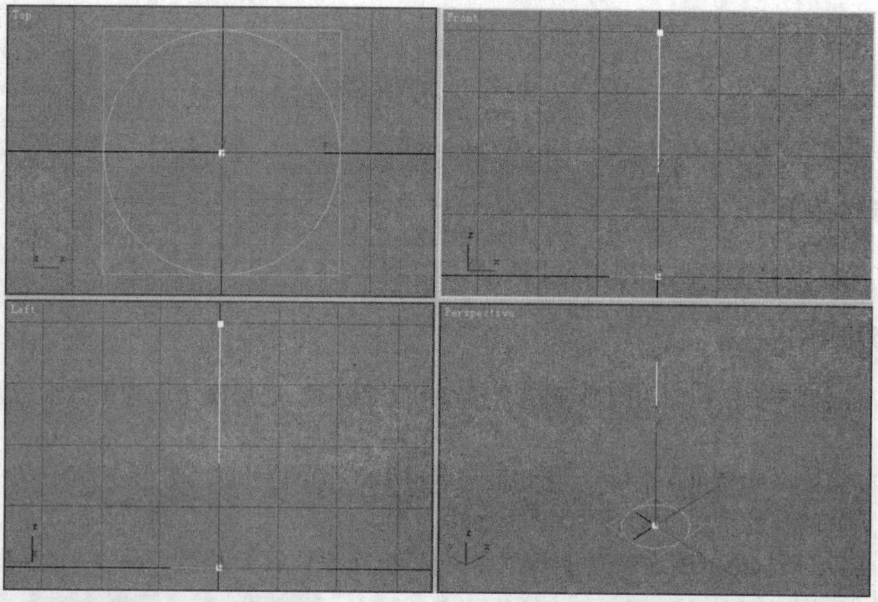

图 4.6.4　创建一条直线作为放样路径

(4)在 Path Parameters(路径参数)卷展中修改 Path(路径)值为 100,在前视图中会发现路径的另一个端点上有一个黄色的小交叉点,该点表示剖面形在路径上放置的位置。单击 Get Shape 按钮,再点取视图中的圆形,圆形截面已取到放样物体的另一端,如图 4.6.5 所示。

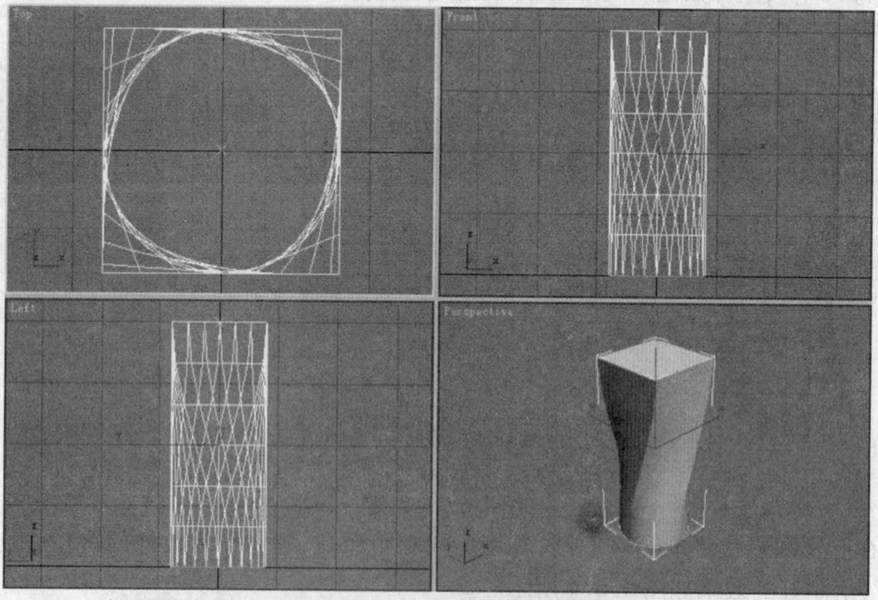

图 4.6.5　放样形成漏斗的三维模型

(5)观察视图可以看出,路径上的两个截面形产生了一定的扭曲,造成这种扭曲的原因是因圆形和正方形的起始点不在同一位置引起的。

(6)确认选定放样物体,单击按钮,进入修改面板,在编辑列表中展开 Loft 前的"+",选择次物体 Shape,并单击面板下的 Compare(比较)按钮,屏幕弹出比较图形对话框。

(7)单击图形对话框中的 Pick Shape(拾取截面形)按钮,分别在放样物体的顶端和底端截面处点取用于放样的截面形,点中之后该截面形会呈红色显示,将两个截面形取到比较图形对话框中,如图 4.6.6 所示。

(8)从比较对话框中可以看出,圆形和正方形的起始点相差的角度为 45°,这也是放样物体扭曲的角度。选择旋转按钮,在放样物体上旋转圆形或正方形截面形,参照比较对话框,使它们的起始点在同一条线上,如图 4.6.7 所示。

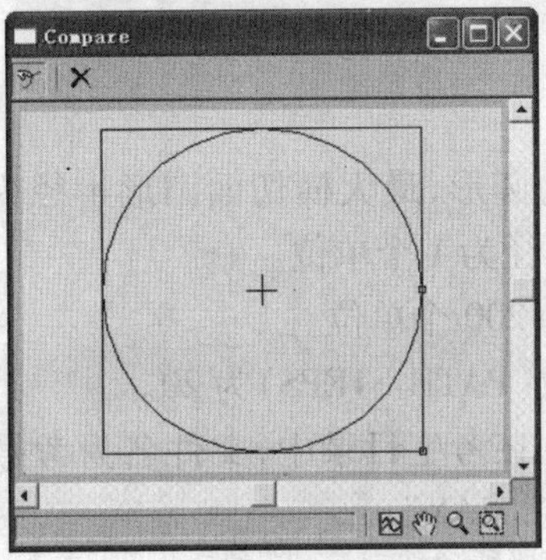

图 4.6.6　两个放样图形的初始点位

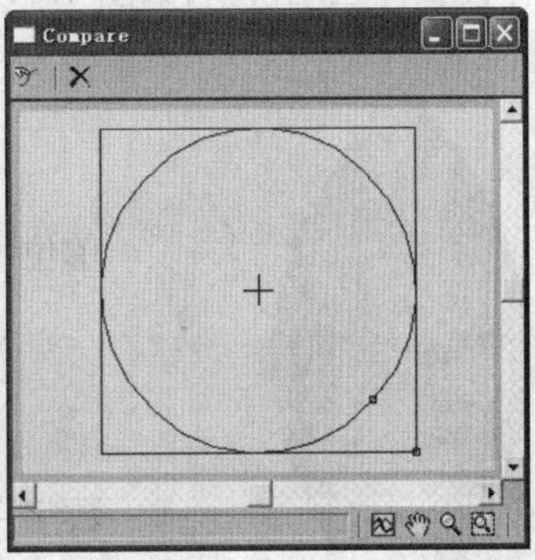

图 4.6.7　调整两个放样图形的点位

(9)观察透视图和顶视图,现在造型物体基本正常了,我们继续对放样物体进行加工,现在在路径的 25 处再加入一个圆形截面,以控制由方形截面过渡到圆形截面的变化幅度。

(10)选择 Loft 层级,回到最高层,选择放样物体,在 Path 参数框中输入 25,确认其下选择 Percentage(百分比)选项,单击 Pick Shape 按钮,移动鼠标在视图中点取圆形,这样在路径的 25% 处又加入一个圆形截面,如图 4.6.8 所示。

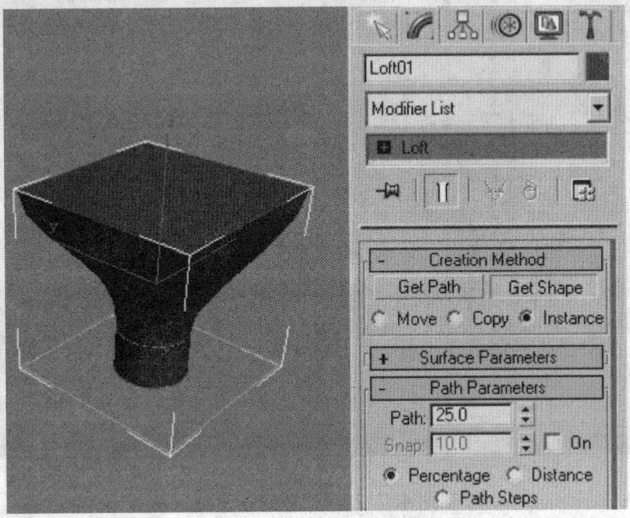

图 4.6.8　在路径的 25% 处又加入一个圆形截面

(11)给变形棒赋上材质后,将设计结果存放在考生目录中,文件名为考号后 5 位数字 + "-4",扩展名为".MAX"。

4.7 梭状体

【设计主题】

制作梭状体三维模型，如图 4.7.1 所示。

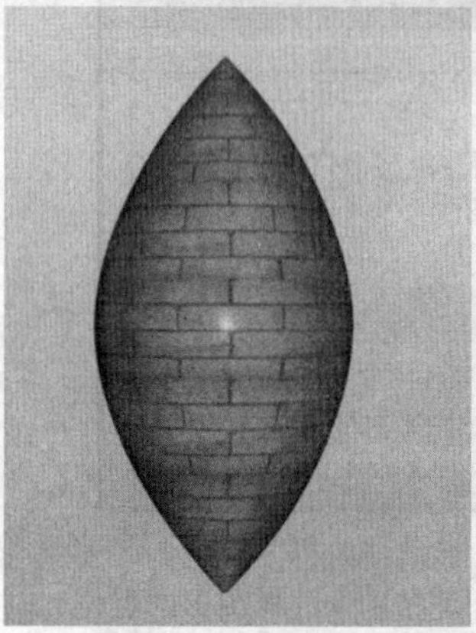

图 4.7.1　梭状体效果图

【设计要求】

(1)梭状体横切面为圆形，最大横切面圆形半径为 100 个单位，最小横切面圆形半径为 1 个单位。

(2)梭状体的高度为 200 个单位。

(3)更改路径的步数(PATH STEPS)为 20。

(4)将设计结果存放在考生目录中，文件名为考号后 5 位数字 +“ -4”，扩展名为“. MAX”。

【设计过程】

(1)在顶视图创建一个 Circle 圆形，这个圆形半径为 100 个单位，命名为“梭状体最大横切面”。

(2)在前视图画出一根直线，长度为 200 个单位，它将作为放样的路径，也就是梭状体的高度，绘制好的效果如图 4.7.2 所示。

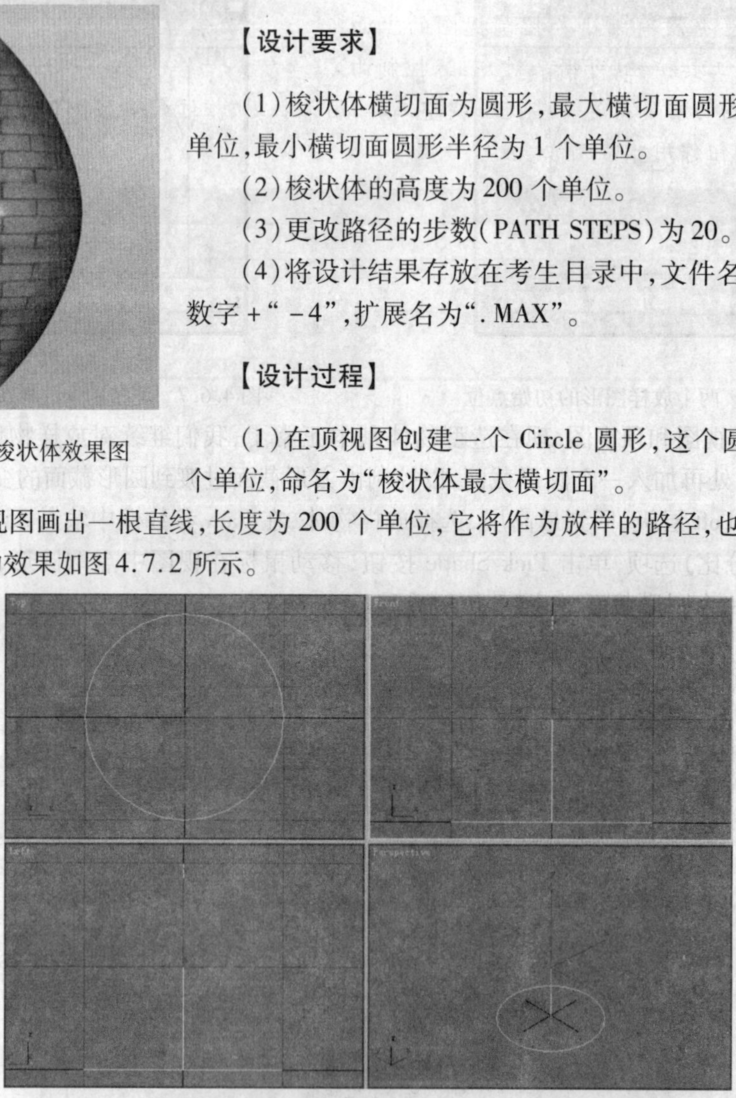

图 4.7.2　创建一条直线

(3)选择直线，单击 Create→ Geometry→Compound Object→Loft(创建→几何体→复合物体→放样)命令，在 Creation Method(创建方法)卷展栏下单击 Get Shape(获取剖面)按钮，并确认其下选取了 Instance(关联)选项，将鼠标移向视图中的“梭状体最大横切面”，一个圆柱体生成，如图 4.7.3 所示。

(4)进入修改面板，打开 Deformations(变形)卷展栏，单击 Scale 按钮，屏幕弹出 Scale 变形对话框，如图4.7.4所示。

注：对话框视图中间有一根红色线条，它是可以编辑的样条控制曲线。该线上端水平轴向刻度代表路径的百分比位置，垂直轴向刻度代表变比的比例。如果设置该线在100%位置，表示放样物体既没有放大，也没有缩小。控制视图的上面有一排编辑修改工具按钮，可用来对 Scale 控制曲线进行修改，视图的右下角是一些视图调整工具，用来拉近、推远或平移控制视窗内的内容，与场景控制视图按钮作用非常相似。

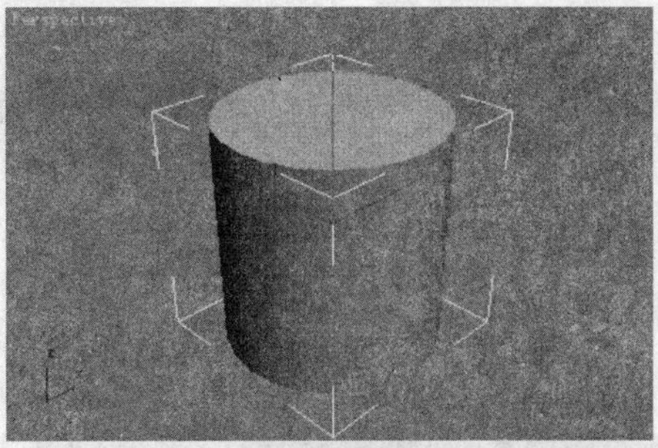

图4.7.3　放样形成圆柱体

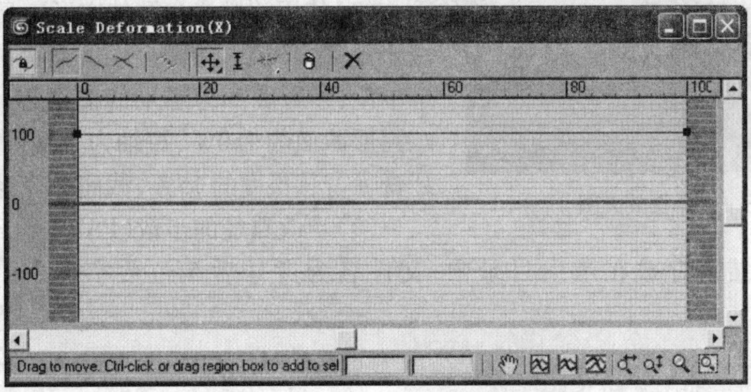

图4.7.4　缩放变形对话框

(5)单击 Insert Bezier Point(插入贝塞尔点)按钮，在红线的中间"50"的位置加入一点，并将该点移到100%位置，选定红线的第一个控制点和最后一个控制点，将它移到1%位置，如图4.7.5所示，设置中间点类型为 Bizer Smooth，此时圆柱体变成一个纺锤体。

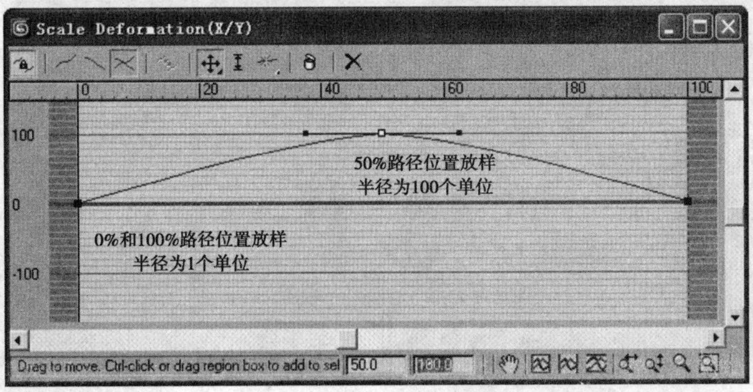

图4.7.5　调整放样路径的放样形半径

(6)更改路径的步数(PATH STEPS)为20，给纺锤体赋上材质后，将设计结果存放在考生目录中，文件名为考号后5位数字+"-4"，扩展名为".MAX"。

4.8 牙 膏

【设计主题】

制作牙膏三维模型,如图 4.8.1 所示。

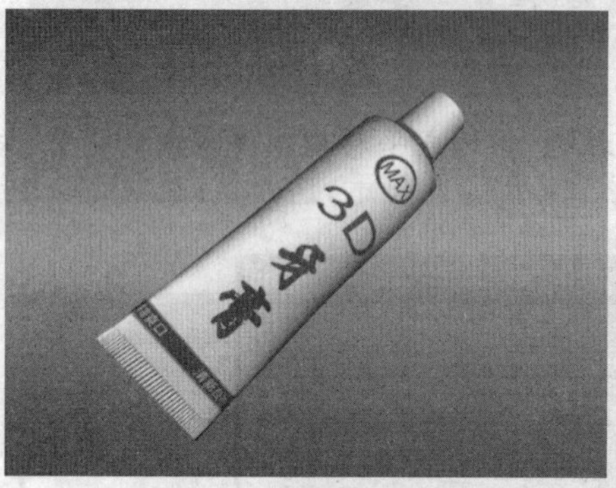

图 4.8.1 牙膏效果图

【设计要求】

(1)打开 C:\3DMAXTK\SCENES\FOUR-8.MAX 文件。

(2)使用放样命令及其变形工具将其放样成一个牙膏基本模型,牙膏上端截面为圆形,半径为 50 个单位,牙膏底部为扁平的椭圆形,长轴为牙膏上端圆形截面的 150%,短轴为上端圆形截面的 2%,牙膏嘴占总长度的 15%,截面半径为 25 个单位。

(3)更改路径的步数(PATH STEPS)为 20。

(4)将设计结果存放在考生目录中,文件名为考号后 5 位数字 +“-4”,扩展名为“.MAX”。

【设计过程】

(1)打开 C:\3DMAXTK\SCENES\FOUR-8.MAX 文件,如图 4.8.2 所示。

图 4.8.2 场景文件

(2)使用场景中的圆形和直线放样成一个圆柱体。

(3)进入修改面板,打开 Deformations(变形)卷展栏,单击 Scale 按钮,屏幕弹出 Scale 变形对话框。

(4)在 15% 路径处插入一个关键点,设置半径为 50 个单位,如图 4.8.3 所示。

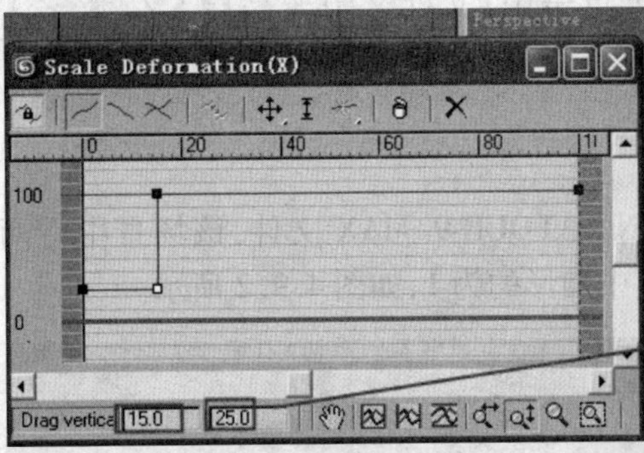

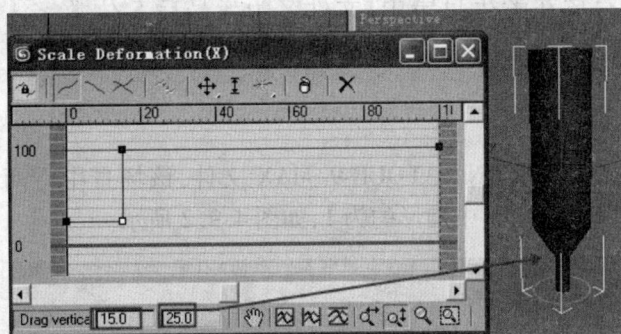

图4.8.3　设置放样路径缩放变形半径

(5)单击 Make Symmetrical(保持对称性)按钮,使它变为 显示,这样就取消X轴和Y轴的对称关系。

(6)选定红线X轴方向最右边的控制点,将它移到150%位置,观察透视图,发现圆柱体沿着X轴上的截面形放大了,再选定绿线Y轴方向最右边的控制点,将它移到1%位置,使Y轴上截面形缩小,如图4.8.4所示。

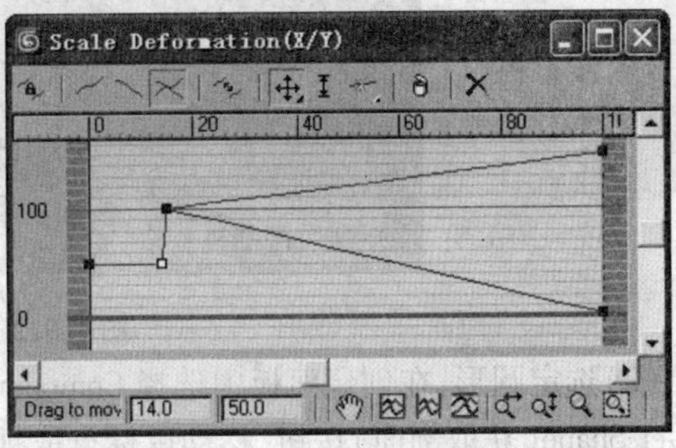

图4.8.4　设置放样路径X和Y轴缩放变形

(7)更改路径的步数(PATH STEPS)为20。

(8)给牙膏赋上材质后,将设计结果存放在考生目录中,文件名为考号后5位数字+“-4”,扩展名为“.MAX”。

4.9　花瓣托盘

【设计主题】

制作花瓣托盘三维模型,如图4.9.1所示。

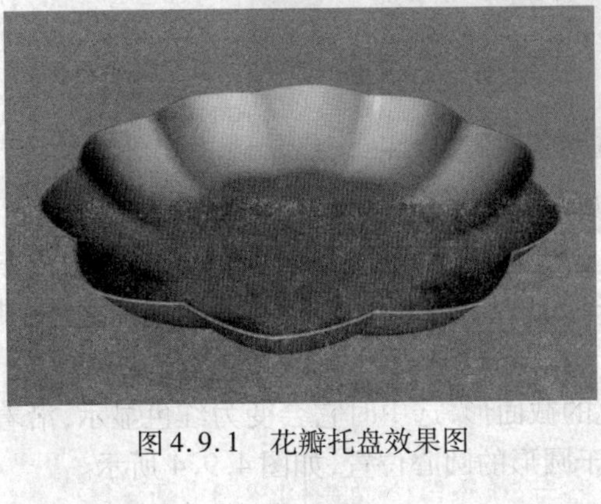

图4.9.1　花瓣托盘效果图

【设计要求】

(1)打开C:\3DMAXTK\SCENES\FOUR-9.MAX文件,该场景中有两个二维图形——线形(TP-SHAP)和圆形(TP-PATH),其中圆形的为1。

(2)使用放样命令及其修改变形工具将其放样成一个花瓣托盘三维模型,花瓣的数量为10个。

(3) 将设计结果存放在考生目录中,文件名为考号后5位数字+"-4",扩展名为".MAX"。

【设计过程】

(1)打开 C:\3DMAXTK\SCENES\FOUR-9.MAX 文件,该场景中有两个二维图形:线形(TP-SHAP)和圆形(TP-PATH),其中圆形的为1,如图4.9.2所示。

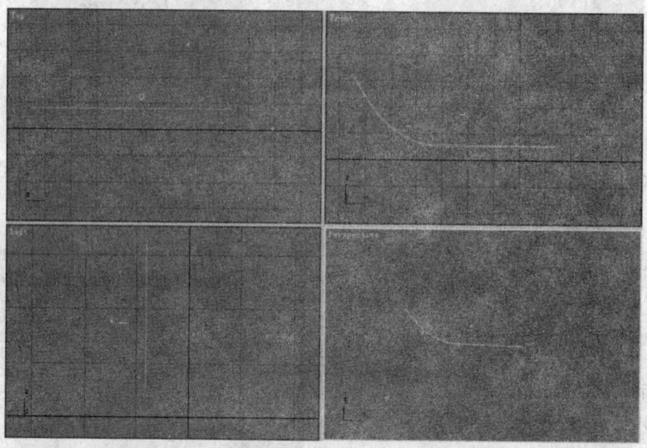

图4.9.2 场景文件

(2)选定圆形,在创建面板中选择 Compound Objects 选项,单击 Loft 命令,然后单击面板上的 Get Shape(获取剖面)按钮,移动鼠标点取视图中的曲线,放样出一个初步造型,视图效果如图4.9.3所示。

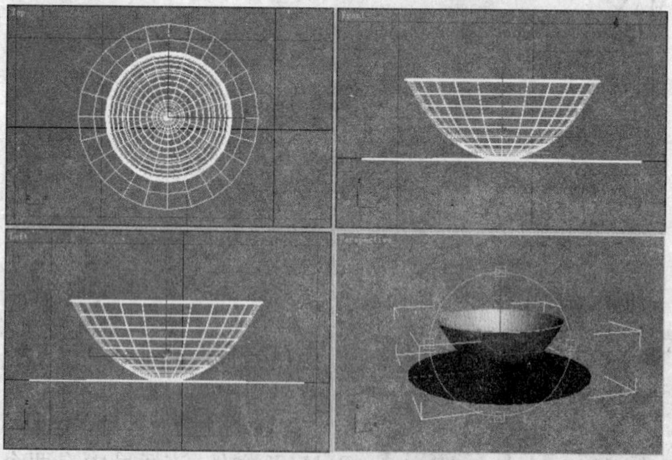

图4.9.3 花瓣托盘放样初始形状

(3)为了操作方便,需要将放样物体的显示方式更改一下,展开 Skin Parameters(表皮参数)卷展栏,取消 Display 选项下的 Skin 复选项,选择 Skin in Shaded 复选项,除透视图之外,其他正交视图均已简化线框显示。

(4)选择 Loft 次物体 Shape,在顶视图选择绿色的截面形,选中时它会变为红色显示,沿着X轴向右边移动,直到截面形最左边的顶点刚好位于圆形的圆心位置,如图4.9.4所示。

(5)观察透视图,一个圆形的盘状体形成,但是还不够圆,为了满足将来制作的要求,需要增加其精度,修改 Skin Parameters 参数栏下的 Path Steps(路径步数)值为20,圆盘更加圆滑了,图4.9.5 所示。

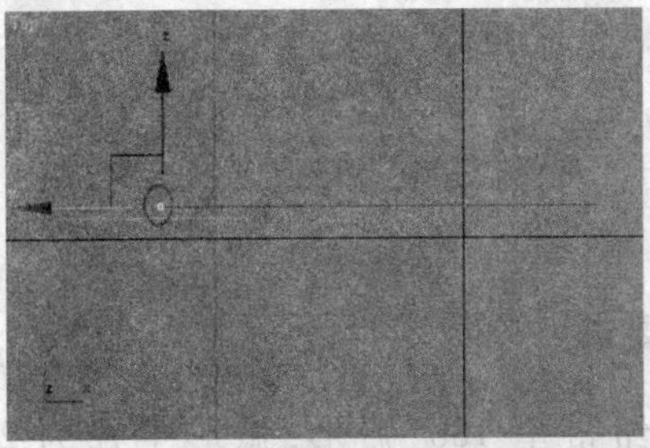

图4.9.4　调整截面形左边顶点

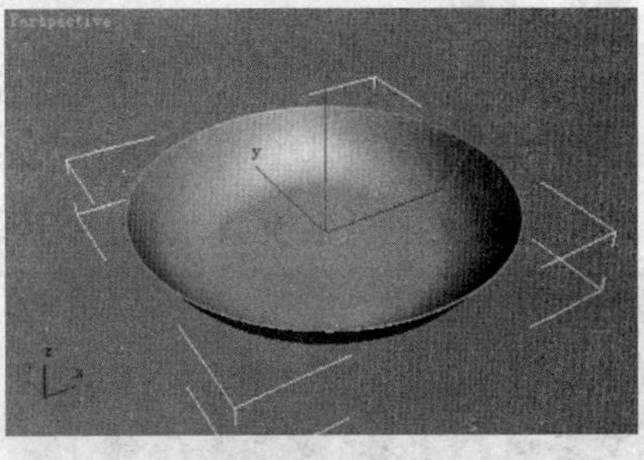

图4.9.5　圆盘成形

(6)进入修改面板,单击 Deformation 卷展栏下的 Scale 工具,打开 Scale 变形对话框,单击按钮,取消 X、Y 轴的对称性。

(7)要制作10个花瓣,需在红线上每隔5%增加一个控制点,使用 Insert Bezier Points 按钮在红线上插入一些控制点,为了精确移动控制点的位置,可以在视图中的控制输入框中输入精确值,如图4.9.6 所示,左侧输入框为水平刻度值,右侧输入框为垂直刻度值。

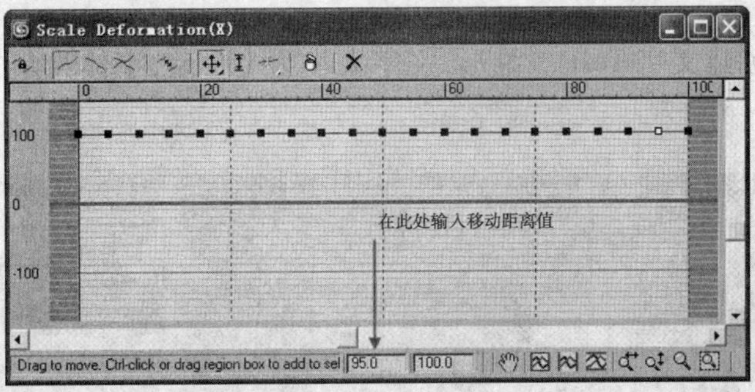

图4.9.6　在每隔5%的放样路径增加一个控制点

(8)将所有点的位置精确移动后,然后每隔一个点选定一次,并将它们沿垂直距离向上移动到110%的位置,最后效果如图4.9.7 所示。

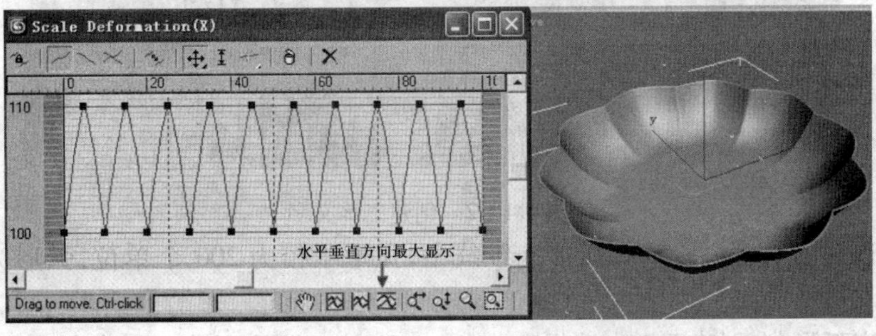

图4.9.7　调整放样路径缩放变形参数

(9)给花瓣托盘赋上材质后,将设计结果存放在考生目录中,文件名为考号后5位数字+“-4”,扩展名为“.MAX”。

4.10　纽带文字

【设计主题】

制作纽带文字三维模型,如图 4.10.1 所示。

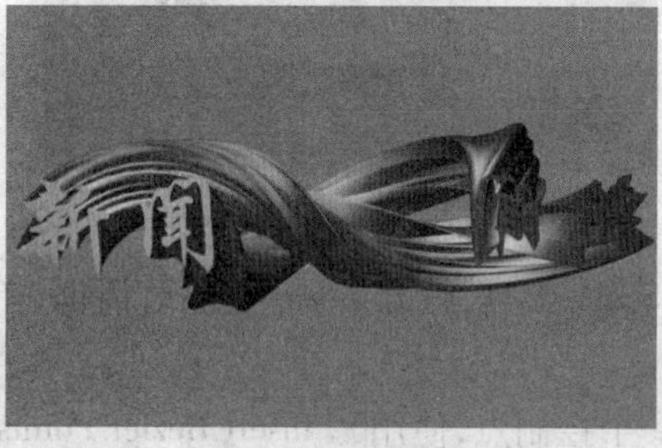

图 4.10.1　纽带文字效果图

【设计要求】

(1)该纽带呈 180°弧形,弧形半径为 200 个单位。

(2)文字大小为 100 磅,绕着弧形扭转 360°。

(3)设置路径的步数(PATH STEPS)为 10。

(4)将设计结果存放在考生目录中,文件名为考号后 5 位数字+“-4”,扩展名为“.MAX”。

【设计过程】

(1)在前视图创建文字 Text 二维形,文字大小为 100 磅,字体为华文行楷,如图 4.10.2 所示。

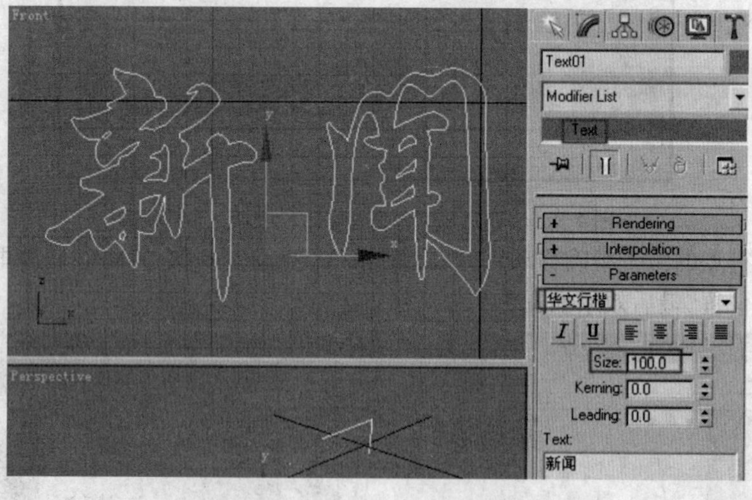

图 4.10.2　创建二维文字

(2)在顶视图创建一段 Arc 弧形二维线条,弧形半径为 200 个单位,弧形为 180°,如图 4.10.3所示。

(3)选定弧形,在创建面板中选择 Compound Objects 选项,单击 Loft 命令,然后单击面板上的 Get Shape(获取剖面)按钮,移动鼠标点取视图中的“新闻”文字,放样出一个初步造型,视图效果如图 4.10.4 所示。

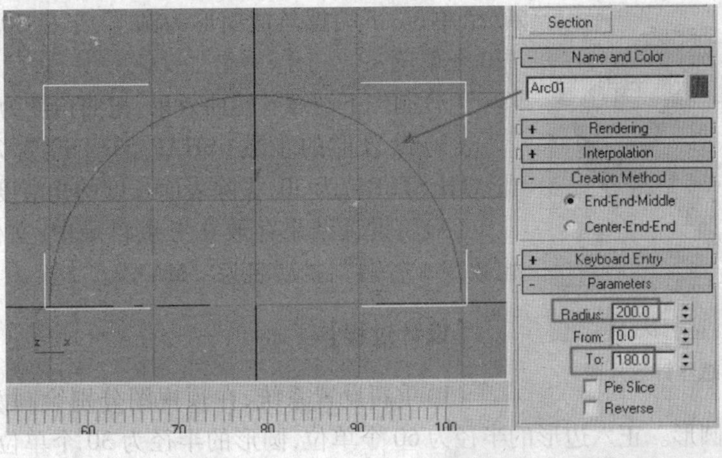

图4.10.3　创建一段弧线

(4)为了增加其精度,修改 Skin Parameters 参数栏下的 Path Steps(路径步数)值为10。

(5)进入修改面板,单击 Deformation 卷展栏下的 Twist 工具,打开 Twist 变形对话框,将100%处路径点的垂直刻度设为360,使文字产生扭曲纽带,如图4.10.5所示。

(6)给文字纽带赋上材质后,将设计结果存放在考生目录中,文件名为考号后5位数字+"-4",扩展名为".MAX"。

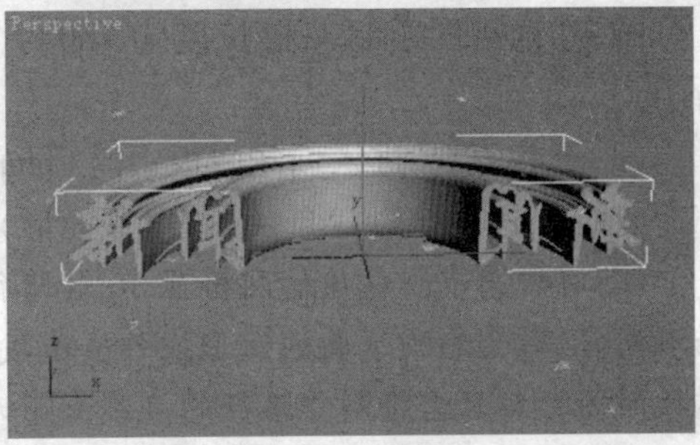

图4.10.4　放样初始形状

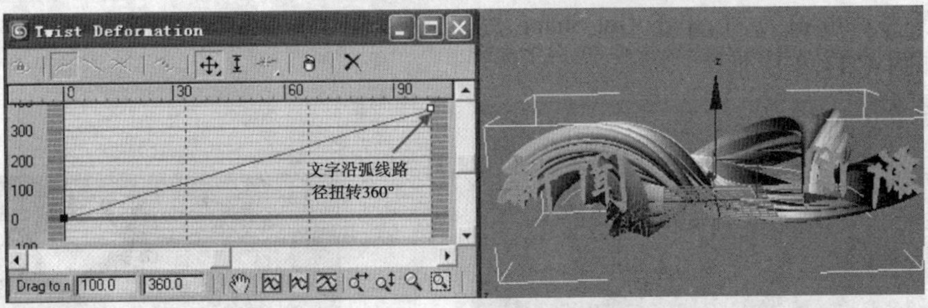

图4.10.5　放样路径扭曲变形参数设置

4.11　螺丝钉

【设计主题】

制作螺丝钉三维模型,如图4.11.1所示。

【设计要求】

(1)螺丝钉的总长度为160个单位,上端螺帽截面形为正六边形,半径60个单位,长度为

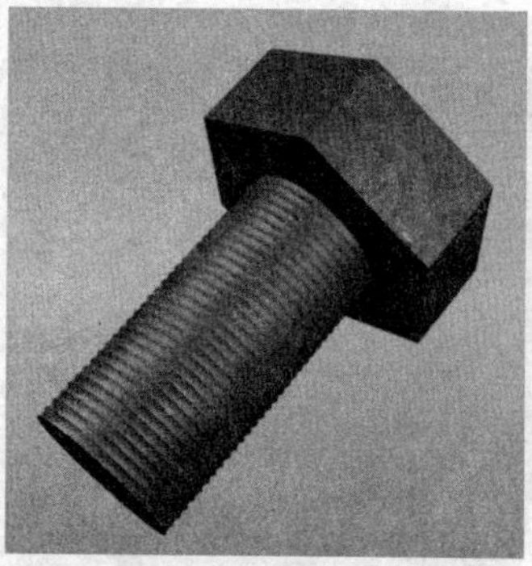

图 4.11.1　螺丝钉效果图

40 个单位；下端螺丝截面形为圆形，半径 30 个单位，长度为 120 个单位。

（2）制作下端螺丝扭曲效果，扭曲角度为 -800°。

（3）设置形的步数（SHAP STEPS）为 20，路径的步数（PATH STEPS）为 30，去除表面长度的光滑度。

（4）将设计结果存放在考生目录中，文件名为考号后 5 位数字 +“ -4”，扩展名为“. MAX”。

【设计过程】

（1）重新设置系统，在顶视图分别绘制两个标准二维图形：正六边形和圆形。正六边形的半径为 60 个单位，圆形的半径为 30 个单位，它们将作为螺钉的两个剖面形。

（2）在前视图绘制一根长度为 160 个单位的直线，它将作为螺钉的长度，如图 4. 11. 2 所示。

（3）选择直线，进入创建面板中的 Compound Objects（复合物体）创建类型，单击 Loft 命令，在参数面板上单击 Get Shape（获取截面形）按钮，在视图区点取圆形，结果一个圆柱体生成。

注：前视图中圆柱体的网格显示，其路径的步数间隔是非常均匀的，如果发现路径步数间隔不均匀，则会影响下面的变形操作。造成路径步数不均匀的原因跟画直线有关，要确保路径步数间隔均匀只需将制作路径的直线上下两个端点改为角点（Corner）方式即可。

（4）修改 Path Parameters 卷展栏中的 Path 值为 70，单击 Get Shape 按钮，继续在视图中点取圆形，在路径的 70 处再放置一个圆形截面。

（5）修改 Path 值为 71，单击 Get Shape 按钮，在视图中点取正六边形，一个螺钉的初步外形生成，如图 4.11.3 所示。

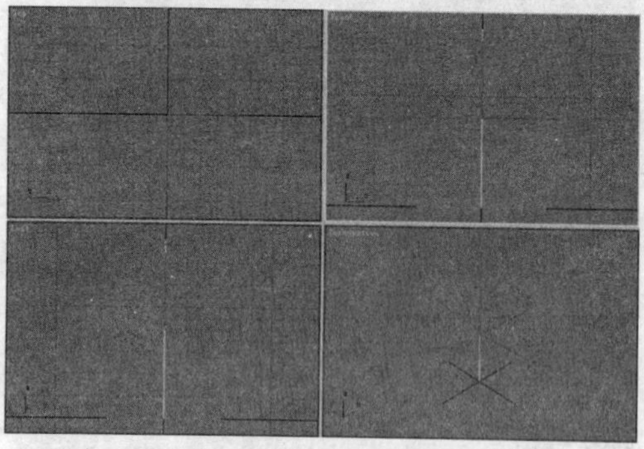

图 4.11.2　创建一条直线

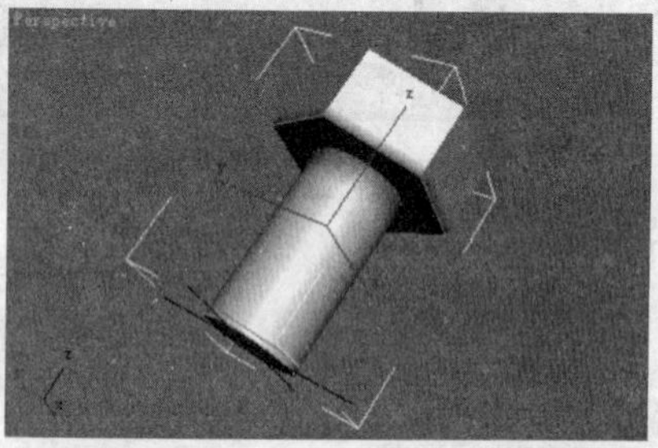

图 4.11.3　螺钉的初始外形

（6）现在来制作螺钉的扭曲效果。进入修改面板，展开 Deformations 卷展栏，单击 Twist 按钮，打开 Twist 图形对话框。

（7）使用 Insert Corner Point 按钮在路径的 70% 外增加一个控制点，单击视图右下角的 Zoom Vertically（垂直缩放）按钮，将中间视图区垂直缩小，以显示更大的角度。

（8）选择红线最左端的控制点将它向下移动到 -800°左右，如图 4.11.4 所示，螺钉产生了强烈的扭曲效果。

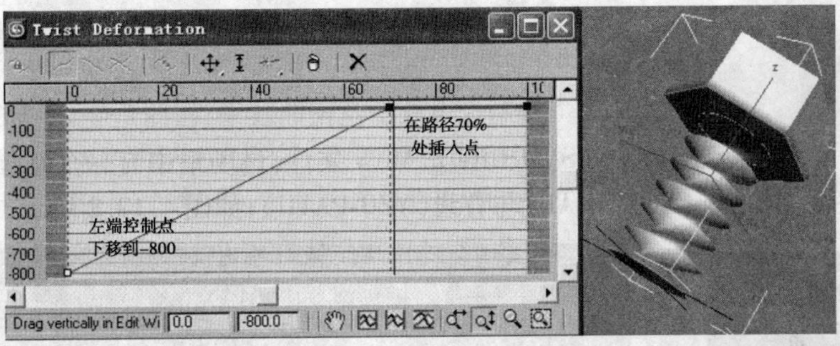

图 4.11.4　设置放样路径扭曲变形控制点参数

(9)现在螺钉扭曲效果并不好,修改 Skin Parameters 卷展栏下的 Path Steps 值为 30,增加放样物体的精度,效果好多了,如图 4.11.5 所示。

(10)由于物体外表以光滑方式显示,因此螺纹深度不够,展开 Surface Parameters(表面参数)卷展栏,取消 Smooth Length(光滑长度)复选项,最后效果如图 4.11.6 所示。

图 4.11.5　增加放样精度

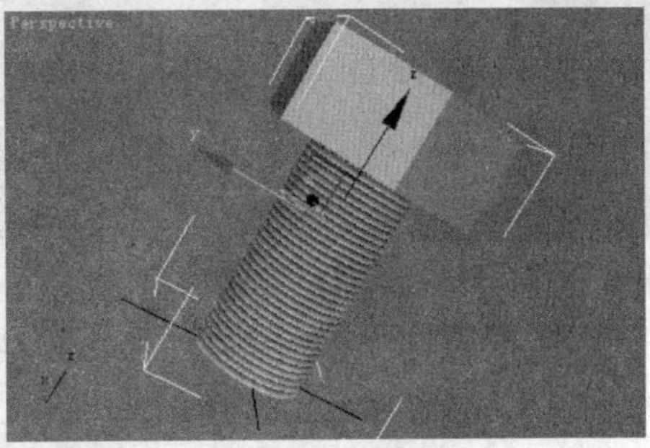

图 4.11.6　加深螺纹

(11)给螺钉赋上材质后,将设计结果存放在考生目录中,文件名为考号后 5 位数字 +“ - 4”,扩展名为“. MAX”。

4.12　圆珠笔

【设计主题】

制作圆珠笔三维模型,如图 4.12.1 所示。

【设计要求】

(1)打开 C:\3DMAXTK\SCENES\FOUR-12. MAX 文件,该场景中有一个制作好的笔扣模型和两上二维图形——同心圆(YZB-SHAP)与直线(YZB-PATH)。

(2)使用放样命令及其修改变形工具放样出笔套三维模型,笔套由上至下逐渐缩小,并且顶端截面要倾斜 - 20°。

(3)设置路径的步数(PATH STEPS)为 15,并将笔扣移到相应的位置。

(4)将设计结果存放在考生目录中,文件名为考号后 5 位数字 +“ - 4”,扩展名为“.MAX”。

【设计过程】

(1)打开 C:\3DMAXTK\SCENES\FOUR-12.MAX 文件,该场景中有一个制作好的笔扣模型和两个二维图形:同心圆(YZB-SHAP)与直线(YZB-PATH),如图 4.12.2 所示。

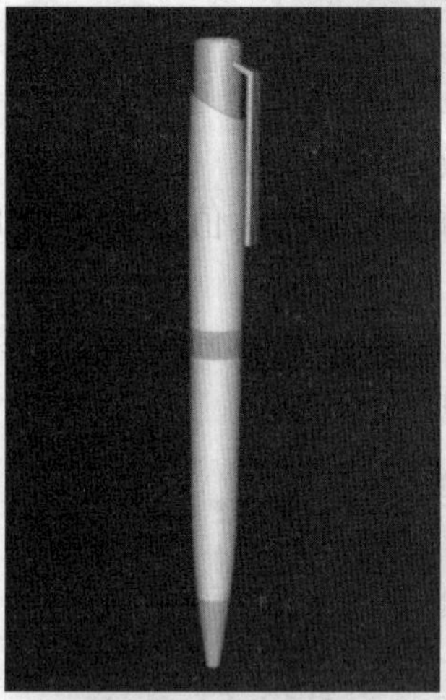

图 4.12.1　圆珠笔效果图

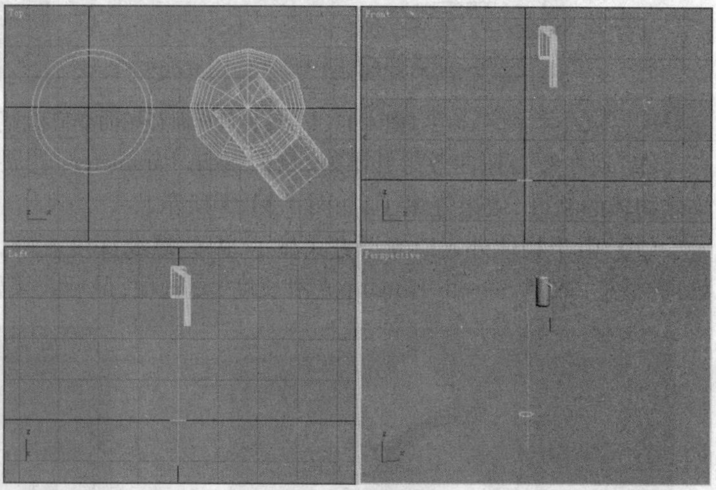

图 4.12.2　场景文件

(2)选择直线,单击 Create→Geometry→Compound Object→Loft 命令,单击 Get Shape 按钮,一个圆管生成,如图 4.12.3 所示。

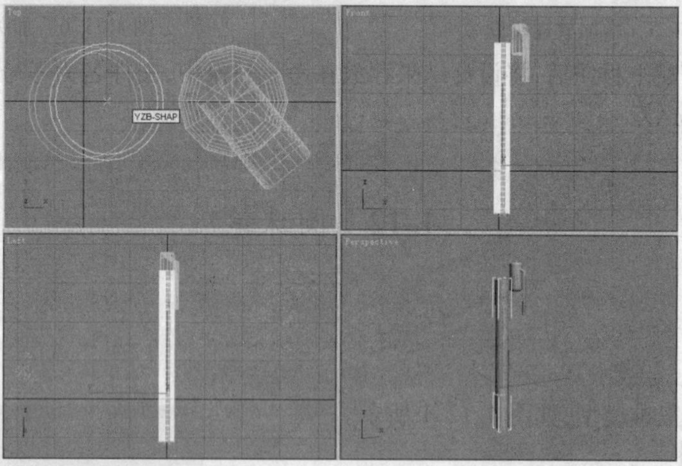

图 4.12.3　放样形成一个圆管

(3)进入修改面板,展开 Deformations 卷展栏,单击 Scale 按钮,打开变比对话框,在路径的 30% 处增加一个 Bezier 类型控制点,如图 4.12.4 所示,移动 3 个控制点到适当的位置以缩放圆珠笔的笔身。

(4)关闭变比对话框,在参数面板上单击 Teeter 按钮,打开倾斜对话框,使用按钮在红色线条的 80% 处增加一个控制点,并将最右端的控制点向下移动一段距离,使圆珠笔的顶端截面产生 30°的倾斜角度,如图 4.12.5 所示。

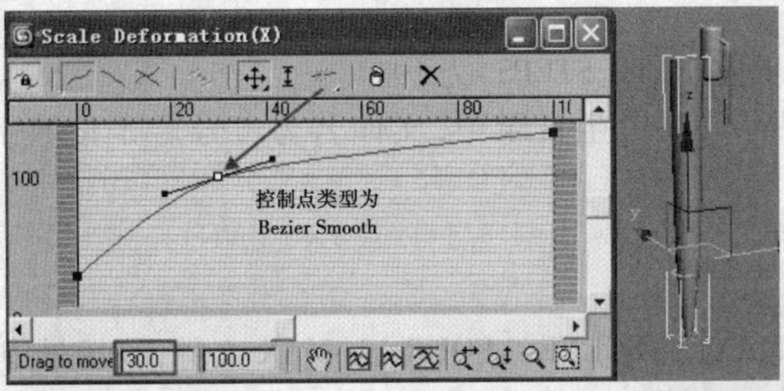

图 4.12.4　调整放样缩放变形控制点类型及参数

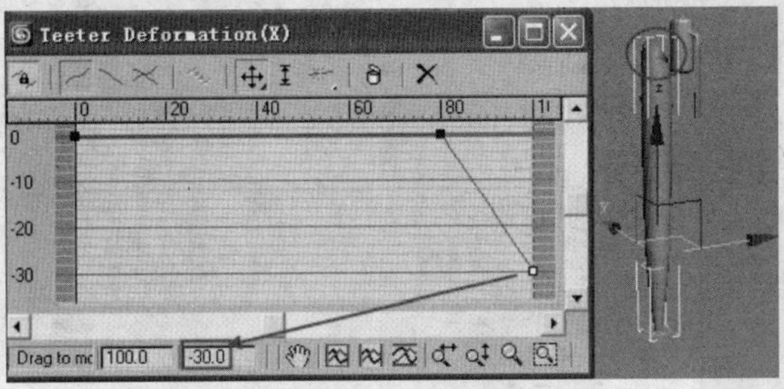

图 4.12.5　放样倾斜变形对话框

(5)将场景中已制作好的笔扣移到适当位置,最后效果如图 4.12.6 所示。

图 4.12.6　紧扣笔扣与笔

(6)设置路径的步数(PATH STEPS)为 15。

(7)给圆珠笔赋上材质后,将设计结果存放在考生目录中,文件名为考号后 5 位数字 + “ -4”,扩展名为“. MAX”。

4.13　倒角文字

图 4.13.1　倒角文字效果图

【设计主题】

制作倒角文字三维模型,如图 4.13.1 所示。

【设计要求】

(1)打开 C:\3DMAXTK\SCENES\FOUR-13. MAX 文件,该场景中有一个二维文字图形“三维影视”。

(2)使用放样命令将文字放样成立体文字,该文字厚度为 10 个单位,并在文字的前后两个端面制作出一定的倒角效果。

(3)设置路径的步数(PATH STEPS)为10。

(4)将设计结果存放在考生目录中,文件名为考号后5位数字+"_-4",扩展名为".MAX"。

【设计过程】

(1)打开C:\3DMAXTK\SCENES\FOUR-13.MAX文件,该场景中有一个二维文字图形"三维影视",如图4.13.2所示。

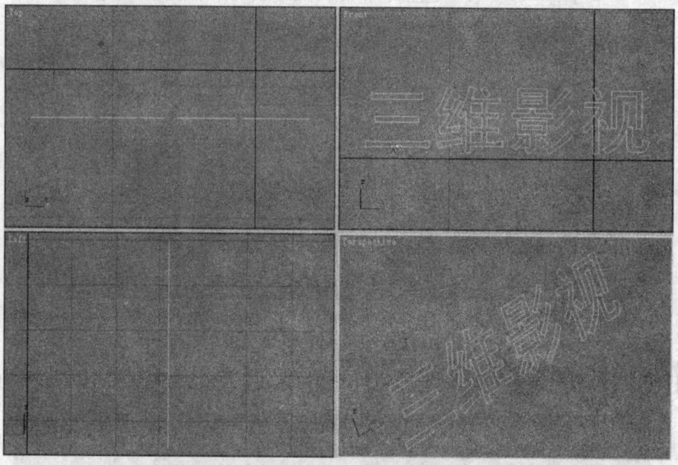

图4.13.2　场景文件

(2)在场景中绘制一条Line直线,长度为10个单位,选择直线,单击Create→Geometry→Compound Object→Loft命令,单击Get Shape按钮,拾取"三维影视"二维文字,三维文字生成,如图4.13.3所示。

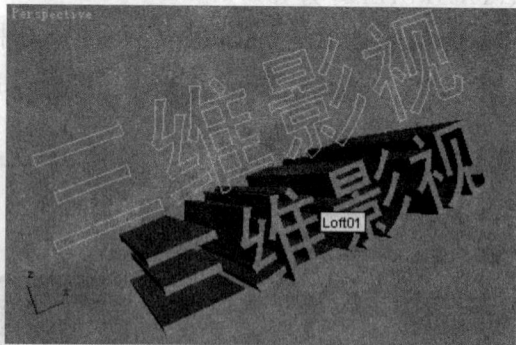

图4.13.3　放样生成三维文字

(3)进入修改面板,展开Deformations卷展栏,单击Bevel按钮,打开倒角对话框,在路径的1%和99%处各增加一个控制点,如图4.13.4所示。移动最左端和最右端控制点至垂直刻度0.2的位置,在文字的前后两个端面制作出一定的倒角效果,如图4.13.4所示。

(4)设置路径的步数(PATH STEPS)为10。

(5)将设计结果存放在考生目录中,文件名为考号后5位数字+"-4",扩展名为".MAX"。

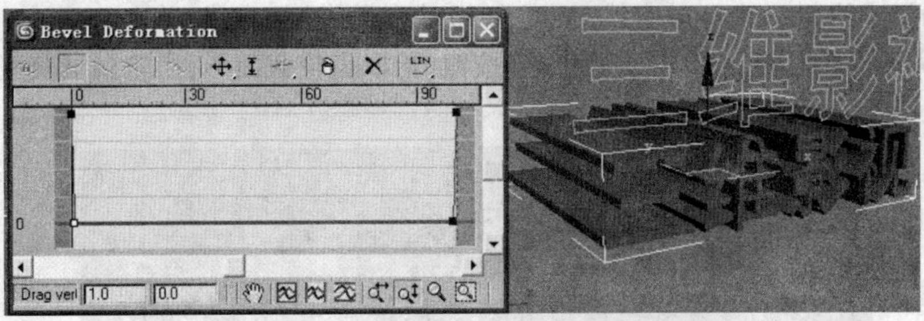

图 4.13.4　调整放样倒角变形控制点参数

4.14　齿　轮

【设计主题】

制作齿轮三维模型,如图 4.14.1 所示。

【设计要求】

(1)打开 C:\3DMAXTK\SCENES\FOUR-14. MAX 文件,该场景中有一个齿轮截面形。

(2)使用放样命令及其修改变形工具制作齿轮三维模型,齿轮的厚度为 40 个单位,前后两个端面产生一定的倒角效果。

(3)设置路径的步数(PATH STEPS)为 10。

(4)将设计结果存放在考生目录中,文件名为考号后 5 位数字 +“ - 4”,扩展名为“. MAX”。

【设计过程】

(1)打开 C:\3DMAXTK\SCENES\FOUR-14. MAX 文件,该场景中有一个齿轮截面形,如图 4.14.2 所示。

图 4.14.1　齿轮效果图

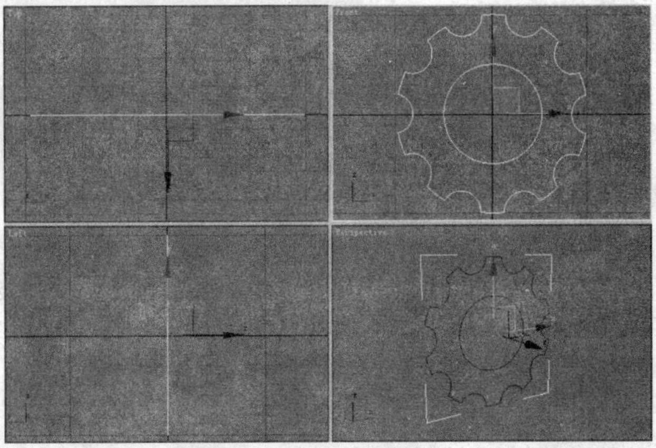

图 4.14.2　场景文件

(2)在场景中绘制一条 Line 直线,长度为 40 个单位,选择直线,单击 Create→Geometry→Compound Object→Loft 命令,单击 Get Shape 按钮,拾取齿轮截面形,齿轮三维模型生成,如图 4.14.3 所示。

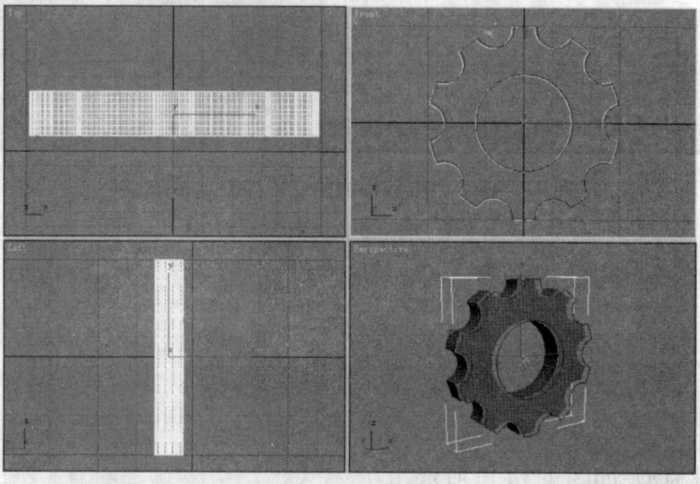

图 4.14.3　放样生成齿轮三维模型

(3)进入修改面板,展开 Deformations 卷展栏,单击 Bevel 按钮,打开倒角对话框,在路径的 5% 和 95% 处各增加一个控制点,如图 4.14.4 所示,移动最左端和最右端控制点至垂直刻度 2 的位置,在齿轮的前后两个端面制作出一定的倒角效果,如图 4.14.4 所示。

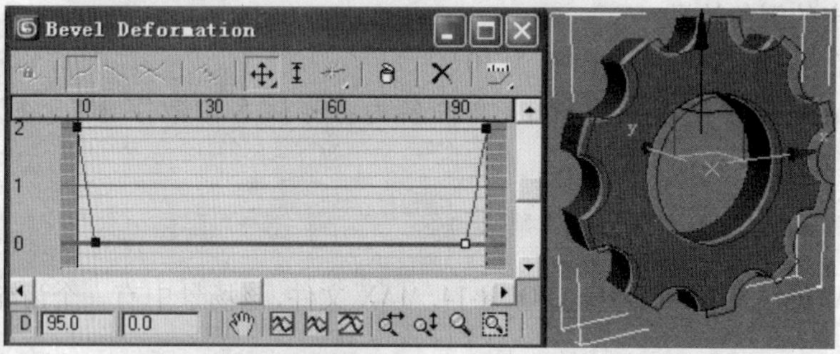

图 4.14.4　调整放样倒角变形控制点参数

(4)设置路径的步数(PATH STEPS)为 10。

(5)给齿轮赋上材质后,将设计结果存放在考生目录中,文件名为考号后 5 位数字 +“ -4”,扩展名为“. MAX”。

4.15　沙　发

【设计主题】

制作沙发三维模型,如图 4.15.1 所示。

【设计要求】

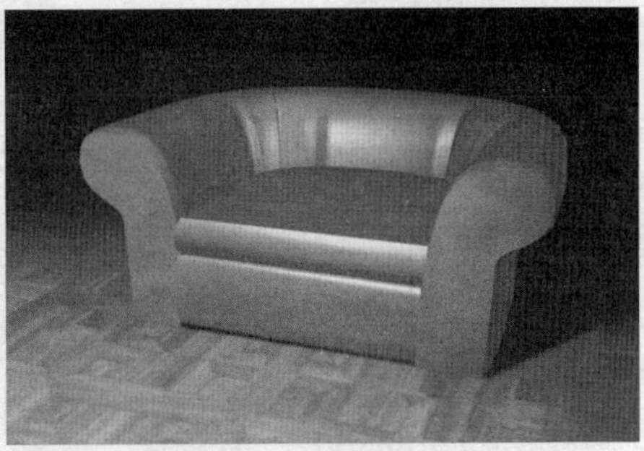

图 4.15.1 沙发效果图

(1)打开 C:\3DMAXTK\SCENES\FOUR-15.MAX 文件,该场景中有一个已经制作好的沙发坐垫(ZD)和两个二维图形(SAFA-PATH,FUSHOU-SHAP)。

(2)使用放样命令放样出沙发三维模型,并利用修改变形工具,将沙发靠背两侧制作出一定的褶皱,沙发扶手的两个端面制作出一定的倒角。

(3)设置路径的步数(PATH STEPS)为 15。

(4)将设计结果存放在考生目录中,文件名为考号后 5 位数字 +"-4",扩展名为".MAX"。

【设计过程】

(1)打开 C:\3DMAXTK\SCENES\FOUR-15.MAX 文件,该场景中有一个已经制作好的沙发坐垫(ZD)和两个二维图形(SAFA-PATH,FUSHOU-SHAP),如图 4.15.2 所示。

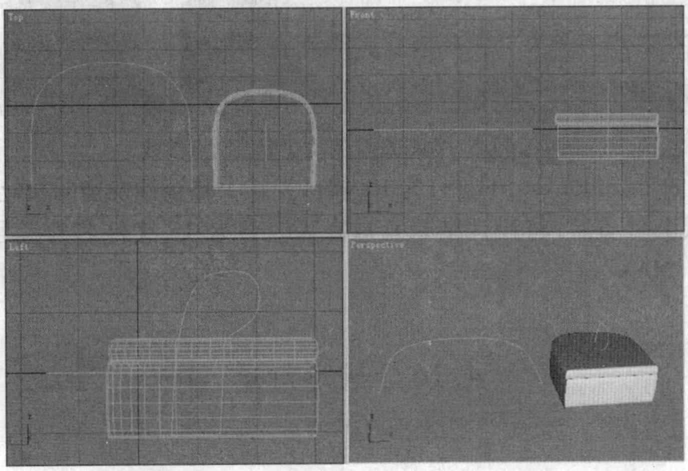

图 4.15.2 场景文件

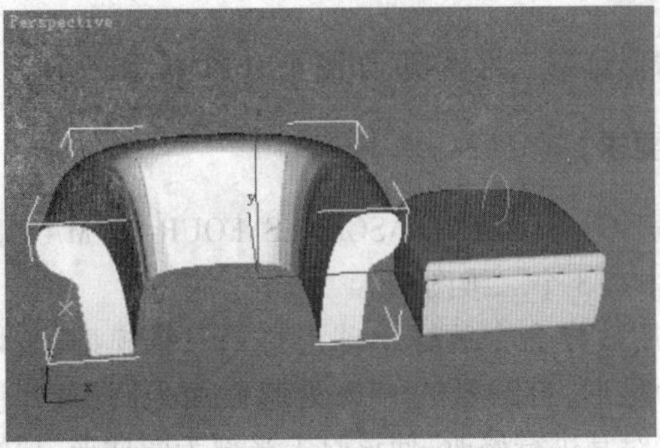

图 4.15.3 放样生成沙发扶手

(2)选择场景中的 SAFA-PATH 弧线作为放样路径,单击 Create→Geometry→Compound Object→Loft 命令,单击 Get Shape 按钮,拾取 FUSHOU-SHAP 截面形,沙发扶手三维模型生成,如图 4.15.3 所示。

(3)进入修改面板,展开 Deformations 卷展栏,单击 Scale 按钮,打开变比对话框,在路径的 24%,27% 和 30% 处各增加一个控制点,调整 27% 路径处的垂直刻度为 98,再在 70%,73% 和 76% 处各增加一个控制点,调整

73%处的垂直刻度为98，如图4.15.4所示，将沙发靠背两侧制作出一定的褶皱。

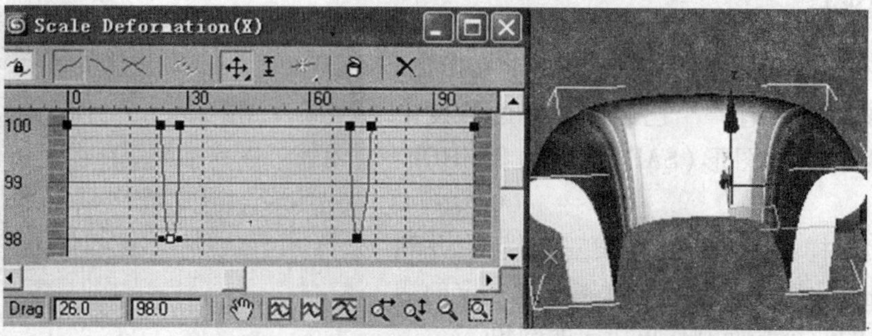

图4.15.4　调整放样缩放变形控制点参数

(4)单击Bevel按钮，打开倒角对话框，在路径的1%和99%处各增加一个控制点，如图4.15.5所示，移动最左端和最右端控制点至垂直刻度0.2的位置，在沙发扶手的前后两个端面制作出一定的倒角效果，如图4.15.5所示。

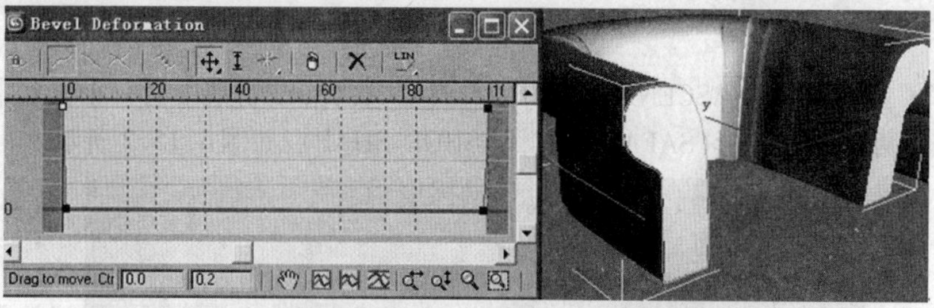

图4.15.5　调整放样倒角变形控制点参数

(5)设置路径的步数(PATH STEPS)为15，将沙发扶手移至沙发坐的相应位置。

(6)给沙发赋上材质后，将设计结果存放在考生目录中，文件名为考号后5位数字+“-4”，扩展名为“.MAX”。

4.16　球形灯罩

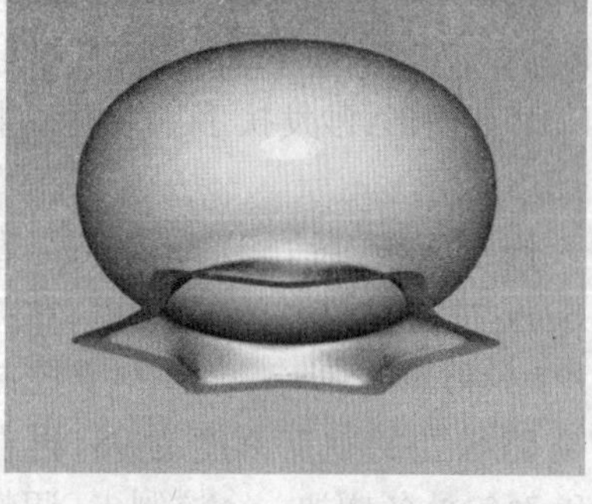

图4.16.1　球形灯罩效果图

【设计主题】

制作球形灯罩三维模型，如图4.16.1所示。

【设计要求】

(1)打开C:\3DMAXTK\SCENES\FOUR-16.MAX文件，该场景中有3个二维图形。

(2)使用放样命令放样出球形灯罩三维模型，该灯底部截面为星形，自路径的15%处起截面为圆形，并使用变形工具对其进行修改，使该灯上半部为圆球形，顶端截面为有一定倒角的扁平状，灯罩口截面必须为空。

(3)设置路径的步数(PATH STEPS)为 10,形的步数(SHAP STEPS)为 10,将该物体材质指定为双面显示。

(4)将设计结果存放在考生目录中,文件名为考号后 5 位数字 + “ - 4”,扩展名为“.MAX”。

【设计过程】

(1)打开 C:\3DMAXTK\SCENES\FOUR-16.MAX 文件,该场景中有 3 个二维图形,如图 4.16.2 所示。

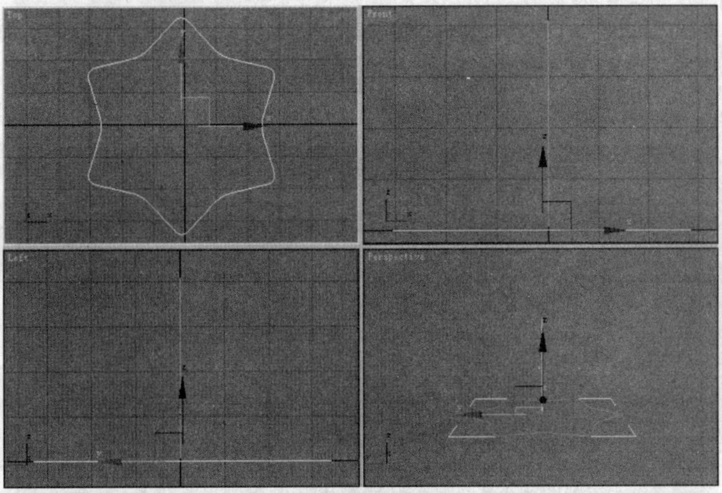

图 4.16.2　场景文件

(2)选择直线,选择创建面板中的 Compound Objects(复合物体)创建类型,单击 Loft 命令,在参数面板上单击 Get Shape(获取截面形)按钮,在视图区点取星形 Star,如图 4.16.3 所示。

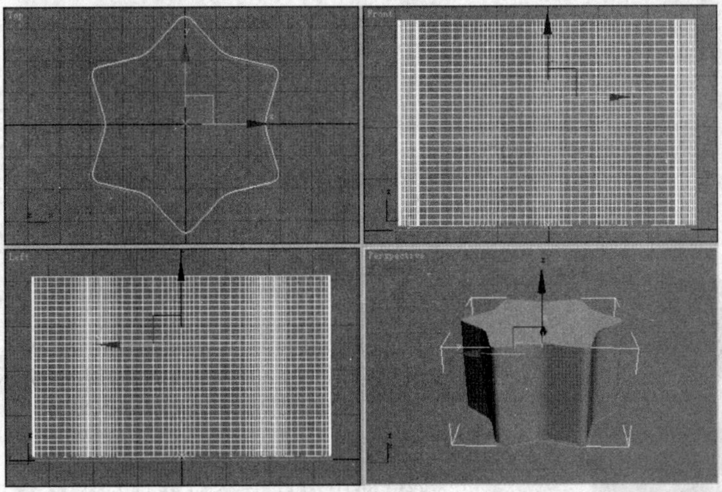

图 4.16.3　放样生成星形柱

(3)在路径的 15% 处 Get Shape(获取截面形)圆形,在 Skin Parameters 参数面板中,取消 Cap Start 选项,使灯罩口截面必须为空,如图 4.16.4 所示。

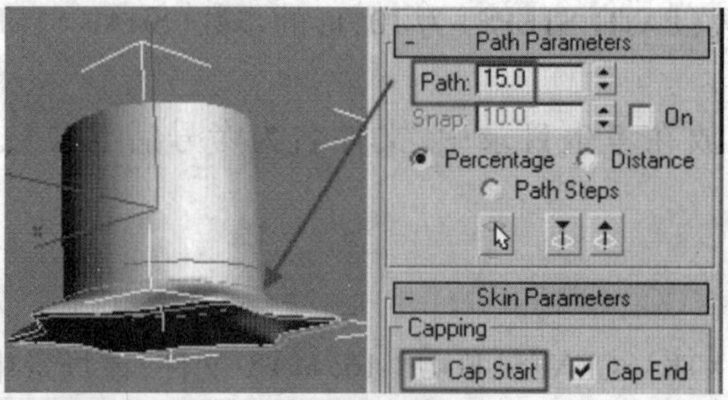

图 4.16.4　设置放样参数

(4)进入修改面板,展开 Deformations 卷展栏,单击 Scale 按钮,打开变比对话框,在路径的15%处增加一个控制点,设置 15%和 100%处的控制点类型为 Bezier Corner,调整两个点的控制杆,如图 4.16.5 所示,使该灯上半部为圆球形,顶端截面为有一定倒角的扁平状。

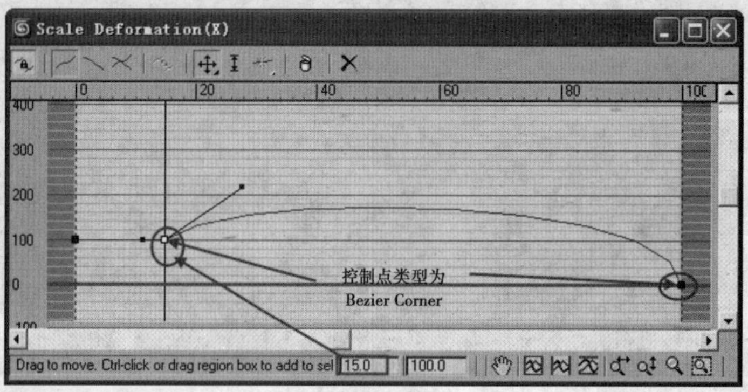

图 4.16.5　调整放样缩放变形控制点参数

(5)设置路径的步数(PATH STEPS)为 10,形的步数(SHAP STEPS)为 10,将该物体材质指定为双面显示。

(6)将设计结果存放在考生目录中,文件名为考号后 5 位数字 +“ - 4”,扩展名为“. MAX”。

4.17　电话听筒

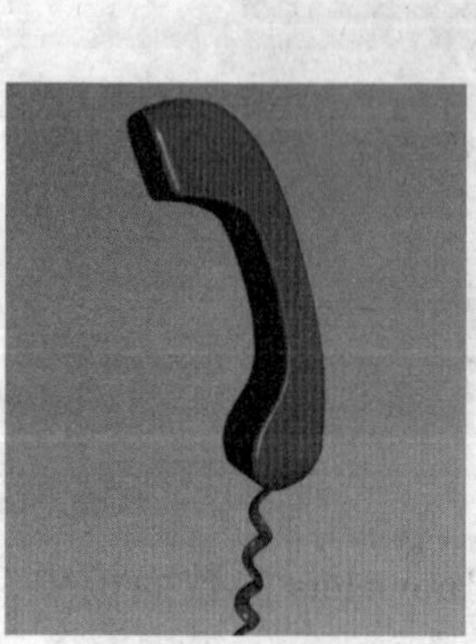

图 4.17.1　电话听筒效果图

【设计主题】

制作电话听筒三维模型,如图 4.17.1 所示。

【设计要求】

(1)打开 C:\3DMAXTK\SCENES\FOUR-17. MAX 文件,该场景中有 4 个二维图形。

(2)使用放样命令及其修改变形工具,放样出电话听筒三维模型。

(3)设置路径的步数(PATH STEPS)为15。

(4)将设计结果存放在考生目录中,文件名为考号后5位数字+“-4”,扩展名为“.MAX”。

【设计过程】

(1)打开C:\3DMAXTK\SCENES\FOUR-17.MAX文件,该场景中有4个二维图形,如图4.17.2所示。

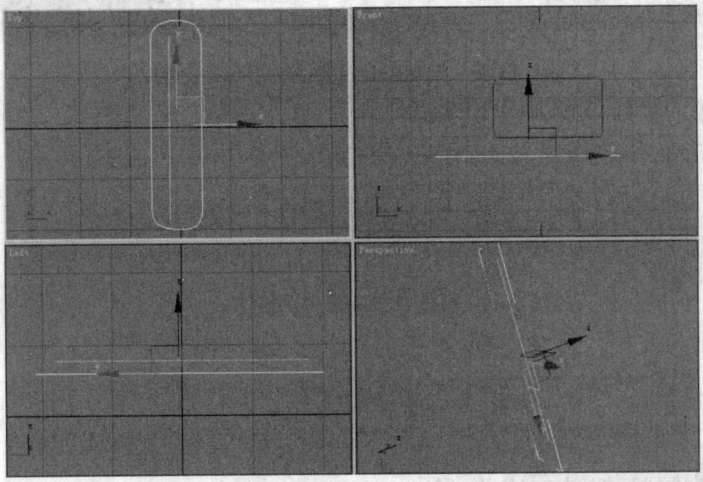

图4.17.2　场景文件

(2)选择直线t-path,单击Create→Geometry→Compound Object→Loft命令,单击Get Shape按钮,拾取t-shap3,生成一个放样物体,如图4.17.3所示。

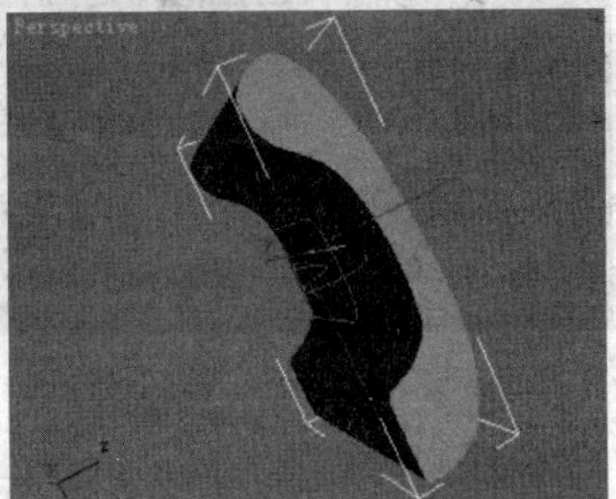

图4.17.3　放样生成三维物体

(3)单击按钮,进入修改面板,展开Deformation卷展栏,单击Fit按钮,打开Fit对话框。

(4)单击对话框中的按钮,关闭对称控制点,单击按钮,再单击拾取按钮,在左视图中点取电话的第二个截面形t-shap2,将其取过来作为X轴截面形适配对象,如图4.17.4所示。

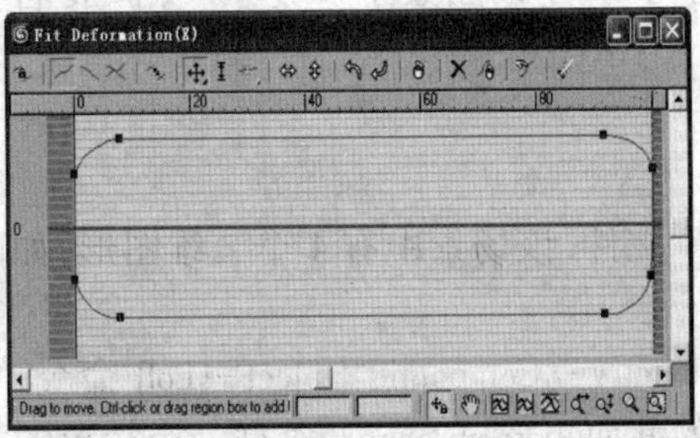

图4.17.4　放样拟合变形X轴图形选取

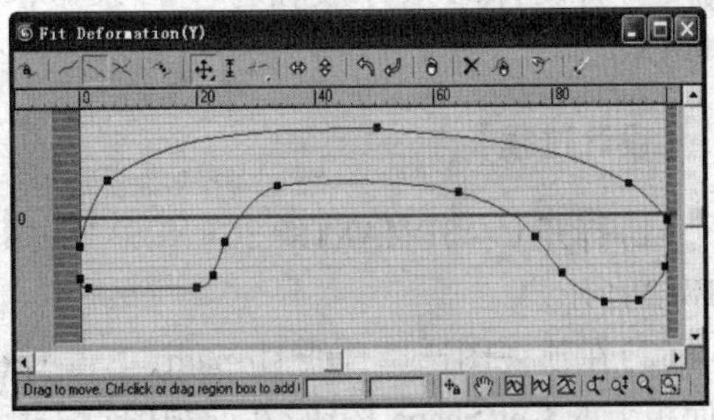

图4.17.5　放样拟合变形Y轴图形选取

(5)现在电话并未成形,单击按钮,再单击拾取按钮,在左视图中点取电话的第2个截面形t-shap1,将其取过来作为Y轴截面形适配对象,如图4.17.5所示。

(6)最后点击按钮,使电话外形与拟合截面的长度保持一致,如图 4.17.6 所示。

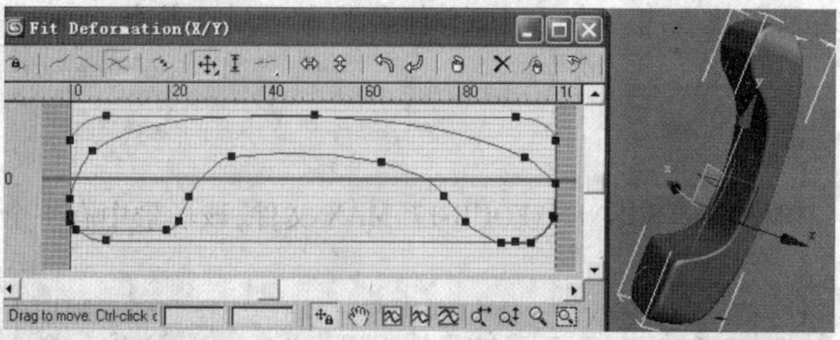

图 4.17.6 放样拟合变形 X,Y 轴图形选取

(7)设置路径的步数(PATH STEPS)为 15。

(8)将设计结果存放在考生目录中,文件名为考号后 5 位数字 +“ - 4”,扩展名为“. MAX”。

4.18 鼠 标

【设计主题】

制作鼠标三维模型,如图 4.18.1 所示。

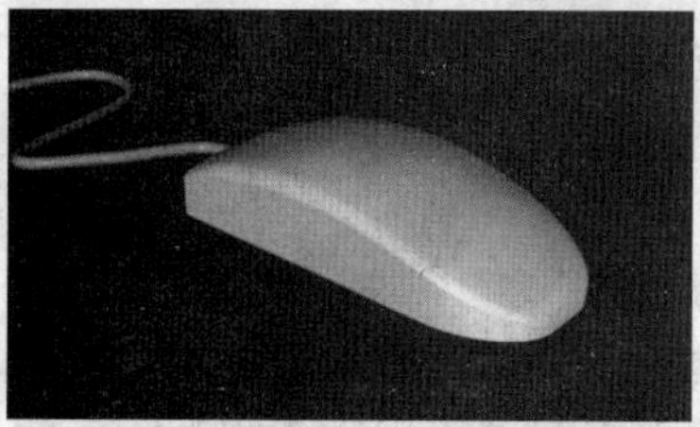

图 4.18.1 鼠标效果图

【设计要求】

(1)打开 C:\3DMAXTK\SCENES\FOUR-18. MAX 文件,该场景中有 4 个二维图形。

(2)使用放样命令及其修改变形工具,放样出鼠标三维模型,设置路径步数为(PATH STEPS)5,形的步数(SHAP STEPS)为 10。

(3)使用放样命令放样出鼠标线,鼠标线横截面为圆形,其半径为 5 个单位,设置路径步数(PATH STEPS)为 20。

(4)将设计结果存放在考生目录中,文件名为考号后 5 位数字 +“ - 4”,扩展名为“. MAX”。

【设计过程】

(1)打开 C:\3DMAXTK\SCENES\FOUR-18. MAX 文件,该场景中有 4 个二维图形,如图 4.18.2 所示。

(2)在顶视图选择直线 sb-path,单击 Create→Geometry→Compound Object→Loft 命令,单击面板上的 Get Shape 按钮,在前视图点击用于放样的截面矩形 sb-shap2,这样一个简单的类似 Box 造型生成,如图 4.18.3 所示。

(3)选择放样物体,进入修改面板,打开 Deformation 卷展栏,单击 Fit 命令,打开 Fit 变形对话框。

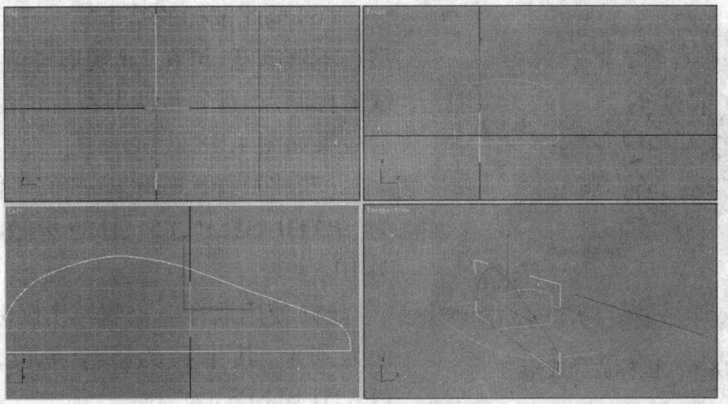

图 4.18.2　场景文件

(4) 单击对话框中的按钮，关闭对称控制，单击按钮，再单击按钮，在顶视图点取用于水平轴向适配的矩形 sb-shap1，单击对话框右下角按钮，将视图进行整体缩放，然后单击按钮，将 X 轴截面形进行旋转 90°，如图 4.18.4 所示。

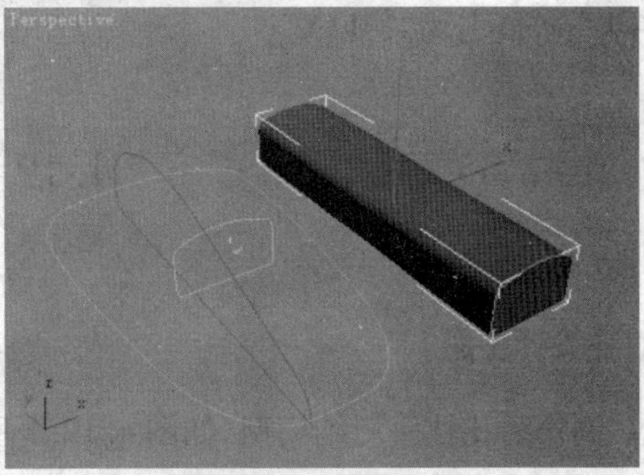

图 4.18.3　放样生成 Box

(5) 现在从顶部看鼠标，有了一定的形状，但是从侧面看，其高度还是一致的，接下来使用左视图截面形控制其相应的高度，单击按钮，在左视图点取用于控制鼠标侧面形状的截面矩形，并单击按钮，使其左右镜像一次，如图 4.18.5 所示。

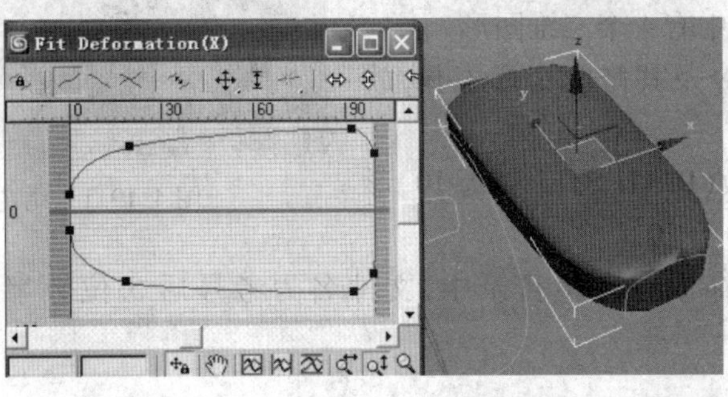

图 4.18.4　放样拟合变形 X 轴图形选取

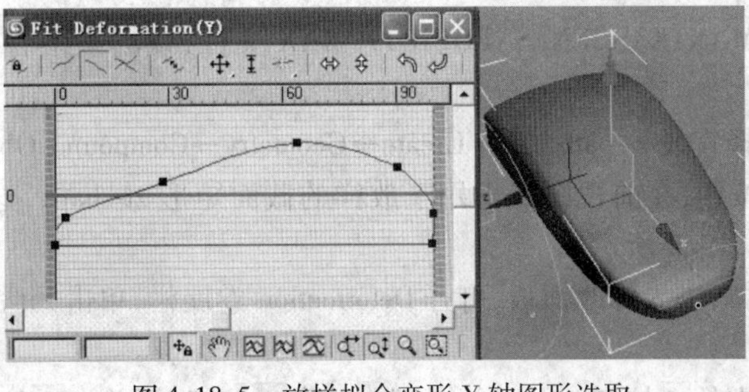

图 4.18.5　放样拟合变形 Y 轴图形选取

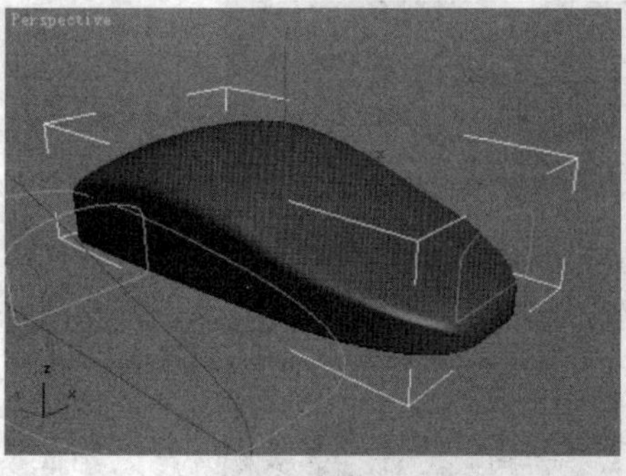

图 4.18.6　鼠标放样成形

(6)至此鼠标的基本模型已经形成,如果对模型还不够满意,可在 Fit 变形对话框中修改变形曲线的控制点,进一步调节鼠标的形状直至满意,最后效果如图 4.18.6 所示。

(7)将放样出的鼠标三维模型,设置路径步数为(PATH STEPS)5,形的步数(SHAP STEPS)为 10。

(8)使用放样命令放样出鼠标线,鼠标线横截面为圆形,其半径为 5 个单位,设置路径步数(PATH STEPS)为 20。

(9)给鼠标赋上材质后,将设计结果存放在考生目录中,文件名为考号后 5 位数字 +“-4”,扩展名为“.MAX”。

4.19　绣花枕头

【设计主题】

制作绣花枕头三维模型,如图 4.19.1 所示。

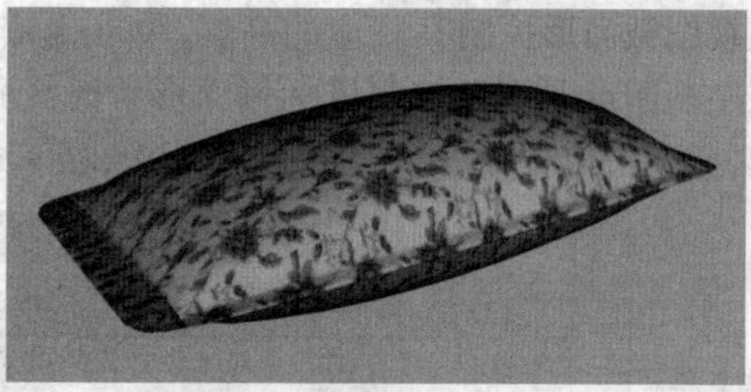

图 4.19.1　绣花枕头效果图

【设计要求】

(1)打开 C:\3DMAXTK\SCENES\FOUR-19.MAX 文件,该场景中有 4 个二维图形。

(2)使用放样命令及其修改变形工具,放样出枕头三维模型。

(3)设置路径步数(PATH STEPS)为 10,形的步数(SHAP STEPS)为 10。

(4)将设计结果存放在考生目录中,文件名为考号后 5 位数字 +“-4”,扩展名为“.MAX”。

【设计过程】

(1)打开 C:\3DMAXTK\SCENES\FOUR-19.MAX 文件,该场景中有 4 个二维图形,如图 4.19.2 所示。

(2)在顶视图选择直线 zt-path,单击 Create→Geometry→Compound Object→Loft 命令,单击面板上的 Get Shape 按钮,在前视图点击用于放样的截面矩形 zt-shap1,这样一个简单的类似 Box 造型生成,如图 4.19.3 所示。

(3)选择放样物体,进入修改面板,打开 Deformation 卷展栏,单击 Fit 命令,打开 Fit 变形对话框。

(4)单击对话框中的按钮,关闭对称控制,单击按钮,再单击按钮,在顶视图点取用

图 4.19.2　场景文件

于水平轴向适配的矩形 sb-shap3，单击对话框右下角按钮，将视图进行整体缩放，然后单击按钮，将 X 轴截面形进行旋转 90°，如图 4.19.4 所示。

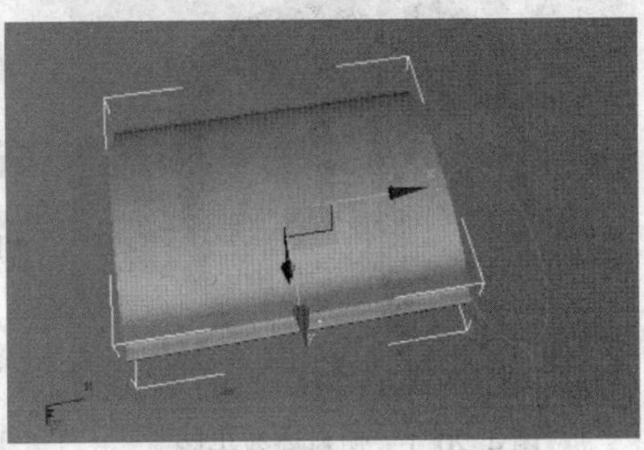

图 4.19.3　放样生成 Box

(5) 现在从顶部看，有了一定的形状，但是从侧面看，其高度还是一致的，接下来使用左视图截面形控制其相应的高度，单击按钮，在左视图点取用于控制枕头侧面形状的截面矩形，并单击按钮，使其左右镜像一次，如图 4.19.5 所示。

(6) 至此枕头的基本模型已经形成，如果对模型还不够满意，可在 Fit 变形对话框中修改变形曲线的控制点，进一步调节枕头的形状直至满意。

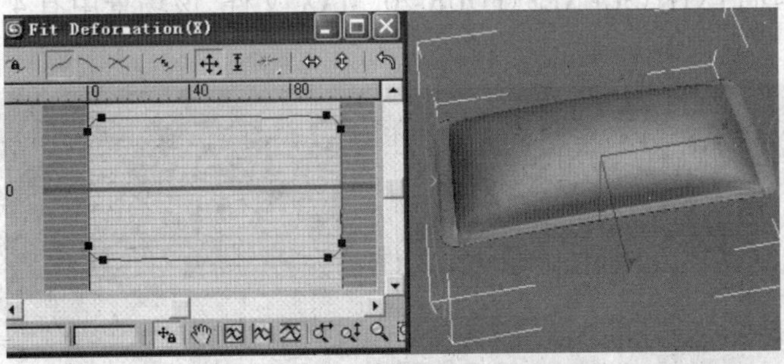

图 4.19.4　放样拟合变形 X 轴图形选取

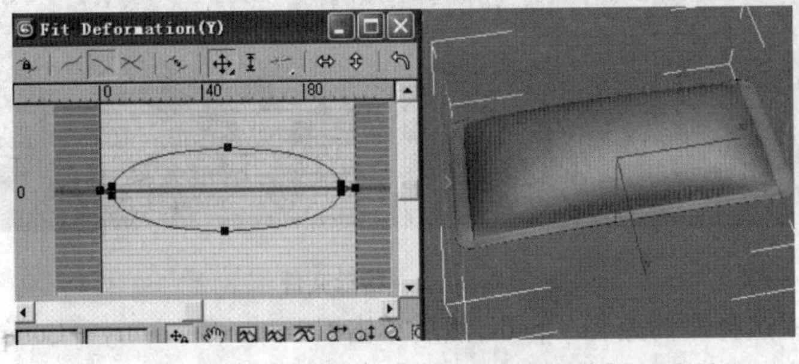

图 4.19.5　放样拟合变形 Y 轴图形选取

(7)设置路径步数(PATH STEPS)为 10,形的步数(SHAP STEPS)为 10。

(8)给枕头赋上材质后,将设计结果存放在考生目录中,文件名为考号后 5 位数字 + " -4",扩展名为".MAX"。

4.20 塑料椅

【设计主题】

制作塑料椅三维模型,如图 4.20.1 所示。

图 4.20.1 塑料椅效果图

【设计要求】

(1)打开 C:\3DMAXTK\SCENES\FOUR-20.MAX 文件,该场景中有 4 个二维图形。

(2)使用放样命令及其修改变形工具,放样出一张塑料座椅三维模型。

(3)设置路径步数(PATH STEPS)为 10,形的步数(SHAP STEPS)为 10。

(4)将设计结果存放在考生目录中,文件名为考号后 5 位数字 + " -4",扩展名为".MAX"。

【设计过程】

(1)打开 C:\3DMAXTK\SCENES\FOUR-20.MAX 文件,该场景中有 4 个二维图形,如图 4.20.2 所示。

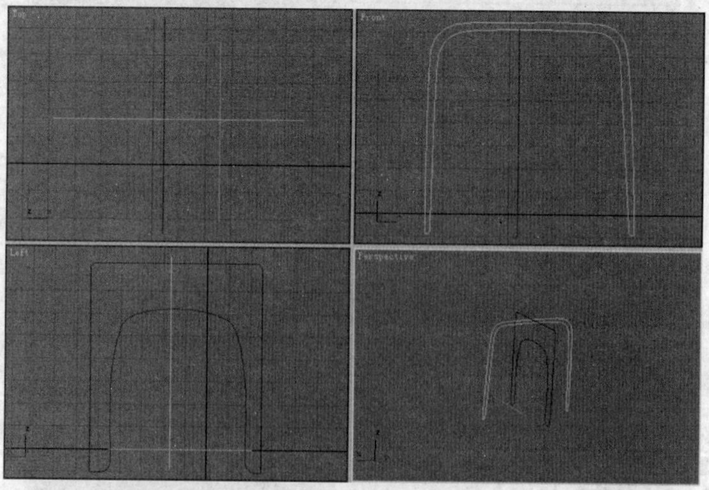

图 4.20.2 场景文件

(2)在顶视图中选择座椅路径 y-path,然后单击 Create→Geometry→Compound Object→Loft 命令,单击面板上的 Get Shape 按钮,在前视图点击生成座椅的截面形之一 y-shape02,这样一个放样物体生成。

(3)在透视图中选择放样物体,单击工具栏上的镜像按钮,按 Z 轴将座椅垂直镜像,使其立起来,如图4.20.3所示。

(4)单击按钮,进入修改面板,展开 Deformation 卷展栏,单击 fit 按钮,打开 Fit 对话框。

(5)单击对话框中的按钮,关闭对称控制,单击按钮,再单击按钮,在左视图中点取座椅的第 2 个截面形 y-shape01,将其取过来作为 Y 轴截面形适配对象,如图 4.20.4 所示。

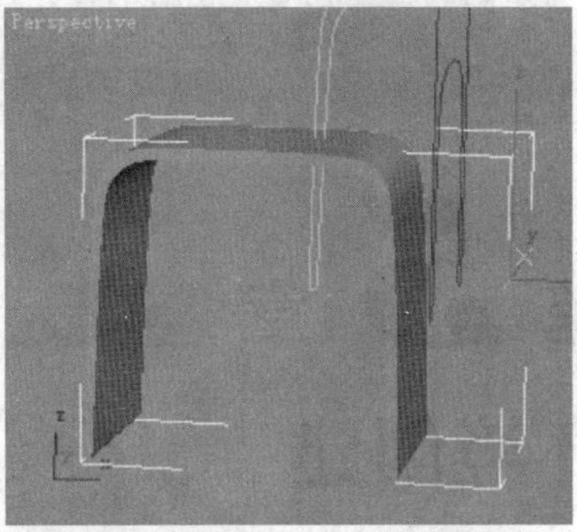

图 4.20.3　放样初始形状

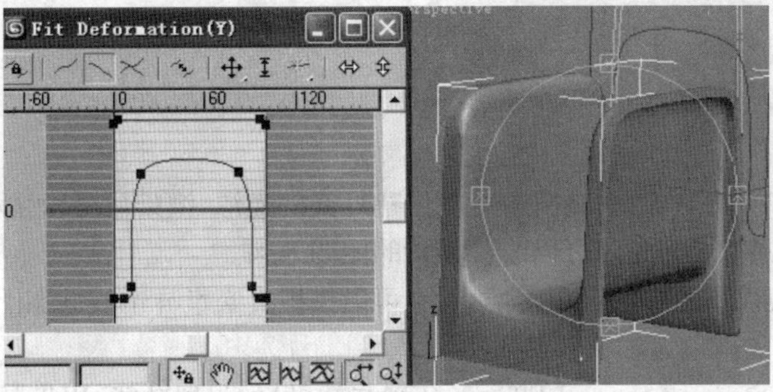

图 4.20.4　放样拟合变形 Y 轴图形选取

(6)现在的座椅并未成形,这主要是适配的截面形与路径的方向未处理好,连续单击按钮两次,使适配的截面形顺时针旋转 180°,现在椅子的造型基本正确。最后单击按钮,使座椅的长度与拟合截面形的长度保持一致,如图 4.20.5 所示。

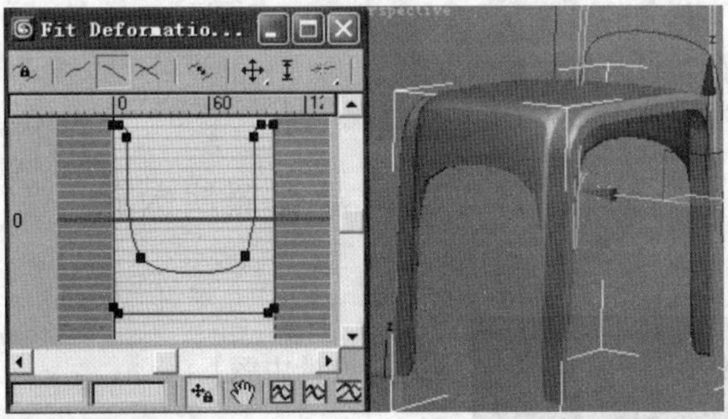

图 4.20.5　调整放样拟合变形 Y 轴图形位置

(7)设置路径步数(PATH STEPS)为 10,形的步数(SHAP STEPS)为 10。

(8)给凳子及场景赋上材质后,将设计结果存放在考生目录中,文件名为考号后 5 位数字 +“ -4”,扩展名为“. MAX”。

第 5 章 环境创建

【本章导读】

灯光是一个特殊的对象,在视图中可以创建灯光的光源,渲染后可以显示灯光对象的发光效果。通过设置、调整灯光光源可以改善场景的照明效果。

摄像机用于从视图的特定点观察场景,它可以模拟真实世界中的静态图像、运动图像或视频图像。

3ds Max 具有 Environment and Effects(环境与效果)的设置功能,用于制造各种效果,如背景、雾、体积光和火焰。

【学习目标】

- 掌握灯光的衰减控制参数的调整。
- 掌握环境光与体光的设置方法。
- 掌握摄像机的架设与景深控制方法。

5.1 路灯下的局部照明效果

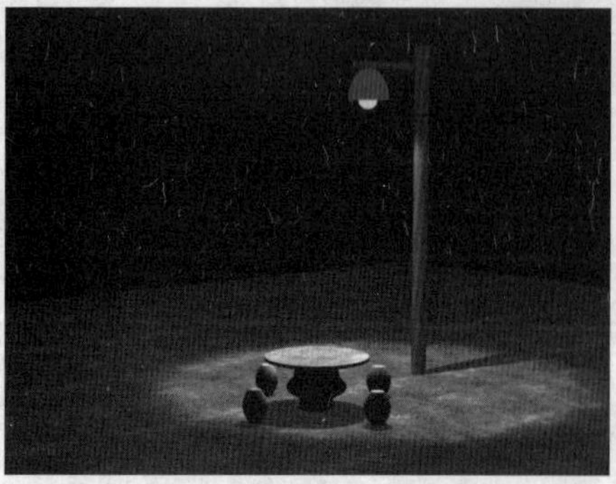

图 5.1.1 路灯下的局部照明效果图

【设计主题】

创建路灯下的局部照明效果,如图 5.1.1 所示。

【设计要求】

(1)打开 C:\3DMAXTK\SCENES\FIVE-1. MAX 文件。

(2)场景中的物体均已设定材质,不需更改。在场景中创建适当的灯光,调整其有关参数,并设置有关环境参数,使之产生路灯下的局部照明效果,如图

5.1.1 所示。

(3)渲染 CAMERA01 视图,渲染参数取系统默认值,渲染后的效果图存放在考生目录下,文件为考号后 5 位数 +“ -5”,扩展名为“. JPG”。

(4)将设计结果存放在考生目录中,文件名为考号后 5 位数字 +“ -5”,扩展名为“. MAX”。

【设计过程】

(1)打开 C:\3DMAXTK\Five-1. max 场景文件。

(2)现场没打灯,使用的是系统默认灯光,这样无法表现路灯局部照明效果,此时架设一盏主灯,模拟路灯照明。

(3)如图 5.1.2 所示建立一盏聚光灯,并设置好它的相关参数:Hotspot 值为 60,Falloff 值为 90。

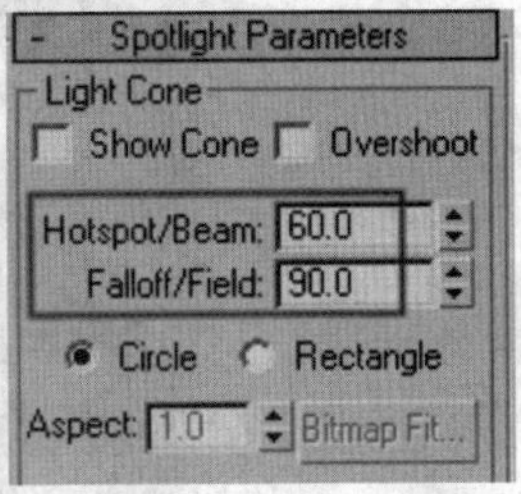

图 5.1.2 灯光参数面板

(4) Multiplie 为 1.5,勾选 Shadows 的 On 复选项,将灯罩(Lampshade)、灯泡(Lampshade01)和横梁(Cyl01)3 个物体排除。

(5)渲染摄像机视图,场景中除了聚光灯照明之外,其他地方没有任何灯光。

(6)单击菜单 Rendering→Environment(渲染→环境)命令,单击 Ambient 色块按钮,在打开的颜色对话框中调整 RGB 的颜色值均为 60,再次渲染摄像机视图,主灯以外环境效果可以看得到了。

(7)渲染 CAMERA01 视图,渲染参数取系统默认值,渲染后的效果图存放在考生目录下,文件为考号后 5 位数 +“ -5”,扩展名为“. JPG”。

(8)将设计结果存放在考生目录中,文件名为考号后 5 位数字 +“ -5”,扩展名为“. MAX”。

5.2 灯光的局部照明效果

图 5.2.1 灯光的局部照明效果图

【设计主题】

创建灯光的局部照明效果,如图 5.2.1 所示。

【设计要求】

(1)打开 C:\3DMAXTK\SCENES\FIVE-2. MAX 文件。

(2)场景中的物体均已设定材质,不需更改。在场景中创建若干盏灯并调整灯光有关参数,使地面上的 5 盏灯产生局部照明效果。

(3)渲染 CAMERA01 视图,渲染参数取系统默认值,渲染后的效果图存放在考生目录下,文件为考号后 5 位数 +“ -5”,扩展名为“. JPG”。

(4)将设计结果存放在考生目录中,文件名为考号后 5 位数字 +“ -5”,扩展名为“. MAX”。

【设计过程】

(1)打开 C:\3DMAXTK\SCENES\FIVE-2. MAX 文件。

(2)为使地面上的 5 盏灯产生局部照明效果,先在第一盏灯 lamp01 上创建一盏聚光灯,位置要求对齐 lamp01,如图 5.2.2 所示。

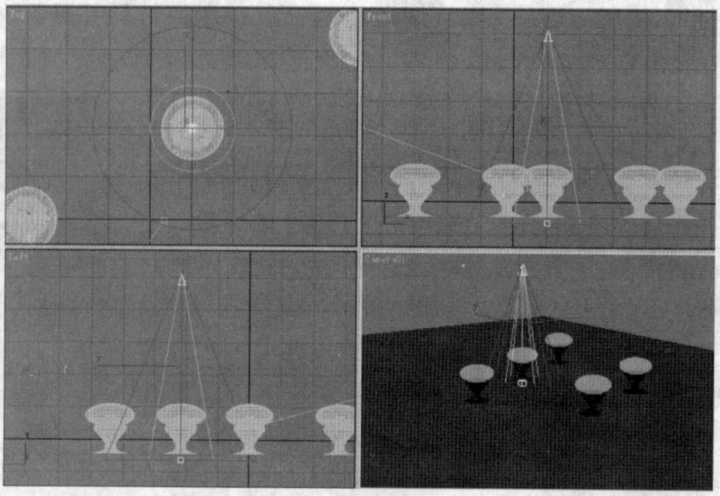

图 5.2.2　场景文件

(3)聚光灯不打投影,General Parameters 常用参数的 Shadows 投影的 on 不打钩,倍增器 Multiplier 参数设为 0.6,聚光区为 20,衰减区为 45,如图 5.2.3 所示。

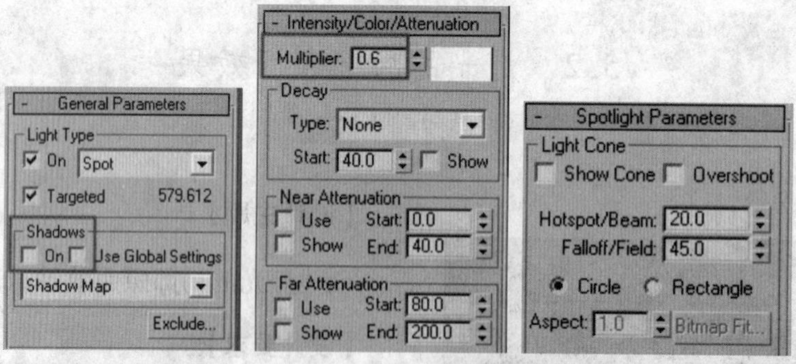

图 5.2.3　泛光灯参数设置

(4)按数字键 8 进入 Environment and Effecs 环境和特效对话框,在 Common Paramenters 公共参数的全局光 Global Lighting 中,设置 Ambient 背景色的 RGB 值为 63。

(5)复制另外 4 盏灯上的聚光灯,使用关联复制,每盏灯对齐相应的灯座 Base2、Base3、Base4、Base5。

(6)渲染 CAMERA01 视图,渲染参数取系统默认值,渲染后的效果图存放在考生目录下,文件为考号后 5 位数 +“ -5”,扩展名为“. JPG”。

(7)将设计结果存放在考生目录中,文件名为考号后5位数字+"-5",扩展名为".MAX"。

5.3　室内房间照明效果

【设计主题】

创建室内房间照明效果,如图5.3.1所示。

【设计要求】

(1)打开C:\3DMAXTK\SCENES\FIVE-3.MAX文件。

(2)场景中的物体均已设定材质,不需更改。在场景中已建立好环境光,再建立一盏灯,设置灯光有关参数,使其将吊灯处的房顶(TOP)照亮,产生局部照明效果;修改场景中泛光灯(LIGHT01)的有关参数,使房间内的物体产生投影效果。

图5.3.1　室内房间照明效果图

(3)渲染CAMERA01视图,渲染参数取系统默认值,渲染后的效果图存放在考生目录下,文件为考号后5位数+"-5",扩展名为".JPG"。

(4)将设计结果存放在考生目录中,文件名为考号后5位数字+"-5",扩展名为".MAX"。

【设计过程】

(1)打开C:\3DMAXTK\SCENES\FIVE-3.MAX文件。

(2)场景中的物体均已设定材质,不需更改。在场景中已建立好环境光,为使吊灯处的房顶(TOP)照亮,产生局部照明效果,在场景中创建一盏聚光灯,位置在[lamp]的正下方,如图5.3.2所示。

(3)聚光灯倍增器值为0.5,聚光区为65,衰减区为100,如图5.3.3所示。

(4)选择场景中泛光灯(LIGHT01),使房间内的物体产生投影效果,在General Parameters常用参数中设置打开投影,如图5.3.4所示,并且Excluding排除Top天花板和lamp灯,如图5.3.5所示。

(5)渲染CAMERA01视图,渲染参数取系统默认值,渲染后的效果图存放在考生目录下,文件为考号后5位数+"-5",扩展名为".JPG"。

(6)将设计结果存放在考生目录中,文件名为考号后5位数字+"-5",扩展名为".MAX"。

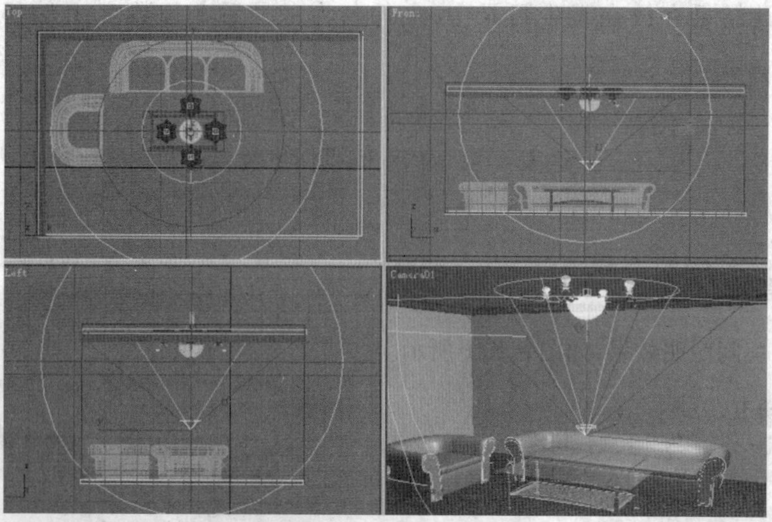

图 5.3.2　场景文件

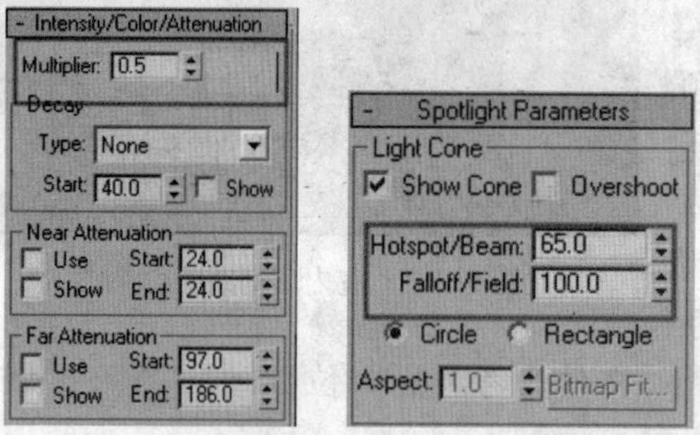

图 5.3.3　泛光灯参数

图 5.3.4　启用泛光灯投影

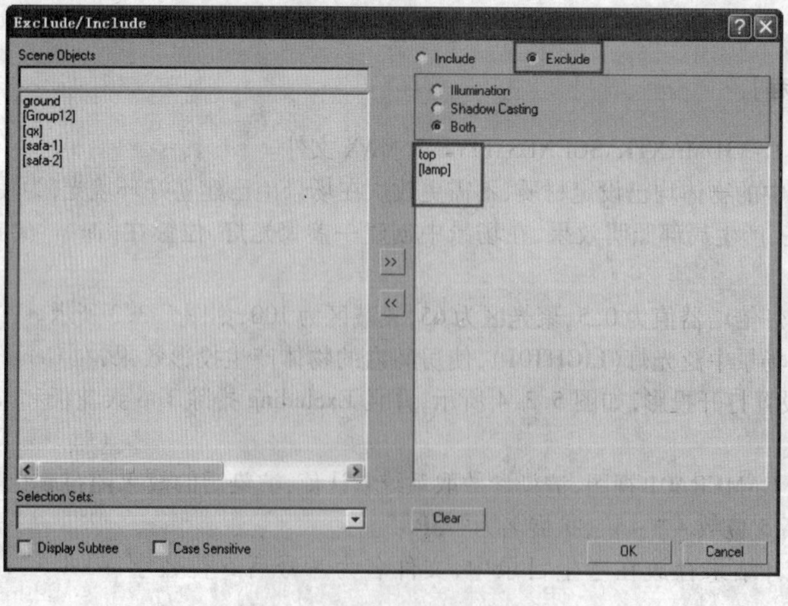

图 5.3.5　排除灯光照射的物体

5.4　壁灯局部照明效果

【设计主题】

创建壁灯局部照明效果，如图 5.4.1 所示。

【设计要求】

(1) 打开 C：\3DMAXTK\SCENES\FIVE-4. MAX 文件。

(2) 场景中的物体均已设定材质，不需更改。在场景中创建一盏灯光并设置其有关参数，使之产生壁灯下的局部照明效果。

(3) 渲染 CAMERA01 视图，渲染参数取系统默认值，渲染后的效果图存放在考生目录下，文件为考号后 5 位数 +“ -5”，扩展名为“. JPG”。

图 5.4.1　壁灯局部照明效果图

(4) 将设计结果存放在考生目录中，文件名为考号后 5 位数字 +“ -5”，扩展名为“. MAX”。

【设计过程】

(1) 打开 C：\3DMAXTK\SCENES\FIVE-4. MAX 文件。

(2) 场景中的物体均已设定材质，不需更改。在场景中创建一盏聚光灯，位置如图 5.4.2 所示。

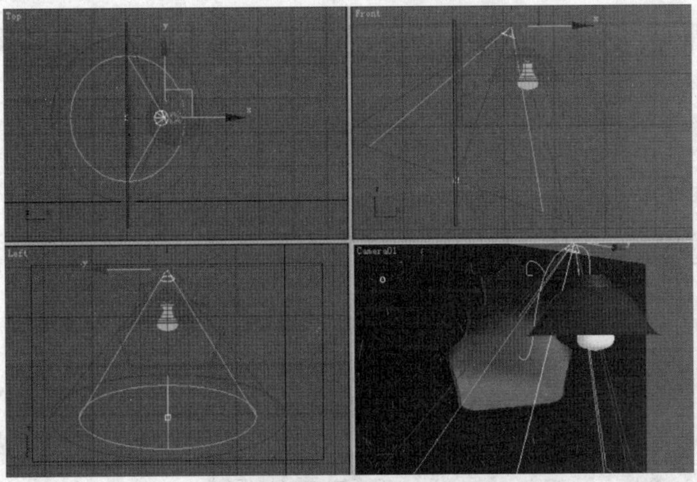

图 5.4.2　场景文件

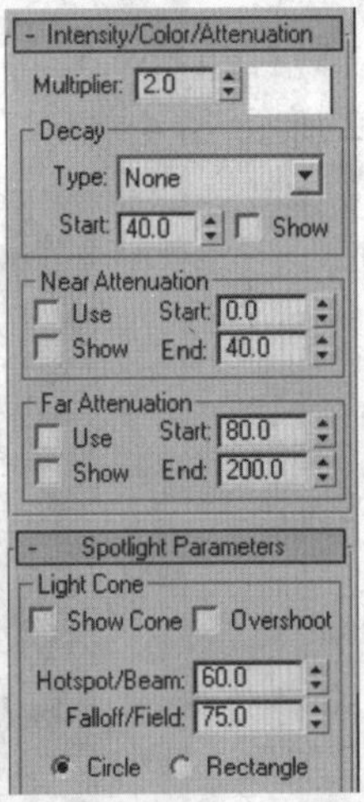

图 5.4.3　设置聚光灯参数

(3) 设置聚光灯有关参数，使之产生壁灯下的局部照明效果，倍增器 Multiplier 为 2，如图 5.4.3 所示，聚光区为 60，衰减区为 75。

(4)渲染 CAMERA01 视图,渲染参数取系统默认值,渲染后的效果图存放在考生目录下,文件为考号后 5 位数 +“ -5”,扩展名为“. JPG”。

(5)将设计结果存放在考生目录中,文件名为考号后 5 位数字 +“ -5”,扩展名为“. MAX”。

5.5　室内筒灯照明效果

图 5.5.1　室内筒灯照明效果图

【设计主题】

创建室内筒灯照明效果,如图 5.5.1 所示。

【设计要求】

(1)打开 C:\3DMAXTK\SCENES\FIVE-5. MAX 文件。

(2)场景中的物体均已设定材质,不需更改。在场景中 4 个筒灯位置处各创建一盏灯并调整灯光的有关参数,使其产生投射到墙壁上的局部照明效果。

(3)渲染 CAMERA01 视图,渲染参数取系统默认值,渲染后的效果图存放在考生目录下,文件为考号后 5 位数 +“ -5”,扩展名为“. JPG”。

(4)将设计结果存放在考生目录中,文件名为考号后 5 位数字 +“ -5”,扩展名为“. MAX”。

【设计过程】

(1)打开 Five-5. max 场景文件,该场景是一个简单房间一角,其中环境光已设定好,如图 5.5.2 所示,给 4 盏筒灯加上灯光。

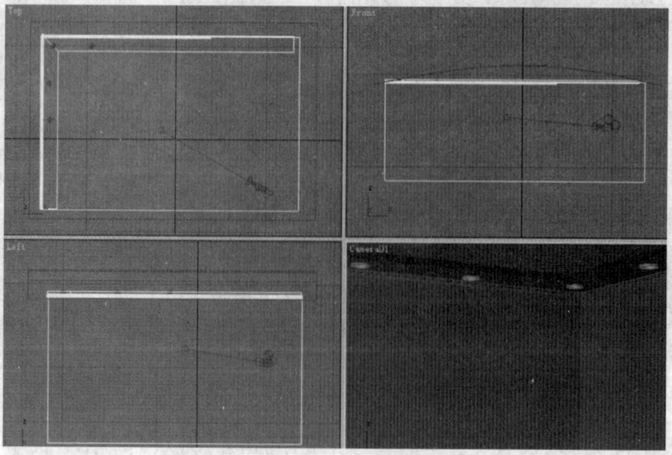

图 5.5.2　场景文件

(2)4盏筒灯的亮度、照射范围基本上是一样的,在前视图建立一盏聚光灯,并将其对齐场景中的td4筒灯,位置如图5.5.3所示。

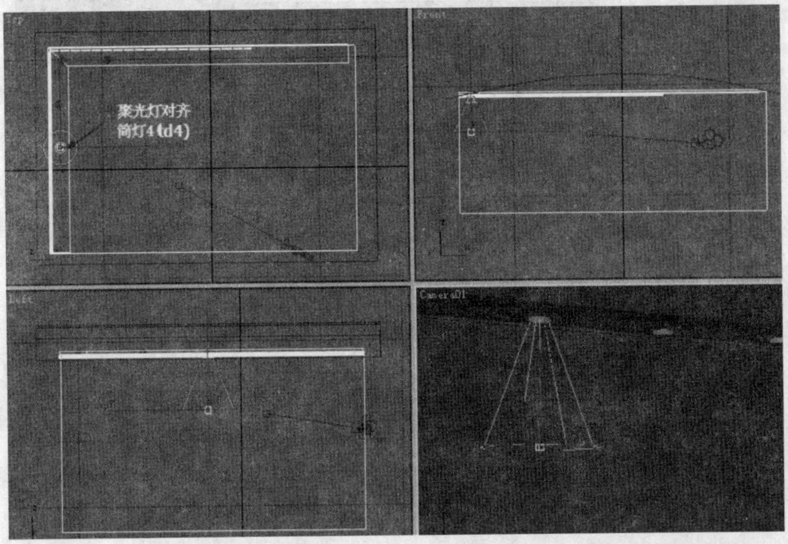

图5.5.3　创建一盏聚光灯

(3)渲染摄像机视图,渲染后的效果大致如图5.5.4所示,需要不断渲染,直至满意为止。

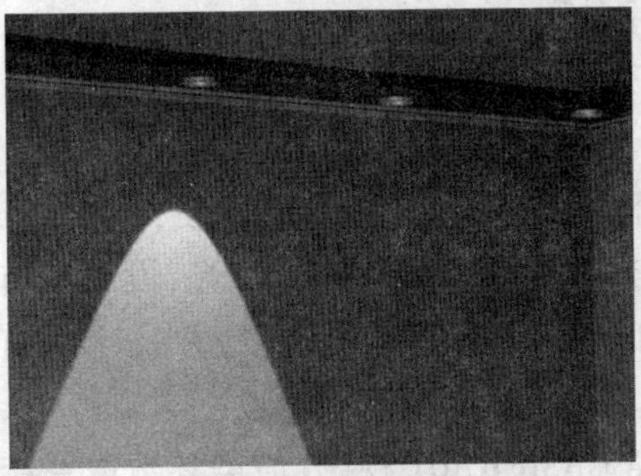

图5.5.4　聚光灯渲染效果

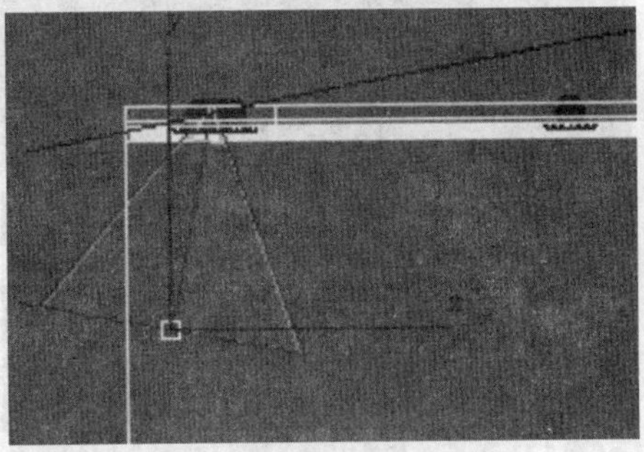

图5.5.5　调整聚光灯位置

(4)由于灯光的位置、大小、边缘衰减和距离衰减均没有表现出来,先设置灯光的位置和照射范围,将灯光所在视图局部放大,选择灯的目标点向上移动并在前视图向左偏移一点,再将Hotspot值调大点,如图5.5.5所示。

(5)调整Hotspot和Falloff值的变化,使之边缘出现衰减。设置Multiplies值为0.5,降低灯的亮度,筒灯属于辅灯,不能将其设置得太亮,再调整灯光的距离衰减,选中Far衰减中的Use和Show复选选项,调整衰减的起始位置,调整参数如图5.5.6所示。

(6)复制另外3个聚光灯,将其对齐到其余3个筒灯下。

(7)渲染CAMERA01视图,渲染参数取系统默认值,渲染后的效果图存放在考生目录下,文件为考号后5位数+"-5",扩展名为".JPG"。

(8)将设计结果存放在考生目录中,文件名为考号后5位数字+"-5",扩展名为".MAX"。

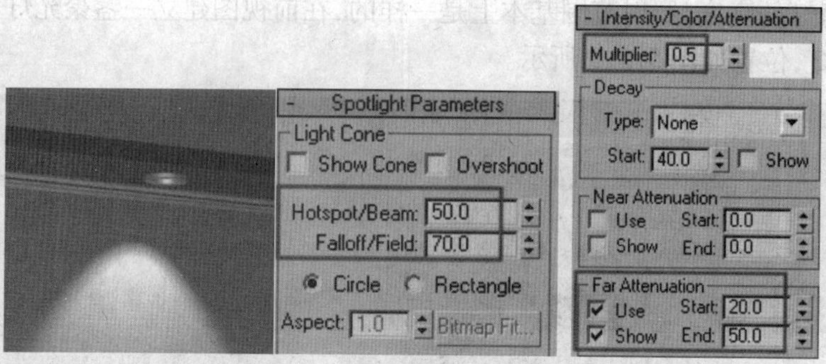

图 5.5.6　调整泛光灯参数

5.6　室内壁灯照明效果

【设计主题】

创建室内壁灯照明效果,如图 5.6.1 所示。

图 5.6.1　室内壁灯照明效果

【设计要求】

(1)打开 C:\3DMAXTK\SCENES\FIVE-6.MAX 文件。

(2)场景中的物体均已设定材质,不需更改。分别给室内空间及两盏壁灯创建灯光,设置其有关参数,使壁灯产生反投灯照明效果,并且室内有一定的照明度。

(3)渲染 CAMERA01 视图,渲染参数取系统默认值,渲染后的效果图存放在考生目录下,文件为考号后 5 位数 + “ -5”,扩展名为“.JPG”。

(4)将设计结果存放在考生目录中,文件名为考号后 5 位数字 + “-5”,扩展名为“.MAX”。

【设计过程】

(1)打开 C:\3DMAXTK\SCENES\FIVE-6.MAX 文件。

(2)在室内空间创建一盏泛光灯 Omni01,使室内产生一定的照明度,位置如图 5.6.2 所示,泛光灯参数如图 5.6.3 所示。

(3)在一盏壁灯位置创建一盏聚光灯 Spot01,使壁灯产生反投灯照明效果,具体位置如图 5.6.4,聚光灯参数如图 5.6.5 所示。

(4)关联复制聚光灯 Spot01,将 Spot02 位置移至另一盏壁灯上。

(5)渲染 CAMERA01 视图,渲染参数取系统默认值,渲染后的效果图存放在考生目录下,

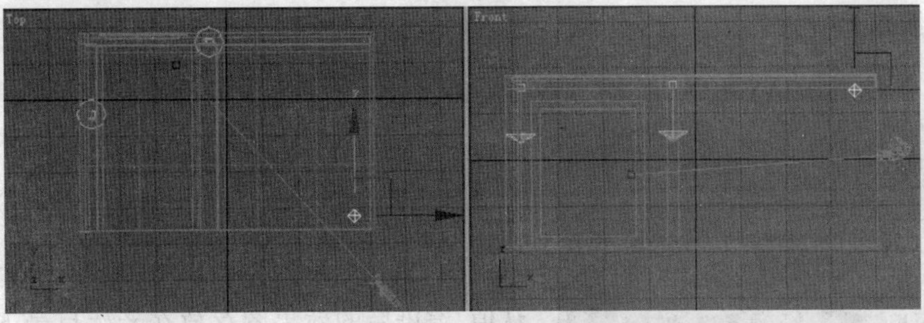

图 5.6.2　设置聚光灯位置

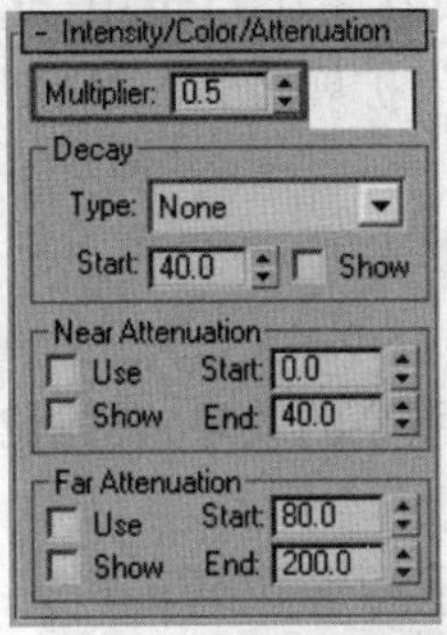

图 5.6.3　设置泛光灯参数

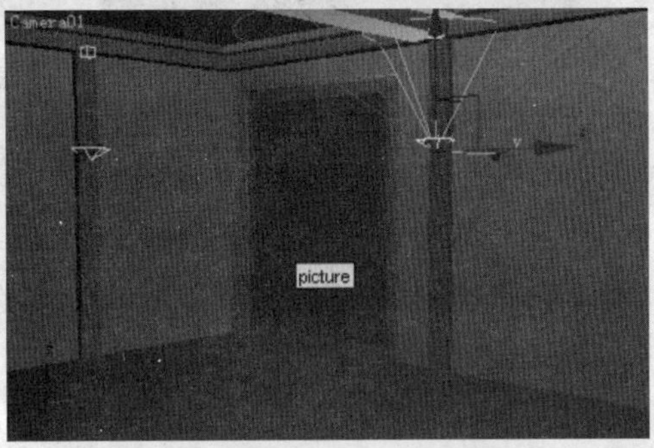

图 5.6.4　聚光灯渲染效果图

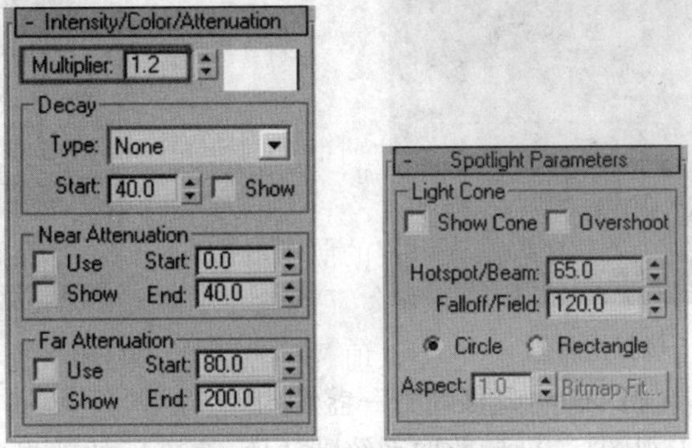

图 5.6.5　调整聚光灯参数

文件为考号后 5 位数 +“ -5”,扩展名为“. JPG”。

(6)将设计结果存放在考生目录中,文件名为考号后 5 位数字 +“ -5”,扩展名为“. MAX”。

5.7　双头壁灯的照射效果

【设计主题】

创建双头壁灯的照射效果,如图 5.7.1 所示。

【设计要求】

(1)打开 C:\3DMAXTK\SCENES\FIVE-7. MAX 文件。

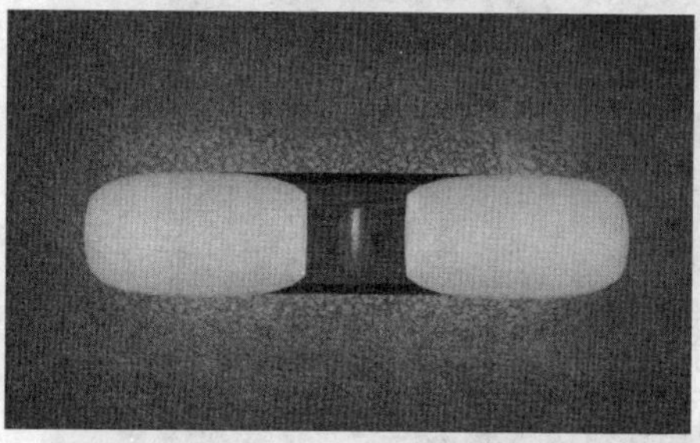

图 5.7.1　双头壁灯的照射效果图

(2)场景中的物体均已设定材质,不需更改。在场景中建立适当的灯光并设置灯光有关参数,营造出局部墙面被壁灯照亮的效果。

(3)渲染 CAMERA01 视图,渲染参数取系统默认值,渲染后的效果图存放在考生目录下,文件为考号后 5 位数 +“ -5”,扩展名为“. JPG”。

(4)将设计结果存放在考生目录中,文件名为考号后 5 位数字 +“ -5”,扩展名为“. MAX”。

【设计过程】

(1)打开 C:\3DMAXTK\SCENES\FIVE-7. MAX 文件。

(2)在场景中创建一盏泛光灯 Omni01,营造出局部墙面被壁灯照亮的效果,具体位置如图 5.7.2 所示,灯光有关参数如图 5.7.3 所示。

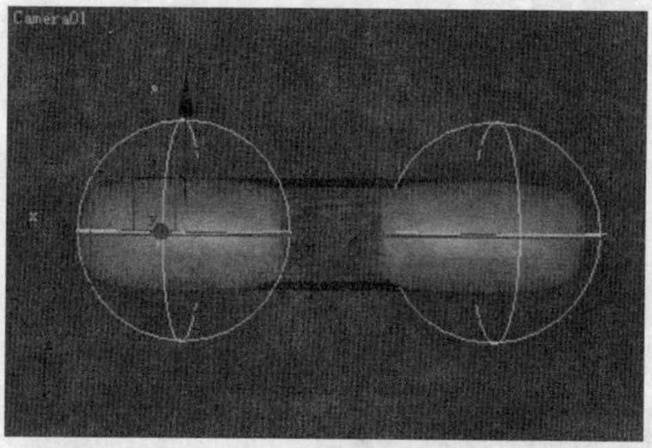

图 5.7.2　场景文件

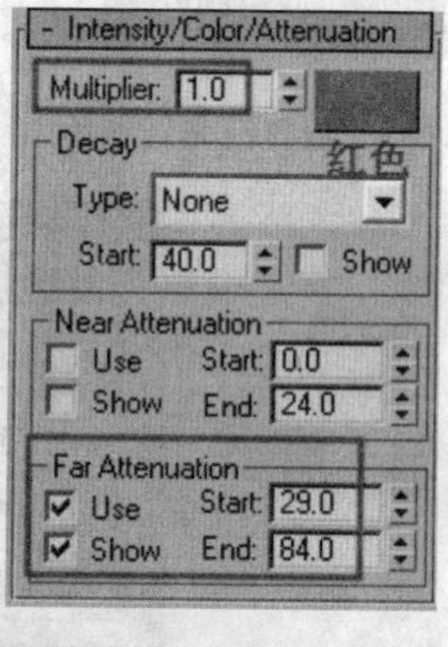

图 5.7.3　泛光灯参数

(3)关联复制 Omni01,将 Omni02 移到另一盏灯内。

(4)渲染 CAMERA01 视图,渲染参数取系统默认值,渲染后的效果图存放在考生目录下,文件为考号后 5 位数 +“ -5”,扩展名为“. JPG”。

(5)将设计结果存放在考生目录中,文件名为考号后 5 位数字 +“ -5”,扩展名为“. MAX”。

5.8　室内台灯局部的照射效果

【设计主题】

创建室内台灯局部的照射效果,如图 5.8.1 所示。

【设计要求】

(1) 打开 C:\3DMAXTK\SCENES\FIVE-8.MAX 文件。

(2)场景中的物体均已设定材质,不需更改。该场景已建立好环境光,给台灯创建两盏灯光,设置其有关参数,使台灯产生向下照射以及在墙面上形成弧形光线的效果。

(3)渲染 CAMERA01 视图,渲染参数取系统默认值,渲染后的效果图存放在考生目录下,文件为考号后 5 位数 +“ -5”,扩展名为“.JPG”。

图 5.8.1　室内台灯局部的照射效果图

(4)将设计结果存放在考生目录中,文件名为考号后 5 位数字 +“ -5”,扩展名为“.MAX”。

【设计过程】

(1)打开 C:\3DMAXTK\SCENES\FIVE-8.MAX 文件。

(2)场景中的物体均已设定材质,不需更改。该场景已建立好环境光,先给台灯创建一盏聚光灯 Spot03,使台灯产生向下照射的效果,位置在台灯灯罩内,如图 5.8.2 所示,灯光参数如图 5.8.3 所示。

图 5.8.2　创建聚光灯

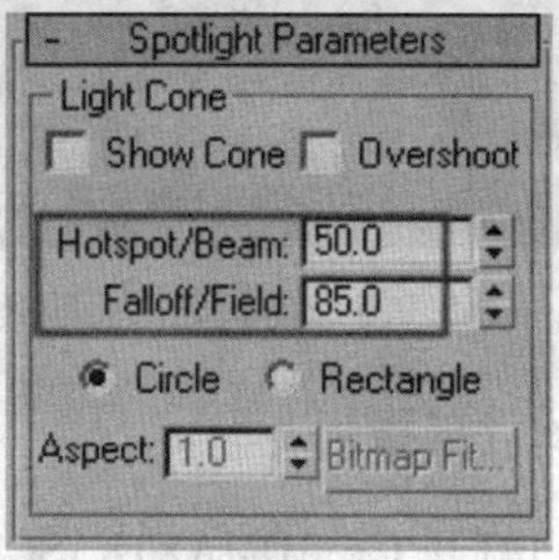

图 5.8.3　调整聚光灯参数

(3)再给台灯创建一盏泛光灯,在墙面上形成弧形光线的效果,位置在台灯灯罩上,如图 5.8.4 所示,灯光参数如图 5.8.5 所示。

图 5.8.4　创建泛光灯

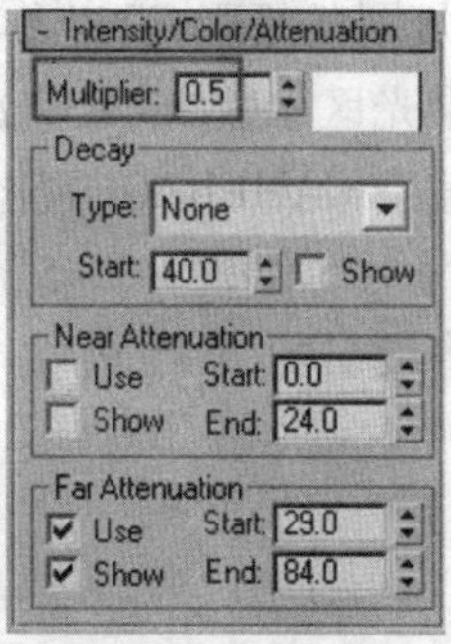

图 5.8.5　调整泛光灯参数

(4)渲染 CAMERA01 视图,渲染参数取系统默认值,渲染后的效果图存放在考生目录下,文件为考号后 5 位数 +“ -5”,扩展名为“. JPG”。

(5)将设计结果存放在考生目录中,文件名为考号后 5 位数字 +“ -5”,扩展名为“. MAX”。

5.9 夜间局部照明效果

【设计主题】

创建夜间局部照明效果,如图 5.9.1 所示。

【设计要求】

(1)打开 C:\3DMAXTK\SCENES\FIVE-9. MAX 文件。

图 5.9.1 夜间局部照明效果图

(2)场景中的物体均已设定材质,不需更改。创建适当的灯光并设置其有关参数,使之产生夜色中的灯光局部照明效果,桌面应有明显的亮区,隐约可见书桌的整体,桌上的杯子可见明显的阴影。

(3)渲染 CAMERA01 视图,渲染参数取系统默认值,渲染后的效果图存放在考生目录下,文件为考号后 5 位数 +“ -5”,扩展名为“. JPG”。

(4)将设计结果存放在考生目录中,文件名为考号后 5 位数字 +“ -5”,扩展名为“. MAX”。

【设计过程】

(1)打开 C:\3DMAXTK\SCENES\FIVE-9. MAX 文件。

(2)场景中的物体均已设定材质,不需更改。创建一盏聚光灯,使之产生夜色中的灯光局部照明效果,桌面应有明显的亮区,具体位置如图 5.9.2 所示。

(3)设置灯光投影,隐约可见书桌的整体,桌上的杯子可见明显的阴影,如图 5.9.3 所示;排除灯和灯罩的投影,设置参数如图 5.9.4 所示。

(4)聚光区参数为 45,衰减区参数为 75。

(5)渲染 CAMERA01 视图,渲染参数取系统默认值,渲染后的效果图存放在考生目录下,文件为考号后 5 位数 +“ -5”,扩展名为“. JPG”。

(6)将设计结果存放在考生目录中,文件名为考号后 5 位数字 +“ -5”,扩展名为“. MAX”。

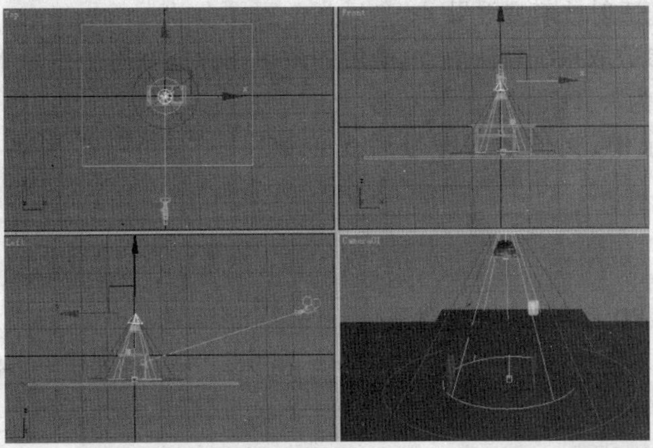

图 5.9.2　场景文件

图 5.9.3　启用聚光灯投影

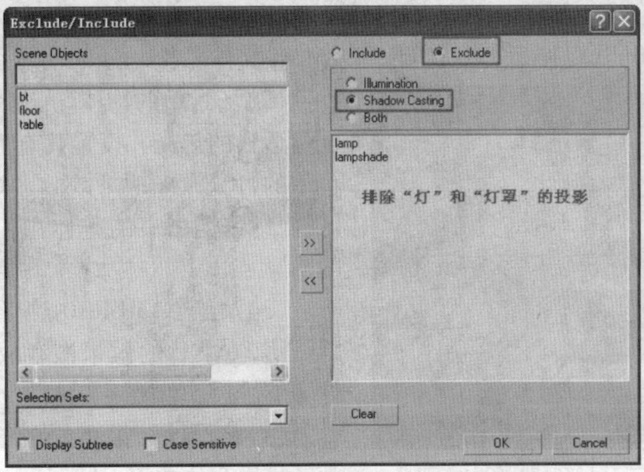

图 5.9.4　排除灯光投影物体

5.10　阳光透射玻璃窗效果

图 5.10.1　阳光透射玻璃窗效果图

【设计主题】

创建阳光透射玻璃窗效果，如图 5.10.1 所示。

【设计要求】

(1) 打开 C：\3DMAXTK\SCENES\FIVE-10.MAX 文件。

(2)场景中的物体均已设定材质，不需更改。该场景中的环境光已设置好，再创建一盏灯光并设置其有关参数,使其产生阳光透射玻璃窗效果。

(3)渲染 CAMERA01 视图,渲染参数取系统默认值,渲染后的效果图存放在考生目录下,文件为考号后 5 位数 +“ -5”,扩展名为“. JPG”。

(4)将设计结果存放在考生目录中,文件名为考号后 5 位数字 +“ -5”,扩展名为“. MAX”。

【设计过程】

(1)打开 C:\3DMAXTK\SCENES\FIVE-10. MAX 文件。

(2)场景中的物体均已设定材质,不需更改。该场景中的环境光已设置好,再创建一盏泛光灯 Omni01,具体位置如图 5.10.2 所示。

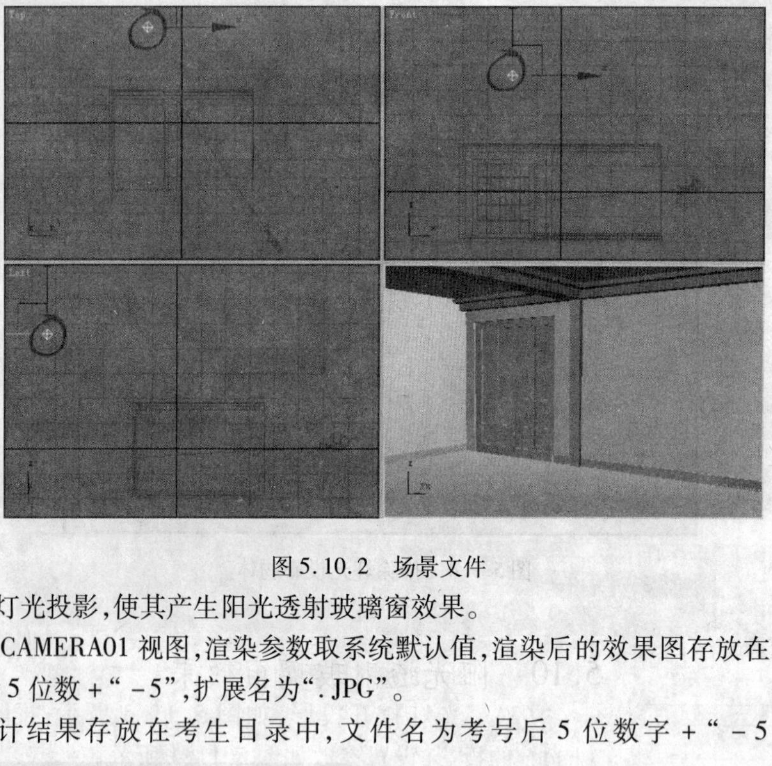

图 5.10.2 场景文件

(3)打开灯光投影,使其产生阳光透射玻璃窗效果。

(4)渲染 CAMERA01 视图,渲染参数取系统默认值,渲染后的效果图存放在考生目录下,文件为考号后 5 位数 +“ -5”,扩展名为“. JPG”。

(5)将设计结果存放在考生目录中,文件名为考号后 5 位数字 +“ -5”,扩展名为“. MAX”。

5.11 台灯局部照明效果

【设计主题】

创建台灯局部照明效果,如图 5.11.1 所示。

【设计要求】

(1)打开 C:\3DMAXTK\SCENES\FIVE-11. MAX 文件。

(2)场景中的物体均已设定材质,不需更改。创建适当的灯光并设置其有关参数,产生环境光及台灯局部照明效果,并且台灯要产生微弱的光束效果。

(3)渲染 CAMERA01 视图,渲染参数取系统默认值,渲染后的效果图存放在考生目录下,文件为考号后 5 位数 +“ -5”,扩展名为“. JPG”。

(4)将设计结果存放在考生目录中,文件名为考号后 5 位数字 +“ -5”,扩展名为“. MAX”。

图 5.11.1　台灯局部照明效果图

【设计过程】

(1)打开 C:\3DMAXTK\SCENES\FIVE-11. MAX 文件。

(2)场景中的物体均已设定材质,不需更改。创建一盏聚光灯和一盏泛光灯,聚光灯必须架设在灯罩之上,具体位置如图 5.11.2 所示。

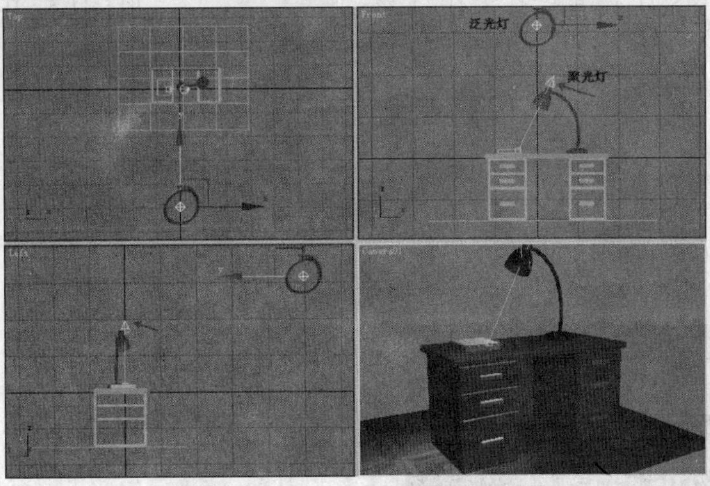

图 5.11.2　场景文件

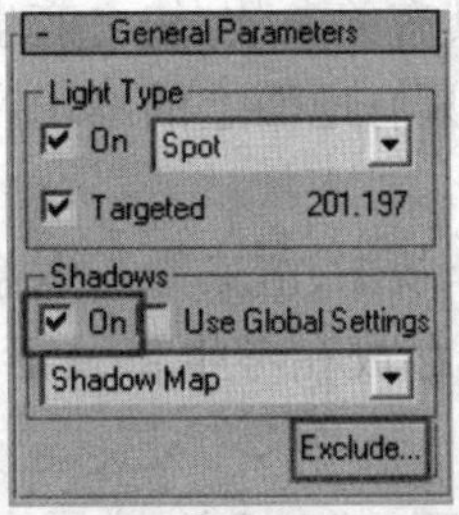

图 5.11.3　启用灯光投影

(3)聚光灯打开投影,如图 5.11.3 所示;排除“灯罩”lampshader 的投影,设置参数如图 5.11.4 所示。

(4)聚光灯的聚光区参数为 20,衰减区参数为 45,泛光灯的倍增器 Multiplier 为 0.2。

(5)按数字键 8 进入环境与特效对话框,产生环境光,并且台灯要产生微弱的光束效果,环境色的 RGB 值为 63,大气环境特效增设体光特效“Volume Effect”,拾取光源为聚光灯,参数设置如图 5.11.5 所示。

(6)渲染 CAMERA01 视图,渲染参数取系统默认值,渲染后的效果图存放在考生目录下,文件为考号后 5 位数 +“ -5”,扩展名为“. JPG”。

(7)将设计结果存放在考生目录中,文件名为考号后 5 位数字 +“ -5”,扩展名为“. MAX”。

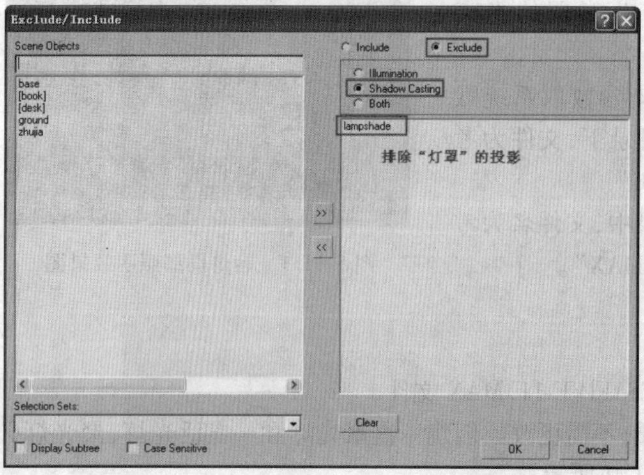

图 5.11.4　排除"灯罩"灯光投影

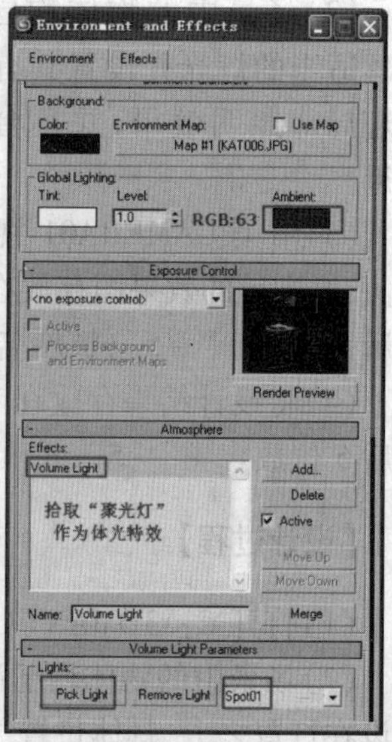

图 5.11.5　环境与特效对话框

5.12　灯光局部照明效果

【设计主题】

创建灯光局部照明效果，如图 5.12.1 所示。

图 5.12.1　灯光局部照明效果图

【设计要求】

(1) 打开 C:\3DMAXTK\SCENES\FIVE-12.MAX 文件。

(2) 场景中的物体均已设定材质，不需更改。创建适当的灯光并设置其有关参数，使之产生局部照明效果，要求场景中只有地面上的桌子产生影子。

(3) 渲染 CAMERA01 视图，渲染参数取系统默认值，渲染后的效果图存放在考生目录下，文件为考号后 5 位数 +" -5"，扩展名为". JPG"。

(4) 将设计结果存放在考生目录中，文件名为考号后 5 位数字 +" -5"，扩展名为". MAX"。

【设计过程】

(1) 打开 C:\3DMAXTK\SCENES\FIVE-12. MAX 文件。

(2) 创建一盏聚光灯 Spot01，位置在伞尖之上，如图 5.12.2 所示。

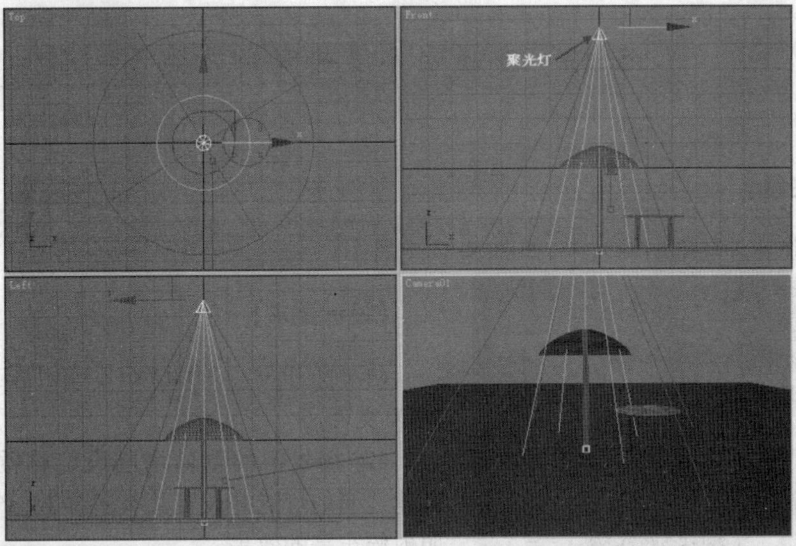

图 5.12.2 创建聚光灯 Spot01

(3)聚光灯打开投影,如图 5.12.3 所示;投影需排除 cov 伞尖和 hand 伞柄,如图 5.12.4 所示。

图 5.12.3 启用聚光灯投影

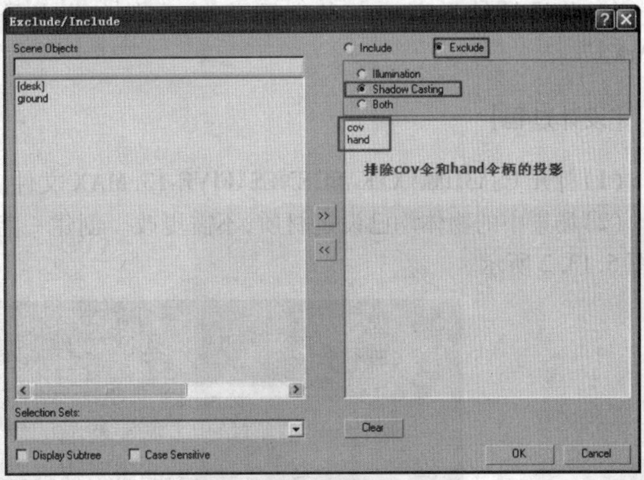

图 5.12.4 排除光照物体

(4)聚光灯的聚光区参数为 45,衰减区参数为 65。

(5)按数字键 8 进入环境与特效对话框,设置 Ambient 背景色的 RGB 值为 63。

(6)渲染 CAMERA01 视图,渲染参数取系统默认值,渲染后的效果图存放在考生目录下,文件为考号后 5 位数 +" -5",扩展名为".JPG"。

(7)将设计结果存放在考生目录中,文件名为考号后 5 位数字 +" -5",扩展名为".MAX"。

5.13 夜晚室外局部照明效果

【设计主题】

创建夜晚室外局部照明效果,如图 5.13.1 所示。

图 5.13.1 夜晚室外局部照明效果图

【设计要求】

(1) 打开 C:\3DMAXTK\SCENES\FIVE-13.MAX 文件。

(2)场景中的物体均已设定材质,不需更改。创建适当的灯光并设置其有关参数,产生夜晚路灯照射候车亭的效果。

(3)渲染 CAMERA01 视图,渲染参数取系统默认值,渲染后的效果图存放在考生目录下,文件为考号后 5 位数 +" -5",扩展名为".JPG"。

(4)将设计结果存放在考生目录中,文件名为考号后 5 位数字 +" -5",扩展名为".MAX"。

【设计过程】

(1)打开 C:\3DMAXTK\SCENES\FIVE-13.MAX 文件。

(2)场景中的物体均已设定材质,不需更改。创建一盏泛光灯 Omni01,位置在候车亭上,如图 5.13.2 所示。

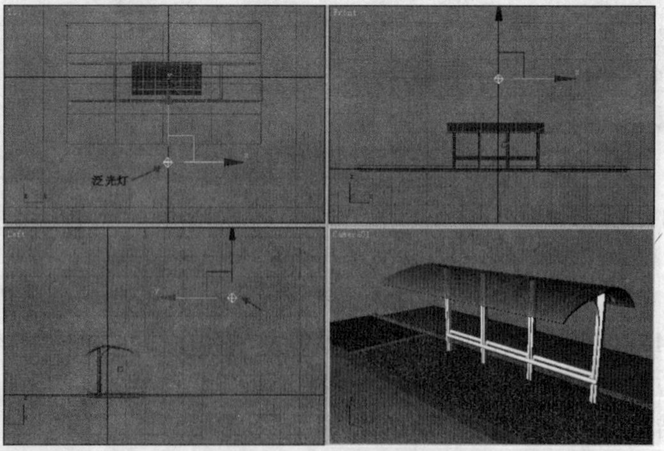

图 5.13.2 创建泛光灯 Omni01

(3)打开泛光灯的投影,产生夜晚路灯照射候车亭的效果。

(4)渲染 CAMERA01 视图,渲染参数取系统默认值,渲染后的效果图存放在考生目录下,文件为考号后 5 位数 +" -5",扩展名为".JPG"。

(5)将设计结果存放在考生目录中,文件名为考号后5位数字+“-5”,扩展名为“.MAX”。

5.14　阳光照射窗户效果

【设计主题】

创建阳光照射窗户效果,如图5.14.1所示。

图5.14.1　阳光照射窗户效果图

【设计要求】

(1)打开C:\3DMAXTK\SCENES\FIVE-14.MAX文件。

(2)场景中的物体均已设定材质,不需更改。场景中的环境光已设置好,再创建一盏适当的灯光并设置有关参数,使之产生阳光透射窗户效果,并且阳光有一定的光束。

(3)渲染CAMERA01视图,渲染参数取系统默认值,渲染后的效果图存放在考生目录下,文件为考号后5位数+“-5”,扩展名为“.JPG”。

(4)将设计结果存放在考生目录中,文件名为考号后5位数字+“-5”,扩展名为“.MAX”。

【设计过程】

(1)打开C:\3DMAXTK\SCENES\FIVE-14.MAX文件。

(2)在场景中创建一盏目标Target Direct平行光Direct01,从窗户外射入到地面,如图5.14.2所示。

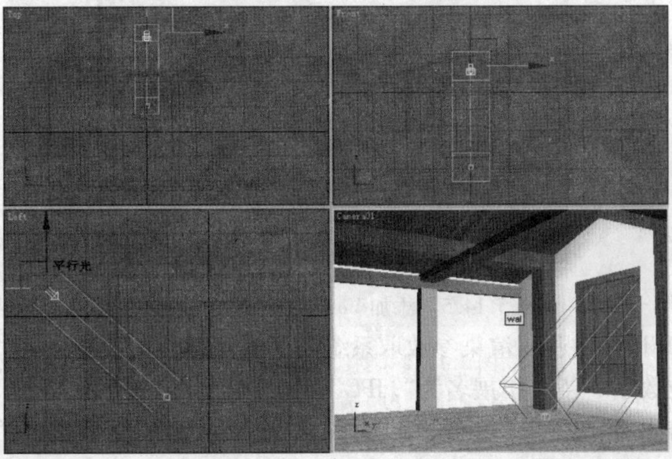

图5.14.2　创建目标平行光Direct01

(3)产生阳光透射窗户效果,打开平行光投影,如图5.14.3所示;调整平行光聚光区和衰减区,如图5.14.4所示。

图5.14.3　启用目标平行光投影

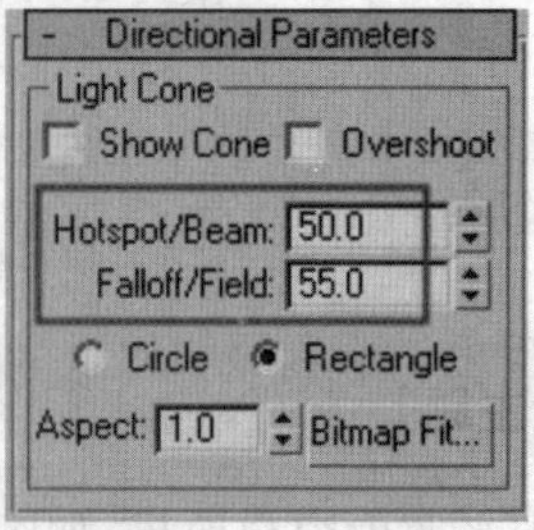

图5.14.4　设置目标平行光聚光区衰减区参数

(4)为使阳光有一定的光束,按数字键8进入环境与特效对话框,添加Volume Light(体积光),拾取平行光Direct01作为体光,如图5.14.5所示。

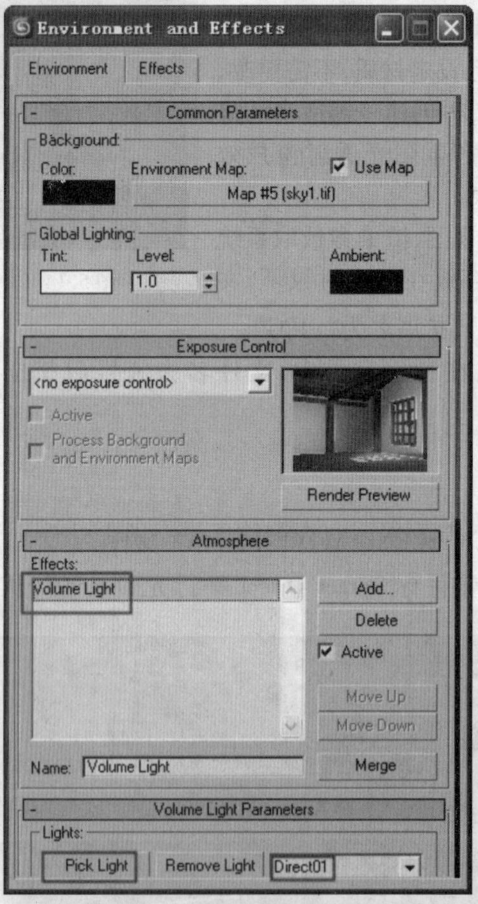

图5.14.5　添加Volume Light(体积光)

(5)渲染CAMERA01视图,渲染参数取系统默认值,渲染后的效果图存放在考生目录下,文件为考号后5位数+"-5",扩展名为".JPG"。

(6)将设计结果存放在考生目录中,文件名为考号后5位数字+"-5",扩展名为".MAX"。

5.15　夜色栏栅的照明效果

【设计主题】

创建夜色栏栅的照明效果，如图5.15.1所示。

图5.15.1　夜色栏栅的照明效果图

【设计要求】

(1)打开C:\3DMAXTK\SCENES\FIVE-15.MAX文件。

(2)场景中的物体均已设定材质，不需更改。为每个栏栅柱的顶灯设计局部照明灯光，使之产生夜色栏栅的效果。

(3)渲染CAMERA01视图，渲染参数取系统默认值，渲染后的效果图存放在考生目录下，文件为考号后5位数+"-5"，扩展名为".JPG"。

(4)将设计结果存放在考生目录中，文件名为考号后5位数字+"-5"，扩展名为".MAX"。

【设计过程】

(1)打开Five-15.max文件，此场景中有一段路面，路面的两边各有一排石头廊柱，每个廊柱顶端有一个小灯泡。

(2)使用局部放大工具将最前面的4根柱子放大显示，如图5.15.2所示，创建一盏聚光灯，对齐lamp1上端，并加大Hotspot和Falloff之间的值。

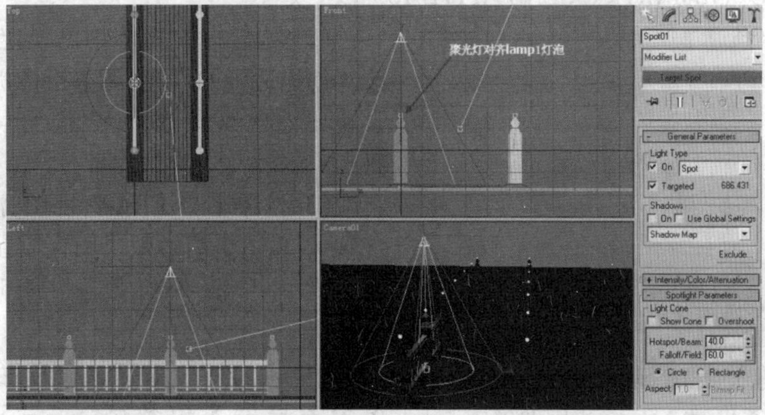

图5.15.2　创建聚光灯

(3)使用Instance(关联)复制类型，如图5.15.3所示。将聚光灯分别复制到其他柱子处，然后渲染视图,渲染后的效果如图 5.15.4 所示。

(4)观察渲染效果,现在灯光的边缘衰减还比较生硬,继续调整 Hotspot 和 Falloff 值以及亮度值。

(5)渲染 CAMERA01 视图,渲染参数取系统默认值,渲染后的效果图存放在考生目录下,文件为考号后 5 位数 +“ -5”,扩展名为“. JPG”。

图 5.15.3　关联复制聚光灯

图 5.15.4　渲染效果图

(6)将设计结果存放在考生目录中,文件名为考号后 5 位数字 +“ -5”,扩展名为“. MAX”。

5.16　雾中凉亭氛围效果

【设计主题】

创建雾中凉亭氛围效果,如图 5.16.1 所示。

【设计要求】

(1)打开 C:\3DMAXTK\SCENES\FIVE-16. MAX 文件。

图 5.16.1　雾中凉亭氛围效果图

(2)场景中的物体均已设定材质,不需更改。创建适当的灯光,调整摄像机有关参数,并设置环境气氛参数,使之产生晨雾中的凉亭氛围。

(3)渲染 CAMERA01 视图,渲染参数取系统默认值,渲染后的效果图存放在考生目录下,文件为考号后 5 位数 +“ -5”,扩展名为“. JPG”。

(4)将设计结果存放在考生目录中,文件名为考号后 5 位数字 +“ -5”,扩展名为“. MAX”。

【设计过程】

(1)打开 Five-16. max 场景文件,单击菜单 Rendening→Environment…(渲染\环境)命令,打开环境和效果对话框,如图 5.16.2 所示。

(2)在 Atmosphere(大气)卷展栏面板上单击 Add(增加)按钮,打开 Add Atmosphere Effect(增加大气效果)对话框,选择 Fog(雾)特效,单击 OK 按钮,返回到环境对话框中。在 Atmosphere(大气)卷展栏中的 Effect 效果列表中出现 Fog 名称,表明场景中加入了一种环境效果,如图 5.16.2 所示。

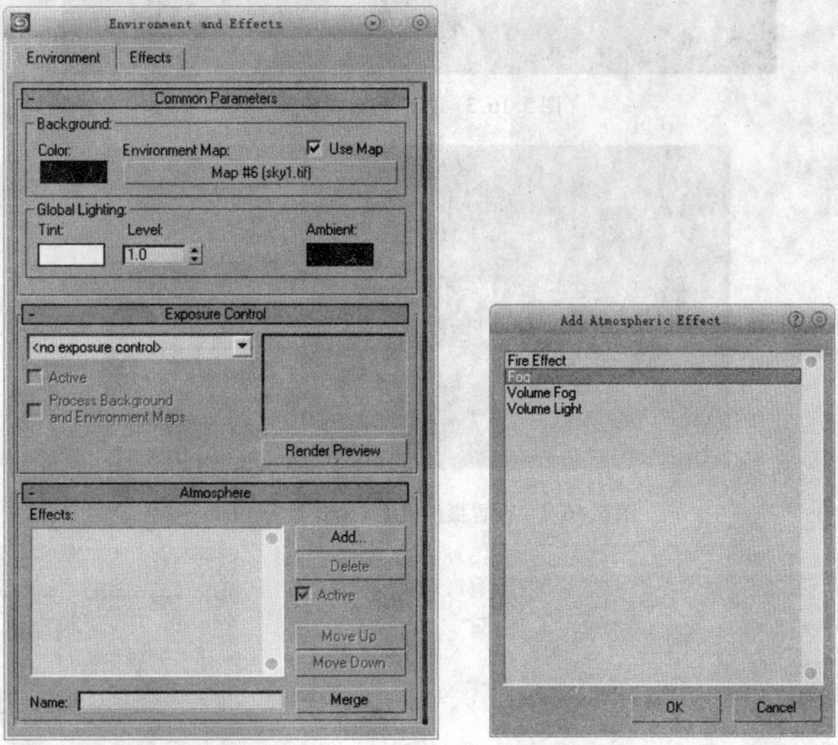

图 5.16.2　在环境和效果对话框中添加 Fog 雾效

(3)现在渲染摄像机视图,场景一片白茫茫,什么物体也看不到。下面通过摄像机参数的调整,使场景变成一个早晨的效果,如图 5.16.3 所示。

(4)在场景中选择摄像机的镜头,进入修改面板,选择 Environment Ranges(环境范围)参数项下的 Show(显示)复选钮,并将 Far 的值设置为 4 000 左右,如图 5.16.4 所示。仔细观察在摄像机的锥形范围内有一个咖啡色的线框出现,它表示产生雾的最远距离,并且该处雾的密度最大。

(5)渲染摄像机视图,靠近摄像机镜头的场景可以看得清,随着场景距离的增大,雾的密度逐渐加大,远处则被浓雾完全笼罩。

(6)将 Far 的值设置成 10 000,如图 5.16.5 所示,观察场景,此时咖啡色的线框已落在亭子的后面,再次渲染场景,效果凉亭出现在晨雾中,但是背景仍被雾完全遮住。

(7)打开环境和效果对话框,选择 Effect 列表中的 Fog,面板上出现雾的调节参数,在 Standard(标准)参数项上修改 Far 值为 80,将远距离雾的最大密度设为 80%,如图 5.16.6 所

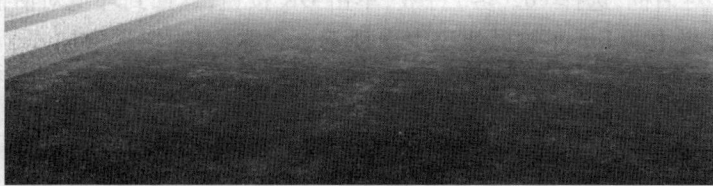

图 5.16.3　白茫茫雾效场景

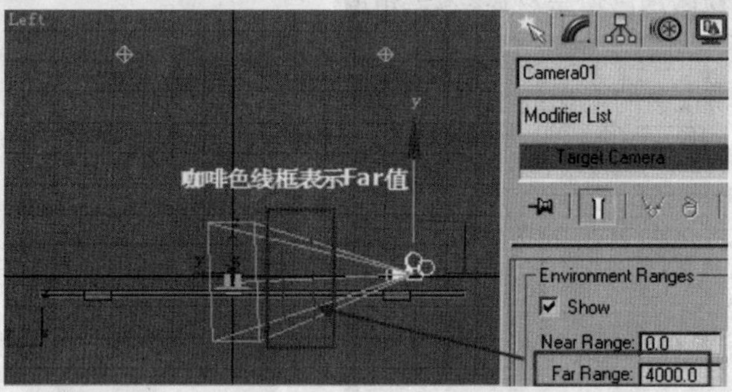

图 5.16.4　设置摄像机 Far 值参数为 4 000

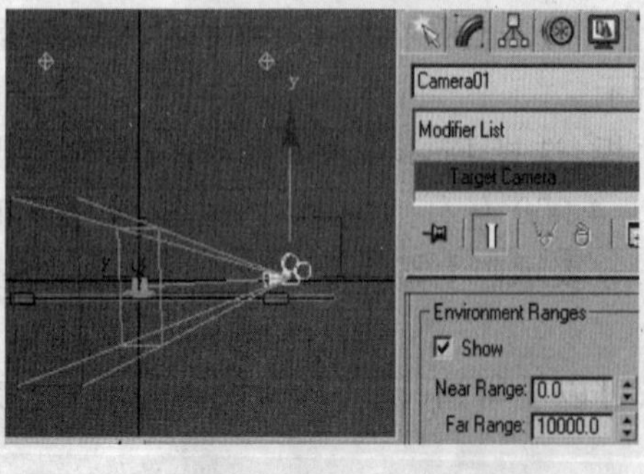

图 5.16.5　设置摄像机 Far 值参数为 10 000

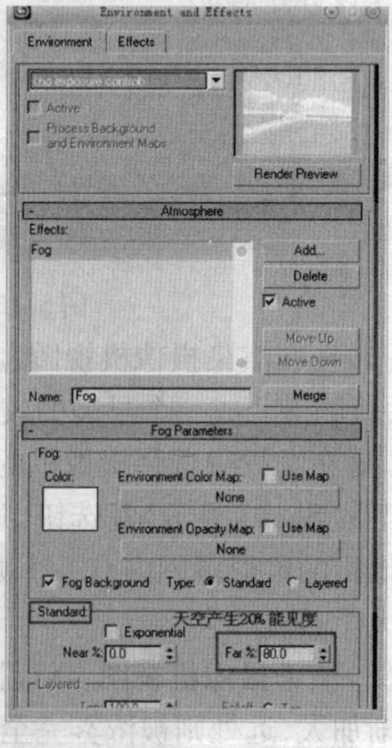

图 5.16.6　调整 Fog 雾效相关参数

示，最后渲染摄像机视图，蓝色的天空有 20% 的可见度，一个薄雾晨曦的场景展现在面前。

5.17 雾气中俯视群楼效果

【设计主题】

创建雾气中俯视群楼效果,如图5.17.1所示。

图5.17.1 雾气中俯视群楼效果图

【设计要求】

(1)打开C:\3DMAXTK\SCENES\FIVE-17.MAX文件。

(2)场景中的物体均已设定材质,不需更改。增加适当的环境效果并设置有关参数,调整摄像机的相关参数,使场景中的群楼底部及中部产生雾气效果。

(3)渲染CAMERA01视图,渲染参数取系统默认值,渲染后的效果图存放在考生目录下,文件为考号后5位数+"-5",扩展名为".JPG"。

(4)将设计结果存放在考生目录中,文件名为考号后5位数字+"-5",扩展名为".MAX"。

【设计过程】

(1)打开C:\3DMAXTK\SCENES\FIVE-17.MAX文件。

(2)在场景中创建3盏泛光灯,控制它们的亮度,将摄像机移到场景的前方,并给地面赋上一种材质,添加适当的背景,如图5.17.2所示。

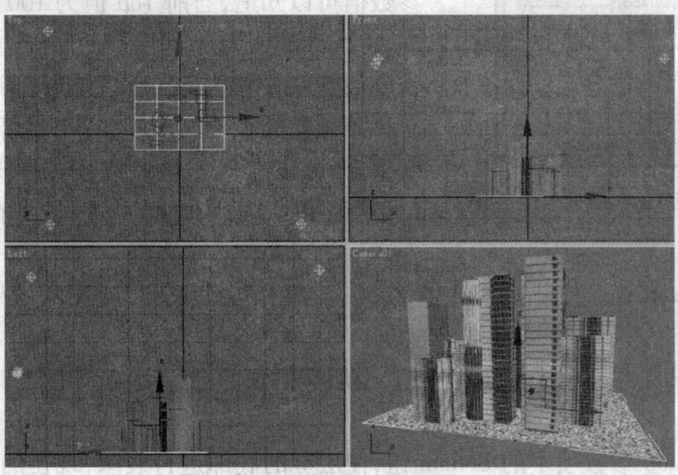

图5.17.2 在场景中创建3盏泛光灯

(3)为方便设置层雾,对场景的高度一定要搞清楚。现在用户也许不知道场景中最高的建筑有多高，不过没关系，利用 Max 可以自动测量出来。

(4)选择摄像机视图中最高的物体，然后单击 Utilities(程序)面板，再单击 Measure(测量)命令，很快在下面的面板中出现了我们想知道的物体的相关信息，如图 5.17.3 所示。

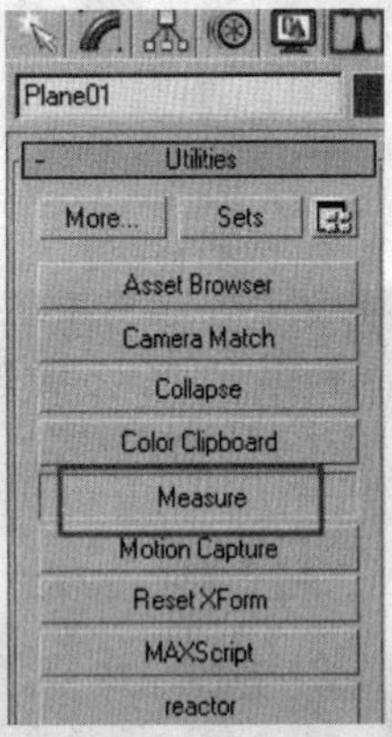

图 5.17.3　设置 Measure(测量)命令

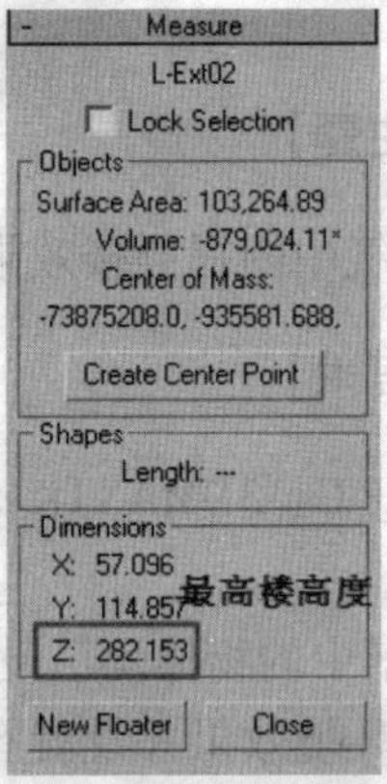

图 5.17.4　显示最高楼高度

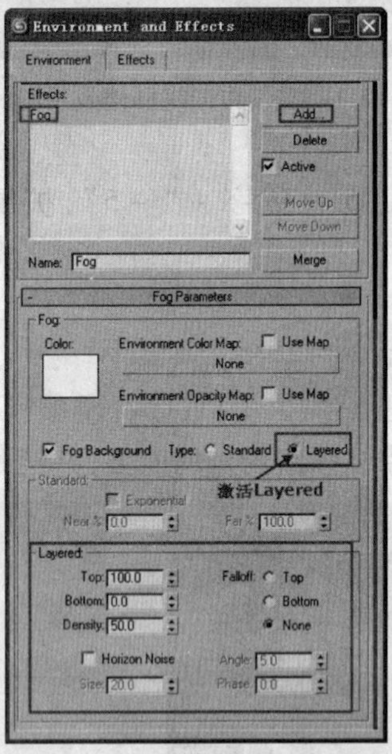

图 5.17.5　激活 Layered 显示地平线

(5)因为层雾与 Z 轴的关系最密切，因此只需记住 Z 轴的数字就可以了，面板中显示物体 Z 轴的高度为 282.153 个单位，如图 5.17.4 所示。

(6)单击菜单 Rendering→Environment(渲染→环境)命令，在打开的环境对话框中单击 Add 按钮，打开 Add Atmosphere Effect 对话框，从中选择 Fog 雾效。

(7)在 Fog Parameters 卷展栏面板中选择 Layered 类型，激活 Layered 参数项的各项参数，如图 5.17.5 所示，使用系统默认设置渲染场景。

(8)从 Fog Parameters 参数面板中 Top 和 Bottom 参数值可以知道，当前 Top 值为 100，即层雾的顶部高度，Bottom 的值为 0，即层雾的底部边界。由于 Density 密度值默认设置为 50，所以能看到地面。观察远处，有一条很亮的水平线出现，它与摄像机视图中的地平线重合，可以在摄像机参数面板中选择 Show Horizon (显示地平线)命令，使地平线显示在摄像机视图中，如图 5.17.6 所示。

(9)选择 horizon Noise，设置 Size 值为 50，渲染摄像机视图，现在的效果比较自然，如图 5.17.7所示。

(10)单击 Falloff 参数项中的 Top 按钮，使层雾的顶部进行衰减，如图 5.17.8 所示，现在的效果更加真实。

(11)单击 Falloff 参数项中的 Bottom 钮，使层雾的底部进行衰减，现在的效果如图 5.17.9 所示。

(12)设置 Top 值为 300，Bottom 值为 150，单击 Falloff 参数项中的 None 按钮，不使用衰减，

图5.17.6 渲染效果图

图5.17.7 设置 horizon Noise(垂直噪波)效果

图5.17.8 设置层雾的顶部衰减效果

在场景中将摄像机的镜头稍向上抬取,使其具有一定的仰视,渲染摄像机视图,现在的层雾在距离地面150个单位处产生,如图5.17.10所示。

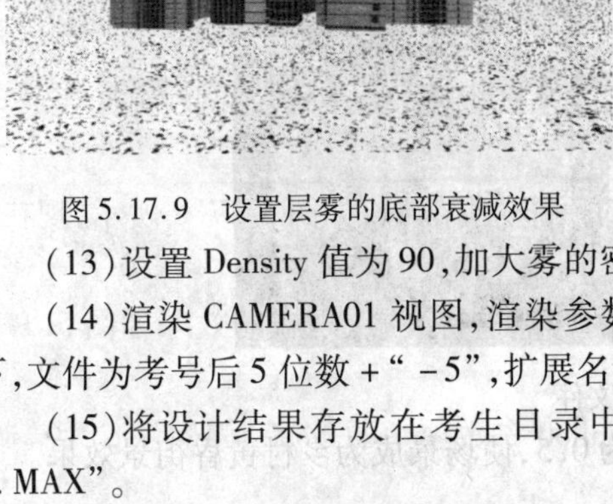

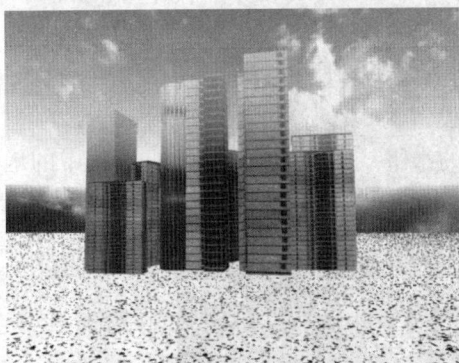

图5.17.9 设置层雾的底部衰减效果

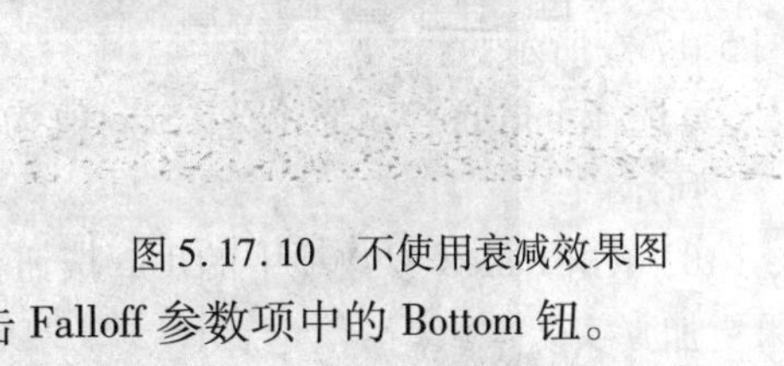

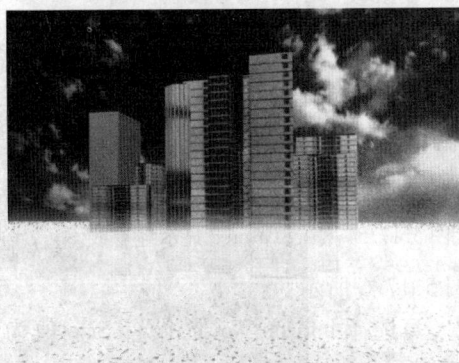

图5.17.10 不使用衰减效果图

(13)设置 Density 值为90,加大雾的密谋,单击 Falloff 参数项中的 Bottom 钮。

(14)渲染 CAMERA01 视图,渲染参数取系统默认值,渲染后的效果图存放在考生目录下,文件为考号后5位数+" -5",扩展名为".JPG"。

(15)将设计结果存放在考生目录中,文件号为考号后5位数字 +" -5",扩展名为".MAX"。

5.18　黄昏街景效果

【设计主题】

创建黄昏街景效果,如图 5.18.1 所示。

图 5.18.1　黄昏街景效果图

【设计要求】

(1)打开 C:\3DMAXTK\SCENES\FIVE-18.MAX 文件。

(2)场景中的物体均已设定材质,不需更改。创建适当的灯光并设置有关参数,使场景成为乡村黄昏街景效果。

(3)渲染 CAMERA01 视图,渲染参数取系统默认值,渲染后的效果图存放在考生目录下,文件为考号后 5 位数 +“ -5”,扩展名为“.JPG”。

(4)将设计结果存放在考生目录中,文件名为考号后 5 位数字 +“ -5”,扩展名为“.MAX”。

【设计过程】

(1)打开 C:\3DMAXTK\SCENES\FIVE-18.MAX 文件。

(2)场景中的物体均已设定材质,不需更改。创建两盏泛光灯,具体位置如图 5.18.2 所示。

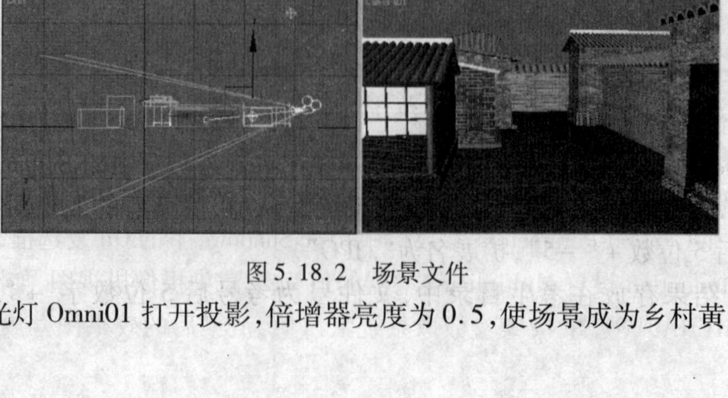

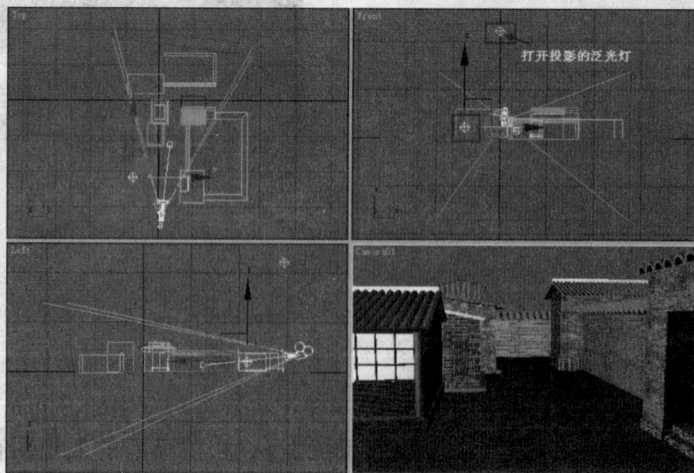

图 5.18.2　场景文件

(3)设置泛光灯 Omni01 打开投影,倍增器亮度为 0.5,使场景成为乡村黄昏街景效果。

(4)渲染 CAMERA01 视图,渲染参数取系统默认值,渲染后的效果图存放在考生目录下,文件为考号后5位数+“-5”,扩展名为“.JPG”。

(5)将设计结果存放在考生目录中,文件名为考号后5位数字+“-5”,扩展名为“.MAX”。

5.19　电视画面效果

【设计主题】

创建电视画面效果,如图5.19.1所示。

【设计要求】

(1)打开 C:\3DMAXTK\SCENES\FIVE-19.MAX 文件。

(2)场景中的物体均已设定材质,不需更改。该场景的环境光已设置好,创建一盏适当的灯光,设置其有关参数,照亮电视的屏幕并产生投影画面,投影贴图文件为 FIVE-19.JPG。

(3)渲染 CAMERA01 视图,渲染参数取系统默认值,渲染后的效果图存放在考生目录下,文件为考号后5位数+“-5”,扩展名为“.JPG”。

图5.19.1　电视画面效果图

图5.19.2　场景文件

(4)将设计结果存放在考生目录中,文件名为考号后5位数字+“-5”,扩展名为“.MAX”。

【设计过程】

(1)打开 C:\3DMAXTK\SCENES\FIVE-19.MAX 文件,渲染摄像机视图可以看到该电视的荧屏没有画面,如图5.19.2所示。

(2)在电视机的正前方建立一盏聚光灯,进入修改面板,展开 Spotlight Parameters 卷展栏,单击 Rectengle 单选按钮,将聚光灯的照射范围设置成矩形,配合 Hotspot 和 Falloff 值并通过 Aspect 比例值将聚光灯的范围设置成电视荧屏大小,调整好的效果如图5.19.3所示。

(3)单击 Projector Map 选项中的 None 按钮,打开贴图浏览器对话框,选择位图类型,选择 Five-19.jpg 图片,在 General Parameters 参数栏中钩选 Shadows 下的 On 复选框,打开投影,并在 Intencity/Color/Attenuation 设置 Multiplie 倍增器的值为2,渲染摄像机视图,如图5.19.4所示。

(4)渲染 CAMERA01 视图,渲染参数取系统默认值,渲染后的效果图存放在考生目录下,

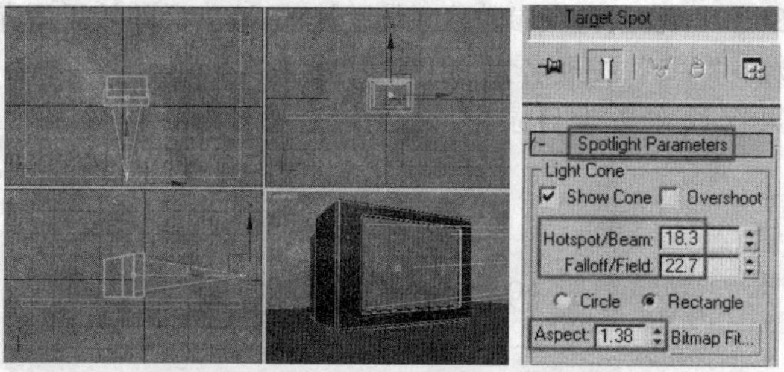

图 5.19.3　创建一盏聚光灯

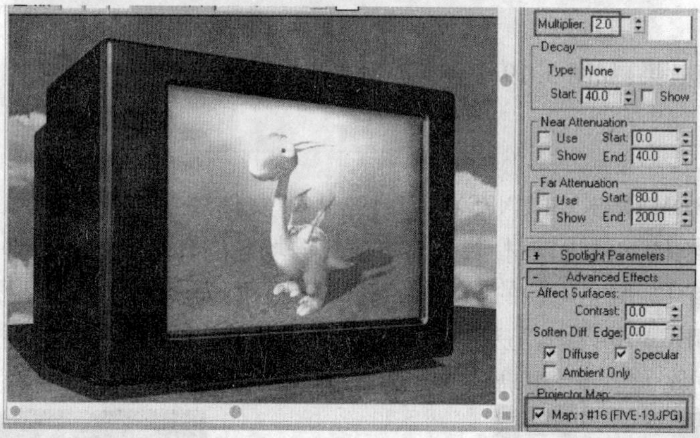

图 5.19.4　设置聚光灯参数

文件为考号后 5 位数 +“ －5”,扩展名为“. JPG”。

(5)将设计结果存放在考生目录中,文件名为考号后 5 位数字 +“ －5”,扩展名为“. MAX”。

5.20　摄像机局部摄像范围

【设计主题】

创建摄像机局部摄像范围,如图 5.20.1 所示。

图 5.20.1　摄像机局部摄像范围(彩蛋)效果图

【设计要求】

(1) 打开 C:\3DMAXTK\SCENES\FIVE-20. MAX 文件。

(2)场景中的物体均已设定材质,不需更改。该场景的环境光已设置好,创建一架摄像机并调整其有关参数,使场景中的彩蛋变为被切割的效果;适当建立灯光,使彩蛋的前后均被照明。

(3)渲染 CAMERA01 视图,渲染参数取系统默认值,渲染后的效果图存放在考生目录下,文件为考号后5位数+“－5”,扩展名为“.JPG”。

(4)将设计结果存放在考生目录中,文件名为考号后5位数字+“－5”,扩展名为“.MAX”。

【设计过程】

(1)打开 C:\3DMAXTK\SCENES\FIVE-20.MAX 文件,如图5.20.2所示。

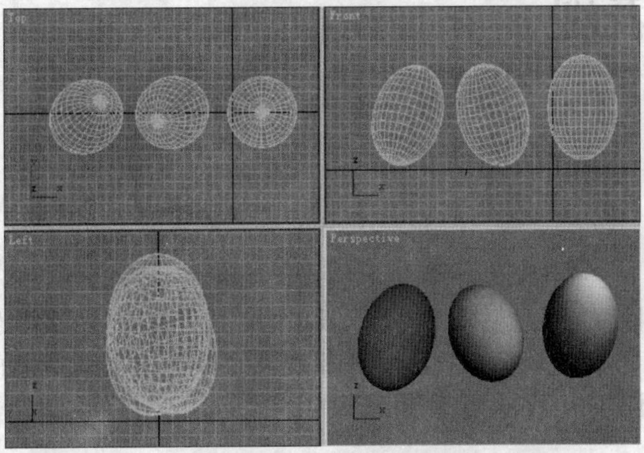

图5.20.2　场景文件

(2)单击 create→ 摄像机→ Target 目标摄像机,在顶视图创建一台摄像机,并设置摄像机和摄像机目标点对齐中间彩蛋的中心,如图5.20.3所示。

(3)单击 修改按钮,在 parameters 参数设置面板,设置 lens 镜头焦距为 35 mm,将3个彩蛋框入到摄像机的取景范围内,如图5.20.4所示。

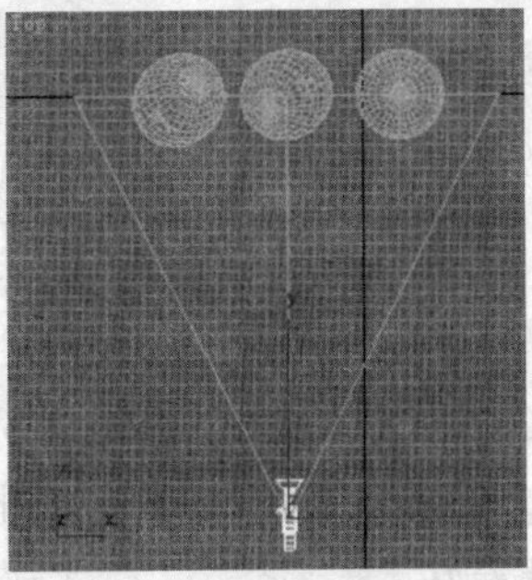

图5.20.3　创建摄像机

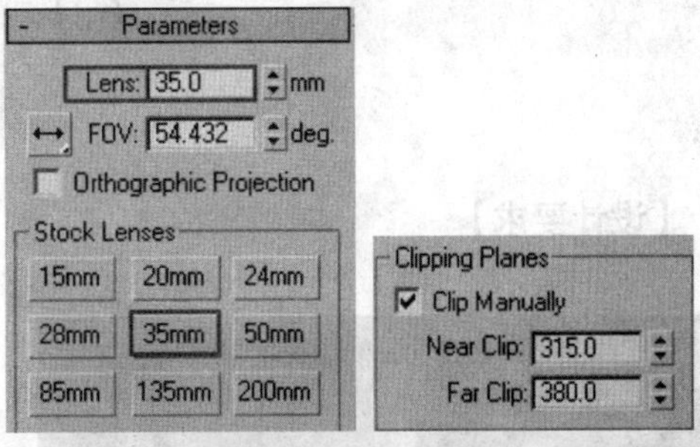

图5.20.4　设置摄像机参数

(4)设置 Clipping Planes 剪切平面的参数,Clip Manually 手动剪切复选框打钩,Near Clip 近距离剪切为315,Far Clip 远距离剪切为380,将透视图转换成摄像机视图。

(5)渲染 CAMERA01 视图,渲染参数取系统默认值,渲染后的效果图存放在考生目录下,文件为考号后5位数+“－5”,扩展名为“.JPG”。

(6)将设计结果存放在考生目录中,文件名为考号后5位数字+“－5”,扩展名为“.MAX”。

第 6 章 基础质感表现

【本章导读】

在 3ds Max 中,材质是通过材质编辑器来设定的。通过使用材质编辑器,用户可以生成理想的材质与贴图,也可以通过材质编辑器来编辑现有的材质,可以设计新的材质以供使用,也可以使用 3ds Max 材质库中的材质。

【学习目标】

- 贴图通道。
- 贴图坐标。
- 3ds Max 材质库自带的标准材质与贴图。

6.1 保龄球瓶

【设计要求】

图 6.1.1 保龄球瓶效果图

(1)打开 C:\3DMAXTK\SCENES\SIX-1.MAX文件,该场景包含一个保龄球球瓶三维模型,灯光和摄像机已设置好。

(2)使用 Blinn 渲染模式,给保龄球球瓶赋上大理石(Marble)类型贴图,颜色以蓝色和浅黄色为主,必要时更改物体贴图坐标,设置瓶体一定的高光,10% 的自发光,如图 6.1.1 所示。

(3)将设计结果存放在考生目录中,文件名为考号后 5 位数字 +“-6”,扩展名为“.MAX”。

【设计过程】

(1)打开 C:\3DMAXTK\SCENES\SIX-1 . MAX文件,在透视图中选择场景中的保龄球瓶。

(2)按键盘上的 M 键或工具条中的图标,进入材质编辑器对话框,如图 6.1.2 所示,对话框中的第 1 个绿色的材质球是指的保龄球瓶,第 2 个木纹材质球是指的地面材质,选择第 1 个绿色的材质球,并将其命名为“保龄球瓶材质”。在“明暗器基本参数”选项中,单击下拉按钮,选择“Blinn”布林渲染模式;在 Blinn 基本参数中,设置高光级别为 60,高泽度为 30,自发光 10%,如图 6.1.3 所示。

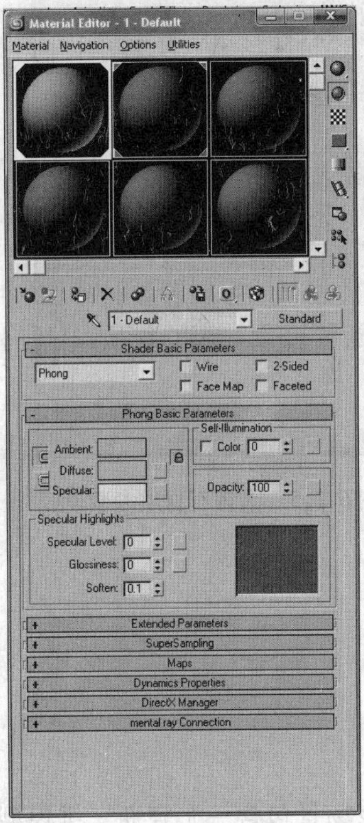

图 6.1.2　材质编辑对话框

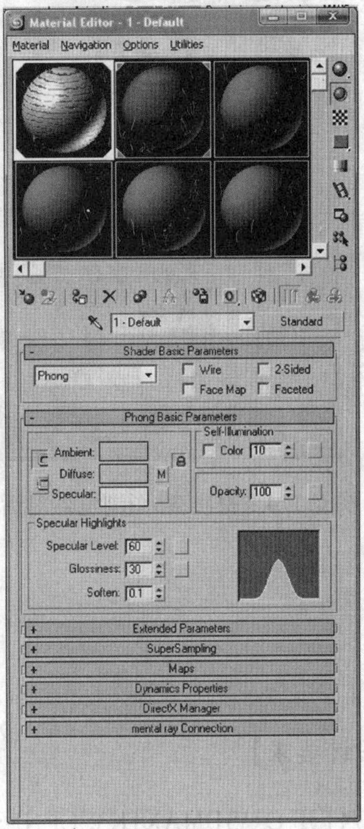

图 6.1.3　材质编辑对话框的参数设置

(3)在材质编辑器对话框中,单击漫反射后面的灰色按钮进入材质/贴图浏览器对话框,如图 6.1.4 所示,在材质/贴图浏览器对话框,单击视图列表 + 图标按钮,3D 库中自带的材质/贴图以缩略图加注释的方式显示,此时双击大理石贴图,选定大理石贴图作为保龄球瓶的贴图。

(4)在贴图对话框中,由于大理石贴图是垂直线条,按要求设置为水平线条,则在坐标选项中,设置 Y 方向贴图坐标旋转 90°,大理石参数选项中,大小设为 30,纹理宽度设为 0.08,颜色#1 设为蓝色(RGB:0,0,255),颜色#2 设为浅黄色(RGB:255,255,200),如图 6.1.4、图 6.1.5所示。

(5)将设计结果存放在考生目录中,文件名为考号后 5 位数字 +“ - 6”,扩展名为“. MAX”。

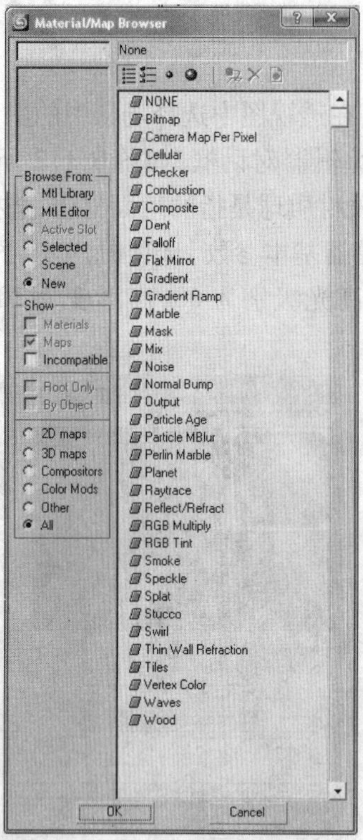

图 6.1.4　材质/贴图浏览器对话框

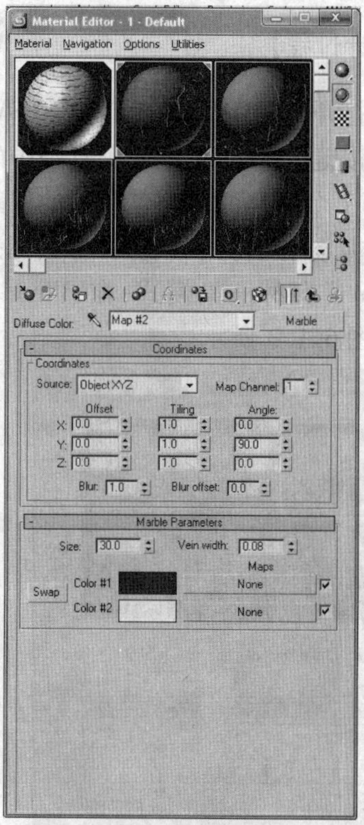

图 6.1.5　大理石材质参数设置

6.2　瓷　瓶

【设计要求】

(1)打开 C:\3DMAXTK\SCENES\SIX-2 . MAX文件,该场景包含一个瓷瓶三维模型,灯光和摄像机已设置好。

图 6.2.1　瓷瓶效果图

(2)使用 Blinn 渲染模式,给瓶体赋上青花瓷器图案材质,贴图文件为 SIX-2. TGA,必要时更改物体贴图坐标,贴图坐标与瓶体体积一致,设置瓶体一定的高光,如图 6.2.1 所示。

(3)将设计结果存放在考生目录中,文件名为考号后 5 位数字 + " –6",扩展名为". MAX"。

【设计过程】

(1)打开 C:\3DMAXTK\SCENES\SIX-2. MAX文件,选择透视图中的瓷瓶。

(2)按键盘上的 M 键或工具条中的图标,进入材质编辑器对话框，如图6.2.2所示，对话框中的第1个材质球是指的瓷瓶，选择第1个材质球，并将其命名为“瓷瓶材质”，在“明暗器基本参数”选项中，单击下拉按钮，选择“Blinn”布林渲染模式，在Blinn基本参数中，设置高光级别为25，高泽度为10。

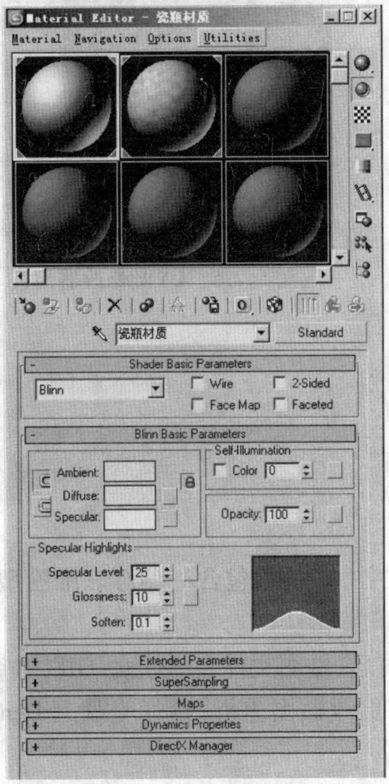

图6.2.2　材质对话框

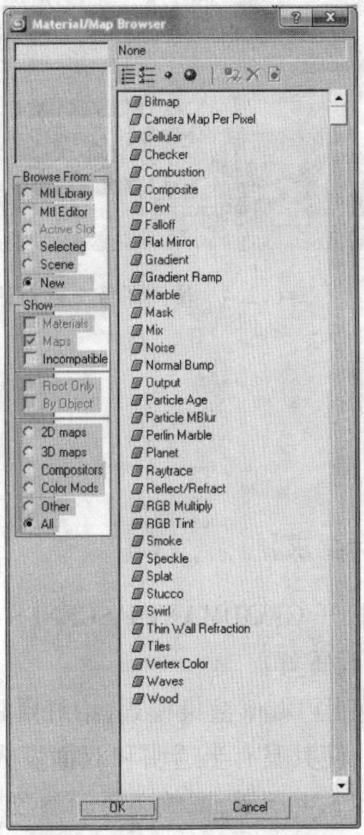

图6.2.3　材质对话框参数设置

(3)在材质编辑器对话框中，单击漫反射后面的灰色按钮进入材质/贴图浏览器对话框，如图6.2.3所示，在材质/贴图浏览器对话框双击位图贴图，进入图像位图图像文件对话框，从外部获取瓷瓶贴图。

(4)在选择位图图像文件对话框，选择C：\3DMAXTK\MAPS贴图文件为SIX-2.TGA，在预览框中显示青花瓷图案，单击“打开”按钮，如图6.2.4所示。

(5)关闭材质编辑器，在命令面板中单击修改器列表框后的下拉按钮，在弹出的选项中选择UVW贴图，展开UVW贴图前的“+”，单击Gizmo贴图容器，在场景的瓷瓶周围出现一个黄色的线框，此线框用于设置瓷瓶的贴图坐标，在贴图参数中选择“圆柱”，在对齐选项中选择“适配”，如图6.2.5所示。

(6)将设计结果存放在考生目录中，文件名为考号后5位数字+“-6”，扩展名为“.MAX”。

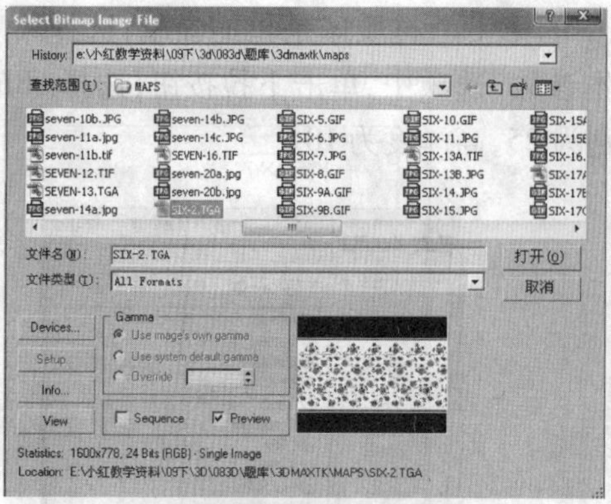

图 6.2.4　位图图像文件对话框

图 6.2.5　UVW 修改器面板

6.3　仕女灯

【设计要求】

(1)打开 C:\3DMAXTK\SCENES\SIX-3.MAX文件,该场景包含一盏灯三维模型,灯光和摄像机已设置好。

(2)使用 Blinn 渲染模式,给灯罩赋上位图类型材质,贴图文件名为仕女.GIF,并调整其他贴图属性,使其具有半透明和双面发光效果,必要时更改贴图坐标;给灯座赋上 Dent 贴图类型,如图 6.3.1 所示,调整必要的参数。

(3)将设计结果存放在考生目录中,文件名为考号后 5 位数字 +“-6”,扩展名为“.MAX”。

【设计过程】

(1)打开 C:\3DMAXTK\SCENES\SIX-3.MAX文件,该场景中有 4 个物体:灯、灯罩、灯座和地面,可以选择工具条中的按名称选择工具,依次对 4 个物体的材质进行设定,先单击透视图中的仕女灯的灯罩。

(2)按键盘上的 M 键或工具条中的图标,进入材质编辑器对话框,如图 6.3.2 所示,已设置了 4 个材质球,分别是灯罩材质、灯座材质、灯泡材质和地面材质(移动滚动条可找到第 4 个材质球),单击第 1 个材质球(灯罩材质),在“明暗器基本参数”选项中,选择“Blinn”布林渲染模式,并在“双面”复选框前打钩,设置材质为双面材质,在 Blinn 基本参数中,设置自发光:80,不透明度:85,高光级别为 0,高泽度为 0。

图 6.3.1　灯罩效果图

(3)在材质编辑器对话框中,单击漫反射后面的灰色按钮进入材质/贴图浏览器对话框,在材质/贴图浏览器对话框双击位图贴图,进入图像位

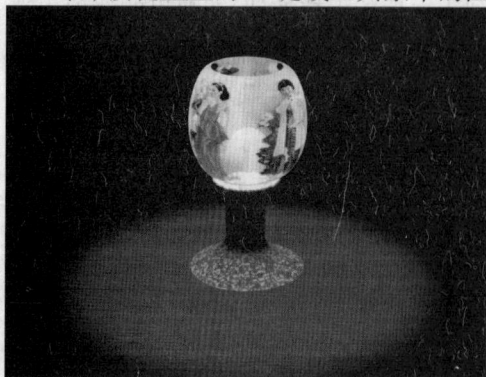

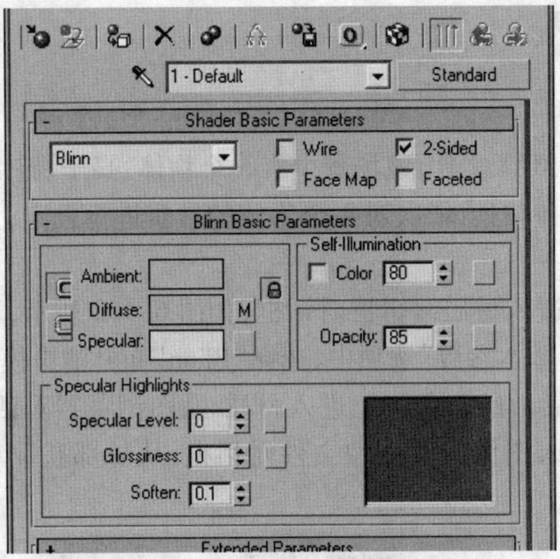

图 6.3.2　灯罩材质编辑器

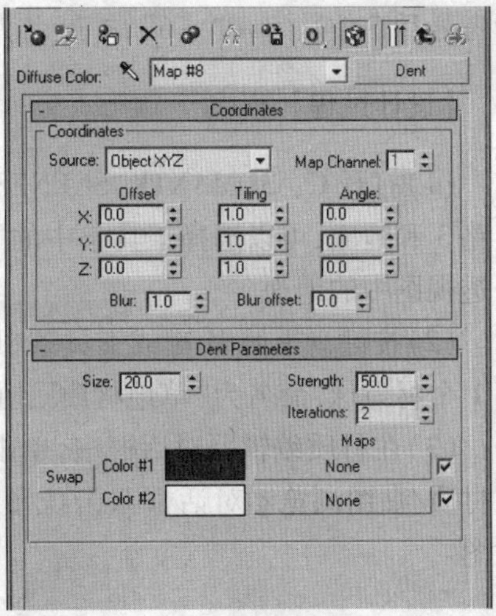

图 6.3.3　灯座材质编辑器

图图像文件对话框，从外部获取仕女灯贴图。

(4) 在选择位图图像文件对话框，选择 C:\3DMAXTK\MAPS 贴图文件为仕女. GIF，在预览框中显示仕女图案，单击“打开”按钮。

(5) 单击材质编辑器中的将材质指定给选定对象工具，将灯罩材质赋给场景中的灯罩，再单击在视口中显示贴图，即可在透视图中看到贴有仕女图图案的灯罩。

(6) 选择透视图中的灯座，在材质编辑器中单击第 2 个材质球，设置灯座材质，在材质编辑器对话框中，单击漫反射后面的灰色按钮进入材质/贴图浏览器对话框，在材质/贴图浏览器对话框双击凹痕(Dent)贴图，设置颜色#1 为深蓝色，再将材质赋给灯座即可，参数如图6.3.3 所示。

(7) 将设计结果存放在考生目录中，文件名为考号后 5 位数字 +“-6”，扩展名为“. MAX”。

6.4　亭　子

【设计要求】

(1) 打开 C:\3DMAXTK\SCENES\SIX-4. MAX文件，该场景灯光和摄像机已设置好。

(2) 使用 Blinn(布林) 渲染模式，给地面赋上草地材质，贴图文件为草地. JPG，要求草地具有细腻感并且有一定的拼花效果；使用 Cellular 贴图类型给通向亭子的两条道路赋上碎瓦片似的路面，路面颜色由白色、灰色和浅蓝色组成，必要时更改贴图坐标，如图 6.4.1 所示。

图 6.4.1　亭子效果图

(3) 将设计结果存放在考生目录中，文件名为考号后 5 位数字 +“ -6”,扩展名为“. MAX”。

【设计过程】

(1)打开 C:\3DMAXTK\SCENES\SIX-4 . MAX文件,该场景中有 5 个物体:亭子、路 1、路 2、路 3 和地面,可以选择工具条中的按名称选择工具,依次对 4 个物体的材质进行设定,先单击透视图中的地面。

(2)按键盘上的 M 键或工具条中的图标,进入材质编辑器对话框,如图 6.4.2 所示,单击第 1 个材质球,命名为“草地材质”,在“明暗器基本参数”选项中,选择“Blinn”布林渲染模式。

(3)在材质编辑器对话框中,单击漫反射后面的灰色按钮进入材质/贴图浏览器对话框,在材质/贴图浏览器对话框双击位图贴图,进入图像位图图像文件对话框,从外部获取草地贴图。

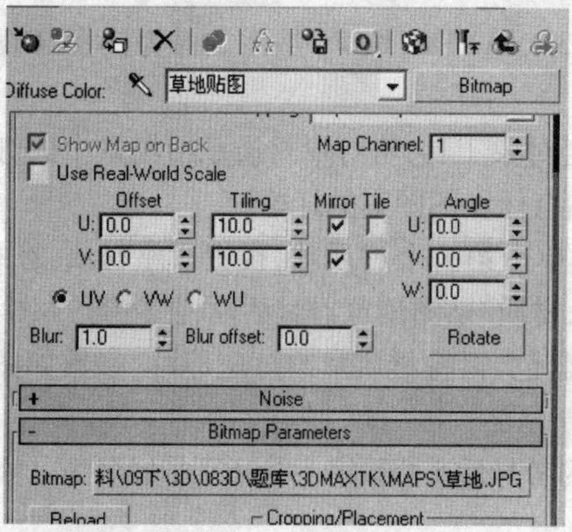

图 6.4.2　草地材质参数设置

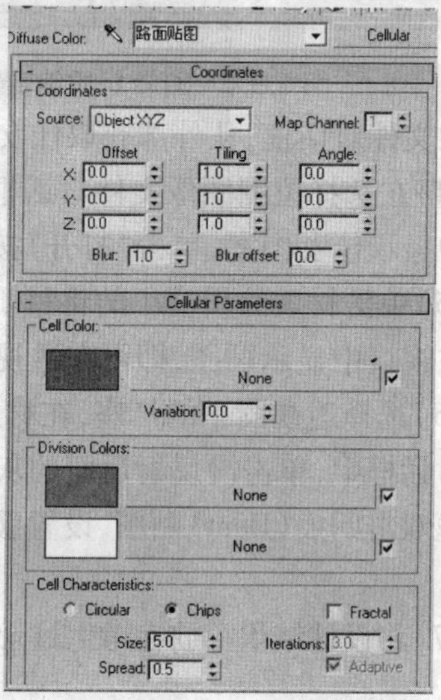

图 6.4.3　路面材质参数设置

(4)在选择位图图像文件对话框,选择 C:\3DMAXTK\MAPS 贴图文件为草地. JPG,在预览框中显示草地图案,单击“打开”按钮。

(5)在漫反射颜色的坐标选项中,将水平 U 方向和垂直 V 方向的平铺次数均设为 10,即将草地图案复制 10 次,再分别设置镜像打钩,单击“显示最终结果”,直接在材质编辑器中预览草地拼花效果,满足要求后,单击材质编辑器中的将材质指定给选定对象工具,将草地材质赋给场景中的地面,再单击在视口中显示贴图,即可在透视图中看到贴有拼花草地图案的地面,如图 6.4.3 所示。

(6)选择透视图中的路 1,在材质编辑器中单击第二个材质球,设置路面材质,在材质编辑器对话框中,单击漫反射后面的灰色按钮进入材质/贴图浏览器对话框,在材质/贴图浏览器对话框双击细胞(Cellular)贴图,设置细胞颜色为浅蓝色,分界颜色分别为灰色和白色,并设置细胞特性为“碎片”,然后将材质分别赋给路 1 和路 2 即可。

(7)将设计结果存放在考生目录中,文件名为考号后 5 位数字 +“ -6”,扩展名为“. MAX”。

6.5　塑料瓶

【设计要求】

(1)打开 C:\3DMAXTK\SCENES\SIX-5.MAX文件,该场景中有一个塑料瓶三维模型,灯光和摄像机已设置好。

(2)使用Phone渲染模式,给瓶体赋上基本色红色,在瓶体上半部赋上上徽标图案,贴图文件名为SIX-5.GIF,调整贴图大小为瓶体圆周的一半,设置一定的高光,必要时更改贴图坐标,如图6.5.1所示。

(3)将设计结果存放在考生目录中,文件名为考号后5位数字+“-6”,扩展名为“.MAX”。

图6.5.1　塑料瓶效果图

【设计过程】

(1)打开C:\3DMAXTK\SCENES\SIX-5.MAX文件,选择透视图场景中的塑料瓶,根据如图6.5.1所示,在瓶体上半截贴上一张标签,标签环绕瓶体半周,并设置瓶体颜色为橘黄色。

(2)按键盘上的M键或工具条中的图标,进入材质编辑器对话框,第1个材质球为大理石材质,已赋给地面,单击第2个材质球,命名为“塑料瓶材质”,打开贴图卷展栏,单击漫反射右边的None按钮,选择C:\3DMAXTK\MAPS贴图文件为Six-5.gif,在预览框中显示一张MAX文字图案,单击“打开”按钮。

(3)单击材质编辑器中的将材质指定给选定对象工具,将材质赋给场景中的塑料瓶,再单击在视口中显示贴图,即可在透视图中看到MAX文字图案的塑料瓶。

(4)观察瓶体,发现整张标签都包裹到瓶体上,因此需要调整贴图大小、位置,必要时旋转角度。

(5)设置U方向上的平铺(Tiling)值为2,V方向上的平铺值为10,去掉U,V方向上的平铺复选,设置U方向上的位移Offset值为0.32,V方向上的位移值为-0.26,并设置W方向轴上的旋转角度为90°,这时的贴图位置基本正确,但是文字是反的,因此必须将其正过来,设置U方向的旋转角度为180°,如图6.5.2所示,现在的图像正常。

(6)单击按钮返回到材质层级,设置漫反射(Diffuse)的颜色为橘黄色,高光级别值为70,光泽度为60,如图6.5.3所示。

(7)将设计结果存放在考生目录中,文件名为考号后5位数字+“-6”,扩展名为“.MAX”。

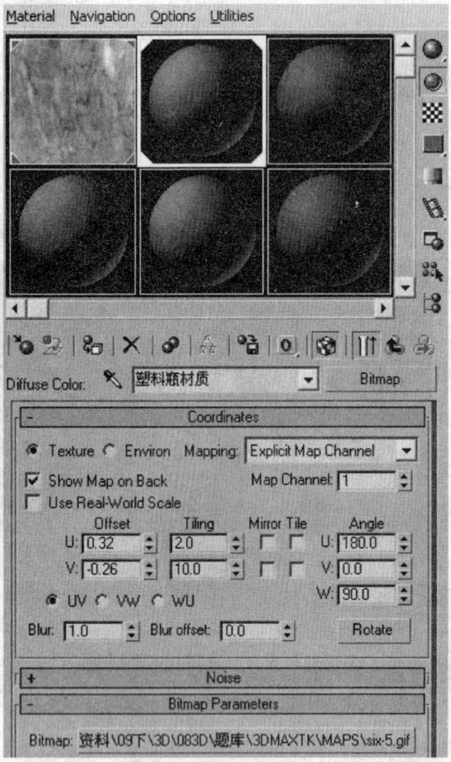

图 6.5.2　瓶体徽标材质设置

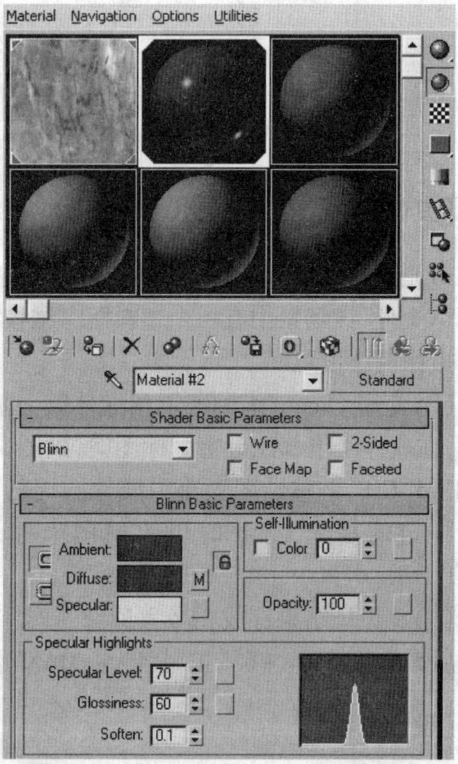

图 6.5.3　设置瓶体基本色和高光

6.6　立方盒

【设计要求】

(1)打开 C:\3DMAXTK\SCENES\SIX-6 . MAX文件,该场景中有一个立方体,灯光和摄像机已设置好。

(2)使用 Blinn 渲染模式,给立方体赋上基本色红色,在立方体前面左上角贴上一幅位图,贴图文件为 SIX-6. JPG,必要时更改贴图坐标,要求该贴图只能在立方体前面出现,并保持原图的长宽比,如图 6. 6. 1 所示。

图 6.6.1　立方盒效果图

(3)将设计结果存放在考生目录中,文件名为考号后 5 位数字 +“ -6”,扩展名为“. MAX”。

【设计过程】

(1)打开 C:\3DMAXTK\SCENES\SIX-6 . MAX文件,选择透视图场景中的立方盒,根据如图 6. 6. 1 所示,在立方盒左上角贴上一张图片，并设置瓶体颜色为橘黄色。

(2)按键盘上的 M 键或工具条中的图标，进入材质编辑器对话框，单击第 1 个材质球，命名为“立方盒材质”，打开贴图卷展栏，单击漫反射右边的 None 按钮，选择 C:\3DMAXTK\MAPS 贴图文件为 Six-6. JPG，单击“打开”按钮，材质球赋上图片，如图 6.6.2 所示。

(3)单击材质编辑器中的将材质指定给选定对象工具，将材质赋给场景中的立方盒，再单击在视口中显示贴图，即可在透视图中看到带有图片的立方盒。

(4)根据系统内定，立方体将使用 Box 贴图坐标。

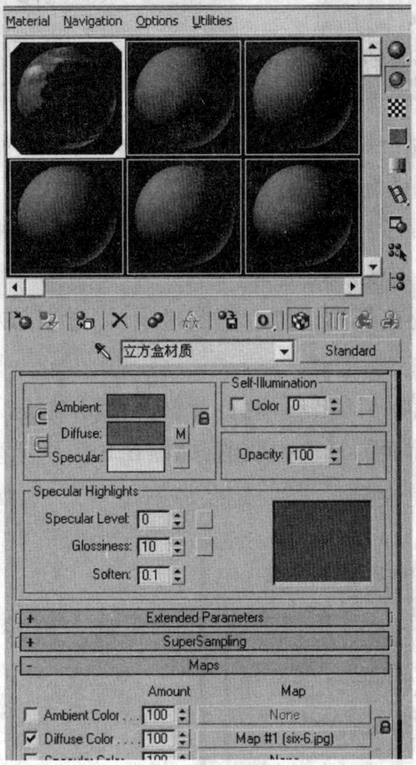

图 6.6.2　立方盒材质对话框

图 6.6.3　与前视图对齐效果

(5)从修改菜单中选择 UVW 贴图修改器，系统使用默认贴图坐标 Plannar 贴图方式，并自动将图案贴在立方体的顶面。

(6)打开 UVW 贴图次物体，选择 Gizmo，发现在顶视图有一个橘黄色的杠线正好将立方体的顶面包住，表面贴图大小与立方体顶面大小一致。

(7)激活前视图，点取视图对齐(View Align)按钮，可以看到该图由立方体的顶面贴到前面来了，如图 6.6.3 所示。

(8)使用等比缩放工具，在前视图将 Gizmo 缩小 45% 左右，结果在前视图产生了重复平铺效果，在材质编辑器中去掉平铺复选，现在效果如图 6.6.4 所示。

注：激活 Gizmo 后，可以使用移动、旋转和缩放工具对其作任意变换，这使得调整贴图变得十分方便。

(9)单击区域适配(Region Fit)按钮，在前视图画一个任意大小的矩形，观察前视图贴图大小比例的变化。如图 6.6.5 所示，Gizmo 的大小正好是贴图的大小。

(10)单击位图适配(Bitmap Fit)按钮，打开选择图像文件对话框，选择 Six-6. JPG 的位图，该位图的长宽比决定了对象贴图的长宽比。

图 6.6.4　去除重复贴图缩放效果

图 6.6.5　区域适配效果

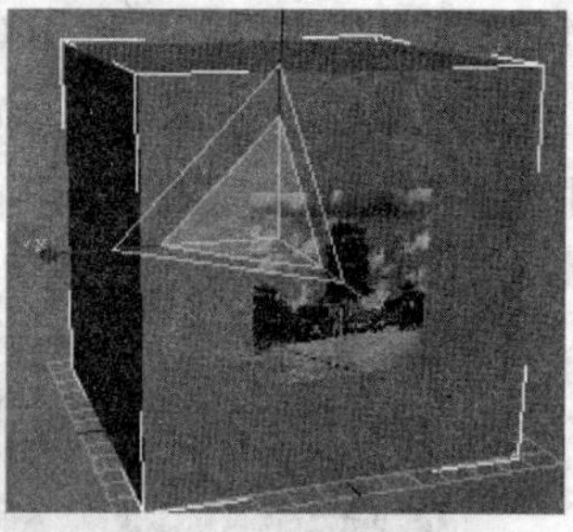

图 6.6.6　将贴图对中

(11)单击中心按钮，将贴图贴在立方盒正面，如图 6.6.6 所示。

(12)激活透视图，旋转场景，使视图中能同时看到立方体的前面、左面。单击法线对齐(Normal Align)按钮，使用鼠标将立方盒前面的贴图直接拖到左侧平面。

(13)旋转透视图，观察立方体的其他平面，发现在其右边也有贴图显示，不过它与左侧平面显示的贴图互成镜像效果。

(14)如果不想让右边贴图显示出来，只允许左侧贴图出现，则打开材质编辑器，进入贴图参数面板，将在背面显示贴图(Show Map on Back)前面的复选钩取消，如图 6.6.7 所示。渲染视图可以看到右侧贴图不见了，但是在透视图中还是会显示，故一定要渲染。

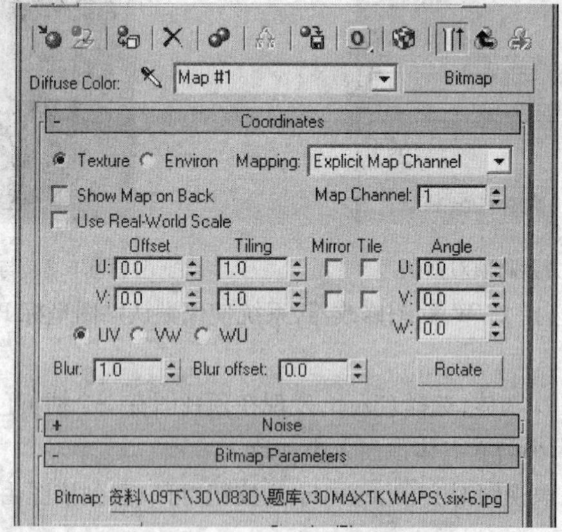

图 6.6.7　贴图对话框

(15)如果出现错误操作，单击重置(Reset)按钮，可以看到图案又贴在立方体的顶面，恢复到刚进入 UVW 贴图修改状态。

(16)将设计结果存放在考生目录中，文件名为考号后 5 位数字 + “ - 6”，扩展名为“. MAX”。

6.7　地球仪

【设计要求】

(1)打开 C:\3DMAXTK\SCENES\SIX-7 .MAX文件,该场景中有一个地球仪,灯光和摄像机已设置好。

(2)分别给地球仪球体和支架赋上不同的材质,球体贴图类型为位图类型,贴图文件为 SIX-7. JPG,支架使用黄色金属材质,必要时更改贴图坐标,注意地球仪球体南北极的方向和角度,如图6.7.1 所示。

(3)将设计结果存放在考生目录中,文件名为考号后 5 位数字 +“ –6”,扩展名为“. MAX”。

【设计过程】

(1)打开 C:\3DMAXTK\SCENES\SIX-7 .MAX文件,选择透视图场景中的地球仪的球体,根据如图6.7.1 所示,分别给地球仪球体和支架赋上不同的材质,球体贴图类型为位图类型,贴图文件为 SIX-7. JPG,支架使用黄色金属材质。

图6.7.1　地球仪效果图

(2)按键盘上的 M 键或工具条中的图标,进入材质编辑器对话框,单击第 1 个材质球,命名为“地球仪球体材质”,打开贴图卷展栏,单击漫反射右边的 None 按钮,选择 C:\3DMAXTK\MAPS 贴图文件为 Six-7. JPG,单击“打开”按钮,材质球赋上地球图片。

(3)单击材质编辑器中的将材质指定给选定对象工具,将材质赋给场景中的地球仪球体,再单击在视口中显示贴图,透视图中的地球仪球体仍无图片显示,此时需设置 UVW 贴图。

(4)从修改菜单中选择 UVW 贴图修改器,使用贴图坐标为收缩包裹贴图方式,并自动将图案贴在地球仪球体表面。

(5)打开 UVW 贴图次物体,选择 Gizmo,发现在顶视图有一个橘黄色的杠线正好将立方体的顶面包住,使用旋转工具将地球贴图在球体表面进行旋转,直至调整到合适位置。

(6)进入材质编辑器选择一个未使用的材质球,命名为“地球仪支架材质”,在“明暗器基本参数”选项中,设置该材质为金属 Metal 渲染模式,漫反射颜色为黄铜色,高光级别为 80,光泽度为60。使用将材质指定给选定对象工具,将材质赋给场景中的地球仪支架,再单击在视口中显示贴图,支架在透视图中显示为黄铜色。

(7)将设计结果存放在考生目录中,文件名为考号后 5 位数字 +“ –6”,扩展名为“. MAX”。

6.8 墨水瓶

【设计要求】

(1)打开 C:\3DMAXTK\SCENES\SIX-8 .MAX文件,该场景中有一只墨水瓶三维模型,灯光和摄像机已设置好。

图 6.8.1 墨水瓶效果图

(2)分别给墨水瓶瓶体和瓶盖赋上不同的材质,必要时更改贴图坐标。瓶盖为黄色金属材质,瓶体基本色为浅灰红色,在瓶体的正面赋上 SIX-8. GIF 贴图材质并调整适当的尺寸,如图 6.8.1 所示。

(3)将设计结果存放在考生目录中,文件名为考号后 5 位数字 +" -6",扩展名为". MAX"。

【设计过程】

(1)打开 C:\3DMAXTK\SCENES\SIX-8 .MAX 文件,选择透视图场景中的墨水瓶,根据如图 6.8.1 所示,分别给墨水瓶瓶体和瓶盖赋上不同的材质,瓶盖为黄色金属材质,瓶体基本色为浅灰红色,在瓶体的正面赋上 SIX-8. GIF 贴图材质并调整适当的尺寸。

(2)按键盘上的 M 键或工具条中的图标,进入材质编辑器对话框,第 2 个材质球是已设定好的环境背景(注:不要修改)。单击第 1 个材质球,命名为"墨水瓶材质",将高光级别设为 80,光泽度设为 60,打开贴图卷展栏,单击漫反射右边的 None 按钮,选择 C:\3DMAXTK\MAPS 贴图文件为 SIX-8. JPG,单击"打开"按钮,材质球赋上图片。

(3)单击材质编辑器中的将材质指定给选定对象工具,将材质赋给场景中的墨水瓶,再单击在视口中显示贴图,图片未在透视图的墨水瓶体上显示,需设置 UVW 贴图坐标。

(4)打开 UVW 贴图次物体,选择 Gizmo,发现在顶视图有一个橘黄色的框线正好将墨水瓶包住,表面贴图大小与墨水瓶大小一致。

(5)激活前视图,点取视图对齐(View Align)按钮,可以看到该图由瓶体的顶面贴到前面来了。

(6)使用等比缩放工具,在前视图将 Gizmo 缩小 45% 左右,结果在前视图产生了重复平铺效果,在材质编辑器中去掉平铺复选,此时瓶体前面只显示一张图片,在前视图使用移动工具将图片沿 Y 轴向下移动一段距离。

(7)如果不想让右边贴图显示出来,只允许左侧贴图出现,则打开材质编辑器,进入贴图参数面板,将在背面显示贴图(Show Map on Back)前面的复选钩取消。渲染视图可以看到右侧贴图不见了,但是在透视图中还是会显示,故一定要渲染。

(8)进入材质编辑器,选择一个未使用的材质球,命名为瓶盖材质,在明暗器基本参数选项中,设置该材质为金属 Metal 渲染模式,漫反射颜色为黄铜色,高光级别为 80,光泽度为 60。

使用将材质指定给选定对象工具,将材质赋给场景中的瓶盖,再单击在视口中显示贴图,瓶盖在透视图中显示为黄铜色。

(9)将设计结果存放在考生目录中,文件名为考号后5位数字+“-6”,扩展名为“.MAX”。

6.9　护肤品

【设计要求】

(1)打开C:\3DMAXTK\SCENES\SIX-9.MAX文件,该场景中有一个护肤品瓶状体三维模型,灯光和摄像机已设置好。

(2)分别给瓶体和瓶盖赋上不同的材质,必要时更改贴图坐。瓶体和瓶盖的基本色为白色,设置一定的高光,在瓶体和瓶盖上分别赋上SIX-9A.GIF和SIX-9B.GIF贴图材质,并调整其适当的尺寸和角度,如图6.9.1所示。

(3)将设计结果存放在考生目录中,文件名为考号后5位数字+“-6”,扩展名为“.MAX”。

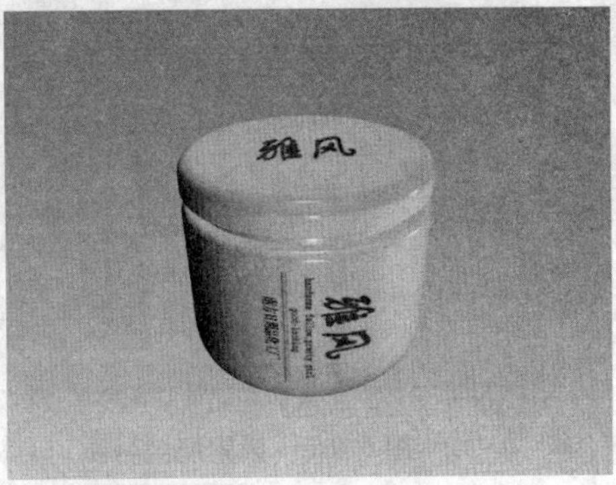

图6.9.1　护肤品效果图

【设计过程】

(1)打开C:\3DMAXTK\SCENES\SIX-9.MAX文件,场景中有两个物体:瓶盖和瓶体,先选择透视图中的瓶盖。

(2)按键盘上的M键或工具条中的图标,进入材质编辑器对话框,选择一个未使用过的材质球,将高光级别设为80,光泽度设为60,漫反射颜色为纯白色,打开贴图卷展栏,单击漫反射右边的None按钮,选择C:\3DMAXTK\MAPS贴图文件为Six-9B.GIF,单击“打开”按钮,材质球赋上图片,如图6.9.2所示。

(3)在瓶盖贴图的坐标选项中,将U和V方向的平铺次数都设为2,并且将平铺复选取消(不重复贴图),单击按钮返回上一级,如图6.9.3所示。

(4)单击材质编辑器中的将材质指定给选定对象工具,将材质赋给场景中的瓶盖,再单击在视口中显示贴图,图片未在透视图的瓶盖上显示,需设置UVW贴图坐标。

(5)从修改菜单中选择UVW贴图修改器,系统默认以Plane平面方式对瓶盖贴图,此时透视图中的瓶盖出现雅风图片,对图片进行适当调整。

(6)选择透视图中的瓶体,在材质编辑器中选择一个未使用过的材质球,将高光级别设为80,光泽度设为60,漫反射颜色为纯白色,打开贴图卷展栏,单击漫反射右边的None按钮,选择C:\3DMAXTK\MAPS贴图文件为Six-9A.GIF,单击“打开”按钮,材质球赋上图片。

(7)在瓶体贴图的坐标选项中,将U方向的平铺次数设为1.5,V方向的平铺次数都设为8,并且将平铺复选取消(不重复贴图),为将图片旋转90°,需设W方向参数为90,单击按钮返回上一级,单击材质编辑器中的将材质指定给选定对象工具,将材质赋给场景中的瓶体,再单

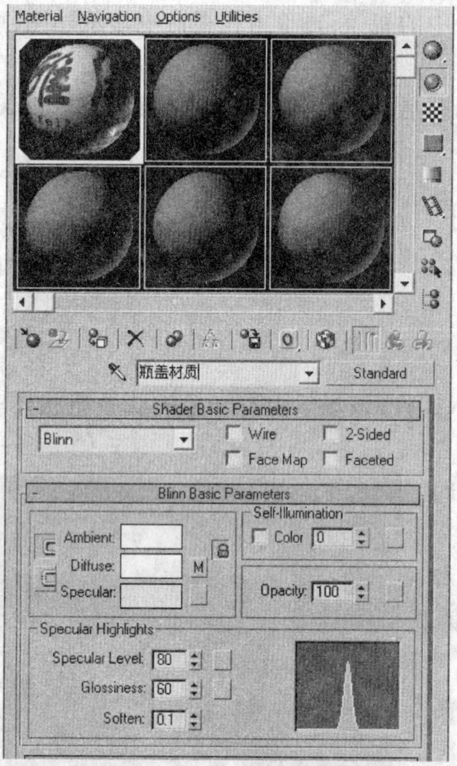

图 6.9.2　设置瓶盖材质

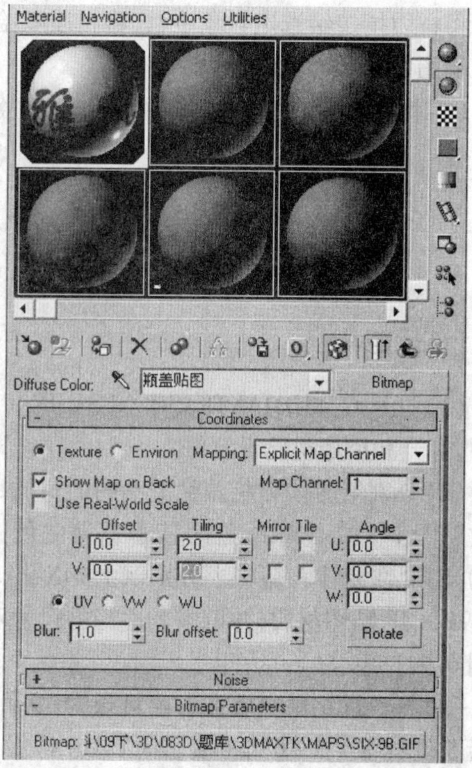

图 6.9.3　设置瓶盖贴图

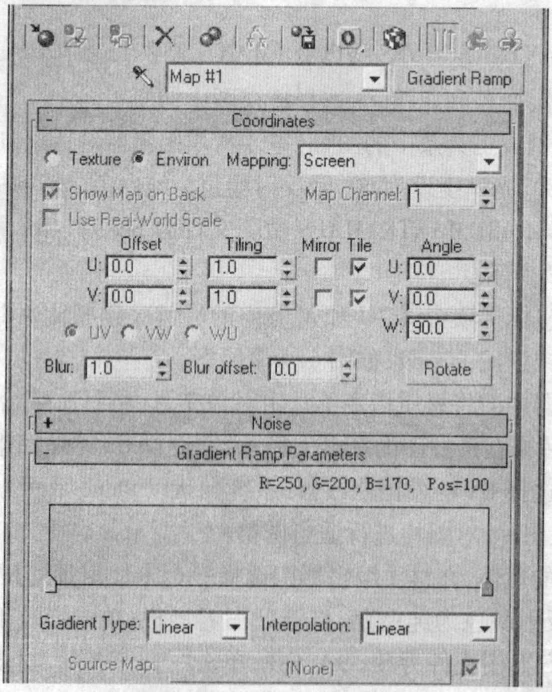

图 6.9.4　环境和效果对话框

击在视口中显示贴图，图片在摄像机视图中显示在瓶体上。

(8)按数字键“8”，打开“环境和效果”对话框，单击环境贴图下的长按钮，选择渐变坡度(Gradient Ramp)类型的贴图，用鼠标左键将该长按钮拖放到材质编辑器中一个未使用过的材质球上，在弹出的对话框中选择“实例”复制，使环境背景与该贴图关联，在渐变参数中，分别设置颜色#1：R130，G200，B150(浅绿色)；颜色#3：R250，G200，B170(浅红色)，W方向旋转90°，如图6.9.4所示。

(9)将设计结果存放在考生目录中，文件名为考号后5位数字+“-6”，扩展名为“.MAX”。

6.10　不锈钢杯

【设计要求】

(1)打开C:\3DMAXTK\SCENES\SIX-10.MAX文件，该场景中有一个不锈钢开水杯，灯光和摄像机已设置好。

(2)使用Metal(金属)渲染模式，将开水杯赋上不锈钢金属材质，利用SIX-10.GIF贴图文件，在水杯中央位置制作出具有一定凹凸感的彩色标签，如图6.10.1所示调整标签的大小，必要时更改贴图坐标，如图6.10.1所示。

(3)将设计结果存放在考生目录中，文件名为考号后5位数字+“-6”，扩展名为“.MAX”。

图6.10.1　不锈钢杯效果图

【设计过程】

(1)打开C:\3DMAXTK\SCENES\SIX-10.MAX文件，场景中有一个不锈钢杯，在摄像机视图中选择不锈钢杯杯顶。

(2)按键盘上的M键或工具条中的图标，进入材质编辑器对话框，选择一个未使用过的材质球，设置金属渲染模式，将高光级别设为65，光泽度设为65，漫反射颜色为纯白色，如图6.10.2所示，单击将该材质赋给杯顶。

(3)使用鼠标将该不锈钢材质球拖曳到另一个未使用过的材质球，并在摄像机视图中选择杯身，打开贴图卷展栏，单击漫反射右边的None按钮，选择C:\3DMAXTK\MAPS贴图文件为Six-10.GIF，将U方向的平铺次数设为3，V方向的平铺次数设为4，并将平铺复选取消，如图6.10.3所示。

(4)从修改菜单中选择UVW贴图修改器，将贴图坐标改为柱形，打开UVW贴图次物体，选择Gizmo，适当调整橙色线框的上下位置，将MAX图片移至杯体中央。

(5)将设计结果存放在考生目录中，文件名为考号后5位数字+“-6”，扩展名为“.MAX”。

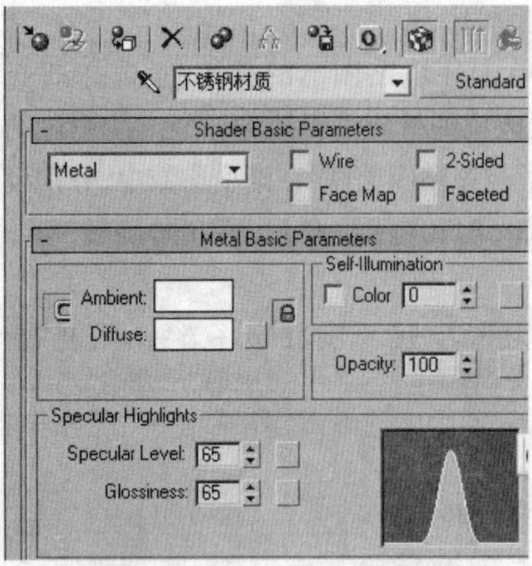

图 6.10.2　设置杯体材质

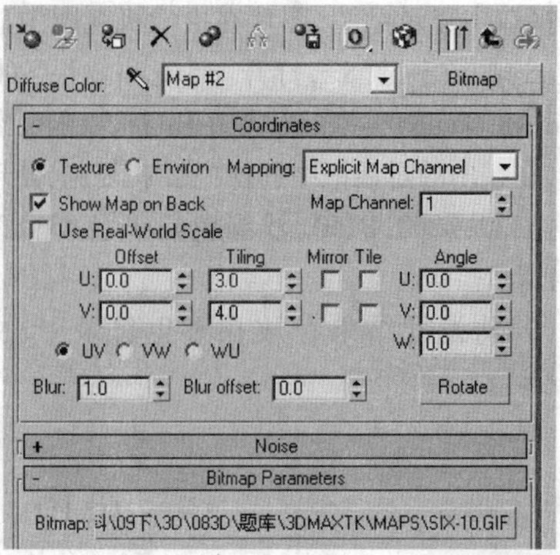

图 6.10.3　设置杯体标签

6.11 围棋棋盘

【设计要求】

图 6.11.1　棋盘效果图

(1)打开 C:\3DMAXTK\SCENES\SIX-11 . MAX 文件,该场景中有一个方体三维网格模型。

(2)使用 Blinn 渲染模型,在适当的贴图通道上赋上木纹 4. JPG 和 SIX-11. JPG 贴图材质,使方体成为一个围棋棋盘三维模型,如图 6.11.1 所示。

(3)将设计结果存放在考生目录中,文件名为考号后 5 位数字 + " -6",扩展名为". MAX"。

【设计过程】

(1)打开 C:\3DMAXTK\SCENES\SIX-11. MAX 文件,场景中有一个未赋材质的棋盘,在摄像机视图中选择棋盘。

(2)按键盘上的 M 键或工具条中的图标,进入材质编辑器对话框,选择一个未使用过的材质球,将高光级别设为 20,光泽度设为 10,打开贴图卷展栏,单击漫反射右边的 None 按钮,选择 C:\3DMAXTK\MAPS 贴图文件为木纹 4. JPG,如图 6.11.2 所示。

(3)在贴图卷展栏,单击凹凸右边的 None 按钮,选择 C:\3DMAXTK\MAPS 贴图文件为 SIX-11. JPG,单击将该材质赋给棋盘,如图 6.11.3 所示。

(4)将设计结果存放在考生目录中,文件名为考号后 5 位数字 + " -6",扩展名为". MAX"。

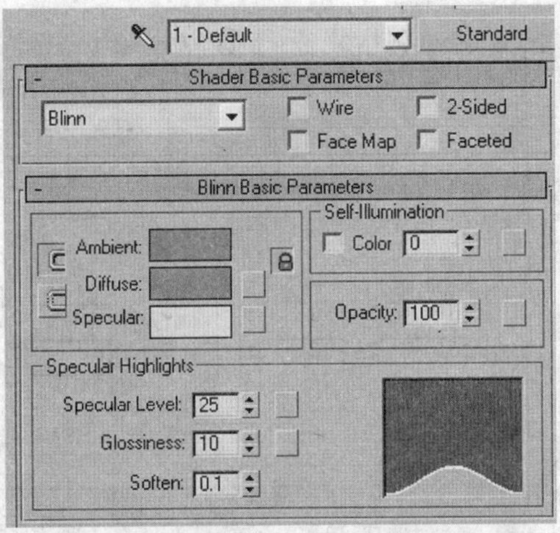

图 6.11.2　设置棋盘高光效果

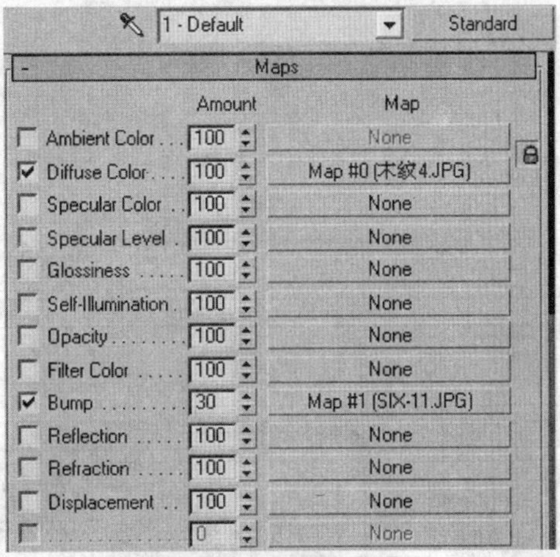

图 6.11.3　设置贴图通道

6.12　雕龙立柱

【设计要求】

(1)打开 C:\3DMAXTK\SCENES\SIX-12.MAX文件,该场景中有一个圆柱立柱。

(2)使用 Metal 渲染模式,给立柱赋上白色金属材质,设置一定的高光,在立柱中段赋上 DRAGON.TIF 贴图材质,使该柱体具有一定的浮雕感,如图 6.12.1 所示。

(3)将设计结果存放在考生目录中,文件名为考号后 5 位数字 +“ -6”,扩展名为“.MAX”。

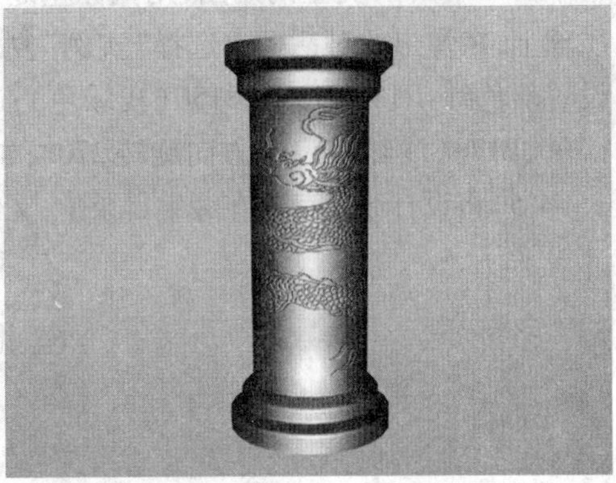

图 6.12.1　雕龙立柱效果图

【设计过程】

(1)打开 C:\3DMAXTK\SCENES\SIX-12.MAX文件,场景中有一个未赋材质的立柱,在摄像机视图中选择立柱。

(2)按键盘上的 M 键或工具条中的图标,进入材质编辑器对话框,选择一个未使用过的材质球,设置金属渲染模式,将高光级别设为 40,光泽度设为 60,漫反射颜色为纯白色,如图 6.12.2所示,单击将该材质赋给立柱。

(3)在贴图卷展栏,单击凹凸右边的 None 按钮,选择 C:\3DMAXTK\MAPS 贴图文件为 DRAGON.TIF,将 U 方向的平铺次数设为 0.4,V 方向的平铺次数设为 1.3,去掉 U、V 方向上的平铺复选,从修改菜单中选择 UVW 贴图修改器,将贴图坐标设为 Planar,然后单击将该材质赋给立柱。

(4)按数字键“8”,打开“环境和效果”对话框,单击环境贴图下的长按钮,选择渐变坡度

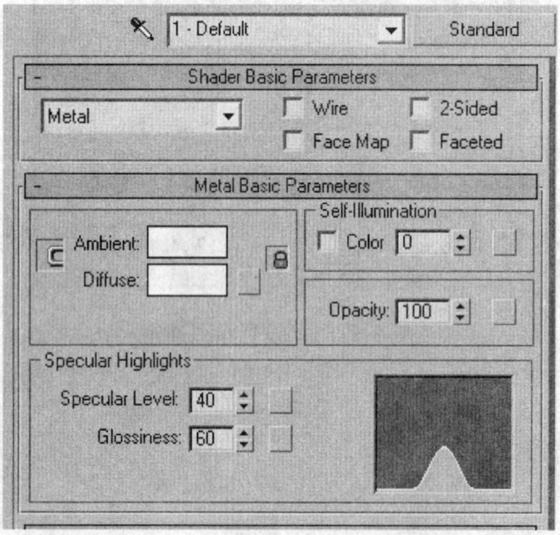

图 6.12.2　设置立柱材质

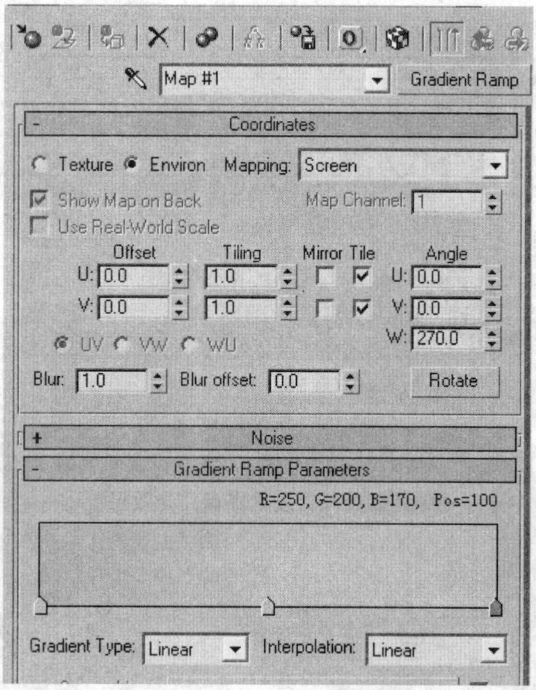

图 6.12.3　设置环境背景

(Gradient Ramp)类型的贴图,用鼠标左键将该长按钮拖放到材质编辑器中一个未使用过的材质球上,在弹出的对话框中选择"实例"复制,使环境背景与该贴图关联,在渐变参数中,分别设置颜色#1:R130,G200,B150(浅绿色);颜色#2:R180,G200,B230(浅蓝色),颜色#3:R250,G200,B170(浅红色),W 方向旋转 270°,如图 6.11.3 所示。

(5)将设计结果存放在考生目录中,文件名为考号后 5 位数字 +" -6",扩展名为". MAX"。

6.13　玻璃窗

图 6.13.1　玻璃窗效果图

【设计要求】

(1) 打开 C:\3DMAXTK\SCENES\SIX-13. MAX文件,该场景中有一个玻璃窗三维模型。

(2)使用 Blinn 渲染模式,分别给玻璃窗窗框和玻璃赋上不同的材质,窗框材质为木纹材质,贴图文件为木纹 2. TGA;玻璃为透明材质,并且该玻璃表面带有凹凸拼花效果,拼花贴图文件为 SIX-13A. JPG,如图 6.13.1 所示。

(3)将设计结果存放在考生目录中,文件名为考号后 5 位数字 +" -6",扩展名为". MAX"。

【设计过程】

(1)打开 C:\3DMAXTK\SCENES\SIX-13. MAX 文件,场景中有一个未赋材质的窗框,在摄像机视图中选择窗框。

(2)按键盘上的 M 键或工具条中的图标,进入材质编辑器对话框,选择一个未使用过的材质球,将高光级别设为 20,光泽度设为 10,打开贴图卷展栏,单击漫反射右边的 None 按钮,选择 C:\3DMAXTK\MAPS 贴图文件为木纹 2. TGA,单击将该材质赋给窗框。

(3)选择一个未使用过的材质球,漫反射为纯白色,将高光级别设为 60,光泽度设为 25,不透明度设为 45,在贴图卷展栏,单击凹凸右边的 None 按钮,选择 C:\3DMAXTK\MAPS 贴图文件为 SIX-13A. TIF。

(4)在凹凸贴图选项中,设置 U 和 V 方向的平铺次数为 2,勾选镜像复选框,单击将该材质赋给玻璃窗。

(5)按数字键"8",打开"环境和效果"对话框,单击环境贴图下的长按钮,选择 C:\3DMAXTK\MAPS 贴图文件为 SIX-13A. JPG。

(6)将设计结果存放在考生目录中,文件名为考号后 5 位数字 +" -6",扩展名为". MAX"。

6.14　塑料杯

【设计要求】

(1)打开 C:\3DMAXTK\SCENES\SIX-14. MAX文件,该场景中有一只塑料饮水杯三维模型,灯光与摄像机已设置好。

(2)使用 Blinn 渲染模式,调整材质基本属性,将饮水杯赋上透明材质,在适当的贴图上赋上 SIX-14. JPG 贴图材质,并调整其大小尺寸,饮水杯下半部分具有一定的凹凸感,如图 6. 14. 1 所示。

(3)将设计结果存为"6-14 . MAX",渲染后的图片保存为"6-14. JPG"。

图 6. 14. 1　塑料杯效果图

【设计过程】

(1)打开 C:\3DMAXTK\SCENES\SIX-14. MAX 文件,该场景中有一个制作好的塑料杯三维模型,但是没有设定材质。

(2)在透视图中选择杯子模型,打开材质编辑器,选择一个未使用过的材质样本,设置漫反射颜色为纯白色,不透明度值为 60,自发光值为 20,高光级别值为 60,光泽度值为 40,并选择双面选项,如图 6. 14. 2 所示。

(3)现在的透明效果并不好,展开扩展参数卷展栏(Extended Parameters),在高级透明设置项中设置衰减(Falloff)为内(In),数量(Amt)值为80,如图6.14.3所示,使杯子中间比外围更透明,渲染摄像机视图,观看效果。

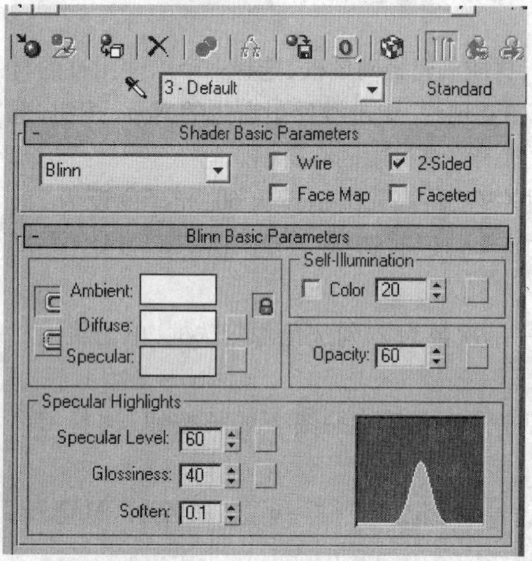

图6.14.2　设置杯体材质

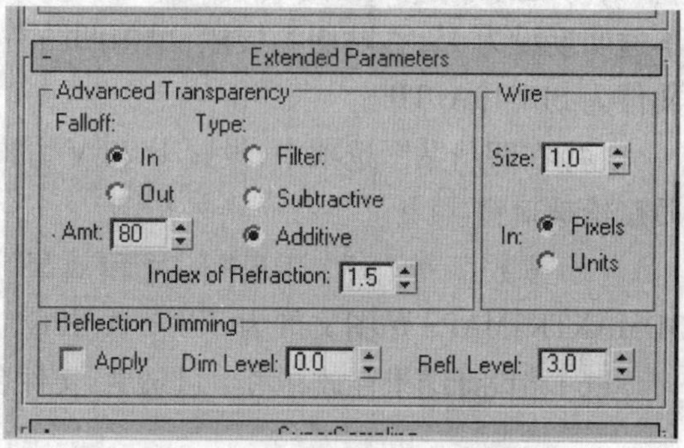

图6.14.3　设置扩展卷展栏

(4)打开贴图卷展栏,单击凹凸贴图通道右边的None按钮,选择位图类型,选择C:\3DMAXTK\MAPS贴图文件为Six-14.JPG文件,单击预览按钮,使其在视图中显示出来,如图6.14.4所示。

图6.14.4　预览效果图

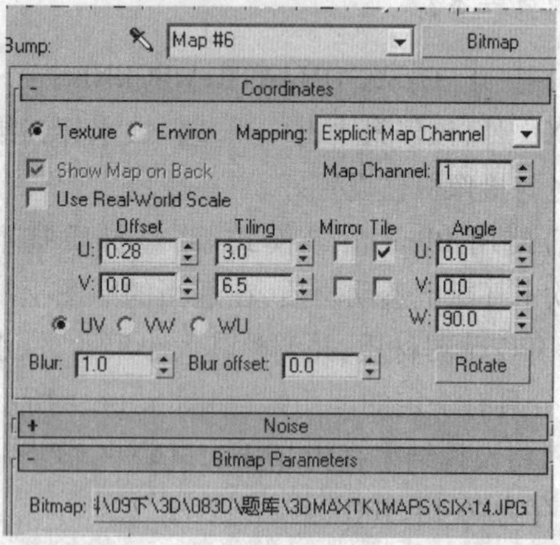

图6.14.5　设置水杯凹凸效果

(5)观察摄像机视图,贴图的大小、方向均不对,回到材质编辑器贴图参数面板,修改W旋转角度为90°,使图案纹理竖起来,设置U(水平)方向平铺值为3,V(垂直)方向上平铺值为6.5,取消其右边平铺复选,并设置U方向偏移值为0.28,如图6.14.5所示。

(6)渲染摄像机视图,发现塑料杯下端的凹槽并不十分明显,回到材质编辑器,将凹凸贴图中间的数量(Amount)值设置为60,增强凹凸效果,再次渲染视图。

(7)将设计结果存放在考生目录中,文件名为考号后5位数字+"-6",扩展名为".MAX"。

6.15　窗　帘

【设计要求】

(1)打开 C:\3DMAXTK\SCENES\SIX-15.MAX文件,该场景中有一间室内房间效果。

(2)使用 Blinn 渲染模式,利用贴图文件 SIX-15A.JPG 和 SIX-15B.JPG 在后墙窗户前制作一幅窗帘,窗帘高为 180 个单位,宽为 200 个单位,厚宽为 1 个单位,如图 6.15.1 所示。

(3)将设计结果存放在考生目录中,文件名为考号后 5 位数字 +“-6”,扩展名为“.MAX”。

图 6.15.1　窗帘效果图

【设计过程】

(1)打开 C:\3DMAXTK\SCENES\SIX-15.MAX文件,场景是一间建好的房间效果,在后墙窗户前制作一幅窗帘。

(2)使用长方体 Box 命令在前视图建立一个超薄的方体,长:200,宽:280,高:8,并将长方体命名为“窗帘”,在左视图中将长方体移到窗户前面,使其遮挡窗户,如图 6.15.2 所示。

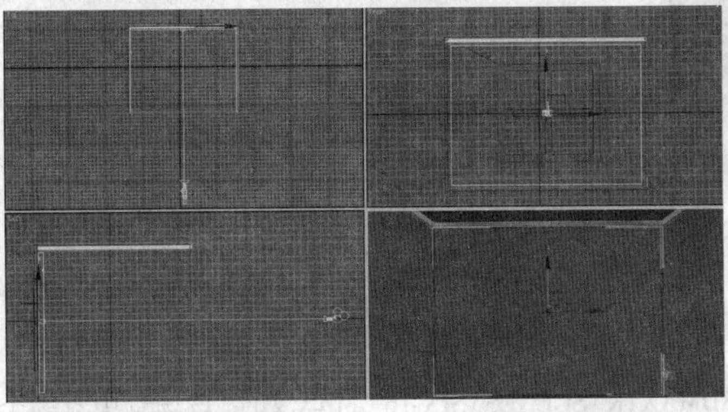

图 6.15.2　建立长方体后效果

(3)按键盘上的 M 键或工具条中的图标,进入材质编辑器对话框,单击第一个材质球,命名为“立方盒材质”,打开贴图卷展栏,单击漫反射右边的 None 按钮,选择 C:\3DMAXTK\MAPS 贴图文件为 SIX-15A.JPG,单击“打开”按钮。

(4)单击材质编辑器中的将材质指定给选定对象工具,将材质赋给场景中的窗帘,再单击在视口中显示贴图,即可在透视图中看到不透明的窗帘,如图 6.15.3 所示。

(5)单击材质编辑器中的返回父级按钮,返回上一级,单击不透明度通道右边的 None 按钮,选择位图 Bitmap 贴图类型,选择 Six-15B.JPG 贴图文件,它是一幅经过修改的黑白图案,如图 6.15.4 所示。

图 6.15.3　不透明通道贴图的黑白位图

图 6.15.4　漫反射通道的贴图彩色位图

(6)再次渲染摄像机视图,原来窗户白色区域已经镂空,一幅完整的窗帘挂在窗户前。

(7)将设计结果存放在考生目录中,文件名为考号后 5 位数字 + " -6",扩展名为". MAX"。

6.16　纸　篓

图 6.16.1　纸篓效果图

【设计要求】

(1)打开 C:\3DMAXTK\SCENES\SIX-16 . MAX文件,该场景中有一个未成形的纸篓三维模式,纸篓由颈部、身体和底部 3 部分组成。

(2)用 Blinn 渲染模式,将纸篓的颈部和和底部赋上红色材质,使用贴图文件 SIX-16. JPG,将纸篓的身体部分制作出空洞效果,其颜色为红、绿、蓝渐变色,纸篓双面均可见,如图 6.16.1 所示。

(3)将设计结果存放在考生目录中,文件名为考号后 5 位数字 + " -6",扩展名为". MAX"。

【设计过程】

(1)打开 C:\3DMAXTK\SCENES\SIX-16 . MAX文件,该场景中有一个制作好的纸篓模型,但并没有小孔。

(2)将纸篓的颈部和底部赋上红色材质,这两部分不需要挖孔。在视图中选择纸篓的颈部和底部,打开材质编辑器,选择一个未使用的材质样本,调节漫反射属性颜色为红色,并设置一定的高光,选择双面,然后指定给这两个物体。

(3)选择纸篓中间主体部分,在材质编辑器中选择另外一个未用过的材质样本,单击漫反射旁边的空白按钮,从贴图浏览器对话框中选择渐变(Gradient)贴图类型。

(4)在渐变贴图参数栏中分别调整颜色#1、颜色#2 和颜色#3 的颜色为纯蓝色、纯红色和纯绿色,并将其指定给纸篓的中间物体。

(5)渲染摄像机视图,提示物体丢失贴图坐标,从修改器列表菜单中选择 UVW 贴图修改器,为其指定一种正确的贴图坐标。

(6)单击材质编辑器中的按钮,返回到上一级,选择双面选项,展开贴图卷展栏,单击透明贴图通道右边的 None 按钮,选择位图贴图类型,选择 C:\3DMAXTK\MAPS 贴图文件为 Six-16. JPG 贴图文件,将其指定给场景中被选择的物体,渲染摄像机视图,感觉纸篓的孔太大。

(7)返回到材质编辑器,调整 U 方向中的平铺为 10,V 方向中的平铺为 6。

(8)将设计结果存放在考生目录中,文件名为考号后 5 位数字 +“ -6”,扩展名为“. MAX”。

6.17　标牌板

【设计要求】

(1)打开 C:\3DMAXTK\SCENES\SIX-17. MAX文件,该场景包含一个背板、标牌板和一串文字三维模型。

(2)用 Blinn 渲染模式,将背板赋上 SIX-17A. TGA 贴图材质,利用贴图文件 SIX-17B. GIF 和 SIX-17C. GIF,将标牌板制作出镂空徽标效果,文字材质不需设定,如图 6. 17. 1 所示。

(3)将设计结果存放在考生目录中,文件名为考号后 5 位数字 +“ -6”,扩展名为“. MAX”。

【设计过程】

(1)打开 C:\3DMAXTK\SCENES\SIX-17A. MAX文件,该场景中有背板墙、标牌板和三维文字,选择透视图中的背板。

(2)打开材质编辑器,选择一个未使用的材质样本,展开贴图卷展栏,单击漫反射贴图通道右边的None 按钮,选择位图贴图类型,选择 C:\3DMAXTK\ MAPS 贴图文件为 Six-17A. TGA 贴图文件,单击材质编辑器中的将材质指定给选定对象工具,将材质赋给场景中的背板,再单击在视口中显示贴图,在摄像机视图预览效果。

图 6. 17. 1　标牌板效果图

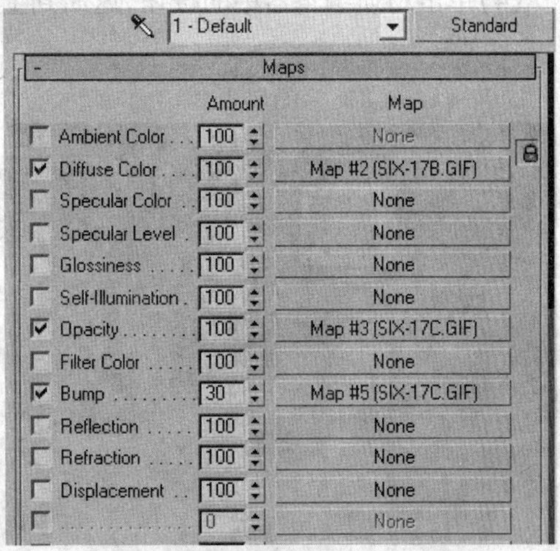

图 6. 17. 2　设置贴图通道

(3)选择另一个未使用的材质样本,展开贴图卷展栏,单击漫反射贴图通道右边的 None 按钮,选择位图贴图类型,选择 C:\3DMAXTK\ MAPS 贴图文件为 Six-17B. GIF 贴图文件,单击不透明度贴图通道右边的 None 按钮,选择位图贴图类型,选择 C:\3DMAXTK\ MAPS 贴图文件为 Six-17C. GIF 贴图文件,制作镂空徽标效果。把不透明度的贴图按钮拖放到凹凸贴图按钮,使图片产生立体感,如图 6.17.2 所示。

(4)将设计结果存放在考生目录中,文件名为考号后 5 位数字 +“ -6”,扩展名为“. MAX”。

6.18 电脑房

【设计要求】

(1)打开 C:\3DMAXTK\SCENES\SIX-18. MAX 文件,该场景包含一个反光地面和一张简易电脑桌,其中电脑桌和电脑已赋好材质,灯光与摄像机均设置好。

(2)使用 Blinn 渲染模式,给地面赋上反光大理石材质,所需贴图文件为大理石 2. JPG,该地面反光度为 30% 且必须产生倒影,其效果如图6. 18. 1所示。

(3)将设计结果存放在考生目录中,文件名为考号后 5 位数字 +“ -6”,扩展名为“. MAX”。

【设计过程】

(1)打开 C:\3DMAXTK\SCENES\SIX-18. MAX 文件,该场景包含一个反光地面和一张简易电脑桌,其中电脑桌和电脑已赋好材质,选择场景中的地面。

(2)打开材质编辑器,选择一个未使用的材质样本,使用 Blinn 渲染模式,展开贴图卷展栏,单击漫反射贴图通道右边的 None 按钮,选择位图贴图类型,选择 C:\3DMAXTK\ MAPS 贴图文件为大理石 2. JPG 贴图文件,如图 6. 18. 2 所示。

(3)进入漫反射贴图,将 U 和 V 的平铺次数设为 5,保留平铺复选项。

(4)单击材质编辑器中的按钮,返回到上一级,单击反射贴图通道右边的 None 按钮,选择

图 6. 18. 1 电脑房效果图

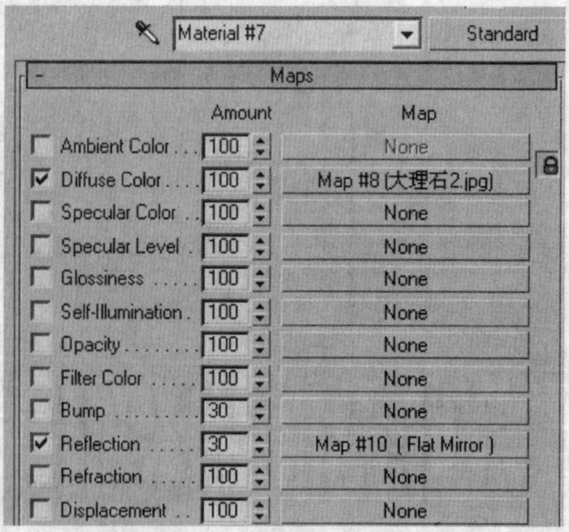

图 6. 18. 2 设置贴图通道

平面镜(Flat Mirror)贴图类型,反射数量值为30,使地面产生倒影。

(5)单击材质编辑器中的将材质指定给选定对象工具,将材质赋给场景中的背板,再单击在视口中显示贴图,在摄像机视图预览效果。

(6)将设计结果存放在考生目录中,文件名为考号后5位数字+"-6",扩展名为".MAX"。

6.19　海平面

【设计要求】

(1)打开C:\3DMAXTK\SCENES\SIX-19.MAX文件,该场景有一个制作好了的海平面三维模型,其中水面材质已赋好,灯光和摄像机均已设置好。

(2)使用Blinn渲染模式,不改变场景的其他变化,给水面赋上能产生倒影的材质,并使该倒影有一定的破碎感,如图6.19.1所示。

(3)将设计结果存放在考生目录中,文件名为考号后5位数字+"-6",扩展名为".MAX"。

图6.19.1　海平面效果图

【设计过程】

(1)打开C:\3DMAXTK\SCENES\SIX-19.MAX文件,该场景有一个制作好了的海平面三维模型,其中水面材质已赋好,灯光和摄像机均已设置好。

(2)打开材质编辑器,选择第一个已设置好的水波材质样本,展开反射卷展栏,单击贴图通道右边的None按钮,选择位图贴图类型,选择光线追踪(Raytrace)贴图类型,将反射值设为45。

(3)将设计结果存放在考生目录中,文件名为考号后5位数字+"-6",扩展名为".MAX"。

6.20　金茶壶

【设计要求】

(1)打开C:\3DMAXTK\SCENES\SIX-20.MAX文件,该场景有一个茶壶和一个刺球的三维模型,灯光和摄像机均已设置好。

(2)使用Blinn渲染模式,给地面上的茶壶赋上黄色金属材质,并使其表面具有一定的反射和折射感,给地面赋上能产生倒影的反射材质,反射程度为20%,如图6.20.1所示。

(3)将设计结果存放在考生目录中,文件名为考号后5位数字+"-6",扩展名为".MAX"。

【设计过程】

图 6.20.1　金茶壶效果图

（1）打开 C:\3DMAXTK\SCENES\SIX-20. MAX文件，该场景有一个茶壶和一个刺球的三维模型。

（2）打开材质编辑器，选择第 3 个材质样本，设置漫反射颜色为纯黄（R255，G255，B0），高光级别为 60，光泽度为 40，如图 6.20.2所示。

（3）展开贴图卷展栏，单击反射贴图通道右边的 None 按钮，选择光线追踪（Raytrace）贴图类型，将反射值设为 40，如图6.20.3所示，使其表面具有一定的反射和折射感。

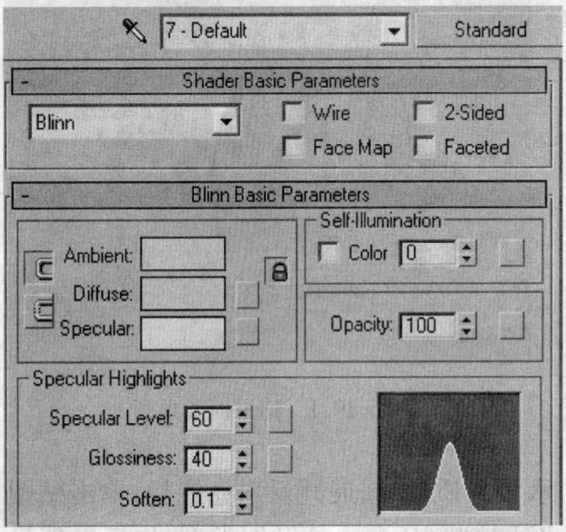

图 6.20.2　茶壶材质

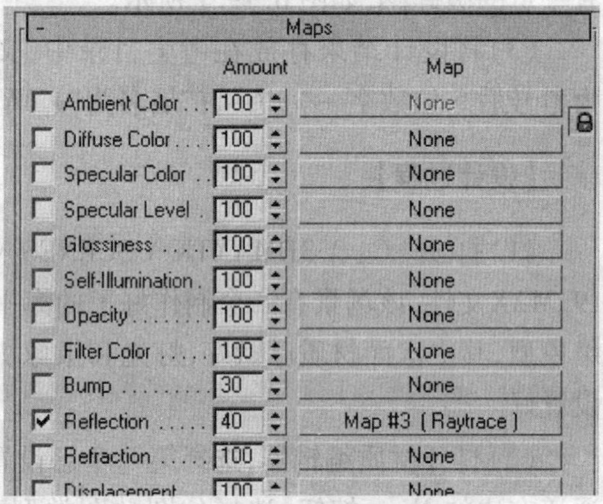

图 6.20.3　茶壶贴图通道

（4）选择第 2 个已经设置好的地面材质样本，展开贴图卷展栏，单击反射贴图通道右边的 None 按钮，选择光线追踪（Raytrace）贴图类型，将反射值设为 20，使其表面具有一定的倒影。

（5）将设计结果存放在考生目录中，文件名为考号后 5 位数字 +“ -6”，扩展名为“. MAX”。

第7章 高级质感表现

【本章导读】

在 3ds Max 中，材质与贴图不仅只有一个层级，有的材质包含其他材质(或贴图)，同样有的贴图层级还包含其他贴图的贴图。含有其他材质的材质被称为复合材质，包含其他贴图的贴图被称为复合贴图。利用复合材质和复合贴图能组合千变万化的材质和贴图效果。

【学习目标】

➢ 掌握 Top/Bottom(顶/底材质)、Double Side(双面材质)、Blend(融合材质)、Multi/Sub-Object(多子材质)、Composite(合成材质)等复合材质的使用方法。

➢ 掌握 Nose(噪波贴图)、Gradient(渐变贴图)、Composite(合成贴图)、Mix(混合贴图)、Mask(屏蔽贴图)、RGB Multiply(RGB 相乘贴图)等复合贴图的使用方法。

7.1 仕女图茶壶

【设计要求】

(1)打开 C:\3DMAXTK\SCENES\SEVEN-1.MAX文件，该场景有一个未设定材质的茶壶，灯光和摄像机均已设置好。

(2)如图 7.1.1 所示，使用适当的材质类型，给茶壶内外两个面分别赋上不同的材质，茶壶里面为浅红色材质，茶壶外面为有一定凹凸感的黄色金属材质，所需贴图文件为仕女.GIF。

(3)将设计结果存放在考生目录中，文件名为考号后 5 位数 +“ -7”，扩展名为“.MAX”。

图 7.1.1 仕女图茶壶效果图

【设计过程】

(1)打开 C:\3DMAXTK\SCENES\SEVEN-1. MAX 文件,该场景有一个未设定材质的茶壶,灯光和摄像机均已设置好。

(2)选择茶壶模型,单击 M 键或打开材质编辑器对话框,选择第一个绿色的材质样本,命名为“茶壶材质”,加入双面(Double Sided)材质,如图 7.1.2 所示。

(3)单击 Facing Material(正面材质)后面的 Material #31 Standard 按钮,在“明暗器基本参数”设置中设置金属渲染模型,选择漫反射 Diffuse 颜色为金黄色,高光级别为 60,光泽度为 40,展开贴图卷展栏,设置凹凸的数量为 50,加深凹凸值。选择凹凸贴图的位图为 C:\3DMAXTK\MAPS\仕女. GIF,设置 V 垂直方向偏移量为 -0.15,使仕女图整体下移到茶壶中间位置,设置参数如图 7.1.3 所示。

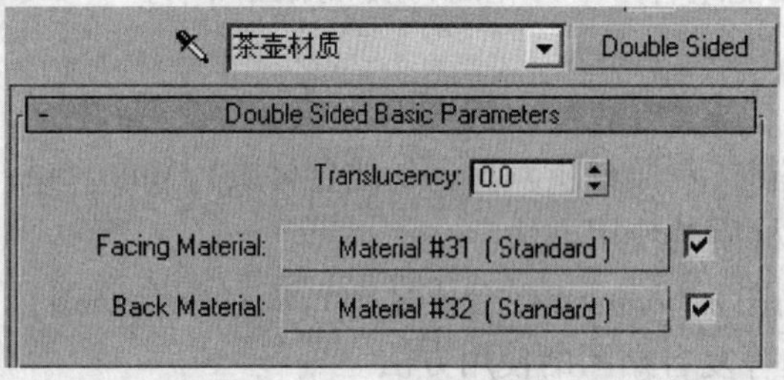

图 7.1.2　双面材质

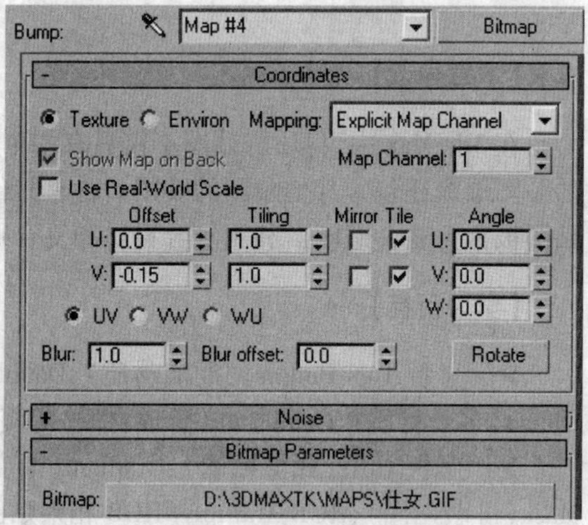

图 7.1.3　正面材质设置凹凸贴图

(4)单击(返回父级)图标,单击 Back Material(背面材质)后的 Material #32 按钮,选择漫反射 Diffuse 颜色为浅红色材质,高光级别为 60,光泽度为 40,将材质赋给场景中的茶壶。

(5)将设计结果存放在考生目录中,文件名为考号后 5 位数 + “ -7”,扩展名为“. MAX”。

7.2　蛇

【设计要求】

(1)打开 C:\3DMAXTK\SCENES\SEVEN-2. MAX 文件,该场景有一条蛇状体三维模型,地面已设定材质,灯光和摄像机均已设置好。

(2)如图 7.2.1 所示,使用适当的材质类型,给蛇的背部赋上蛇皮纹理的材质,所需贴图文件为 SEVEN-2. JPG,蛇的腹部为白色,必要时更改贴图坐标。

(3)将设计结果存为“7-2 . MAX”,渲染后的图片保存为“7-2. JPG”。

【设计过程】

图 7.2.1　蛇效果图

(1)打开 C:\3DMAXTK\SCENES\SEVEN-2.MAX文件,该场景有一条蛇状体三维模型,地面已设定材质,灯光和摄像机均已设置好。

(2)选择蛇体模型,打开材质编辑器,选择第 2 个绿色的材质样本,加入顶/底材质。

(3)单击顶材质(Top Material)右边的按钮,该按钮标明为第 25 号材质,并且属于标准材质类型,点开后回到标准材质面板上。

(4)单击漫反射(Diffuse)旁边的小按钮,打开的材质/贴图浏览器对话框,选择位图类型 Seven-2.JPG 文件,这是一张蛇皮图案。

(5)观察材质样本球可以看到该贴图已覆盖到样本球的上半部分,表明已取到顶部材质,将它作为蛇的背部材质。连续单击按钮两次,返回到顶底材质层级。

(6)单击底部材质(Bottom Material)右边的按钮,同样标明为第 26 号材质,也属于标准材质,打开后回到标准材质面板中。

(7)调节漫反射(Diffuse)颜色属性为白色,因为蛇的腹部不需要有纹理,单击按钮返回到顶底层级,将调好的材质指定给蛇体。

(8)渲染摄像机视图,如果顶部和底部材质赋反了,只要单击顶部材质和底部材质中间的交换(Swap)按钮,无须重新设置。

(9)现在蛇的纹理效果并没有出来,这是因为没有选择一种合适的贴图坐标。再次单击顶部材质右边的按钮,返回到顶部材质的标准材质面板中,选择"明暗器基本参数"(Shader Basic Parameters)卷展栏下的面状贴图(Face Map)选项,再次渲染摄像机视图。

(10)现在背部的蛇皮和腹部的白色分界过于明显,接下来使之产生融合。返回到顶底材质面板中,修改融合(Blend)值为 30,渲染视图可以看到现在的效果好多了。

(11)进一步观察可以看出蛇的背部纹理所占比例似乎较少,与腹部平分,修改位置

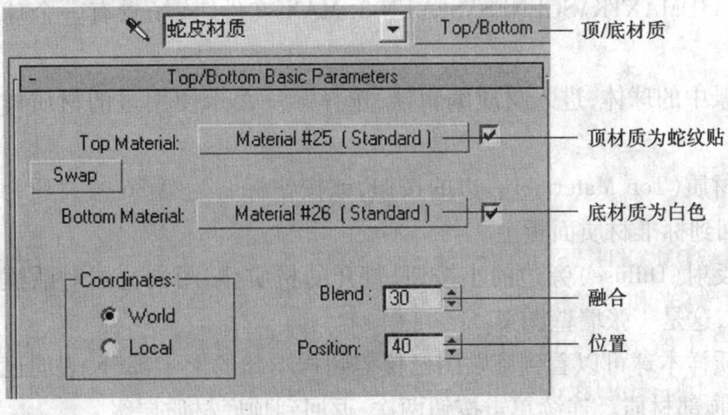

图 7.2.2　蛇皮设为 Top/Bottom(顶/底)材质

(Position)值为40,如图7.2.2所示,这样背部蛇皮将占60%的面积,腹部白色只占40%的面积,看上去相当不错,一条生动的蛇制作好了。

(12)将设计结果存放在考生目录中,文件名为考号后5位数+"-7",扩展名为".MAX"。

7.3 木 球

【设计要求】

(1)打开C:\3DMAXTK\SCENES\SEVEN-3.MAX文件,该场景有一个球体,灯光和摄像机均已设置好。

(2)如图7.3.1所示,使用适当的材质类型,给球体的上部和下部赋上两种不同的材质,上部材质贴图文件名为墙面2.JPG,下部材质贴图文件名为木纹6.JPG,要求两种材质在中间部分有20%的混合度。

(3)将设计结果存放在考生目录中,文件名为考号后5位数+"-7",扩展名为".MAX"。

图7.3.1 木球效果图

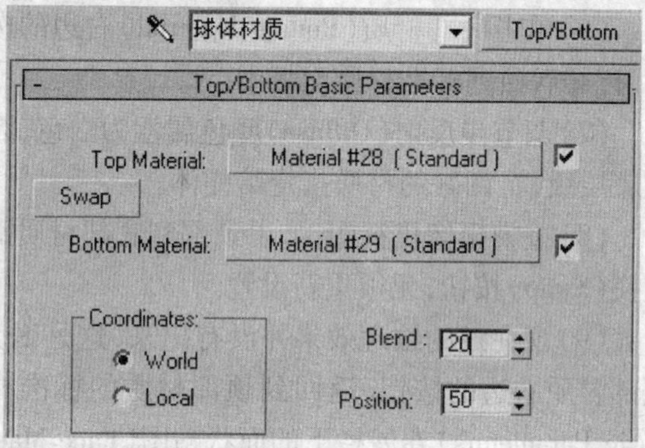

图7.3.2 木球设为Top/Bottom(顶/底)材质

【设计过程】

(1)打开C:\3DMAXTK\SCENES\SEVEN-3.MAX文件,该场景有一个球体,灯光和摄像机均已设置好。

(2)选择场景中的球体,进入材质编辑器,选择第一个未使用过的材质样本,将标准材质改为顶/底材质。

(3)单击顶材质(Top Material)右边的按钮,该按钮标明为第36号材质,并且属于标准材质类型,点开后回到标准材质面板上。

(4)单击漫反射(Diffuse)旁边的小按钮,打开的材质/贴图浏览器对话框,选择位图类型墙面2.JPG文件,这是一张墙壁图案。

(5)观察材质样本球可以看到该贴图已覆盖到样本球的上半部分,表明已取到顶部材质,将它作为球体的顶部材质。连续单击按钮两次,返回到顶底材质层级。

(6)单击底部材质(Bottom Material)右边的按钮,同样标明为第37号材质,也属于标准材质,打开后回到标准材质面板中。

(7)单击漫反射(Diffuse)旁边的小按钮,打开的材质/贴图浏览器对话框,选择位图类型木纹 6. JPG 文件,这是一张木纹图案。单击按钮返回到顶底层级,将调好的材质指定给球体。

(8)现在上下分界过于明显,接下来使之产生融合。返回到顶底材质面板中,修改融合(Blend)值为 20,如图 7.3.2 所示。

(9)将设计结果存放在考生目录中,文件名为考号后 5 位数 +“ -7”,扩展名为“. MAX”。

7.4　卷曲平面

【设计要求】

(1)打开 C:\3DMAXTK\SCENES\SEVEN-4. MAX文件,该场景有一个卷曲平面三维模型,灯光和摄像机均已设置好。

(2)如图 7.4.1 所示,使用适当的材质类型,给卷曲平面的上下两个面分别赋上不同的材质,上面平面使用 SEVEN-4B. JPG 贴图材质,下面平面使用 SEVEN-4A. JPG 贴图材质。

(3)将设计结果存放在考生目录中,文件名为考号后 5 位数 +“ -7”,扩展名为“. MAX”。

【设计过程】

(1)打开 C:\3DMAXTK\SCENES\SEVEN-4. MAX 文件,该场景有一个卷曲平面三维模型,灯光和摄像机均已设置好。

(2)打开材质编辑器,选择一个材质样本,加入双面(Double Side)材质。

(3)在双面材质面板上单击正面材质(Facing Material)右边的按钮,打开第 31 号材质面板,它属于标准材质。

(4)单击漫反射 Diffuse 旁边的空白小按钮,在该通道中贴上一幅位图,位图文件选择 SEVEN-4A. JPG。

(5)单击材质编辑器右边垂直工具条上的(材质导航器)按钮,打开材质导航器对话框,如

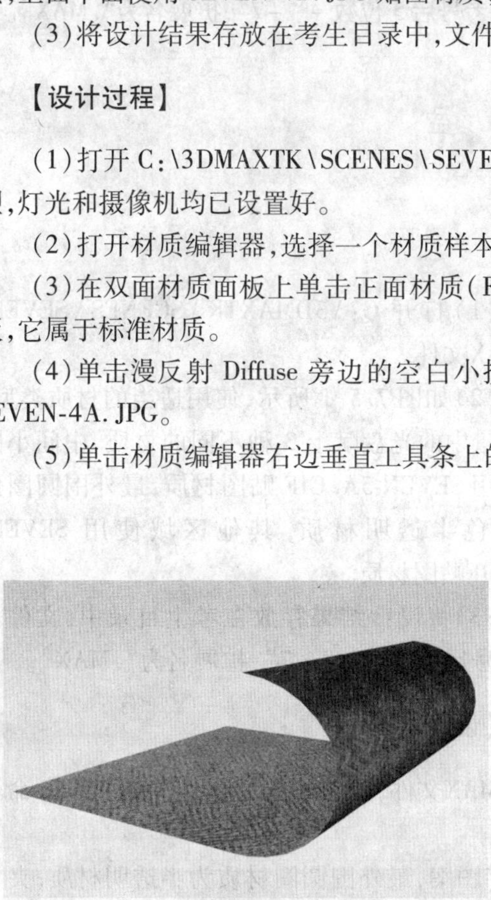

图 7.4.1　卷曲平面效果图

图 7.4.2　卷曲平面设为双面材质

图 7.4.2 所示。

(6)在材质导航器对话框中选择 Material #30(双面材质)层级,材质编辑器中显示双面材质面板。

注:当材质(或贴图)层级比较深的时候,使用材质导航器可以快速地在各个层级之间进行切换,它类似于一棵倒置的树状结构,树根在最高层,其下是一级级的分枝,通过缩进排列一目了然,无须使用(返回父级 Go to Parent)按钮一步步返回。

(7)单击背面材质(Back Material)右边的按钮,进入第 32 号标准材质面板,单击漫反射旁边的空白按钮,在该通道贴一幅位图,选择 SEVEN-4B. JPG 文件。

(8)在材质导航器中单击最高级,回到双面材质面板,将此材质指定给场景中的卷曲平面,渲染摄像机视图,效果并不很好,需要增加重复贴图的次数。

(9)在材质导航器中选择正面材质的贴图层级,直接进入贴图参数面板,修改 U、V 方向上的平铺值分别为 5。

(10)同上选择背面材质的贴图层级,修改 U、V 方向上的平铺值分别为 5。

(11)返回到双面材质面板最高层,试着调节半透明(Tranlucency)值,观察渲染效果,是不透明度为 50 时的变化效果,似乎两种贴图纹理混合到一起去了。

(12)将设计结果存放在考生目录中,文件名为考号后 5 位数 +" -7",扩展名为". MAX"。

7.5 光　盘

【设计要求】

图 7.5.1　光盘效果图

(1)打开 C:\3DMAXTK\SCENES\SEVEN-5. MAX文件。

(2)如图 7.5.1 所示,使用适当的材质类型,给场景中的光盘赋上 3 种不同的材质,中间小圆圈使用 SEVEN-5A. GIF 贴图材质,最外围圆圈使用白色半透明材质,其他区域使用 SEVEN-5B. GIF贴图材质。

(3)将设计结果存放在考生目录中,文件名为考号后 5 位数 +" -7",扩展名为". MAX"。

【设计过程】

(1)打开 C:\3DMAXTK\SCENES\SEVEN-5. MAX文件,该场景有一个用管状体 Tube 命令加工而成的光盘模型。

(2)光盘由 3 种材质构成,最中间有一圈文字图案,最外围圆圈材质为半透明材质,夹在中间的为光盘的主体颜色——闪闪发光的渐变材质。

(3)选择光盘模型,进入材质编辑器,加入多维/子对象 Multi/Sub-Object 材质,单击设置数量 Set Number 按钮,在弹出的对话框中设定材质数为 3。

(4)单击第 1 个 ID 号右边的子材质按钮,进入标准材质面板,为漫反射 Diffuse 贴图通道加入一张贴图,贴图文件选择 SEVEN-5A. GIF,它是一张黑白文字图。

(5)返回到多子材质的最高层,单击第 2 个 ID 号右边的子材质按钮,进入标准材质面板,为漫反射 Diffuse 贴图通道加入一幅贴图,贴图文件选择 SEVEN-5B. GIF,它是一张渐变色图案。

(6)返回到多子材质的最高层,单击第 3 个 ID 号右边的子材质按钮,进入标准材质面板,设置漫反射 Diffuse 颜色为白色,不透明(Opacity)属性为 30。

(7)返回到最高层,观察材质编辑器中样本球,已经显示出这 3 种材质,将其指定给光盘模型,渲染透视图观看效果图。

(8)光盘是用管状体 Tube 生成的,故其内定贴图坐标为圆柱形贴图,这需要将其变为平面贴图。为光盘加入 UVW 贴图修改器,使用平面 Plannar 贴图坐标,使贴图平铺到光盘的顶部,渲染视图,虽然贴图坐标正确,但文字图案将整个光盘面覆盖了。

(9)从编辑修改列表中选择编辑面片(Edit Mesh)修改器,为光盘增加编辑网格修改。打开次物体层级,选择多边形(Polygon),使用圆形选择工具在顶视图框选光盘文字区的面。

(10)将编辑面片(Edit Mesh)参数面板向上推,设置材质(Material)参数项下的 ID 号为 1,然后单击面板上的隐藏(Hide)按钮,将刚选定的面进行隐藏。

(11)继续使用圆形选择工具框选如图 7.5.2 所示的面,只留下最外转一圈的网格面不选,设置材质(Material)参数项下的 ID 号为 2。

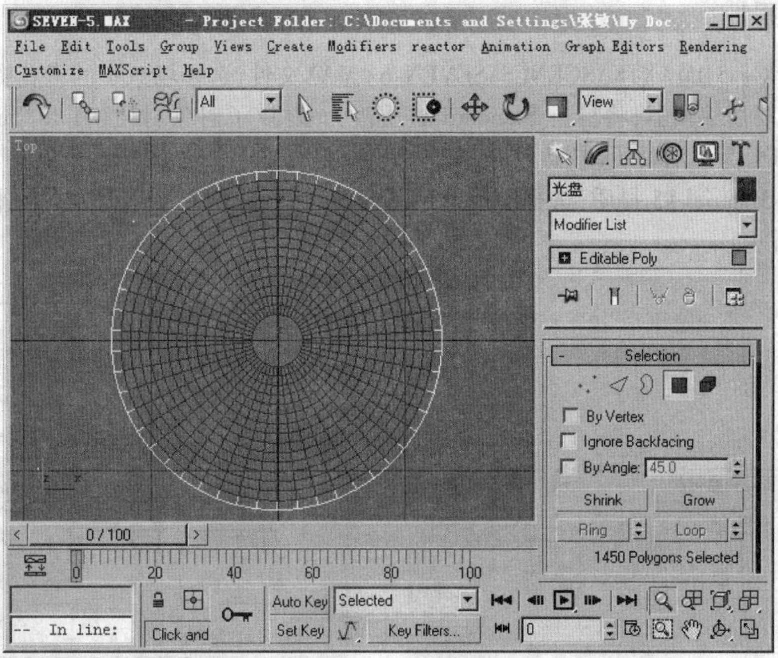

图 7.5.2　框选光盘内圈

(12)选择菜单编辑/反选 Edit /Select Invert 命令,将光盘最外圆圈子网格面选中,并设置材质(Material)参数项下的 ID 号为 3。

(13)在编辑面片 Edit Mesh 修改面板上单击全部取消隐藏 Unhide All 按钮,将先前隐藏的面显示出来,渲染透视图,光盘的材质基本正确,但是最里面的圆圈并没有出现文字图案。

(14)再次选中最里面圆圈网格面,从修改列表中加入 UVW 贴图修改器,使用平面Plannar 贴图坐标,渲染透视图,现在的效果完全正确。

(15)将设计结果存放在考生目录中,文件名为考号后 5 位数 + " -7",扩展名为". MAX"。

7.6 青花瓷盘

【设计要求】

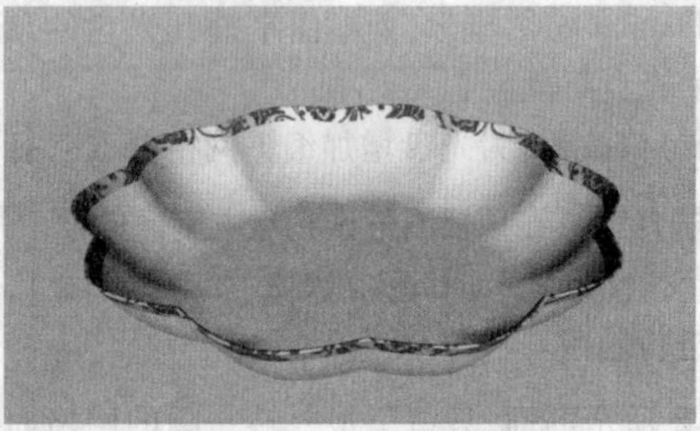

图 7.6.1 青花瓷盘效果图

(1)打开 C:\3DMAXTK\SCENES\SEVEN-6. MAX文件。

(2)如图 7.6.1 所示,使用适当的材质类型,给荷叶边碟子赋上两种不同的材质,碟子边沿使用 SEVEN-6. GIF 贴图材质,其他部分使用白色材质。

(3)将设计结果存放在考生目录中,文件名为考号后 5 位数 + " -7",扩展名为". MAX"。

【设计过程】

(1)打开 C:\3DMAXTK\SCENES\SEVEN-6 . MAX文件,选择场景中的青花瓷盘。

(2)进入材质编辑器,将标准 Standard 材质改为多维/子对象材质(Multi/Sub-Object),设置数量为 2,ID1 为边沿材质(花边纹),ID2 为其他材质(白色),如图 7.6.2 所示。

(3)单击 Material #5 材质,选择漫反射贴图为 SEVEN-6. GIF,V 垂直方向的平铺次数为 4,如图 7.6.3 所示。

图 7.6.2 青花瓷盘材质

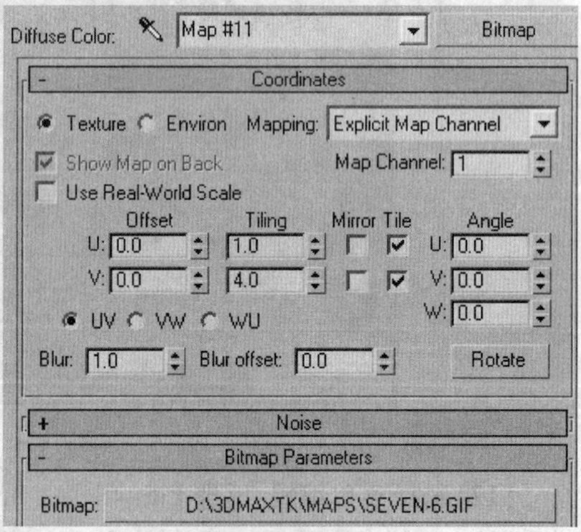

图 7.6.3 设置边缘材质的表面贴图

(4)单击 Material #5 材质,选择漫反射为白色,高光级别为 60,光泽度为 40。

(5)在修改命令面板中,对碟子进行 UVW 贴图,采用默认的平面贴图,对贴图坐标进行调整。

(6)将设计结果存放在考生目录中,文件名为考号后 5 位数 +“ -7”,扩展名为“. MAX”。

7.7　鼠　标

【设计要求】

(1)打开 C:\3DMAXTK\SCENES\SEVEN-7. MAX文件,该场景中一个鼠标三维模型。

(2)如图 7.7.1 所示,使用适当的材质类型,分别给鼠标赋上两种不同的材质,材质颜色以白色和深蓝色为主。

(3)将设计结果存放在考生目录中,文件名为考号后 5 位数 +“ -7”,扩展名为“. MAX”。

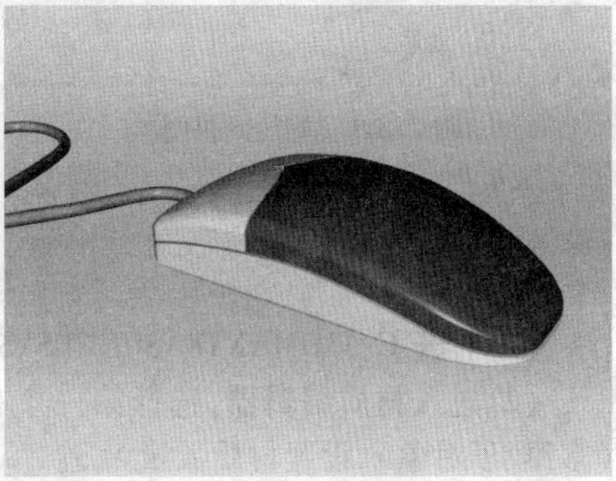

图 7.7.1　鼠标效果图

【设计过程】

(1)打开 C:\3DMAXTK\SCENES\SEVEN-7. MAX文件,该场景中一个鼠标三维模型。

(2)进入材质编辑器,第一个材质样本作为鼠标的材质,第二个材质是鼠标线的材质样本,第三个材质样本是环境的材质。选择第一个材质样本,设置为 Multi/Sub-Object(多维/子对象)的复合材质。

(3)设置 2 种材质数量,ID1 为白色材质,高光级别为 60,光泽度为 45,ID2 为深蓝色材质,高光级别与光泽度同上,将材质赋给鼠标。

(4)将鼠标三维模型转可编辑网格,选择多边形编辑方式,在工具栏中将矩形选择工具改为围栏选择工具,在左视图选择鼠标的深蓝色区域,将 ID 设为 2,在编辑菜单中选择反选,将其余区域设为 ID1,此时可在透视图中看到赋有两种材质的鼠标。

(5)将设计结果存放在考生目录中,文件名为考号后 5 位数 +“ -7”,扩展名为“. MAX”。

7.8　笔　筒

【设计要求】

(1)打开 C:\3DMAXTK\SCENES\SEVEN-8 . MAX文件,该场景中一个笔筒三维模型。

(2)如图 7.8.1 所示,使用适当的材质类型,给笔筒分别赋上 3 种不同的材质,必要时更改贴图坐标，其中笔筒中部使用 SEVEN-8A. BMP 贴图材质，上下两个小凹槽部分使用 SEVEN-8B. TIF 贴图文件，其他部分为浅黄色材质。

(3)将设计结果存放在考生目录中，文件名为考号后 5 位数 +“ -7”，扩展名为“. MAX”。

图 7.8.1 笔筒效果图

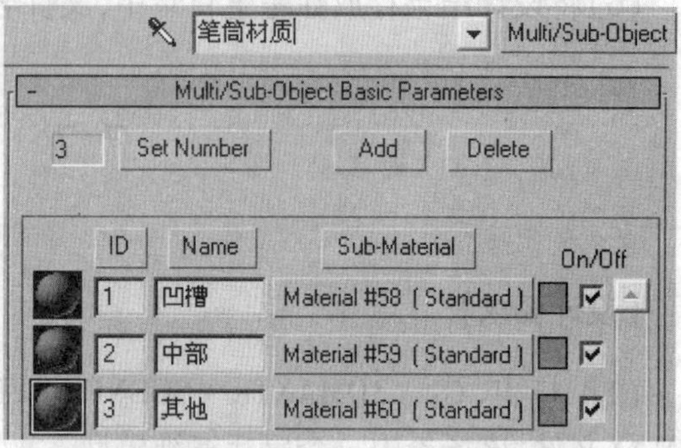

图 7.8.2 笔筒设为 Multi/Sub-Object(多维/子对象)的复合材质

【设计过程】

(1)打开 C:\3DMAXTK\SCENES\SEVEN-8. MAX文件，该场景中一个笔筒三维模型。

(2)进入材质编辑器，选择第一个材质样本，将标准材质 Standard 改为 Multi/Sub-Object(多维/子对象)，设置材质数量为 3。

(3)设置 ID1 为凹槽材质，漫反射贴图为 SEVEN-8B. TIF 文件，高光级别为 60，光泽度为 40。

(4)设置 ID2 为中部材质，漫反射贴图为 SEVEN-8A. BMP 文件，高光级别为 60，光泽度为 40。

(5)设置 ID3 为其他部分材质，漫反射贴图颜色为浅黄色，高光级别为 60，光泽度为 40。

(6)选择场景中的笔筒，在右边命令面板选择多边形编辑方式，在前视图框选整个笔筒，设置为 ID3，框选上下两个凹槽部分，设置该区域为 ID1，框选中间部分设置该区域为 ID2。

(7)将设计结果存放在考生目录中，文件名为考号后 5 位数 +“ -7”，扩展名为“. MAX”。

7.9 石 凳

【设计要求】

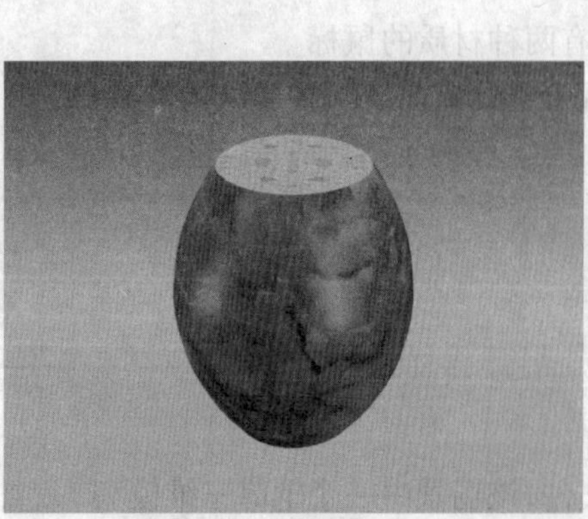

图 7.9.1 石凳效果图

(1)打开 C:\3DMAXTK\SCENES\SEVEN-9. MAX 文件，该场景中一张石凳三维模型。

(2)如图 7.9.1 所示，使用适当的材质类型，给石凳赋上两种不同的材质，必要时更改贴图坐标，石凳的两个端面材质为 SEVEN-9. JPG 贴图材质，其侧面材质为大理石 1. JPG 贴图材质。

(3)将设计结果存放在考生目录中，文件名为考号后 5 位数 +“ -7”，扩展名为“. MAX”。

【设计要求】

(1)打开C:\3DMAXTK\SCENES\SEVEN-9. MAX文件,选择该场景中一张石凳三维模型。

(2)进入材质编辑器,选择第一个材质样本,将标准材质Standard改为Multi/Sub-Object(多维/子对象),设置材质数量为2。

(3)设置ID1材质为两端面材质,漫反射贴图为SEVEN-9. JPG贴图材质,ID2材质为侧面材质,漫反射贴图为大理石1. JPG贴图材质,将该材质赋给场景中的石凳,透视图并无效果。

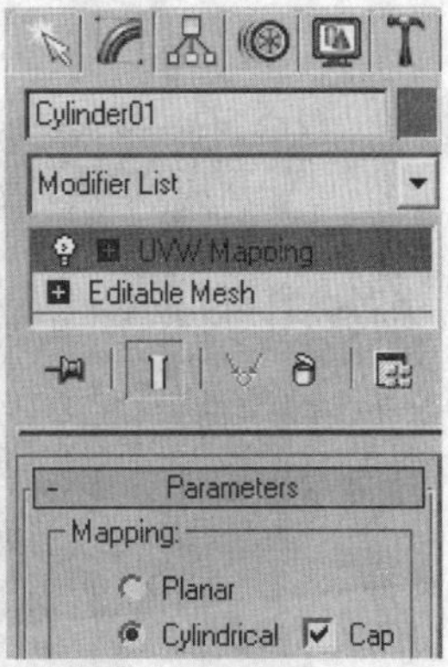

图7.9.2　设置石凳的UVW贴图

(4)展开右边命令面板的可编辑网格前的"+",选择多边形编辑方式,在前视图框选石凳的中间部分,设置ID为2,选择编辑菜单下的反选命令,设置ID为1。

(5)在命令面板中设置UVW贴图命令,设置坐标贴图为圆柱,并设置封顶复选,如图7.9.2所示。

(6)将设计结果存放在考生目录中,文件名为考号后5位数+"-7",扩展名为". MAX"。

7.10　毛质脚踏垫

【设计要求】

(1)打开C:\3DMAXTK\SCENES\SEVEN-10 . MAX文件,该场景中有一个超薄平面三维模型。

(2)如图7.10.1所示,使用适当的材质类型,将平面中的两个三角面分别赋上两种不同的材质,这两种材质均为位图类型贴图材质,贴图文件名分别为SEVEN-10A. JPG和SEVEN-10B. JPG。

(3)将设计结果存放在考生目录中,文件名为考号后5位数+"-7",扩展名为". MAX"。

【设计过程】

(1)打开C:\3DMAXTK\SCENES\SEVEN-10 . MAX文件,选择前视图场景中有一个超薄平面三维模型。

(2)在右边命令面板,单击plane平面,设置平面的长度和宽度的分段数均为50,使平面网格化。

(3)展开编辑网格,选择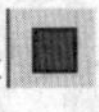多边形,在工具栏中将矩形选择工具改为围栏选择工具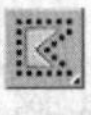,将平面左上角部分进行框选,设置其材质ID为1,如图7.10.2所示。

(4)单击菜单栏编辑→反选,将选择的右下角平面部分的材质ID设置为2。

(5)退出多边形的网格选择状态,按M键进入材质编辑器,选择第一个材质样本,将标准

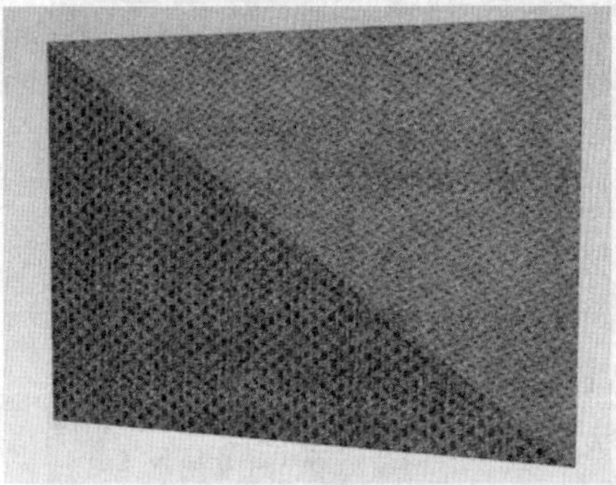

图 7.10.1　毛质脚踏垫效果图

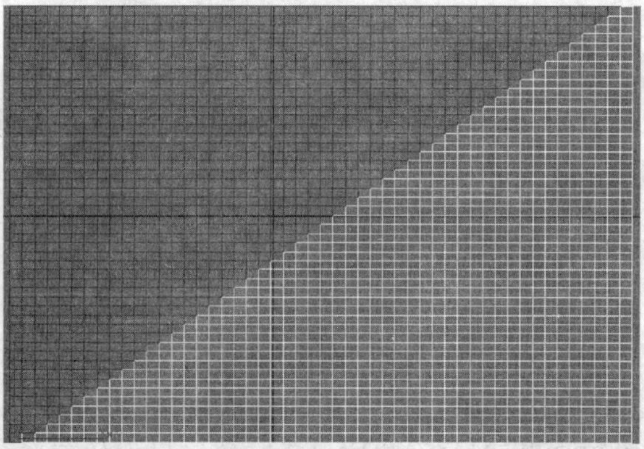

图 7.10.2　选定两种 ID 材质的设置区域

材质 Standard 改为多维/子对象复合材质，设置材质数量为 2。

(6)设置 ID1 材质为左上部材质，漫反射贴图为 SEVEN-10A. JPG 贴图材质，ID2 材质为右下部材质，漫反射贴图为 SEVEN-10B. JPG 贴图材质，将该材质赋给场景中的平面。

(7)将设计结果存放在考生目录中，文件名为考号后 5 位数 +“ -7”，扩展名为“. MAX”。

7.11　书

【设计要求】

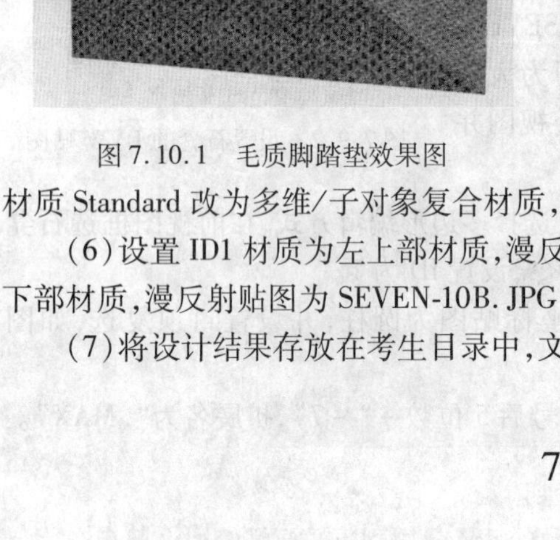

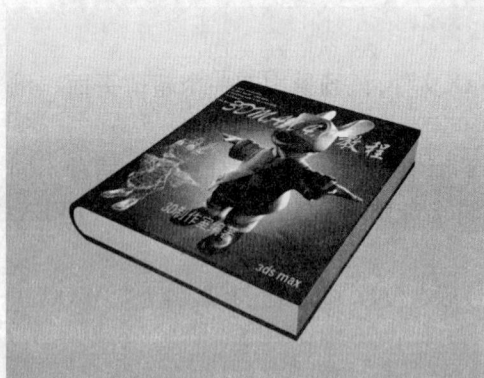

图 7.11.1　书效果图

(1)打开 C:\3DMAXTK\SCENES\SEVEN-11. MAX文件，该场景中有一本书三维模型。

(2)如图 7.11.1 所示，使用适当的材质类型，给该书的封面贴上正确的图案，所需贴图文件为 SEVEN-11A. JPG 和 SEVEN-11B. TIF，其中 SEVEN-11B. TIF 贴图具有阿尔法(Alpha)通道。

(3)将设计结果存放在考生目录中，文件名为考号后 5 位数 +“ -7”，扩展名为“. MAX”。

【设计过程】

(1)打开 C:\3DMAXTK\SCENES\SEVEN-11. MAX文件，该场景中有一本书三维模型。

(2)选择书的封面，打开材质编辑器，选择一个未使用的材质样本，单击漫反射 Diffuse 旁边的空白按钮，打开贴图浏览器对话框，选择 Composite(合成)贴图类型。

(3)单击“贴图 1”按钮，选择位图贴图类型，选择 SEVEN-11A. JPG 贴图文件，将其指定给场景，出现一只兔子图案。

(4)返回到合成 Composite 贴图层级，单击贴图 2 按钮，选择位图 Bitmap 贴图类型，选择 SEVEN-11B. TIF 贴图文件，这是一张自带 Alpha 通道的贴图，如图 7.11.2 所示，单击 按钮，可以看到 Alpha 通道的显示。

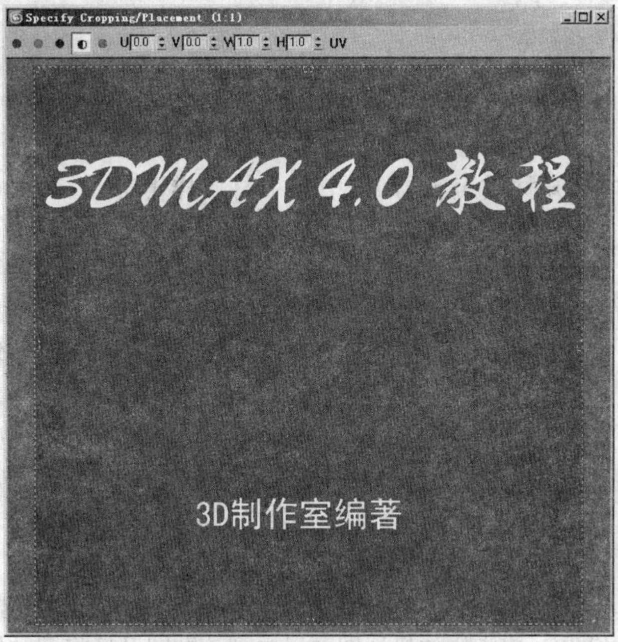

图 7.11.2　Alpha 通道贴图

(5)渲染透视图,现在效果如图 7.11.1 所示,彩色文字叠加到下层的贴图上,黑色部分都透明掉了。

注:如果上层贴图没有 Alpha 通道,则会完全覆盖下一层的贴图,此时可以展开输出(Output)卷展栏,选择来自 RGB 强度的 Alpha(Alpha from RGB Intensity)选项也可以制作透明叠加效果。

(6)将设计结果存放在考生目录中,文件名为考号后 5 位数 +" -7",扩展名为". MAX"。

7.12　装饰立柱

【设计要求】

(1)打开 C:\3DMAXTK\SCENES\SEVEN-12. MAX文件,该场景中有一个圆柱体三维模型。

(2)如图 7.12.1 所示,使用适当的材质类型,给圆柱体赋上 3 种不同的材质,要求这 3 种材质混合在一起,混合度各为 50%,圆柱的基本材质为 BRIKS 贴图材质,其他两种材质均为位图类型贴图材质,贴图文件名分别为仕女. GIF和 SEVNE-12. TIF。

图 7.12.1　装饰立柱效果图

(3)将设计结果存放在考生目录中,文件名为考号后 5 位数 +“ -7”,扩展名为“. MAX”。

【设计过程】

(1)打开 C:\3DMAXTK\SCENES\SEVEN-12 . MAX 文件,该场景中有一个圆柱体三维模型。

(2)选择圆柱体,打开材质编辑器,选中一个材质样本球,设置 Composite(合成)材质类型。

(3)单击基本材质(Base Material)右边的按钮,打开标准材质面板,单击漫反射 Diffuse 旁边的小按钮,在打开的贴图浏览器对话框中选择平铺(Till)贴图类型,它是一种程序式贴图,设置水平 U、垂直 V 方向的平铺 Tiling 值为 2,然后将其指定给圆柱体,作为圆柱体的基本材质,也是最底层材质。

(4)打开材质导航器,点击合成 Composite 层级,回到最高层面板,单击材质 1 右边的 None 按钮,打开材质/贴图浏览器对话框,目前该对话框中只有材质类型,没有贴图类型。这里可以选择任何一种材质类型,如果选择的是一种复合材质,则会形成材质嵌套,这样就会做出非常复杂的材质。

(5)这里选择标准 Standard 材质类型,在漫反射 Diffuse 贴图通道中选择 SEVEN-12. TIF 贴图文件,它是一幅书法图案,渲染摄像机视图可以看到该贴图已经将圆柱体的基本材质完全覆盖了。

(6)为了能看见最底层的基本材质,调整材质 1 右边的混合程度值为 50。

(7)在材质导航器中点击合成 Composite 层级,回到最高层面板,单击材质 2 右边的 None 按钮,选择标准 Standard 材质类型,在漫反射 Diffuse 贴图通道中选择仕女. GIF 贴图文件,设置材质 2 右边混合程度值为 50,现在有 3 种材质混合到一起了。

(8)将设计结果存放在考生目录中,文件名为考号后 5 位数 +“ -7”,扩展名为“. MAX”。

7.13 大理石碑

【设计要求】

图 7.13.1 大理石碑效果图

(1)打开 C:\3DMAXTK\SCENES\SEVEN-13. MAX文件。

(2)如图 7.13.1 所示,使用适当的材质类型,将方体赋上大理石材质,同时在方体的前方赋上文字材质,文字的颜色为深蓝色,使之看上去像是在大理石板上书写该文字效果。大理石贴图文件为大理石 1. JPG,文字贴图文件为 SEVEN-13. TGA。

(3)将设计结果存放在考生目录中,文件名为考号后 5 位数 +“ -7”,扩展名为“. MAX”。

【设计过程】

(1)打开 C:\3DMAXTK\SCENES\SEVEN-13 . MAX文件,该场景有一个方体。

(2)打开材质编辑器,选择一个材质样本,设置 Blead(混合)材质类型。

(3)单击材质 1(Materail 1)右边的按钮,进入标准材质面板,在漫反射 Diffuse 通道赋上一幅大理石贴图,贴图文件选择大理石 1. JPG。

(4)打开材质导航器,返回到最高层,单击材质 2(Materail 2)右边的按钮,进入标准材质面板,在漫反射 Diffuse 通道赋上一幅木纹贴图,贴图文件木纹 6. JPG。

(5)返回到最高层,将该材质指定给方体,渲染透视图,发现只有第一种贴图大理石图案。修改混合量 Mix Amount 值为 30,再次渲染透视图,大理石与木纹混合到一起了。

(6)单击遮罩 Mask 右边的按钮,打开贴图浏览器对话框,选择位图 Bitmap 类型,选择 SEVEN-13. TGA 文件,它是一幅黑白文字图。

(7)渲染透视图,黑色部分显示大理石图案(材质 1),白色部分显示木纹图案(材质 2)。

(8)回到混合 Blend 材质最高层,拖动材质 2Material 2 右边的按钮至材质 1(Material 1)按钮处,在弹出的对话框中选择交换(Swap),这样材质 1 与材质 2 进行了互换。

(9)在材质导航器中选择材质 1(Material 1)层级,在标准材质面板上拖动高光反射 Specular 右边的空白按钮到漫反射 Diffuse 右边标有 M 的按钮,将贴图取消,设置漫反射 Diffuse 颜色为纯蓝色。

(10)为场景中的方体增加一个 UVW 贴图修改器,调整贴图坐标,使方体的侧面不产生图案,最后效果很像在大理石上书写文字。

(11)将设计结果存放在考生目录中,文件名为考号后 5 位数 +“ -7”,扩展名为“. MAX”。

7.14　房　子

【设计要求】

(1) 打开 C:\3DMAXTK\SCENES\SEVEN-14. MAX文件,该场景中有一幢房子三维模型。

(2)如图 7.14.1 所示,使用适当的材质类型,将房子的左墙赋上两种不同的材质,必要时更改贴图坐标。墙体为砖块纹理贴图,贴图文件为墙面 3. TGA,同时在墙体上赋上文字图案,贴图文件为 SEVEN-14A. JPG,设置有关贴图参数,使该文字像是在墙体上书写的宣传语。

(3)将设计结果存放在考生目录中,文件名为考号后 5 位数 +“ -7”,扩展名为“. MAX”。

图 7.14.1　房子效果图

【设计过程】

(1)打开 C:\3DMAXTK\SCENES\SEVEN-14 . MAX文件,该场景中有一幢房子三维模型。

(2)选择场景中房子的左墙,打开材质编辑器,选择一个材质样本,加入混合 Blend 材质类型。

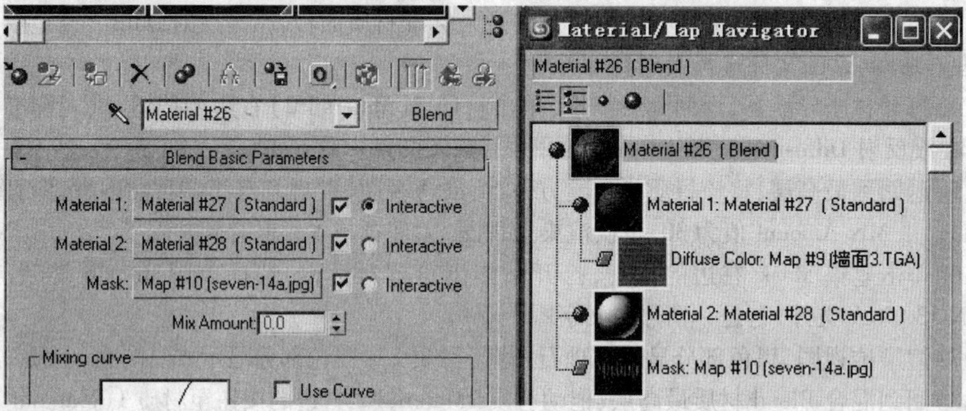

图 7.14.2　房子设为 Blend(混合)材质

(3)单击材质 1(Materail 1)右边的按钮,进入标准材质面板,在漫反射 Diffuse 通道赋上一幅砖块纹理贴图,贴图文件选择墙面 3. TGA,U、V 方向的平铺次数都为 2。

(4)打开材质导航器,返回到最高层,单击材质 2(Materail 2)右边的按钮,进入标准材质面板,在漫反射 Diffuse 通道赋上白颜色。

(5)单击遮罩 Mask 右边的按钮,打开贴图浏览器对话框,选择位图 Bitmap 类型,选择 SEVEN-14A. JPG 文件,它是一幅黑白文字图,设置文字在 V 方向向下移动一段距离,使文字处在房子的下方。

(6)为场景中的方体增加一个 UVW 贴图修改器,调整贴图坐标。

(7)将设计结果存放在考生目录中,文件名为考号后 5 位数 +“ -7”,扩展名为“. MAX”。

7.15　校　牌

【设计要求】

(1)打开 C:\3DMAXTK\SCENES\SEVEN-15. MAX文件。

(2)如图 7.15.1 所示,使用适当的材质类型,将文字赋上适当的材质,使得文字模型看上去具有镂空效果(注意:该题不允许使用布尔运算完成)。

(3)将设计结果存放在考生目录中,文件名为考号后 5 位数 +“ -7”,扩展名为“. MAX”。

【设计过程】

(1)打开 C:\3DMAXTK\SCENES\SEVEN-15. MAX文件,渲染摄像机视图,可以看到蓝天背景衬托下,空中有一个木板,木板的前面有一串弧排文字。

(2)在摄像机视图选择文字模型,进入材质编辑器,加入无光/投影(Matte/Shadow)材质,

图7.15.1　校牌效果图

图7.15.2　给文字赋无光/投影(Matte/Shadow)材质效果

将其指定给文字,渲染摄像机视图,会发现文字本身不见了,但却在木板上产生了其形状的投影,并且将木板镂空了,如图7.15.2所示。

注:由无光/投影(Matte/Shadow)材质产生的自身投影不受阻挡物体的厚度和个数影响,它会一投到底直到看到背景。

(3)在材质编辑器中选择一个未使用过的材质样本,任意设定一种颜色,将其指定给文字,然后将无光/投影(Matte/Shadow)材质指定给场景中的木板,打开参数面板上的接收阴影(Receive Shadows)选项,使其接受其他物体(文字)的投影,渲染摄像机视图,并未看见木板上有任何投影,只有文字显示。

(4)为了解决没有文字投影的现象,需要在场景中建立一盏灯,因为使用场景中系统默认的灯光,无法设定其投影参数。

(5)使用目标聚光灯Target Spot命令建一盏目标聚光灯,调节灯光为矩形范围,并控制它的照射范围,参见前视图。最重要的一点,必须选中常规参数General Parameters卷展栏下的阴影启用Cast Shadows参数。

注:为使观察投影直观一点,灯光不要垂直照射木板,应该稍偏移一点。

(6)再次渲染摄像机视图,文字的投影好像投到背景上去了,木板是一点也看不见了,回到材质编辑器,在无光/投影(Matte/Shadow)材质参数面板上单击反射Reflection选项中的贴图Maps按钮,在打开的贴图对话框中选择渐变贴图(Grandiant Ramp)类型,设置W的旋转角度为90°,返回到最高层,设置反射程度值Amount为30,渲染摄像机视图,一个彩色玻璃出现了,而且玻璃上有阴影。

(7)将设计结果存放在考生目录中,文件名为考号后5位数+"-7",扩展名为".MAX"。

7.16　演讲台

【设计要求】

(1)打开C:\3DMAXTK\SCENES\SEVEN-16.MAX文件。

(2)如图7.16.1所示,使用适当的材质类型,将演讲台赋上两种不同的材质,演讲台自身为木纹材质,贴图文件为木纹 4. JPG,在其前面赋上 SEVEN-16. TIF 贴图材质,设置必要的参数,使之出现在演讲台下半部分中央位置。

图 7.16.1　演讲台效果图

(3)将设计结果存放在考生目录中,文件名为考号后 5 位数 + " -7",扩展名为". MAX"。

【设计过程】

(1)打开 C:\3DMAXTK\SCENES\SEVEN-16. MAX文件,在场景中选择演讲台。

(2)进入材质编辑器,选择第一个材质球,设置 Blend 混合材质类型。

(3)单击材质 1(Materail 1)右边的按钮,进入标准材质面板,在漫反射 Diffuse 通道赋上木纹材质贴图,贴图文件选择木纹 4. JPG,U 方向的平铺次数为 3,V 方向的平铺次数为 1。

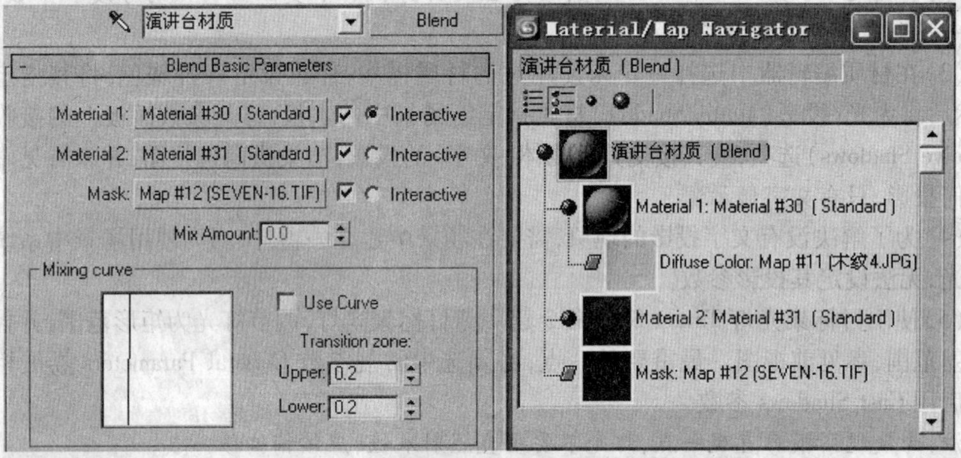

图 7.16.2　演讲台设为 Blend(混合)材质

(4)打开材质导航器,返回到最高层,单击材质 2(Materail 2)右边的按钮,进入标准材质面板,在漫反射 Diffuse 通道赋上蓝颜色,如图 7.16.2 所示。

(5)单击遮罩 Mask 右边的按钮,打开贴图浏览器对话框,选择位图 Bitmap 类型,选择 SEVEN-16. TIF 文件,它是一幅文字图,文字内容为"MAX 论坛",设置文字在 U 方向偏移 -0.05,U 方向平铺次数为 2,V 方向平铺次数为 4,W 方向旋转 270°。

(6)返回最高层,在混合基本参数的混合曲线选项中,勾选使用曲线复选,设置转换区域上下部均为 0.2,使蓝色文字更加清晰。

(7)将设计结果存放在考生目录中,文件名为考号后 5 位数 + " -7",扩展名为". MAX"。

7.17　玻璃窗户

【设计要求】

(1)打开 C:\3DMAXTK\SCENES\SEVEN-17.MAX文件。

(2)如图7.17.1所示,使用适当的材质类型,将场景中的物体分别赋上两种不同的材质,窗框使用木纹4.JPG贴图材质,玻璃为白色透明材质。

(3)将设计结果存放在考生目录中,文件名为考号后5位数+“-7”,扩展名为“.MAX”。

图7.17.1　玻璃窗户效果图

【设计过程】

(1)打开 C:\3DMAXTK\SCENES\SEVEN-17.MAX文件,在场景中选择窗户对象。

(2)进入材质编辑器,将标准材质 Standard 改为多维/子对象材质(Multi/Sub -Object),设置材质数量为2,ID1 命名为窗框材质,ID2 为玻璃材质,如图7.17.2所示。

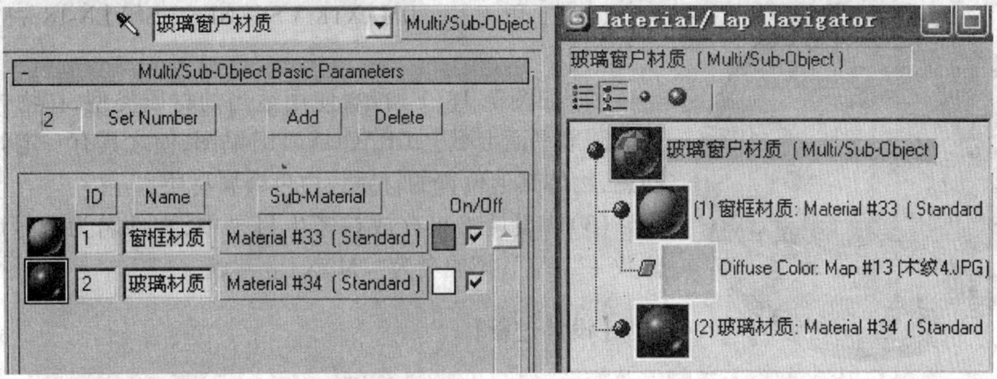

图7.17.2　玻璃窗户设为多子材质

(3)单击子材质 Material 33#(窗框材质),进入标准材质面板,在漫反射 Diffuse 通道赋上木纹材质贴图,贴图文件选择木纹4.JPG。

(4)打开材质导航器,返回到最高层,单击 Material 34#(玻璃材质)右边的按钮,进入标准材质面板,在漫反射 Diffuse 通道赋上白颜色,不透明度为30,高光级别为60,光泽度为40,如图7.17.3所示。

(5)将材质赋给场景中的窗户,但渲染后无材质显示,在修改命令面板,选择可编辑网格的多边形,使用工具栏中的箭头工具,在前视图框选窗户中的8块玻璃,使8块玻璃边框都显示为红色(使用 Ctrl 键进行多选),将8块玻璃的 ID 设为2,即使用玻璃材质。

(6)选择菜单栏中的 Edit(编辑)→Select Invert(反选),将其余部分的 ID 设为1,使用窗框材质。

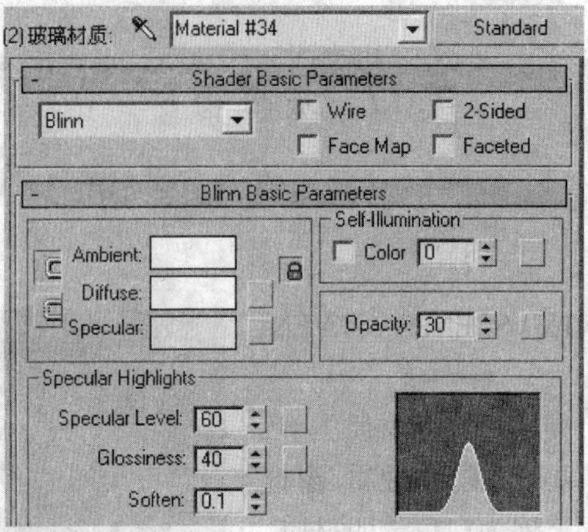

图 7.17.3 设置玻璃材质

(7)将设计结果存放在考生目录中,文件名为考号后 5 位数 +" -7",扩展名为". MAX"。

7.18 雕龙硬币

【设计要求】

图 7.18.1 雕龙硬币效果图

(1)打开 C:\3DMAXTK\SCENES\SEVEN-18 .MAX 文件。

(2)如图 7.18.1 所示,使用适当的材质类型,在物体中央的圆形平面上赋上 DRAGON.TIF 贴图,使之具有一定的凹凸感,物体其他位置的材质为白色金属材质。

(3)将设计结果存放在考生目录中,文件名为考号后 5 位数 +" -7",扩展名为". MAX"。

【设计过程】

(1)打开 C:\3DMAXTK\SCENES\SEVEN-18 .MAX 文件,选择场景中的圆形平面。

(2)进入材质编辑器,选择第一个材质样本,将标准材质 Standard 改为 Multi/Sub-Object(多维/子对象),设置材质数量为 2,ID1 命名为"金属材质",ID2 命名为"龙图案",如图 7.18.2所示。

(3)单击子材质 Material 44#(金属材质),进入标准材质面板,"明暗器基本参数"设置为金属渲染模式,在漫反射 Diffuse 通道赋上白色,自发光颜色为 20,高光级别为 99,光泽度为 53,如图 7.18.3 所示。

(4)打开材质导航器 ,返回到最高层,将 Material 44#(金属材质)右边的按钮拖放到 Material 45#材质按钮上,复制金属材质到龙图案材质,进入标准材质面板,展开 Maps 贴图展卷栏,设置凹凸数量为 15,贴图文件为 DRAGON.TIF。

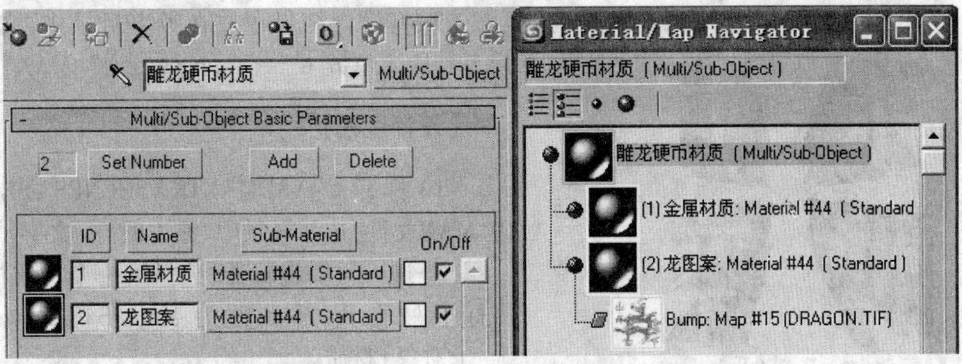

图 7.18.2　雕龙硬币设为 Multi/Sub-Object(多维/子对象)

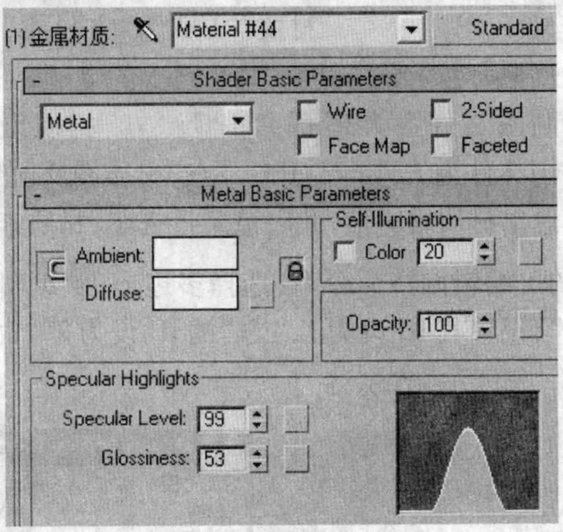

图 7.18.3　设置金属材质

(5)将材质赋给场景中的圆形物后,退出材质编辑器,此时渲染透视图,材质未赋上。

(6)在修改命令面板,将物体转换为可编辑网格,选择多边形■编辑方式,使用工具栏中的箭头工具,在前视图框选内圆,设置其 ID 设为 2,即使用龙图案材质。

(7)选择菜单栏中的 Edit(编辑)→Select Invert(反选),将其余部分的 ID 设为 1,即使用金属材质。

(8)将设计结果存放在考生目录中,文件名为考号后 5 位数 +“ -7”,扩展名为“. MAX”。

7.19　石材文字

【设计要求】

(1)打开 C:\3DMAXTK\SCENES\SEVEN-19 . MAX文件。

(2)如图 7.19.1 所示,使用适当的材质类型,分别给 DFSK 物体的 4 个汉字赋上不同的材质,“东”材质贴图文件为大理石 1. JPG,“方”材质贴图文件为大理石 2. JPG,“时”材质贴图文件为大理石 3. JPG,“空”材质贴图文件为大理石 4. JPG。

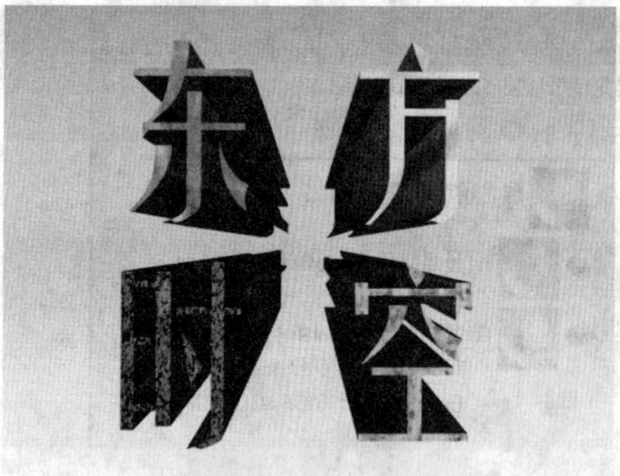

图 7.19.1　石材文字效果图

(3)将设计结果存放在考生目录中,文件名为考号后 5 位数 +“ -7”,扩展名为“. MAX”。

【设计过程】

(1) 打开 C:\3DMAXTK\SCENES\SEVEN-19. MAX文件,选择场景中“东方时空”文字。

(2)进入材质编辑器,选择第一个材质样本,将标准材质 Standard 改为 Multi/Sub-Object(多维/子对象)材质。

(3)设置材质数量为 4,分别设置 ID1 为“东材质”,ID2 为“方材质”,ID3 为“时材质”,ID4 为“空材质”。

(4)“东”材质漫反射贴图文件为大理石 1. JPG,“方”材质漫反射贴图文件为大理石 2. JPG,“时”材质漫反射贴图文件为大理石 3. JPG,“空”材质漫反射贴图文件为大理石 4. JPG。

(5)将材质赋给文字,退出材质编辑器,此时渲染透视图,材质未赋上。

(6)在修改命令面板的可编辑网格命令下,选择多边形编辑方式,使用工具栏中的箭头工具,在前视图框选“东”,设置其 ID 设为 1,“方”的 ID 设为 2,“时”的 ID 设为 3,“空”的 ID 设为 4,如图 7.19.2 所示。

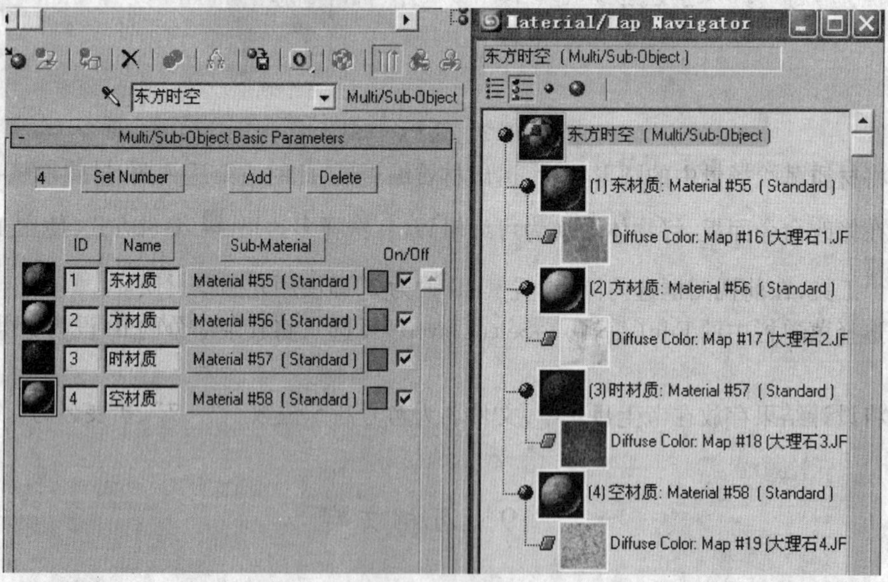

图 7.19.2　东方时空三维文字设为 Multi/Sub-Object(多维/子对象)材质

(7)为场景中的文字增加一个 UVW 贴图修改器,调整贴图坐标为“长方形”贴图方式。

(8)将设计结果存放在考生目录中,文件名为考号后 5 位数 +“ -7”,扩展名为“. MAX”。

7.20　烟　盒

【设计要求】

(1)打开 C:\3DMAXTK\SCENES\SEVEN-20.MAX文件。

(2)如图7.20.1所示,使用适当的材质类型,将烟盒的6个面分别赋上3种不同的材质,烟盒的前后两个面使用SEVEN-20A.JPG贴图材质,两个侧面使用SEVEN-20B.JPG贴图材质,烟盒的上下两个面为红色。

(3)将设计结果存放在考生目录中,文件名为考号后5位数+"-7",扩展名为".MAX"。

图7.20.1　烟盒效果图

【设计过程】

(1)打开 C:\3DMAXTK\SCENES\SEVEN-20.MAX文件,选择场景中的烟盒。

(2)进入材质编辑器,选择第一个材质样本,将标准材质 Standard 改为 Multi/Sub-Object(多维/子对象)材质,如图7.20.2所示。

图7.20.2　烟盒材质设为 Multi/Sub-Object(多维/子对象)

(3)设置ID数量为3,ID1命名为"烟盒前后",ID2为"烟盒侧面",ID3为"烟盒上下"。

(4)打开材质导航器,返回到最高层,单击 Material #0(烟盒前后)右边的按钮,进入标准材质面板,展开 Maps 贴图展卷栏,设置漫反射贴图文件为 SEVEN-20A.JPG,并且调整贴图在W方向旋转270°,使图片能直立贴在烟盒的前后表面。

(5)在材质/贴图导航器选项中,单击烟盒侧面:Material #1,进入标准材质面板,展开 Maps 贴图展卷栏,设置漫反射贴图文件为 SEVEN-20B.JPG。

(6)在材质/贴图导航器选项中,单击烟盒顶部:Material#2,进入标准材质面板,设置漫反射颜色为红色。

(7)将材质赋给烟盒,退出材质编辑器,此时渲染摄像机视图,材质未赋上。

(8)在修改命令面板的可编辑网格命令下,选择多边形■编辑方式,使用工具栏中的箭头工具,在前视图按住 Ctrl 键分别框选烟盒前后的面(有4个面),设置其 ID 设为1,再框选烟盒的两个侧面,ID 设为2,烟盒的上下两个顶面,ID 设为3。

(9)为场景中的文字增加一个 UVW 贴图修改器,调整贴图坐标为"长方形"贴图方式。

(10)将设计结果存放在考生目录中,文件名为考号后5位数+"-7",扩展名为".MAX"。

第 8 章 动画制作

【本章导读】

本章详细介绍了运用动画控制与运动合成技术制作动画的基本内容。

【学习目标】

- 掌握动画制作的基本概念和基本内容。
- 熟悉各种动画的制作过程。
- 掌握动画控制与运动合成的基本方法和技巧。

8.1 时钟动画

【设计主题】

时钟的动画过程设计。

【设计要求】

(1)打开 C:\3DMAXTK\SCENES\EIGHT-1. MAX 文件,如图 8.1.1 所示。场景中各物体名称是:钟体(CYL)、钟轴(AXIS)、时针(HOUR)、分针(MINUTE)和秒针(SECOND)。所有物体均已设定材质,灯光及环境已设置好。

(2)整个动画由 101 帧构成,播放制式为 NTSC 制式。其间,秒针绕时钟中轴转动 1 圈,分针绕时钟中轴转动 6°。

(3)将设计结果存放在考生目录中,文件名为考号后 5 位数 +" -8",扩展名为". MAX"。

(4)在顶视图分别渲染第 0 帧、第 50 帧和第 100 帧,渲染精度为 320 ×240,比例值使用默认值,渲染文件存放在考生目录中,文件名分别为考号后 5 位数 +"8A"、"8B"和"8C",扩展名为". JPG"。

【设计过程】

(1)打开 C:\3DMAXTK\SCENES\EIGHT-1. MAX 文件,如图 8.1.1 所示。场景中各物体名称是:钟体(CYL)、钟轴(AXIS)、时针(HOUR)、分针(MINUTE)和秒针(SECOND)。

(2)设置动画的播放式与时长,单击屏幕右下方的时间配置按钮,在弹出的时间配置对话框中,设置帧速率为 NTSC 制式,设置动画帧数为 101(注意:时间帧是从 0 ~ 100 帧),如图 8.1.2 所示。

图 8.1.1　时钟三维模型效果图

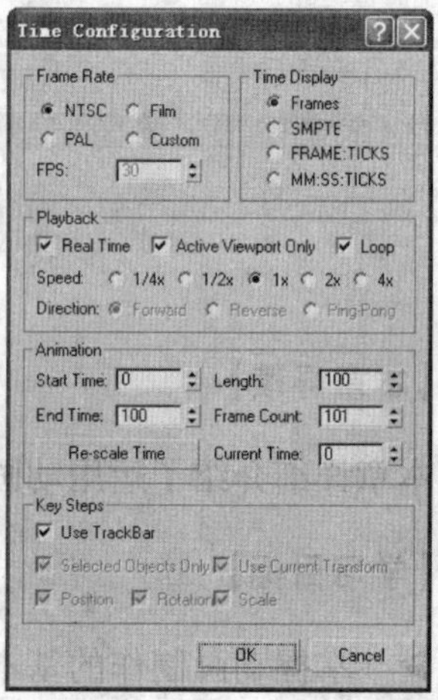

图 8.1.2　“时间配置”对话框

(3)单击屏幕下方的自动关键点按钮,使其上方的动画帧变为深红色,进入动画帧控制阶段,如图 8.1.3 所示。

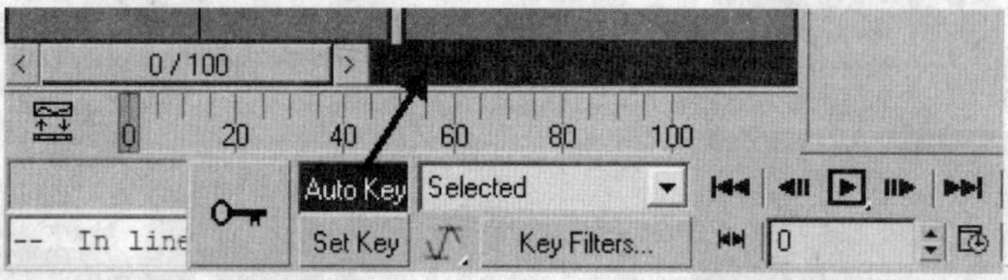

图 8.1.3　设置“自动关键点”

(4)单击右侧命令面板的层级选项,单击 Affect Pivot Only 按钮,选择顶视图的秒针(使用按名称选择工具),此时坐标显示为空心轴坐标形式,单击对齐工具,选择钟轴作为目标物体,在 X、Y 两个方向设置两个物体的轴心对齐(注意:不要调整 Z 轴方向),从而使空心轴坐标移至轴钟轴心,单击 Affect Pivot Only 按钮,退出轴心设置状态。

(5)将控制动画的时间滑块从第 0 帧移至第 100 帧,用鼠标右键单击旋转工具,在弹出的对话框中,设置秒针在 Z 方向旋转 -360°,使秒针沿钟轴顺时针旋转,如图 8.1.4 所示。

(6)单击屏幕下方的播放动画按钮,可以直接在顶视图预览到秒针旋转的动画。

(7)在顶视图选择分针,使用层级面板将分针的轴心与钟轴轴心对齐,设置方法同第(4)步。

(8)使用旋转工具设置分针在顶视图的 Z 轴绕钟轴转动 -6°。

(9)将设计结果存放在考生目录中,文件名为考号后 5 位数 +“ -8”,扩展名为“. MAX”。

(10)在顶视图分别渲染第 0 帧、第 50 帧和 100 帧,渲染精度为 320 ×240,比例值使用默认值,如图 8.1.5 所示,渲染文件存放在考生目录中,文件名分别为考号后 5 位数 +“8A”、“8B”和“8C”,扩展名为“. JPG”。

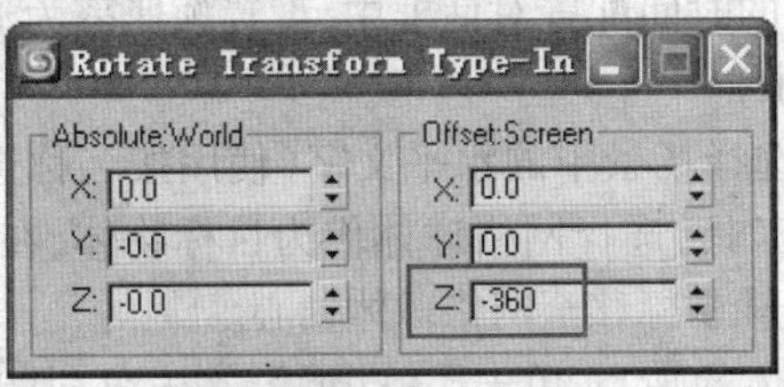

图 8.1.4　“旋转变换类型”对话框

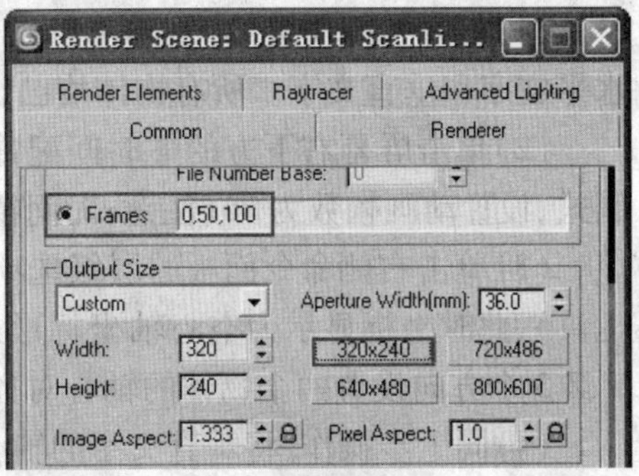

图 8.1.5　“渲染场景”设置

8.2　文字动画

【设计主题】

文字的动画过程设计。

【设计要求】

(1)打开 C:\3DMAXTK\SCENES\EIGHT-2. MAX 文件,如图 8.2.1 所示,场景中各物体名称是:网格球体(SHPERE01)、水平文字(SPWZ)和垂直文字(CZWZ)。所有物体均已设定材质,灯光及环境已设置好。

图 8.2.1　文字动画效果图

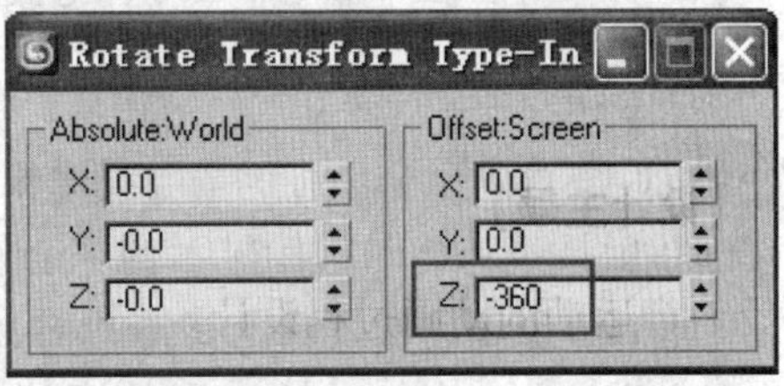

图 8.2.2　旋转变换类型对话框

(2)整个动画由 76 帧构成,播放制式为 PAL 制式。其间,球体在水平方向顺时针自转 1 周,水平文字以球体中心为轴心顺时针转动 1 周,垂直文字以球体中心为轴心在垂直方向逆时针转动 1 周。

(3)将设计结果存放在考生目录中,文件名为考号后 5 位数 +“ - 8”,扩展名为“. MAX”。

(4)在顶视图分别渲染第 0 帧、第 30 帧和 75 帧,渲染精度为 320 × 240,比例值使用默认值,渲染文件存放在考生目录中,文件名分别为考号后 5 位数 +“8A”、“8B”和“8C”,扩展名为“. JPG”。

【设计过程】

(1)打开 C:\3DMAXTK\SCENES\EIGHT-2. MAX 文件,场景中各物体名称是:网格球体、水平文字和垂直文字。所有物体均已设定材质,灯光及环境已设置好。

(2)单击屏幕右下方的时间配置按钮,在弹出的时间配置对话框中,设置帧速率为 PAL 制式,设置动画帧数为 76(注意:时间帧是从 0 ~ 75 帧)。

(3)单击右侧命令面板的层级选项,单击按钮,选择场景中的水平文字(使用按名称选择工具),此时坐标显示为空心轴坐标形式,单击对齐工具,选择网格球体作为目标物体,在 X、Y、Z 3 个方向设置两个物体的轴心对齐,从而使空心轴坐标移至网格球体轴心。

(4)同上步操作,将垂直文字的轴心对齐网络球体的轴心,单击 Affect Pivot Only 按钮,退出轴心设置状态。

(5)单击屏幕下方的按钮,使其上方的动画帧变为深红色,进入动画帧控制阶段。

(6)在顶视图选择网格球体,将控制动画的时间滑块从第 0 帧移至第 75 帧,用鼠标右键单击旋转工具,在弹出的对话框中,设置网格球体在 Z 方向旋转 -360°,如图 8.2.2 所示,使网格球体顺时针自转 1 周。

(7)在顶视图选择水平文字,使用鼠标右键单击旋转工具,设置水平文字在 Z 方向旋转 -360°,使水平文字以球体中心为轴心顺时针转动 1 周。

(8)选择垂直文字,使用鼠标右键单击旋转工具,设置垂直文字在 Z 方向旋转 360°,以球体中心为轴心在垂直方向逆时针转动 1 周。

(9)将设计结果存放在考生目录中,文件名为考号后 5 位数 +“ -8”,扩展名为“. MAX”。

(10)在顶视图分别渲染第 0 帧、第 30 帧和 75 帧,渲染精度为 320 × 240,比例值使用默认值,渲染文件存放在考生目录中,文件名分别为考号后 5 位数 +“8A”、“8B”和“8C”,扩展名为“. JPG”。

8.3 石磨运动

【设计主题】

石磨运动的动画过程设计。

【设计要求】

(1)打开 C:\3DMAXTK\SCENES\EIGHT-3. MAX 文件,如图 8.3.1 所示,场景中各物体名称是:磨底盘(MILLDISK)、磨底座(MILLBASE)、转动磨盘(MILLTOP)、磨盘驱动臂(CAPT)和手把(HAND)。所有物体均已设定材质,灯光及环境已设置好。

(2)整个动画由 101 帧构成,播放制式为 NTSC 制式。其间,转动磨盘以自身的中心为轴心顺时针转动 1 周,驱动臂和手把随转动磨盘转动而转动,并且,在 0 ~ 50 帧手把逆时针自转 180°,51 ~ 100 帧顺时针自转 180°。

(3)将设计结果存放在考生目录中,文件名为考号后 5 位数 +“ -8”,扩展名为“. MAX”。

(4)在顶视图分别渲染第 0 帧、第 50 帧和 90 帧，渲染精度为 320 × 240，比例值使用默认值，渲染文件存放在考生目录中，文件名分别为考号后 5 位数 + “8A”、“8B”和“8C”，扩展名为“. JPG”。

图 8.3.1　石磨运动效果图

【设计过程】

(1)打开 C:\3DMAXTK\SCENES\EIGHT-3. MAX 文件，场景中各物体名称是：磨底盘(MILLDISK)、磨底座(MILLBASE)、转动磨盘(MILLTOP)、磨盘驱动臂(CAPT)和手把(HAND)。所有物体均已设定材质，灯光及环境已设置好。

(2)选择 3D 窗口下动画制作工具中的“时间配置”工具，设置帧速率为 NTSC 制式，动画帧数为 101 帧，使整个动画由 101 帧构成，播放制式为 NTSC 制式。

(3)在顶视图中，选择转动磨盘(MILLTOP)。

(4)单击“自动关键点”按钮，时间帧变为深红色，将时间帧滚动条移至第 100 帧，设置转动磨盘的动画。

(5)选择工具栏的旋转工具，单击左键使该图标变为亮黄色，再单击右键，弹出“旋转变换输入”窗口，在“世界偏移”的 Z 选项框中输入“ -360”，如图 8.3.2 所示，设置转动磨盘以自身的中心为轴心顺时针转动 1 周。

(6)选择工具栏的图解视图工具，打开图解视图对话框。

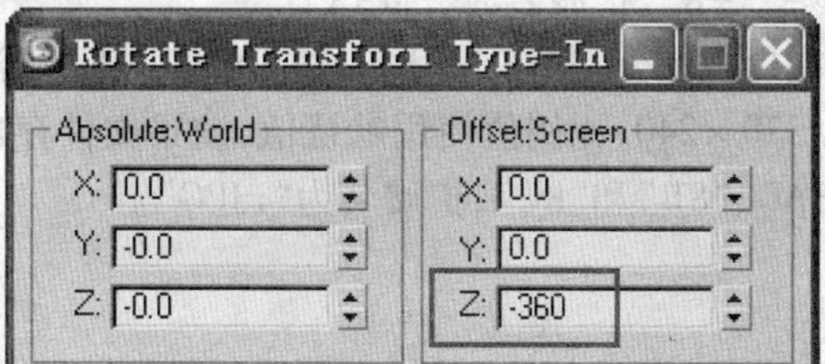

图 8.3.2　“旋转变换类型”对话框

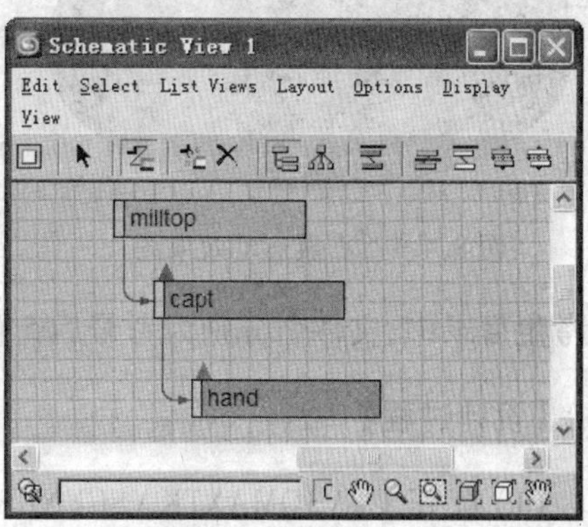

图 8.3.3　“图解视图”对话框

(7)选择链接工具，在窗口中选中手把(HAND)驱动臂文字框，将其链接到磨盘驱动臂(CAPT)文字框。再选中磨盘驱动臂文字框，将其链接到转动磨盘(MILLTOP)文字框，如图 8.3.3所示，完成驱动臂和手把随转动磨盘转动而转动。

(8)在顶视图中选择手把(HAND)，将时间帧滚动条移至第 50 帧，设置手把的动画。

(9)选择工具栏的旋转工具，单击左键使该图标变为亮黄色，再单击右键，弹出“旋转变换输入”窗口，在“世界偏移”的 Z 选项框中输入“180”，设置在 0 ~ 50 帧手把逆时针自转 180°。

(10)将时间帧滚动条移至第 100 帧，设置手把的动画。

(11)选择工具栏的旋转工具，单击左键使该图标变为亮黄色，再单击右键，弹出“旋转变换输入”窗口，在“世界偏移”的 Z 选项框中输入“ -180”，设置在 50 ~ 100 帧手把顺时针自转 180°。

(12)将设计结果存放在考生目录中,文件名为考号后5位数+“-8”,扩展名为“.MAX”。

(13)在顶视图分别渲染第0帧、第50帧和90帧,渲染精度为320×240,比例值使用默认值,渲染文件存放在考生目录中,文件名分别为考号后5位数+“8A”、“8B”和“8C”,扩展名为“.JPG”。

8.4 石碾运动

【设计主题】

石碾运动的动画过程设计。

【设计要求】

(1)打开C:\3DMAXTK\SCENES\EIGHT-4.MAX文件,如图8.4.1所示,场景中各物体名称是:碾盘(BASE)、碾轮(WHEEL)、中轴(VERT)和横梁(HORI)。所有物体均已设定材质,灯光及环境已设置好。

图8.4.1 石碾运动效果图

(2)整个动画由76帧构成,播放制式为PAL制式。其间,中轴自转1周,驱动横梁转动1周,横梁带动碾轮运动并且碾轮以横梁为轴心向前滚动4周。

(3)将设计结果存放在考生目录中,文件名为考号后5位数+“-8”,扩展名为“.MAX”。

(4)在顶视图分别渲染第0帧、第30帧和75帧,渲染精度为320×240,比例值使用默认值,渲染文件存放在考生目录中,文件名分别为考号后5位数+“8A”、“8B”和“8C”,扩展名为“.JPG”。

【设计过程】

(1)打开C:\3DMAXTK\SCENES\EIGHT-4.MAX文件,场景中各物体名称是:碾盘(BASE)、碾轮(WHEEL)、中轴(VERT)和横梁(HORI)。所有物体均已设定材质,灯光及环境已设置好。

(2)选择3D窗口下行动画制作工具中的“时间配置”工具,设置帧速率为PAL制式,动画帧数为76帧,使整个动画由76帧构成。

(3)在顶视图中选择中轴(VERT),单击Auto Key按钮,时间帧变为深红色,将时间帧滚动条移至第75帧,设置中轴(VERT)的动画。

(4)选择工具栏的旋转工具,单击鼠标左键使该图标变为亮黄色,再单击鼠标右键,弹出“旋转变换输入”窗口,在“世界偏移”的Z选项框中输入“-360”,设置中轴自转1周。

(5)选择工具栏的图解视图工具,打开图解视图窗口,选择链接工具,分别将碾轮(WHEEL)链接到金属环(goldcircle),金属环(goldcircle)链接到横梁(HORI),横梁(HORI)链接到中轴(VERT),如图8.4.2所示。

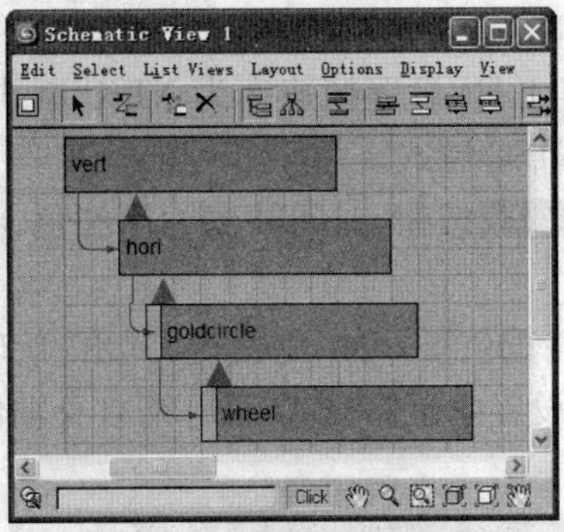

图 8.4.2　“图解视图”对话框

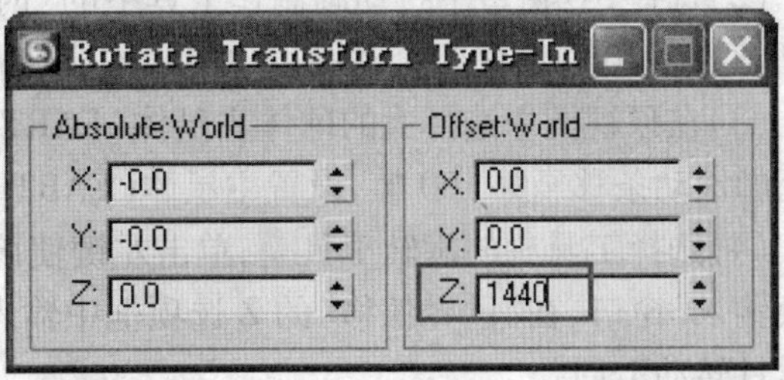

图 8.4.3　“旋转变换类型”对话框

(6)在顶视图中选择碾轮(WHEEL),将时间帧滚动条移至第 75 帧,设置碾轮(WHEEL)的动画。

(7)选择工具栏的旋转工具,单击左键使该图标变为亮黄色,再单击右键,弹出“旋转变换输入”窗口,在“世界偏移”的 Z 选项框中输入“1440”,如图 8.4.3 所示,设置碾轮以横梁为轴心向前滚动 4 周。

(8)将设计结果存放在考生目录中,文件名为考号后 5 位数 + “ -8”,扩展名为“. MAX”。

(9)在顶视图分别渲染第 0 帧、第 30 帧和 75 帧,渲染精度为 320 × 240,比例值使用默认值,渲染文件存放在考生目录中,文件名分别为考号后 5 位数 + “8A”、“8B”和“8C”,扩展名为“. JPG”。

8.5　星球运转

【设计主题】

天体物体的动画过程设计。

【设计要求】

(1)打开 C:\3DMAXTK\SCENES\EIGHT-5. MAX 文件,如图 8.5.1 所示,场景中各物体名称是:主星体(EARTH)和小行星(STAR)。所有物体均已设定材质,灯光及环境已设置好。

(2)整个动画由 101 帧构成,播放制式为 NTSC 制式。其间,主星体(EARTH)绕自身轴作顺时针转动 1 周,并带动小行星(STAR)一起运动,同时小行星绕自身轴逆时直旋转 720°。

(3)将设计结果存放在考生目录中,文件名为考号后 5 位数 + “ -8”,扩展名为“. MAX”。

(4)在顶视图分别渲染第 0 帧、第 50 帧和 100 帧,渲染精度为 320 × 240,比例值使用默认值,渲染文件存放在考生目录中,文件名分别为考号后 5 位数 + “8A”、“8B”和“8C”,扩展名为“. JPG”。

【设计过程】

(1)打开 C:\3DMAXTK\SCENES\EIGHT-5. MAX 文件,场景中各物体名称是:主星体

(EARTH)和小行星(STAR)。

(2)选择3D窗口下行动画制作工具中的“时间配置”工具,设置帧速率为NTSC制式,动画帧数为101帧,使整个动画由101帧构成,播放制式为NTSC制式。

(3)在顶视图中选择大的球体主星体(EARTH)。单击Auto Key按钮,时间帧变为深红色,将时间帧滚动条移至第100帧,设置主星体(EARTH)的动画。

(4)选择工具栏的旋转工具,单击左键使该图标变为亮黄色,再单击右键,弹出“旋转变换输入”窗口,在“世界偏移”的Z选项框中输入“-360”,设置主星体(EARTH)绕自身轴作顺时针转动1周。

图8.5.1　天体物体动画效果图

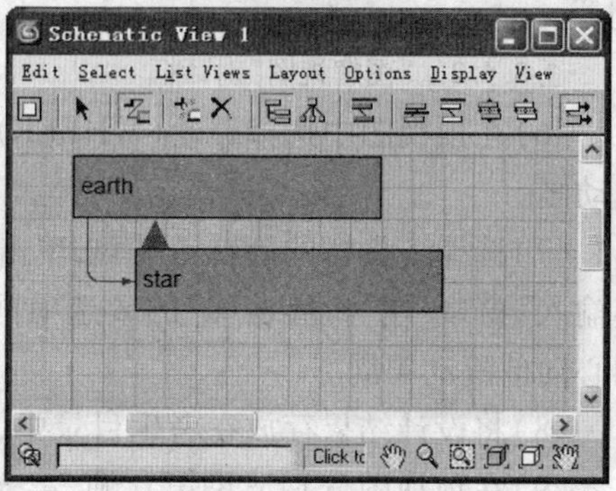

图8.5.2　图解视图对话框

(5)在顶视图中选择小行星(STAR)。选择工具栏的旋转工具,单击左键使该图标变为亮黄色,再单击右键,弹出“旋转变换输入”窗口,在“世界偏移”的Z选项框中输入“720”,设置小行星绕自身轴逆时针旋转720°。

(6)选择工具栏的图解视图工具,打开图解视图窗口,选择链接工具,在窗口中选中小行星(STAR)文字框,将其链接到主星体(EARTH)文字框,如图8.5.2所示。

(7)将设计结果存放在考生目录中,文件名为考号后5位数+“-8”,扩展名为“.MAX”。

(8)在顶视图分别渲染第0帧、第50帧和100帧,渲染精度为320×240,比例值使用默认值,渲染文件存放在考生目录中,文件名分别为考号后5位数+“8A”、“8B”和“8C”,扩展名为“.JPG”。

8.6　轨迹运动

【设计主题】

物体按指定轨迹运动的动画过程设计。

【设计要求】

(1)打开C:\3DMAXTK\SCENES\EIGHT-6.MAX文件,如图8.6.1所示,场景中各物体名称是:中心球体(LARGBALL)、小球体1(BALL-1)、小球体2(BALL-2)、轨道线1(TRACK-1)和轨道线2(TRACK-2)。所有物体均已设定材质,灯光及摄像机已设置好。

图 8.6.1　物体按指定轨迹运动效果图

(2)整个动画由 126 帧构成,播放制式为 NTSC 制式。其间,小球体 1 和小球体 2 分别绕轨道线 1 和轨道线 2 移动 1 周,并且小球体 1 比小球体 2 要提前 10 帧运行,中心球体绕自身轴按顺时针自转 1 周。

(3)将设计结果存放在考生目录中,文件名为考号后 5 位数 +“ - 8”,扩展名为“. MAX”。

(4)在顶视图分别渲染第 0 帧、第 60 帧和第 120 帧,渲染精度为 320 × 240,比例值使用默认值,渲染文件存放在考生目录中,文件名分别为考号后 5 位数 +“8A”、“8B”和“8C”,扩展名为“. JPG”。

【设计过程】

(1)打开 C:\3DMAXTK\SCENES\EIGHT-6. MAX 文件,场景中各物体名称是:中心球体(LARGBALL)、小球体 1(BALL-1)、小球体 2(BALL-2)、轨道线 1(TRACK-1)和轨道线 2(TRACK-2)。

(2)单击屏幕右下方的时间配置按钮,在弹出的时间配置对话框中,设置帧速率 NTSC 制式,设置动画帧数为 126 帧。

(3)选择场景中的小球体 1(BALL-1),单击右侧命令面板的运动图标,启用动画命令面板选项,单击其上的指定控制器图标,在弹出的指定位置控制器对话框中选择 Path Constraint 路径约束选项,如图 8.6.2 所示。

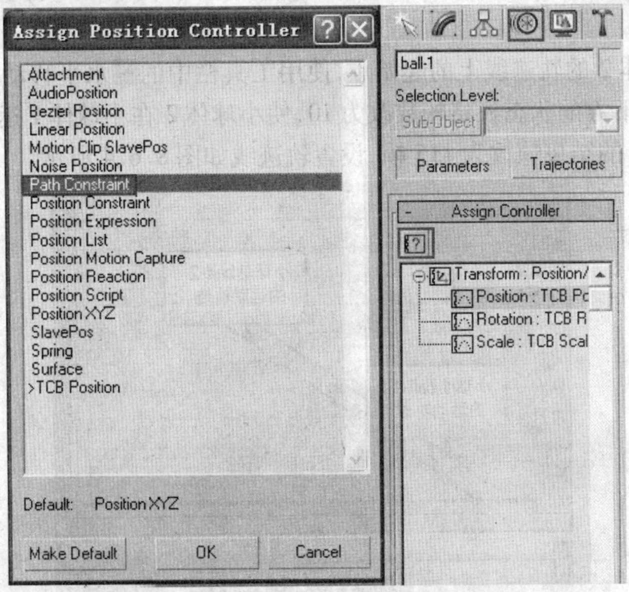

图 8.6.2　“指定位置控制器”对话框

(4)单击右侧命令面板中的 Add Path ,在场景中单击轨道线 1(TRACK-1),设定 Constant Velocity 恒定速度,Loop 循环选项打钩,此时小球体 1(BALL-1)在轨道线 1(TRACK-1)中变换位置,完成小球体 1 沿轨道线 1 路径的约束运动。

(5)按上步操作方式,设置小球体 2(BALL-2)绕轨道线 2(TRACK-2)路径的约束运动。

(6)单击工具栏中的曲线编辑器,如图 8.6.3 所示,分别展开左侧窗口 objects 对象下的小球体 1(BALL-1)和小球体 2(BALL-2)前的"+"号,按 Ctrl 键在扩展项中同时选择小球体 1 和 2 的位置百分比,在右侧轨迹窗口出现一条斜线。

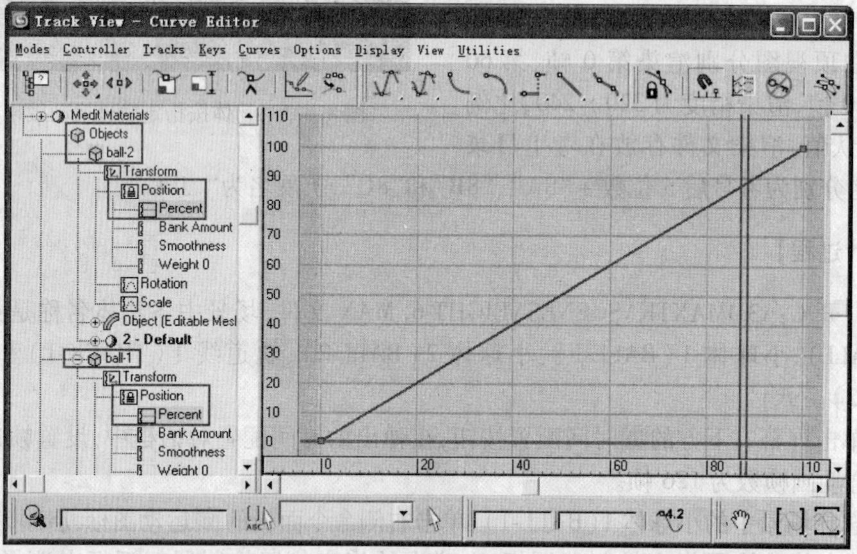

图 8.6.3 "轨迹视图"对话框

注:使用右下角的视窗拉伸工具可以调整轨迹线的显示方式,是轨迹视图最大化显示工具。

(7)选择小球体 2 的轨迹线上的起始点,使用工具栏中的水平移动工具,将起始点向后移动 10 帧,或屏幕下方的状态栏将帧数改为 10,使小球体 2 在小球体 1 运动 10 帧后再开始运动,同理将小球体 1 的结束帧改为 115 帧,设置轨迹线如图 8.6.4 所示。

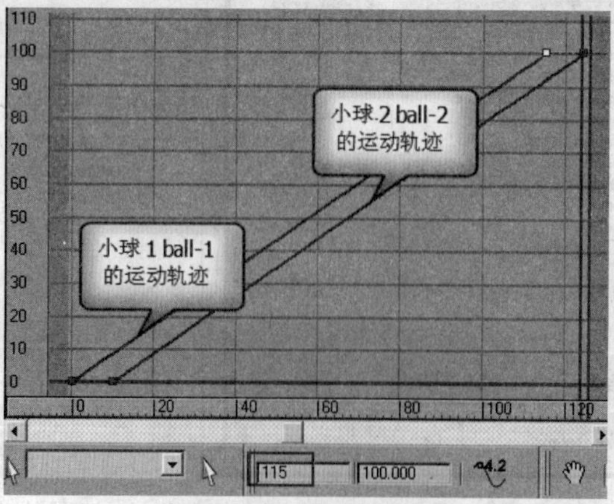

图 8.6.4 设置两个小球的运动轨迹线

注:轨迹窗口下方第一个输入框代表控制点的轨迹帧数坐标,第二个输入框代表控制点运动位置百分比坐标。

(8)现在开始设置中心球体绕自身轴按顺时针自转1周,在顶视图中选择中心球体(LARGBALL),单击Auto Key按钮,时间帧变为深红色,将时间帧滚动条移至第125帧。

(9)选择工具栏的旋转工具,单击左键使该图标变为亮黄色,再单击右键,弹出"旋转变换输入"窗口,在"世界偏移"的Z选项框中输入"－360",设置主星体绕自身轴作顺时针转动1周。

(10)将设计结果存放在考生目录中,文件名为考号后5位数＋"－8",扩展名为".MAX"。

(11)在顶视图分别渲染第0帧、第60帧和120帧,渲染精度为320×240,比例值使用默认值,渲染文件存放在考生目录中,文件名分别为考号后5位数＋"8A"、"8B"和"8C",扩展名为".JPG"。

8.7　文字淡进淡出

【设计主题】

物体飞行及淡进淡出运动的动画过程设计。

【设计要求】

(1)打开C:\3DMAXTK\SCENES\EIGHT-7.MAX文件,如图8.7.1所示,场景中各物体名称是:中文文字和英文文字。所有物体均已设定材质,灯光及摄像机已设置好。

(2)整个动画由126帧构成,播放制式为PAL制式。其间,0～40帧,中文文字从屏幕的左边横穿屏幕的右边直到看不见;41～80帧,中文文字从摄像机镜头外径直飞入画面内,至英文文字处定位不动;81～100帧,英文文字慢慢淡出至完全显示。

图8.7.1　物体飞行及淡进淡出运动效果图

(3)将设计结果存放在考生目录中,文件名为考号后5位数＋"－8",扩展名为".MAX"。

(4)在顶视图分别渲染第0帧、第60帧、第85帧和125帧,渲染精度为320×240,比例值使用默认值,渲染文件存放在考生目录中,文件名分别为考号后5位数＋"8A"、"8B"、"8C"和"8D",扩展名为".JPG"。

【设计过程】

(1)打开C:\3DMAXTK\SCENES\EIGHT-7.MAX文件,场景中各物体名称是:中文文字和英文文字。

(2)单击时间配置按钮,打开时间配置对话框,设置播放制为 PAL 制式,并在对话框中更改动画长度为 126 帧。

(3)在视图中选择中文字“新闻”,选择菜单 Edit\ Clone 命令,打开克隆对话框,认可对话框中的名称(新闻 01)和复制类型,单击 OK 按钮退出。

(4)选择刚才复制得到的文字“新闻 01”,在顶视图将其向左边移动一段距离,直至在摄像机视图中看不到,如图 8.7.2 所示。

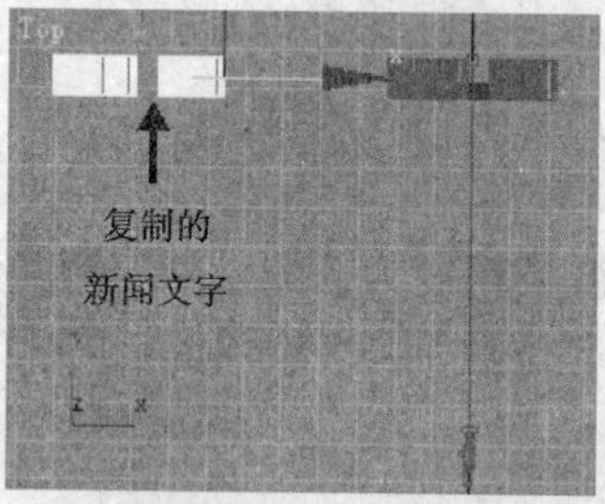

图 8.7.2　复制并左移“新闻 01”文字

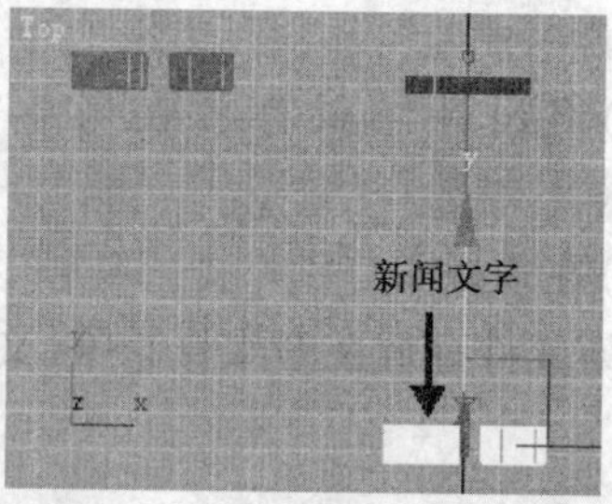

图 8.7.3　原始中文字 News 移到摄像机前面

(5)在顶视图将原始中文字“新闻”移到摄像机前面,同样在摄像机视图不能看到该文字,如图 8.7.3 所示。

(6)选择复制文字“新闻 01”,打开动画记录按钮,将时间滑块移动第 40 帧外,使用移动工具将文字从左边平移到右边,从摄像机视图看到该文字横穿而过。

(7)将时间滑块移到第 80 帧,选择原始文字“新闻”,在顶视图沿着 Y 轴将其移回原处,播放动画观看,可以看到复制文字在没有消失前,原始文字就出现了。

(8)下面进入 Track View 进行调整。关闭动画记录按钮,单击工具栏中的轨迹编辑器按钮,打开轨迹视图对话框,并在层级列表中展开 Objects 前的加号,找到中文字“新闻”和“新闻 01”,打开前面的加号。

(9)在层级列表中选择“新闻”中的位置 Transform,单击(移动关键帧)按钮,移动该文字的起始帧到第 40 帧处,如图 8.7.4 所示。

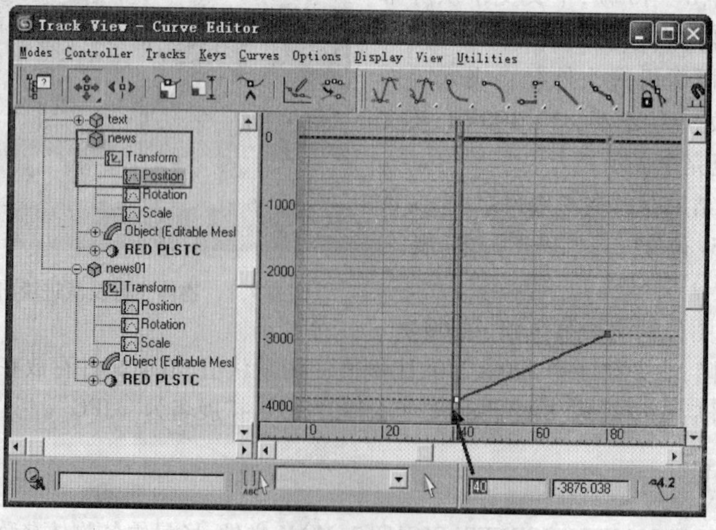

图 8.7.4　设置“轨迹视图”对话框

(10)再次单击播放按钮,现在效果正常了。但是英文文字还没有处理好,下面完成英文字母的淡入过程。

(11)根据要求英文文字(NEWS)在 0 ~ 80 帧是不可见的,81 ~ 100 帧逐渐出现至完全显示。

(12)在轨迹视图中选择英文文字“NEWS”,单击前面的“ + ”号,展开其下的层级,确认当前激活的仍为“NEWS”层级,添加可见性轨迹按钮,这样在“NEWS”层级下面增加了一个 Visibility 可见性轨迹,如图 8.7.5 所示。

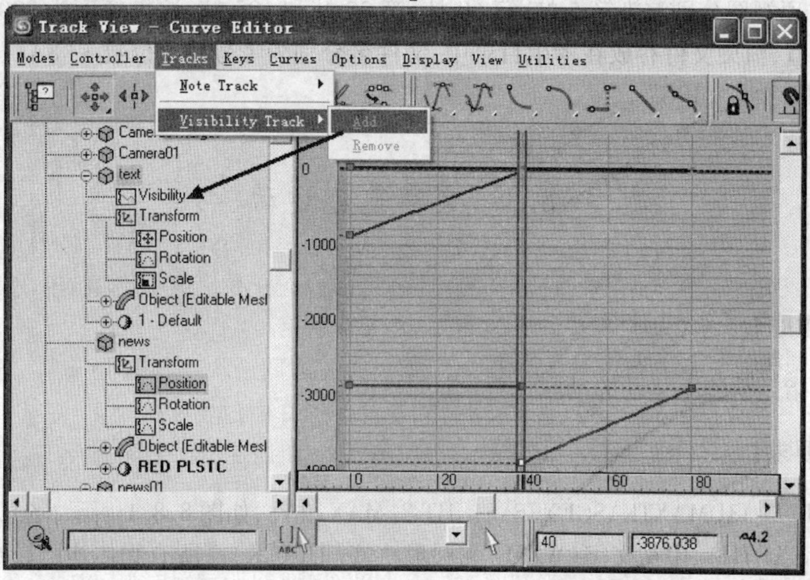

图 8.7.5　激活“NEWS”的 Visibility 可见性轨迹

(13)激活 Visibility 可见性轨迹,单击工具栏中的(增加关键帧)按钮,如图 8.7.6 所示,在 80 帧和 100 帧处增加两个关键帧。

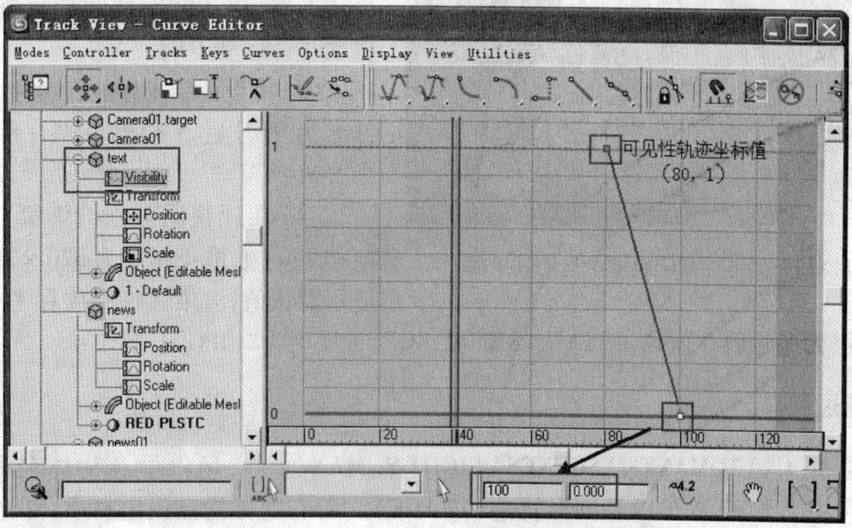

图 8.7.6　设置“NEWS”的可见性轨迹坐标值

(14)如果现在播放动画,效果如原来一样,因为 Visibility 轨迹线中的两个关键帧默认都是可见。选择 Visibility 轨迹线中第 1 个关键帧(即第 80 帧)处的键点,单击鼠标右键,弹出对话框,修改 Value 的值为 0。

(15)设置好后,关闭该对话框,在摄像机视图拖动时间滑块,可以看到在 0 ~ 80 帧移动时间滑块,英文文字没有显示出来,从 81 帧处逐渐淡入至 100 帧时完全显示。

(16)将设计结果存放在考生目录中,文件名为考号后 5 位数 +“-8”,扩展名为“.MAX”。

(17)在顶视图分别渲染第 5 帧、第 60 帧、第 85 帧和 125 帧,渲染精度为 320 × 240,比例值使用默认值,渲染文件存放在考生目录中,文件名分别为考号后 5 位数 +“8A”、“8B”、“8C”和“8D”,扩展名为“.JPG”。

8.8 文字轨迹运动

【设计主题】

物体在指定轨迹上运动的动画过程设计。

【设计要求】

(1)打开 C:\3DMAXTK\SCENES\EIGHT-8.MAX 文件,如图 8.8.1 所示,场景中各物体名称是:地球(EARTH)、中文文字(WZ01)和圆形轨迹(TRACK)。所有物体均已设定材质,灯光及摄像机已设置好。

图 8.8.1 物体在指定轨迹上运动效果图

(2)整个动画由 126 帧构成,播放制式为 PAL 制式。其间,球体绕自身轴逆时针自转 1 周,中文文字按圆形轨迹绕着球体作顺时针运动 1 周。

(3)将设计结果存放在考生目录中,文件名为考号后 5 位数 +“-8”,扩展名为“.MAX”。

(4)在顶视图分别渲染第 0 帧、第 80 帧和 120 帧,渲染精度为 320 × 240,比例值使用默认值,渲染文件存放在考生目录中,文件名分别为考号后 5 位数 +“8A”、“8B”和“8C”,扩展名为“.JPG”。

【设计过程】

(1)打开 C:\3DMAXTK\SCENES\EIGHT-8.MAX 文件,场景中各物体名称是:地球(EARTH)、中文文字(WZ01)和圆形轨迹(TRACK)。所有物体均已设定材质,灯光及环境已设置好。

(2)单击时间配置按钮,打开时间配置对话框,设置播放制为 PAL 制式,并在对话框中更改动画长度为 126 帧。

(3)首先将中文文字(WZ01)的轴心与地球轴心对齐,选择顶视图的中文文字(WZ01),打开层级面板,单击 Affect Pivot Only 按钮,单击工具栏中的对齐按钮,选择顶视图的地球(EARTH),在弹出的对齐对话框中,设置中文文字在 X、Y、Z 方向与地球同时轴心对齐,设置如图 8.8.2 所示。

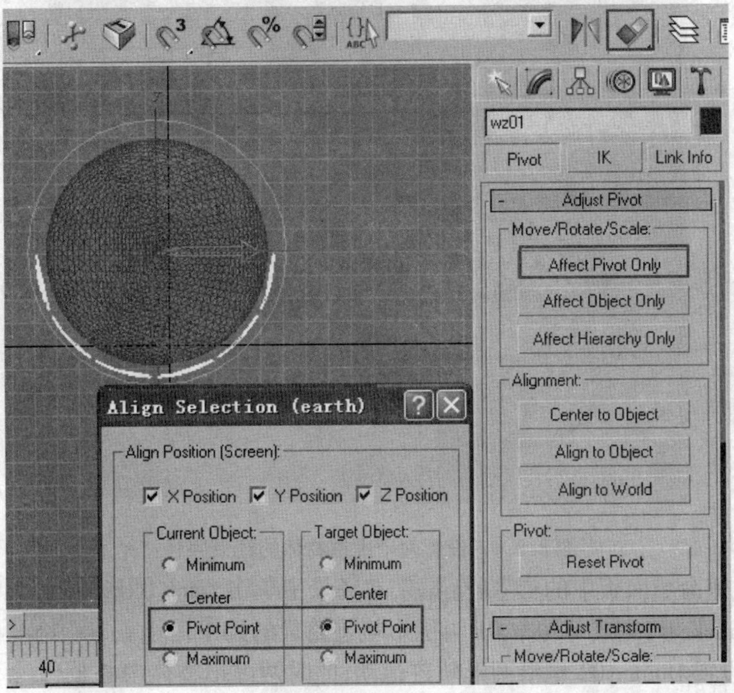

图 8.8.2　设置中文文字在 X、Y、Z 方向与地球同时轴心对齐

(4)退出 Affect Pivot Only 设置,选择创建→辅助对象→虚拟对象,在顶视图地球附近创建两个虚拟物体(注意用大小来区别),分别命名为“虚拟物体 1”和“虚拟物体 2”,如图 8.8.3 所示。

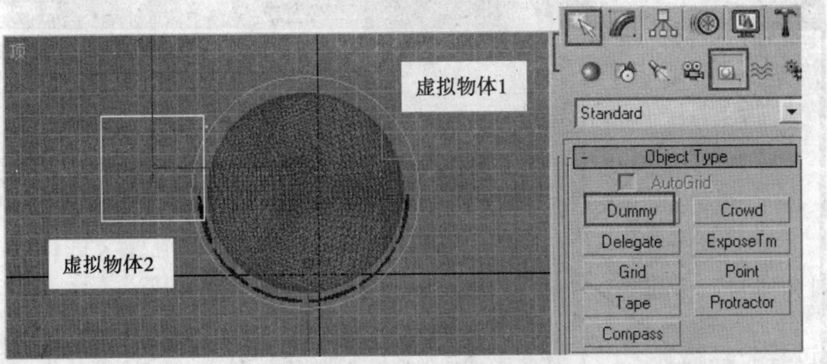

图 8.8.3　创建两个虚拟物体

(5)选择场景中的“虚拟物体 1”,单击右侧命令面板的运动图标,启用动画命令面板选项,在指定控制器选项中,选择位置,单击其上的指定控制器图标,在弹出的指定位置控制器对话框中选择路径约束选项,如图 8.8.4 所示。

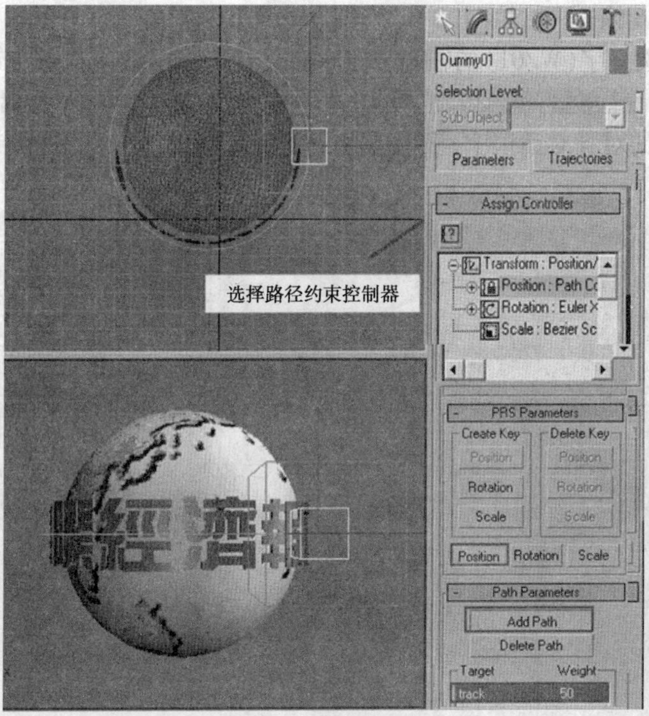

图 8.8.4　设置两个虚拟物体的约束路径

(6)单击右侧命令面板中的 Add Path ,在场景中单击 track 圆形轨迹,此时 Dummy01 移到圆形轨迹线 track 上,完成 Dummy01 沿圆形轨迹路径的约束运动。

(7)同上,设置 Dummy02 也沿圆形轨迹运动,此时两虚拟物体中心重合。

(8)单击工具栏中的曲线编辑器,展开左侧窗口“对象”下的“虚拟物体 2”前的“+”号,在扩展项中选择虚拟物体 2 的位置百分比,在右侧轨迹窗口出现一条斜线。

(9)改变虚拟物体 2 的轨迹线方向,设置其结束点的帧数为 0,位置为 100,然后设置起始点的帧数为 100,位置为 0,与虚拟物体 1 的轨迹线相交叉,如图 8.8.5 所示。

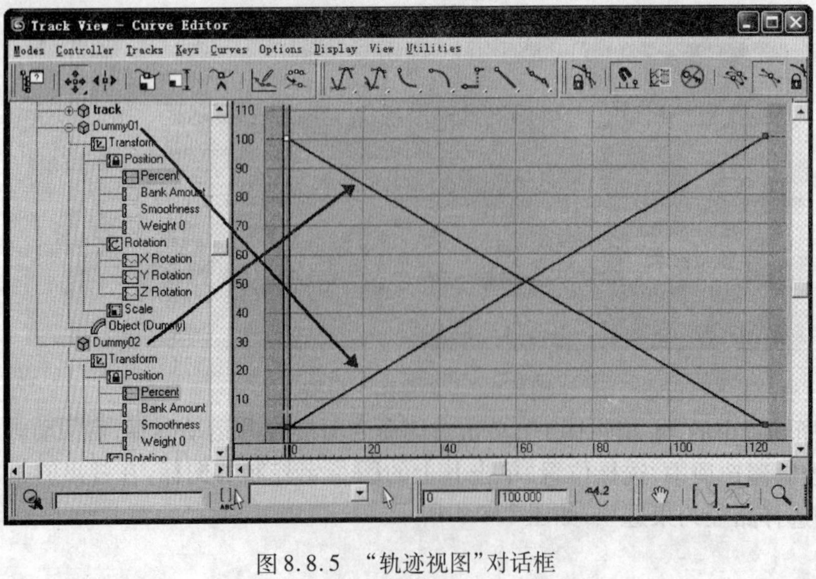

图 8.8.5　“轨迹视图”对话框

(10)关闭曲线编辑器对话框,选择场景中的地球,在运动面板中选择旋转控制器,单击"注视约束"选项,然后单击"确定"按钮,如图 8.8.6 所示。

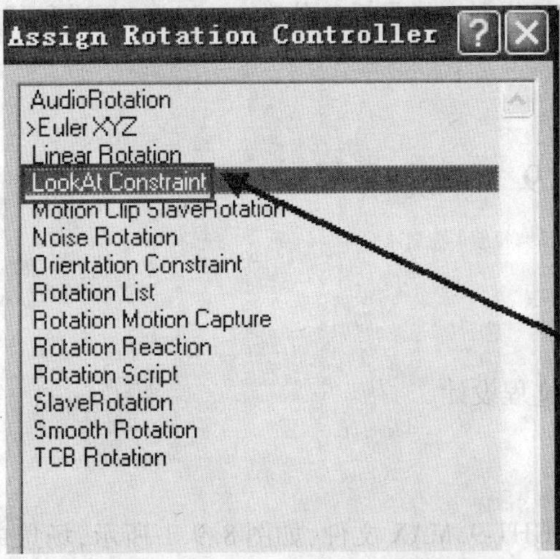

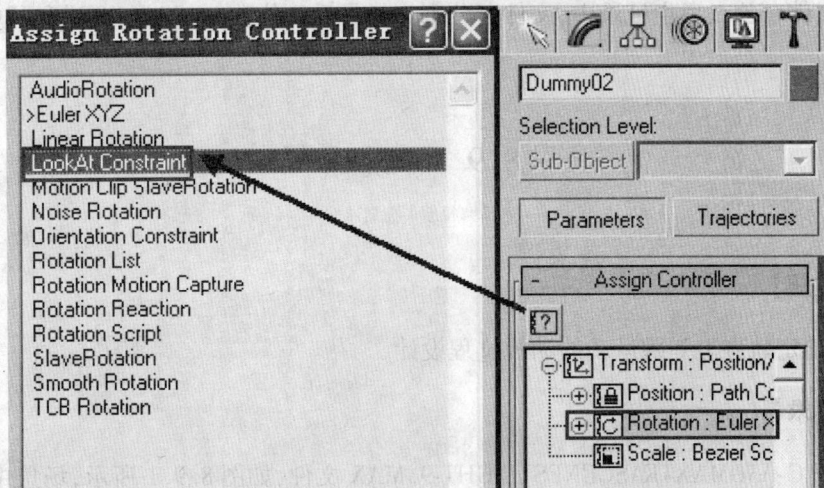

图 8.8.6　设置两个虚拟物体旋转控制器"注视约束"

(11)在右侧命令面板,单击"添加注视目标"按钮,选择场景中的虚拟物体 1,使地球注视着虚拟物体 1 自转,如图 8.8.7 所示。

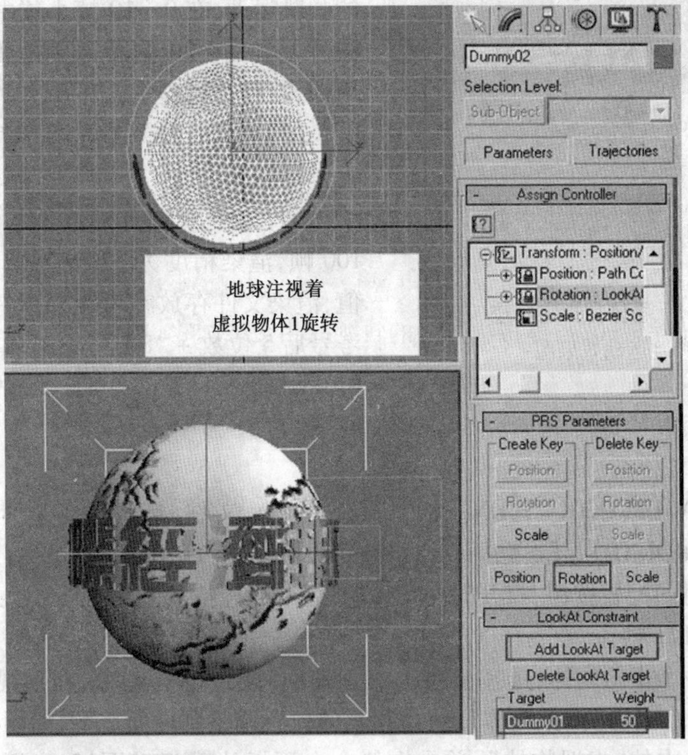

图 8.8.7　添加注视目标

(12)同上操作,设置中文文字注视着 Dummy02 绕地球轴心旋转。

(13)将设计结果存放在考生目录中,文件名为考号后 5 位数 + " - 8",扩展名为“.MAX”。

(14)在顶视图分别渲染第0帧、第80帧和120帧，渲染精度为320×240，比例值使用默认值，渲染文件存放在考生目录中，文件名分别为考号后5位数+“8A”、“8B”和“8C”，扩展名为“.JPG”。

8.9 弹跳球

【设计主题】

物体在指定轨迹上弹跳运动的动画过程设计。

【设计要求】

(1)打开C:\3DMAXTK\SCENES\EIGHT-9.MAX文件，如图8.9.1所示，场景中各物体名称是：弹跳球(BALL)、地面(GROUND)、环形路面(HXLM)和圆形轨迹(TRACK)。

图8.9.1 物体在指定轨迹上弹跳运动效果图

(2)整个动画由121帧构成，播放制式为NTSC制式。其间，小球绕着环形路面作重复性的弹跳运动，在0~10帧小球由原地向上弹起约80个单位，至20帧落回到地面，完成一个弹跳周期，在整个过程中循环6次。

(3)将设计结果存放在考生目录中，文件名为考号后5位数+“-8”，扩展名为“.MAX”。

(4)在顶视图分别渲染第0帧、第50帧和100帧，渲染精度为320×240，比例值使用默认值，渲染文件存放在考生目录中，文件名分别为考号后5位数+“8A”、“8B”和“8C”，扩展名为“.JPG”。

【设计要求】

(1)打开C:\3DMAXTK\SCENES\EIGHT-9.MAX文件，场景中各物体名称是：弹跳球(BALL)、地面(GROUND)、环形路面(HXLM)和圆形轨迹(TRACK)。

(2)单击时间配置按钮，打开时间配置对话框，设置播放制为NTSC制式，并在对话框中更改动画长度为121帧。

(3)先创建一个虚拟物体，选择创建→辅助对象→虚拟对象，在顶视图圆形轨迹上创建一个虚拟物体，命名为“虚拟物体”，将虚拟物体位置调整到地面之上，如图8.9.2所示。

(4)选择场景中的“虚拟物体”，单击右侧命令面板的运动图标，启用动画命令面板选项，在指定控制器选项中选择位置，单击其上的指定控制器图标，在弹出的指定位置控制器对话框中选择“路径约束”选项，然后单击“确定”按钮。

(5)单击右侧命令面板中的 Add Path ，在场景中单击圆形轨迹track，此时虚拟物体移

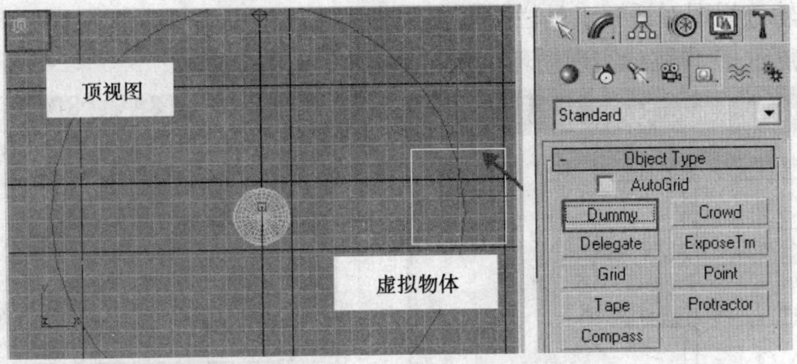

图 8.9.2　创建一个虚拟物体

到圆形轨迹线上，完成虚拟物体沿圆形轨迹路径的约束运动。

(6)退出 Add Path 设置，使用移动工具将弹跳球放到虚拟物体的位置，注意弹跳球要放置在地面之上，不能放在虚拟物体中心，否则弹跳球会只显示一半，这是由于设置了约束路径，使虚拟物体处在圆形轨迹中心。

(7)选择工具栏的图解视图工具，打开图解视图窗口，在图解视图对话框的工具栏中选择链接工具，将“弹跳球”链接到“虚拟物体”文字框下，使弹跳球跟随虚拟物体一起运动，如图 8.9.3 所示。

(8)关闭图解视图，单击右下角的播放按钮，观看摄像机视图的弹跳球运动动画，此时弹跳球还不能上下跳动，只能沿圆形轨迹运动。

(9)单击自动关键点按钮，将其上的轨迹滑块调至第 10 帧，在摄像机视图将弹跳球向上移动 80 个单位，或用鼠标右键单击移动工具按钮，在弹出的对话框中，设置 Z 轴数值为 80，完成弹跳球的向上弹跳 80 个单位。

(10)再将轨迹滑块移至第 20 帧，同上步操作，将弹跳球向下移动 80 个单位，在 0 ~ 10 帧小球由原地向上弹起 80 个单位，至 20 帧落回到地面。

(11)单击工具栏中的曲线编辑器，展开左侧窗口 “对象”下的“弹跳球”前的“ + ”号，在扩展项中选择位置百分比，在右侧轨迹窗口出现一条曲线。

(12)分别框选曲线上的 3 个点，使用将切线设置为线性工具，将 3 个点的运动状态都设为匀速，如图 8.9.4 所示。

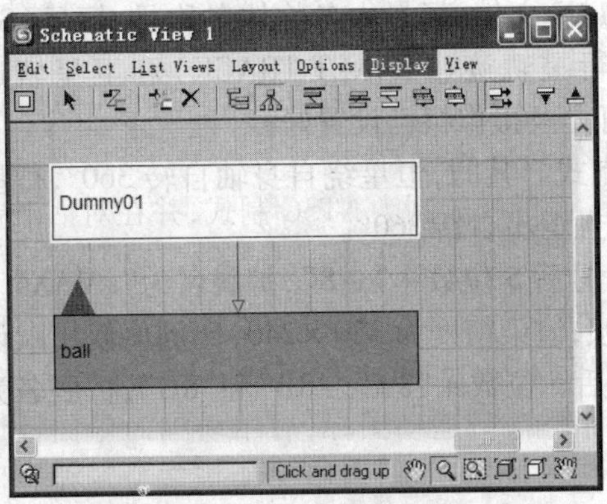

图 8.9.3　设置“图解视图”对话框

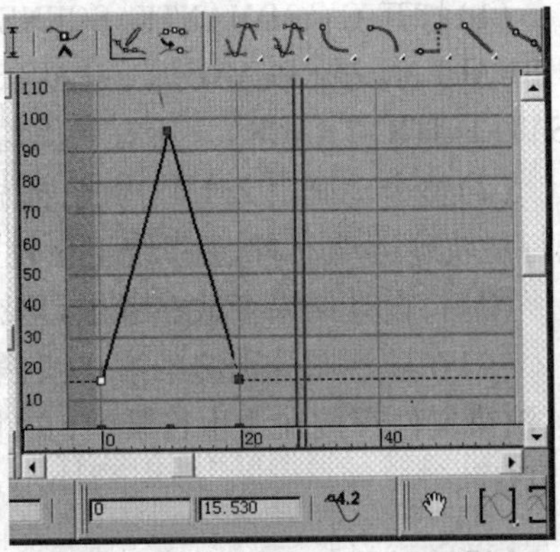

图 8.9.4　设置球体的匀速运动状态

(13)单击轨迹视图对话框工具栏的参数曲线超出范围类型工具图标,在弹出的对话框中,选择 Loop 循环,使弹跳球实现循环跳跃运动,如图 8.9.5 所示。

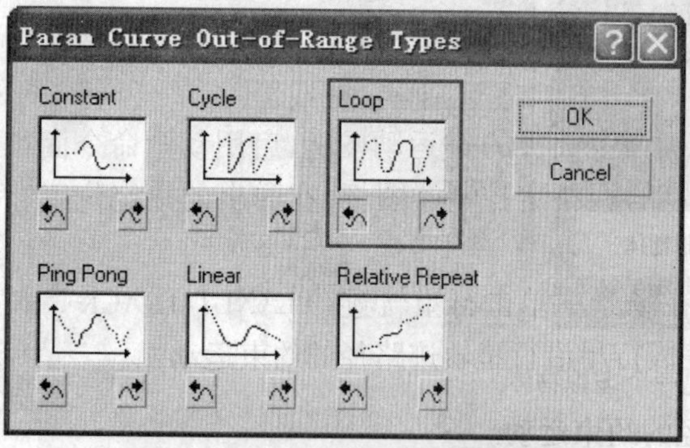

图 8.9.5 设置“循环”参数曲线类型

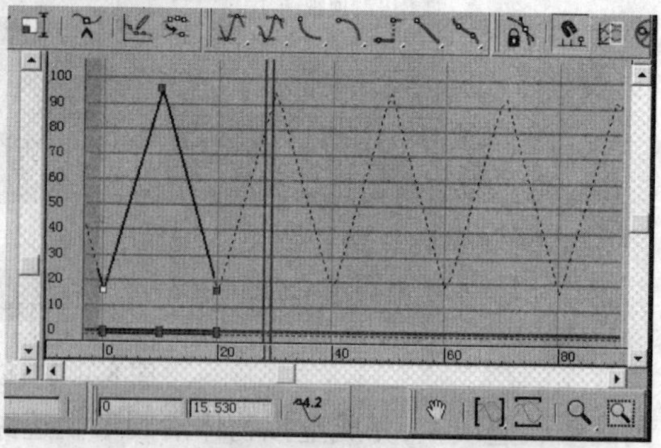

图 8.9.6 轨迹视图中循环运动的轨迹线

(14)轨迹视图对话框中的轨迹线在 0 ~ 120 帧范围内复制了 6 个,使弹跳球在整个过程中循环 6 次,如图 8.9.6 所示。

(15)将设计结果存放在考生目录中,文件名为考号后 5 位数 +“ -8”,扩展名为“. MAX”。

(16)在顶视图分别渲染第 0 帧、第 50 帧和 100 帧,渲染精度为 320 × 240,比例值使用默认值,渲染文件存放在考生目录中,文件名分别为考号后 5 位数 +“8A”、“8B”和“8C”,扩展名为“. JPG”。

8.10 天体运动

【设计主题】

天体物体运动的动画过程设计。

【设计要求】

(1)打开 C:\3DMAXTK\SCENES\EIGHT-10. MAX 文件,场景中各物体名称是:恒星(SIDEREAL)、行星(PLANET)、卫星(SATELLITIC)、行星轨迹(PLANET-TRACK)和卫星轨迹(SATELLITIC-TRACK)。所有物体均已设定材质,灯光及摄像机已设置好。

(2)整个动画由 251 帧构成,播放制式为 PAL 制式。其间,恒星绕自身轴自转 360°,行星绕行星轨迹运动 1 周,卫星绕卫星轨迹运动 3 周,并且卫星自转 360°。

(3)将设计结果存放在考生目录中,文件名为考号后 5 位数 +“ -8”,扩展名为“. MAX”。

(4)在顶视图分别渲染第 0 帧、第 80 帧和 200 帧,渲染精度为 320 × 240,比例值使用默认值,渲染文件存放在考生目录中,文件名分别为考号后 5 位数 +“8A”、“8B”和“8C”,扩展名为“. JPG”。

【设计过程】

(1)打开 C:\3DMAXTK\SCENES\EIGHT-10. MAX 文件,场景中各物体名称是:恒星(SI-

DEREAL)、行星(PLANET)、卫星(SATELLITIC)、行星轨迹(PLANET-TRACK)和卫星轨迹(SATELLITIC-TRACK)。

(2)单击时间配置按钮,打开时间配置对话框,设置播放制为 PAL 制式,并在对话框中更改动画长度为 251 帧。

(3)选择场景中的行星(PLANET),单击右侧命令面板的运动图标,启用动画命令面板选项,在指定控制器选项中,选择位置,单击其上的指定控制器图标,在弹出的指定位置控制器对话框中选择路径约束选项。

(6)单击右侧命令面板中的 Add Path ,在场景中单击行星轨迹(PLANET-TRACK),再单击 Add Path 按钮,取消添加路径的设置,完成行星沿行星轨迹路径的约束运动。

图 8.10.1　天体物体运动效果图

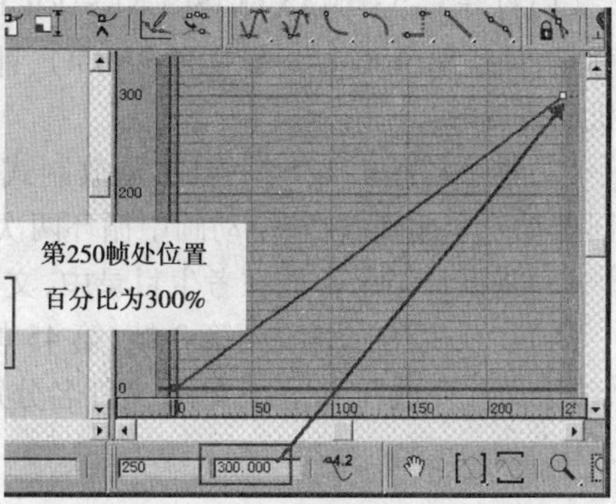

图 8.10.2　“轨迹视图”对话框

(7)同上步操作设置卫星绕卫星轨迹运动的路径约束动画。

(8)现在开始设置恒星绕自身轴自转 360°,在顶视图中选择恒星,单击“自动关键点”按钮,时间帧变为深红色,将时间帧滚动条移至第 250 帧。

(9)选择工具栏的旋转工具,单击左键使该图标变为亮黄色,再单击右键,弹出“旋转变换输入”窗口,在“世界偏移”的 Z 选项框中输入“-360”,设置恒星绕自身轴作顺时针转动 1 周。

(10)同上步操作,设置卫星自转 360°。

(11)单击工具栏中的曲线编辑器,展开左侧窗口“对象”下的“卫星”前的“+”号,在扩展项中选择位置百分比,在右侧轨迹窗口出现一条曲线。

(12)选择结束点,设置结束点的位置百分比参数为 300,使卫星绕卫星轨迹运动 3 周,如图 8.10.2 所示。

(13)将设计结果存放在考生目录中,文件名为考号后 5 位数+“-8”,扩展名为“.MAX”。

(14)在顶视图分别渲染第 0 帧、第 80 帧和 200 帧,渲染精度为 320×240,比例值使用默认值,渲染文件存放在考生目录中,文件名分别为考号后 5 位数+“8A”、“8B”和“8C”,扩展名为“.JPG”。

8.11　钟摆运动

【设计主题】

钟摆运动的动画过程设计。

【设计要求】

(1)打开 C:\3DMAXTK\SCENES\EIGHT-11. MAX 文件,如图 8.11.1 所示,场景中各物体名称是:钟摆架(FRAM)、针摆臂(ARM)、针摆锤(BALL)。所有物体均已设定材质,灯光及摄像机已设置好。

(2)整个动画由 121 帧构成,播放制式为 NTSC 制式。其间,0 ~ 60 帧针摆臂带动钟摆锤来回摆动一个循环,在整个动画中循环两次。

(3)将设计结果存放在考生目录中,文件名为考号后 5 位数 +“ -8”,扩展名为“. MAX”。

(4)在顶视图分别渲染第 0 帧、第 45 帧和 90 帧,渲染精度为 320 × 240,比例值使用默认值,渲染文件存放在考生目录中,文件名分别为考号后 5 位数 +“8A”、“8B”和“8C”,扩展名为“. JPG”。

【设计过程】

(1)打开 C:\3DMAXTK\SCENES\EIGHT-11. MAX 文件,场景中各物体名称是:钟摆架(FRAM)、针摆臂(hemisphe01)、针摆锤(BALL)。

(2)单击时间配置按钮,打开时间配置对话框,设置播放制为 NTSC 制式,并在对话框中更改动画长度为 121 帧。

(3)首先设置针摆锤(BALL)从属于针摆臂(hemisphe01),单击工具栏中的图解视图工具,打开图解视图窗口,在图解视图窗口的工具栏中选择链接工具,使针摆臂带动钟摆锤一起运动,如图 8.11.2 所示。

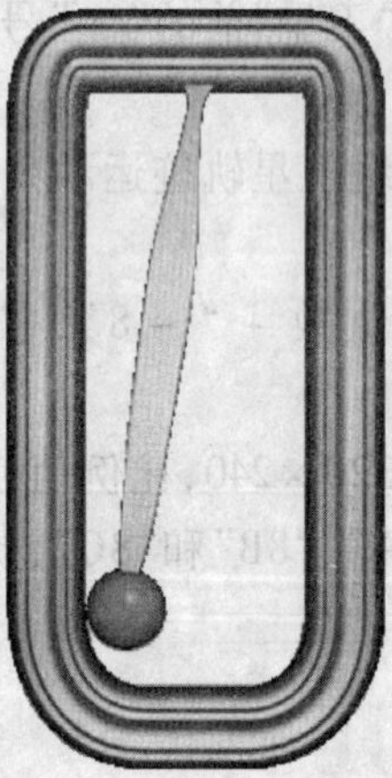

图 8.11.1　钟摆运动效果图

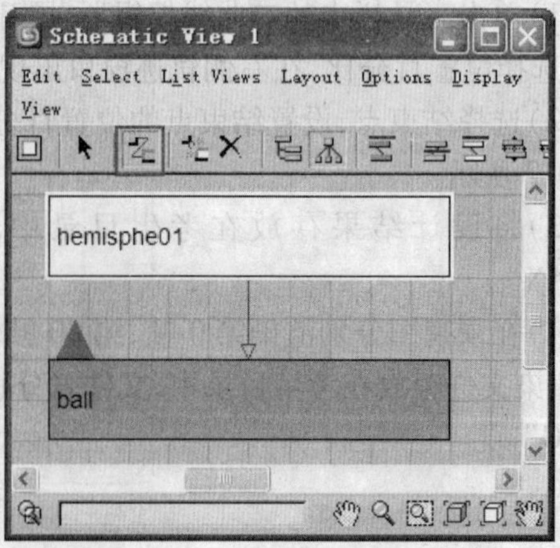

图 8.11.2　“图解视图”对话框

(4)关闭图解视图窗口,单击右侧命令面板的层级选项,单击 Affect Pivot Only 按钮,选择顶视图的针摆臂 hemisphe01(使用按名称选择工具),此时坐标显示为空心轴坐标形式,单击移动工具,将空心坐标移到针摆臂上端轴心,如图 8.11.3 所示,单击 Affect Pivot Only 按钮,退出轴心设置状态。

(5)现在开始设置针摆臂向左旋转摆动,在顶视图中选择针摆臂,单击 Auto Key 按钮,时间帧变为深红色,将时间帧滚动条移至第 30 帧。

(6)选择工具栏的旋转工具,单击左键使该图标变为亮黄色,在顶视图将针摆臂向右旋转一定的角度,注意位置不要超过钟摆架,如图 8.11.4 所示。

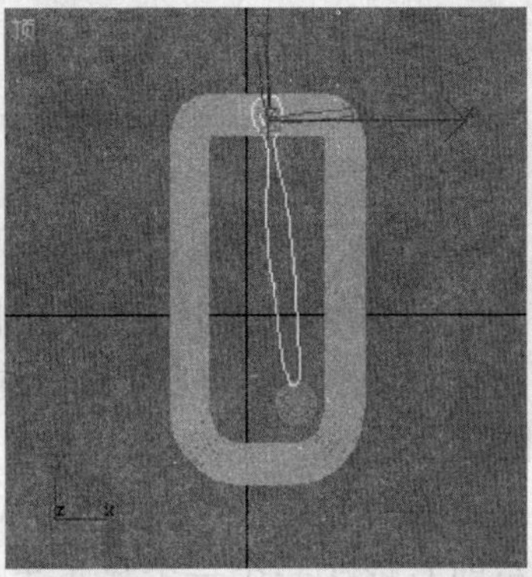

图 8.11.3　设置钟摆的运动轴心

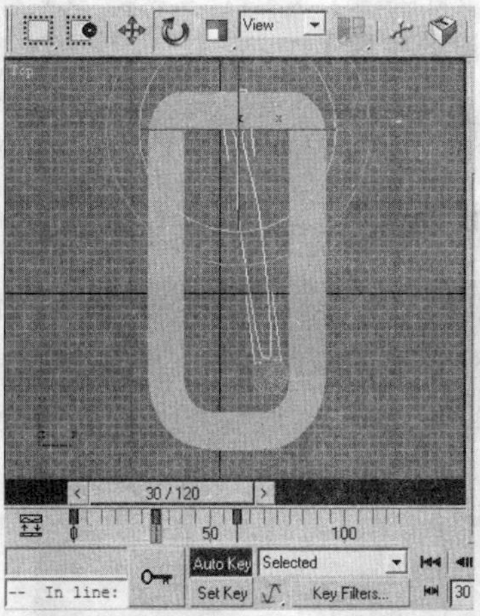

图 8.11.4　设置针摆臂的旋转运动

(7)同上步操作,设置针摆臂在第 60 帧摆动到钟摆架的左侧。

(8)单击工具栏中的曲线编辑器,展开左侧窗口 objects 下的针摆臂(hemisphe01)前的"+"号,在扩展项中选择 Rotation 旋转百分比,在右侧轨迹窗口并不会出现轨迹线。

(9)单击轨迹视图窗口工具栏的参数曲线范围类型工具图标,在弹出的对话框中,选择 Loop 循环选项,如图 8.11.5 所示,使针摆臂带动钟摆锤来回摆动两个循环。

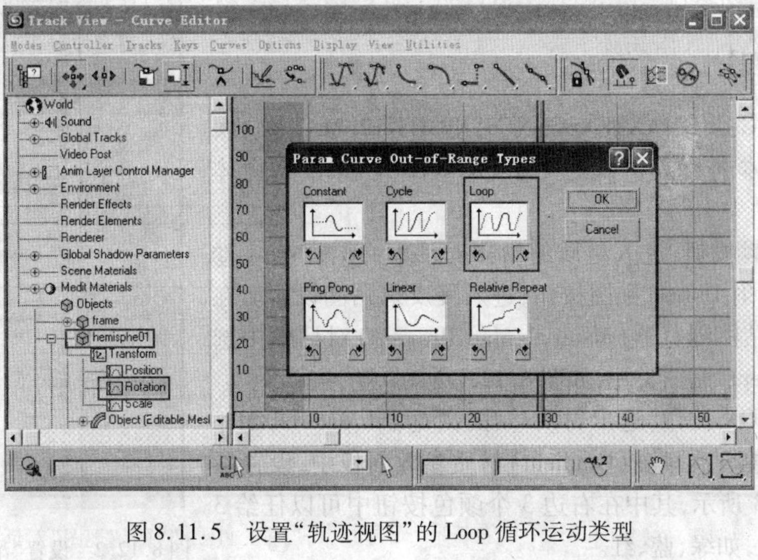

图 8.11.5　设置"轨迹视图"的 Loop 循环运动类型

(10)将设计结果存放在考生目录中,文件名为考号后5位数+“-8”,扩展名为“.MAX”。

(11)在顶视图分别渲染第0帧、第45帧和90帧,渲染精度为320×240,比例值使用默认值,渲染文件存放在考生目录中,文件名分别为考号后5位数+“8A”、“8B”和“8C”,扩展名为“.JPG”。

8.12 文字渐显

【设计主题】

文字渐显的动画过程设计。

【设计要求】

图8.12.1 文字渐显效果图

(1)打开C:\3DMAXTK\SCENES\EIGHT-12.MAX文件,如图8.12.1所示,场景中各物体名称是:中文文字(TEXT01)和薄板物体(BOARD)。所有物体均已设定材质,灯光及摄像机已设置好。

(2)整个动画由76帧构成,播放制式为PAL制式。其间,中文文字由左即右依次一个一个显示出来,整个画面中薄板物体不允许显示。

(3)将设计结果存放在考生目录中,文件名为考号后5位数+“-8”,扩展名为“.MAX”。

(4)在顶视图分别渲染第0帧、第35帧和75帧,渲染精度为320×240,比例值使用默认值,渲染文件存放在考生目录中,文件名分别为考号后5位数+“8A”、“8B”和“8C”,扩展名为“.JPG”。

【设计过程】

(1)打开C:\3DMAXTK\SCENES\EIGHT-12.MAX文件,场景中各物体名称是:中文文字(TEXT01)和薄板物体(BOARD)。

(2)单击按钮,进入材质编辑器对话框,单击Maps卷展栏下的漫反射Diffuse贴图按钮,进入漫反射贴图设置。在弹出的材质/贴图浏览器(Material/Map Browser)对话框中选择渐变(Gradient)贴图类型,如图8.12.2所示。

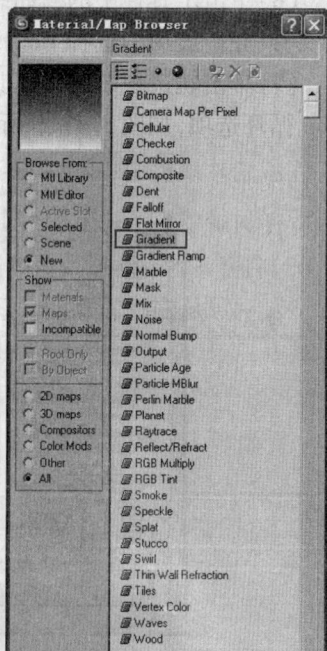

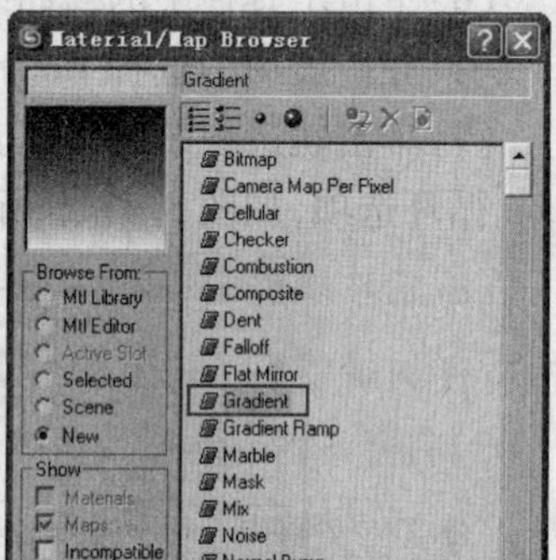

图8.12.2 设置“渐变贴图”类型

(3)单击OK按钮,退出材质/贴图浏览器(Material/Map Browser)对话框。在渐变(Gradient)材质参数面板中,设置参数如图8.12.3所示,其中在右边3个颜色按钮中可以任给3种不同的颜色,如绿、蓝、红。

(4)打开动画记录器Auto Key，将时间滑块移到第 75 帧，设置渐变贴图材质的参数。将 Color#3 的颜色拖到 Color#1 位置，在打开的对话框中选择交换（Swap）按钮，这样颜色 1 与颜色 3 进行了交换，并设置其他参数如图 8.12.4 所示。

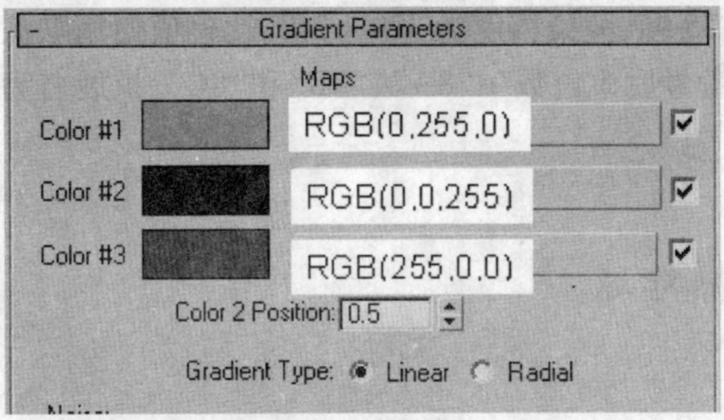

图 8.12.3　设置“渐变”参数

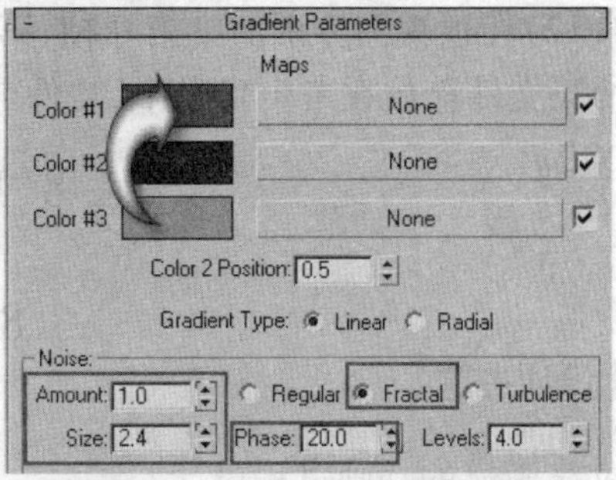

图 8.12.4　Color#1 与 Color #3 颜色互换

(5)单击按钮，将该材质赋给场景中的文字对象，这样文字表面的颜色在 0 ~ 76 帧间将产生杂乱无章的动态变化。

(6)关闭动画记录Auto Key按钮，在材质编辑器中选择另外一个材质样本球，单击标准（Standard）按钮，在打开的材质/贴图浏览器窗口中选择无光/投影（Matte/Shadow）材质，如图 8.12.5 所示。该材质类型是一种特殊材质，在材质样本球中不会显示任何颜色和图案，如图 8.12.6 所示。

图 8.12.5　设置“无光/投影”材质

(7)单击赋材质给物体按钮，将该材质赋给场景中的 Box 对象，这样渲染场景时，Box 在场景中将不可见。

(8)下面设置 Box 的动画，选择 Box 对象，将其移动文字的前面，并遮挡文字对象，如图 8.12.7 所示。如果此时渲染场景的话，场景中除了背景之外，将没有任何对象。

(9)打开动画记录Auto Key按钮，使其变为红色显示，将时间滑块定在第 75 帧位置，在前视图将 Box 对象从左往右移动，直到摄像机视图中的文字完全显示出来。

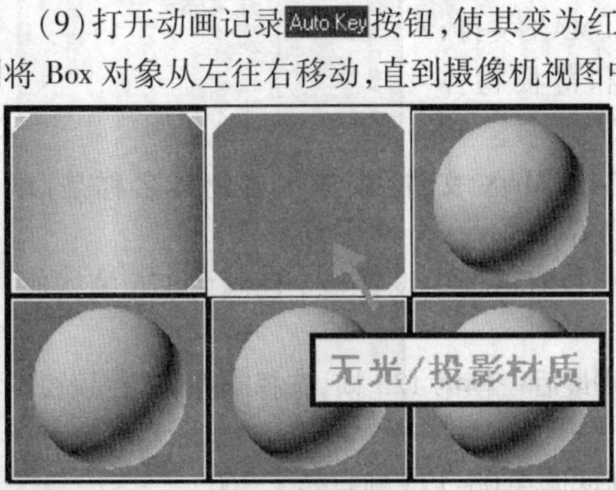

图 8.12.6　“无光/投影”材质显示状态

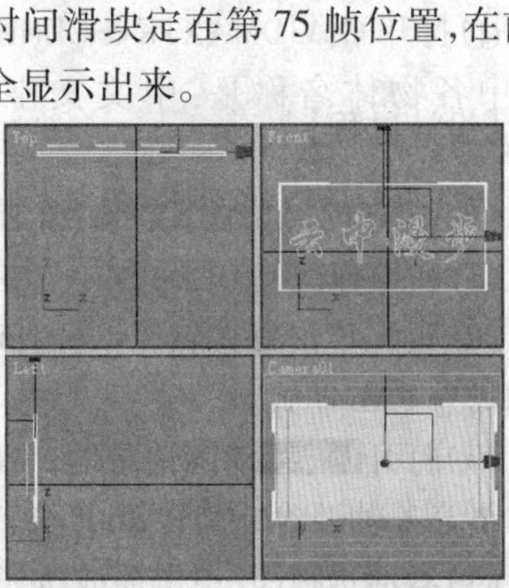

图 8.12.7　移动 Box 对象到文字的前面

(10)关闭动画记录 Auto Key 按钮,至此整个动画设置基本完成。

(11)将设计结果存放在考生目录中,文件名为考号后 5 位数 +“ -8”,扩展名为“. MAX”。

(12)在顶视图分别渲染第 0 帧、第 35 帧和 75 帧,渲染精度为 320 × 240,比例值使用默认值,渲染文件存放在考生目录中,文件名分别为考号后 5 位数 +“8A”、“8B”和“8C”,扩展名为“. JPG”。

8.13 爆炸球

【设计主题】

爆炸球的动画过程设计。

【设计要求】

(1)打开 C:\3DMAXTK\SCENES\EIGHT-13. MAX 文件,如图 8.13.1 所示,场景中各物体名称是:球体(BALL)和导弹(GUIDED)。所有物体均已设定材质,灯光及摄像机已设置好。

图 8.13.1　爆炸球效果图

(2)整个动画由 126 帧构成,播放制式为 PAL 制式。其间,球体自转 360°,0 ~ 50 帧导弹从右下方飞入画面,击中球体,与此同时,球体与导弹同时爆炸,爆炸产生的碎片受重力的影响落向地面。

(3)将设计结果存放在考生目录中,文件名为考号后 5 位数 +“ -8”,扩展名为“. MAX”。

(4)在顶视图分别渲染第 0 帧、第 60 帧和 120 帧,渲染精度为 320 × 240,比例值使用默认值,渲染文件存放在考生目录中,文件名分别为考号后 5 位数 +“8A”、“8B”和“8C”,扩展名为“. JPG”。

【设计过程】

(1)打开 C:\3DMAXTK\SCENES\EIGHT-13. MAX 文件,场景中各物体名称是:球体(BALL)和导弹(GUIDED)。

(2)鼠标单击按钮,打开时间配置对话框,在对话框中设置整个动画由 126 帧构成,播放制式为 PAL 制式。

(3)打开 自动关键点 动画记录器,将时间滑块拖到最后一帧第 125 帧,选择按钮,在顶视图将球体绕着 Z 轴顺时针旋转 360°。

(4)激活透视图,单击播放按钮,可以看到球体在 0 ~ 125 帧自转了 360°。

(5)单击 自动关键点 按钮,关闭动画记录。创建一个爆炸物体,如图 8.13.2 所示,在空间变形面板上单击 Bomb 按钮，在球体的中间建立一个空间变形 MeshBomb01 物体。

(6) 单击工具栏上的按钮，在顶视图先点击 MeshBomb01 物体，移动鼠标，这时会带出一根虚线，将鼠标移到球体上单击左键，球体被闪烁一下，完成施加操作。

(7) 现在单击播放按钮，可以看到球体在第 5 帧处即产生爆炸，但效果并不好，这是因为目前爆炸是按 Bomb 默认参数设定的，如图 8.13.3 所示。

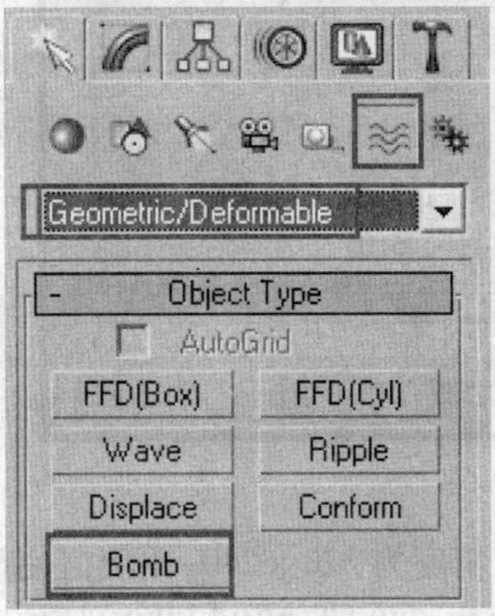

图 8.13.2　创建一个爆炸物体

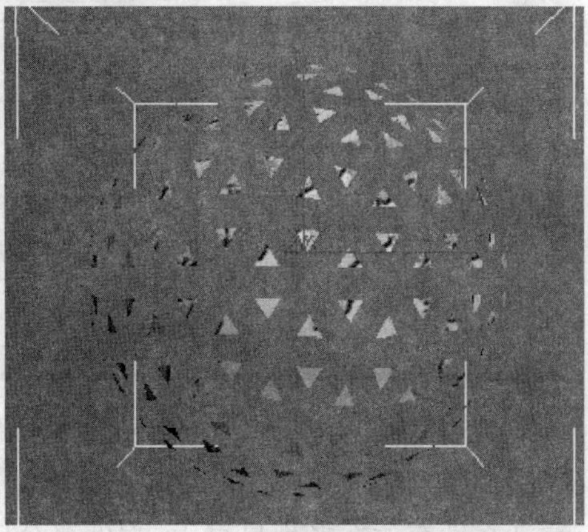

图 8.13.3　球体产生的爆炸效果

(8) 本例要求在前 50 帧，飞弹从摄像机视图的右下方飞入画面并击中球体，与此同时，球体产生猛烈爆炸，爆炸产生的碎片受重力影响落向地面。

(9) 选择空间变形物体，进入修改面板，设置 Detonation 值为 50。再次打开动画记录按钮，将时间滑块拖到第 50 帧处，移动飞弹到球体边缘。

(10) 选择空间变形物体，再次进入修改面板，修改如图 8.13.4 所示中的参数，单击播放按钮观看，现在的爆炸效果好多了。

(11) 选择场景中的导弹(GUIDED)，将时间滑块移动到第 50 帧后，把导弹拖至球体(BALL)内部。

(12) 单击轨迹编辑器，在弹出的轨迹视图对话框中可以看见 3 条曲线，单击菜单栏中的 Tracks 轨迹选项，选择 Visibility Track 选项，选择 Add 增加可见性轨迹。

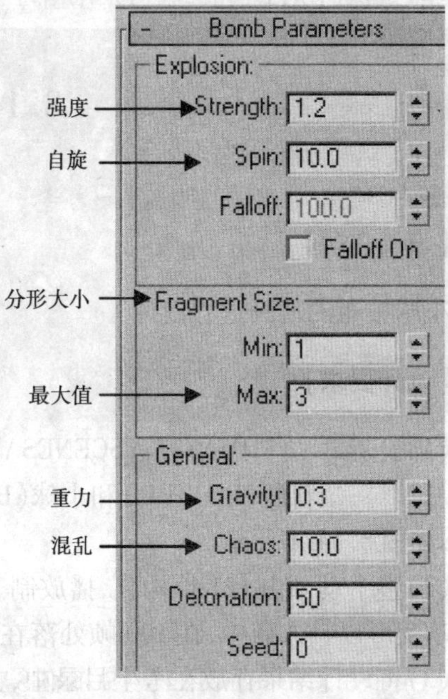

图 8.13.4　设置"爆炸"参数

(13) 单击轨迹视图工具栏中的增加关键帧图标，在导弹的可见性轨迹线的第 50 帧和第 51 帧各增加一个关键帧，设置第 50 帧可见性坐标值为 1，表示导弹可见，在第 51 帧可见性坐标值为 0，表示导弹消失，如图 8.13.5 所示。

(14) 将设计结果存放在考生目录中，文件名为考号后 5 位数 +" -8"，扩展名为".MAX"。

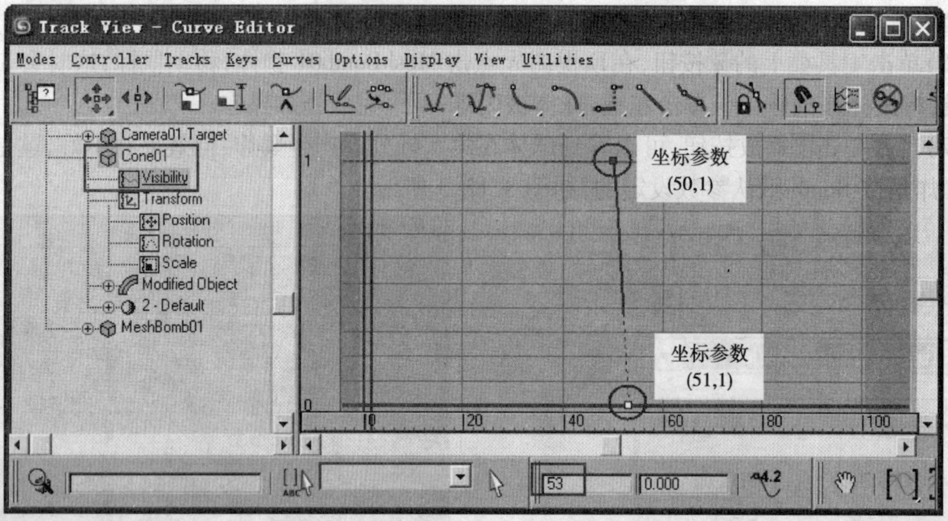

图 8.13.5 “轨迹视图”对话框

(15)在顶视图分别渲染第 0 帧、第 60 帧和 120 帧,渲染精度为 320×240,比例值使用默认值,渲染文件存放在考生目录中,文件名分别为考号后 5 位数 +“8A”、“8B”和“8C”,扩展名为“. JPG”。

8.14 小球钻瓶

【设计主题】

小球钻瓶的动画过程设计。

【设计要求】

(1)打开 C:\3DMAXTK\SCENES\EIGHT-14. MAX 文件,场景中各物体名称是:地面(GROUND)、塑料瓶(BOTTER)和小球(BALL)。所有物体均已设定材质,灯光及摄像机已设置好,如图 8.14.1 所示。

(2)整个动画由 121 帧构成,播放制式为 NTSC 制式。其间,小球垂直落下,在瓶口处,小球自动变形以钻入瓶中,在 100 帧处落在瓶子底部静止不动。

(3)将设计结果存放在考生目录中,文件名为考号后 5 位数 +“ -8”,扩展名为“. MAX”。

(4)在顶视图分别渲染第 0 帧、第 30 帧、第 75 帧和 120 帧,渲染精度为 320×240,比例值使用默认值,渲染文件存放在考生目录中,文件名分别为考号后 5 位数 +“8A”、“8B”、“8C”和“8D”,扩展名为“. JPG”。

【设计过程】

(1)打开 C:\3DMAXTK\SCENES\EIGHT-14. MAX 文件,场景中各物体名称是:地面(GROUND)、塑料瓶(BOTTER)和小球(BALL)。

图 8.14.1　小球钻瓶效果图

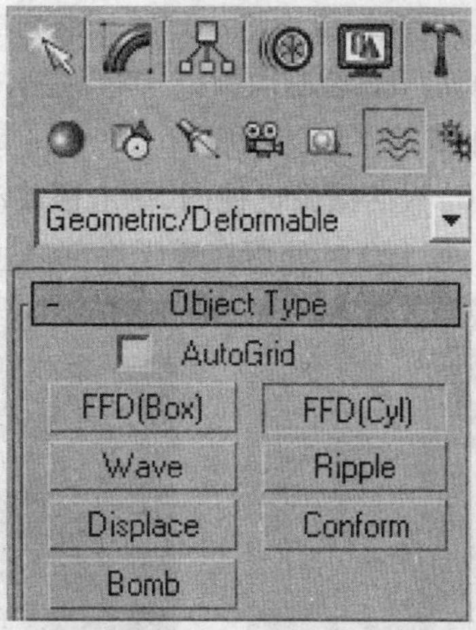

图 8.14.2　创建空间扭曲物 FFD(Cyl)

(2)单击时间配置按钮,打开时间配置对话框,设置播放制为 NTSC 制式,并在对话框中更改动画长度为 121 帧。

(3)单击创建→空间扭曲→几何/可变形→FFD(圆柱体),在顶视图创建空间扭曲物 FFD(圆柱体),半径为 22,高度为 190,如图 8.14.2 所示。

(4)单击进入修改命令面板,单击 FFD 参数面板中的“设置点数”按钮,设置 FFD 尺寸侧面点数为 20,径向点数为 4,高度点数为 8,如图 8.14.3 所示。

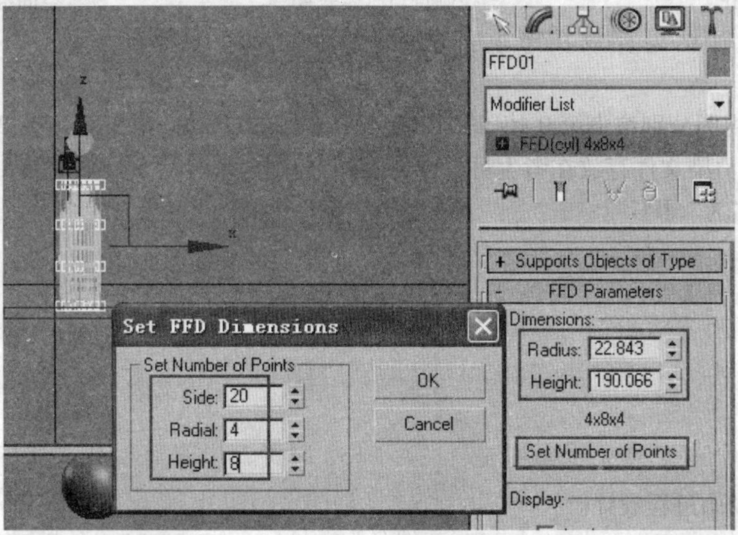

图 8.14.3　设置“FFD 点数”参数

(5)展开 FFD(圆柱体)有的“+”,单击控制点激活选项,框选图 8.14.4 所示的上下层控制点,调整到与瓶口和瓶底相齐的位置。

(6)单击工具栏中的等比缩放工具,框选如图 8.14.5 所示的 3 层控制点,进行等比缩放,使 FFD(圆柱体)控制点与塑料瓶外形轮廓相一致。

(7)单击工具栏中的绑定到空间扭曲工具,选择场景中的小球(BALL),将其拖放到 FFD(圆柱体)物体,如图 8.14.6 所示。

(8)现在场景中将小球移到瓶口时,会发现小球发生变形与瓶口形状相一致。

(9)打开自动关键点动画记录器,在第0帧将小球放回到瓶口之外,再将时间滑块移到最后一帧,将小球垂直移到瓶底。

(10)激活摄像机视图,单击播放动画按钮,可观察小球落到瓶口处,小球自动变形以钻入瓶中,在120帧处落在瓶子底部静止不动。

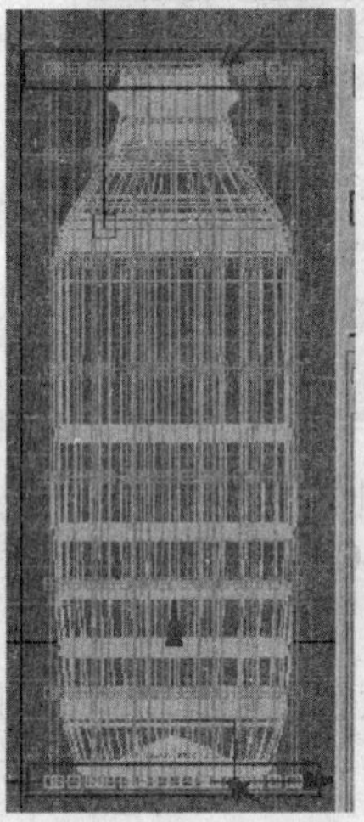

图8.14.4 调整瓶口和瓶底对齐

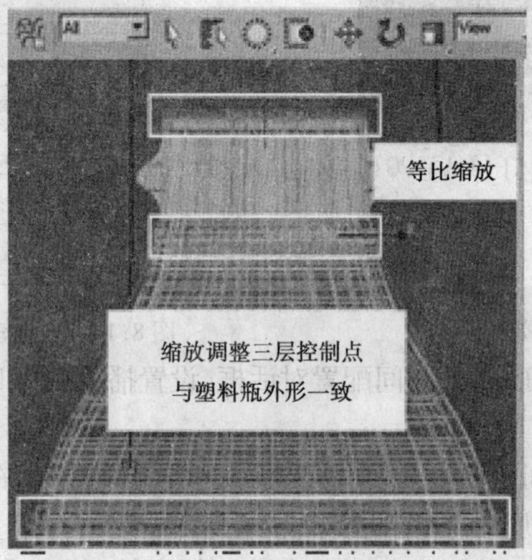

图8.14.5 缩放调整三层控制点与瓶体一致

图8.14.6 设置小球空间绑定FFD

(11)将设计结果存放在考生目录中,文件名为考号后5位数+“-8”,扩展名为“.MAX”。

(12)在顶视图分别渲染第0帧、第30帧、第75帧和120帧,渲染精度为320×240,比例值使用默认值,渲染文件存放在考生目录中,文件名分别为考号后5位数+“8A”、“8B”、“8C”和“8D”,扩展名为“.JPG”。

8.15 报警灯

【设计主题】

报警灯的动画过程设计。

【设计要求】

(1)打开C:\3DMAXTK\SCENES\EIGHT-15.MAX文件,如图8.15.1所示,场景中各物体名称是:墙面(QM)、灯座(BASE)和两盏壁灯(LAMP01)和(LAMP02)。所有物体均已设定材质,其中两盏壁灯的初始材质为白色,此外场景中已建立好两盏泛光灯。

(2)整个动画由101帧构成,播放制式为NTSC制式。0~10帧两盏壁灯颜色由白色变为红色,与此同时,灯光由弱到强,逐渐变为红色,产生报警效果,闪烁一次:10~20帧,壁灯颜色由红色变回白色,灯光由强到弱,完成一个周期,以后每隔20帧变化一次,整个动画完成5次闪烁。

(3)将设计结果存放在考生目录中,文件名为考号后 5 位数 +“ -8”,扩展名为“. MAX”。

(4)在顶视图分别渲染第 0 帧、第 60 帧和 100 帧,渲染精度为 320 ×240,比例值使用默认值,渲染文件存放在考生目录中,文件名分别为考号后 5 位数 +“8A”、“8B”和“8C”,扩展名为“. JPG”。

【设计过程】

(1)打开 C:\3DMAXTK\SCENES\EIGHT-15. MAX 文件,场景中各物体名称是:墙面(QM)、灯座(BASE)和两盏壁灯(LAMP01)和(LAMP02)。所有物体均已设定材质。

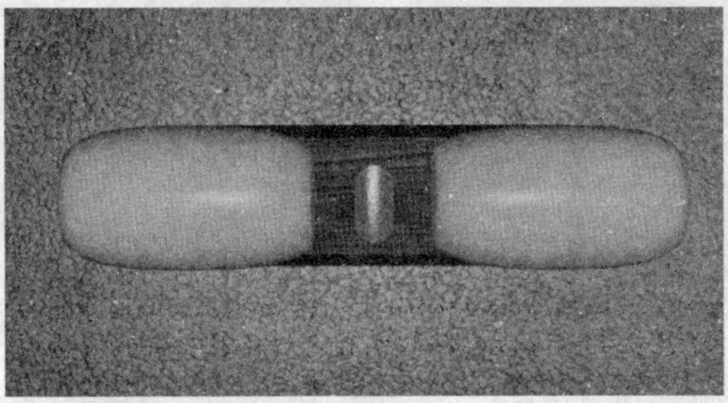

图 8.15.1　报警灯效果图

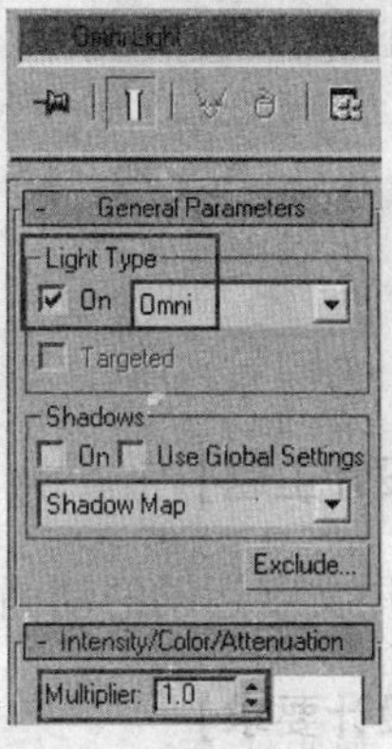

图 8.15.2　设置泛光灯参数

(2)动画要求报警灯每隔 10 帧闪烁一次,灯光由强到弱,颜色由白色变化到红色。

(3)将时间滑块定在第 0 帧,分别选择场景中的两盏泛光灯,在参数面板上设置参数如图 8.15.2 所示。

(4)将时间滑块定在第 10 帧,在参数面板上,调整泛光灯倍增参数为 0.2,灯光颜色为暗红色,RGB 值为(234,60,97),如图 8.15.3 所示中的参数。

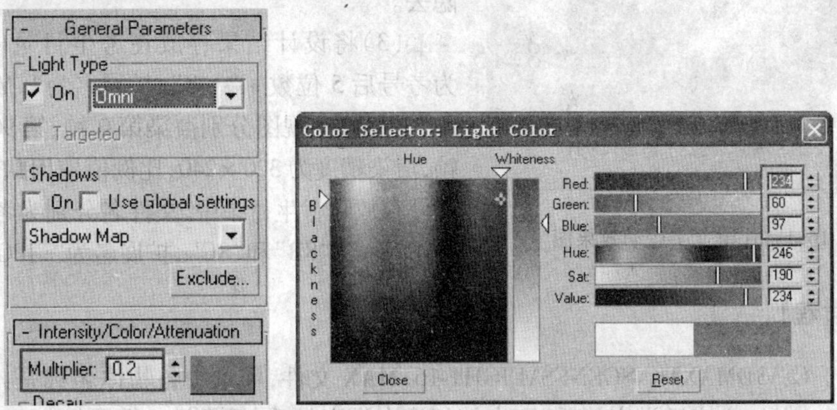

图 8.15.3　设置泛光灯倍增参数及颜色

(5)在 0 ~ 10 帧拖动时间滑块,可以看到场景中的灯光由强到弱产生变化,并且完成了一次闪烁。

(6)由于报警灯的闪烁是一样的,因此可以采用复制关键帧的方法完成其他的闪烁效果。

复制关键帧可以在视图轨迹栏中直接进行,也可以在轨迹视图(Track View)对话框中进行。

(7)用鼠标框选第0帧和第10帧关键帧标记,按住Shift键,使用移动工具将它们拖到第20帧的位置,松开鼠标,完成关键帧复制。其中,第20帧与第0帧关键帧相同,第30帧与第10帧关键帧相同。

(8)使用同样的操作完成100帧之内的所有关键帧复制,最后单击播放按钮,可以看到在摄像机视图中闪烁不停的报警效果。

(9)将设计结果存放在考生目录中,文件名为考号后5位数+“-8”,扩展名为“.MAX”。

(10)在顶视图分别渲染第0帧、第60帧和100帧,渲染精度为320×240,比例值使用默认值,渲染文件存放在考生目录中,文件名分别为考号后5位数+“8A”、“8B”和“8C”,扩展名为“.JPG”。

8.16 片尾文字运动

【设计主题】

片尾文字运动的动画过程设计。

【设计要求】

(1)打开C:\3DMAXTK\SCENES\EIGHT-16.MAX文件,如图8.16.1所示,场景中各物体名称是:挡板1(DM01)、挡板2(DM02)和文字(TEXT01)。其中,文字已设定材质,两个挡板没有设定材质,摄像机已设置好。

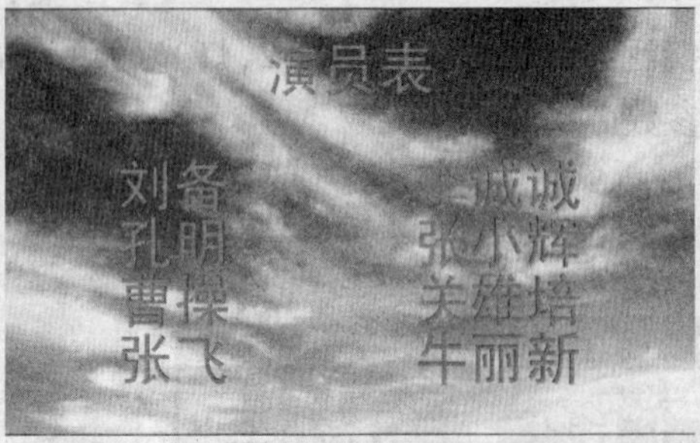

图8.16.1 片尾文字运动效果图

(2)整个动画由201帧构成,播放制式为PAL制式。其间,文字从底部升出来,到一定高度后隐去。

(3)将设计结果存放在考生目录中,文件名为考号后5位数+“-8”,扩展名为“.MAX”。

(4)在顶视图分别渲染第0帧、第90帧和180帧,渲染精度为320×240,比例值使用默认值,渲染文件存放在考生目录中,文件名分别为考号后5位数+“8A”、“8B”和“8C”,扩展名为“.JPG”。

【设计过程】

(1)打开C:\3DMAXTK\SCENES\EIGHT-16.MAX文件,场景中各物体名称是:挡板1、挡板2和文字。其中,文字已设定材质,两个挡板没有设定材质,摄像机已设置好。

(2)单击时间配置按钮,打开时间配置对话框,设置播放制为PAL制式,并在对话框中更改动画长度为201帧。

(3)单击自动关键点按钮,打开动画记录器,在第0帧将前视图的文字移到挡板2下方,使文字在动画开始时处于底部看不见的位置。

(4)将时间滑块移到第 120 帧处,在前视图将文字移到屏幕中央,完成文字从底部升出来的动画过程。

(5)单击工具栏中的曲线编辑器,打开曲线编辑器对话框,选择左窗口文字→可见性,如无可见性选项,单击菜单栏轨迹→可见性轨迹→添加,右窗口显示一条虚线。

(6)单击添加关键点,在可见性轨迹的虚线上第 150 帧和第 200 帧处添加两个关键帧,将第 200 帧关键点可见性坐标(纵坐标)设为 0,即在第 200 帧文字消失,如图 8.16.2 所示。

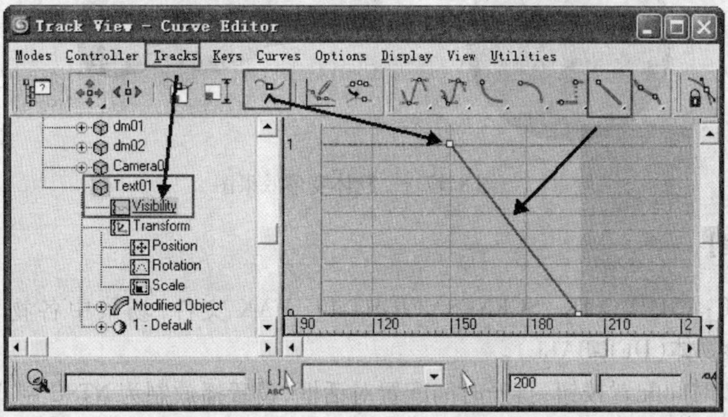

图 8.16.2　“轨迹视图”对话框

(7)激活摄像机视图,单击播放动画按钮,观看动画过程,文字从底部升出来,到一定高度后隐去。

(8)将设计结果存放在考生目录中,文件名为考号后 5 位数 +“ -8”,扩展名为“. MAX”。

(9)在顶视图分别渲染第 0 帧、第 90 帧和 180 帧,渲染精度为 320 ×240,比例值使用默认值,渲染文件存放在考生目录中,文件名分别为考号后 5 位数 +“8A”、“8B”和“8C”,扩展名为“. JPG”。

8.17　物体变形

【设计主题】

物体变形的动画过程设计。

【设计要求】

(1)打开 C:\3DMAXTK\SCENES\EIGHT-17. MAX 文件,如图 8.17.1 所示,场景中各物体名称是:球体(BALL)和变形物体(DEF - BALL)。所有物体均已设定材质,摄像机已设置好。

(2)整个动画由 101 帧构成,播放制式为 NTSC 制式。其间,球体逐渐变成变形物体,同时原球体消失不可见。

(3)将设计结果存放在考生目录中,文件名为考号后 5 位数 +“ -8”,扩展名为“. MAX”。

(4)在顶视图分别渲染第 20 帧、第 60 帧和 100 帧,渲染精度为 320 ×240,比例值使用默认值,渲染文件存放在考生目录中,文件名分别为考号后5位数+"8A"、"8B"和"8C",扩展名为". JPG"。

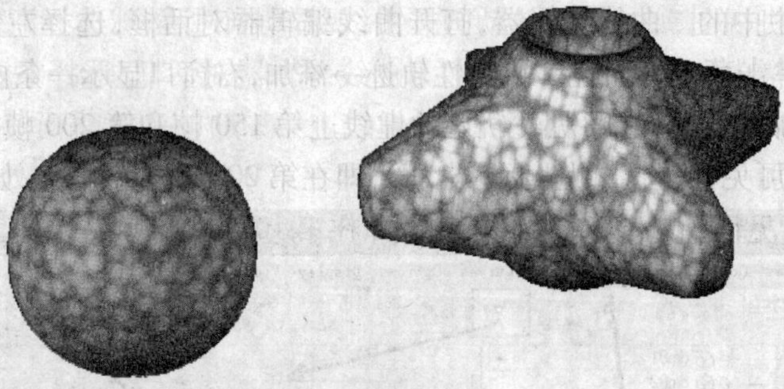

图 8.17.1　物体变形效果图

【设计过程】

(1)打开 C:\3DMAXTK\SCENES\EIGHT-17. MAX 文件,场景中各物体名称是:球体(BALL)和变形物体(DEF-BALL)。

(2)单击时间配置按钮,打开时间配置对话框,设置播放制为 NTSC 制式,并在对话框中更改动画长度为 101 帧。

(3)单击自动关键点按钮,打开动画记录器,将时间滑块移到第 100 帧(最后一帧)。

(4)选择场景中的球体,单击进入编辑修改器面板,选择 Morpher 变形器修改命令,在创建变形目标选项中,单击 Load Multiple Targets 从场景中拾取对象按钮,单击场景中的变形物体 def-ball。

(5)在图 8.17.2 所示的命令面板中,设置变形物体的变形度为 100,即在 100 帧时,球体变形为变形物体的形状。

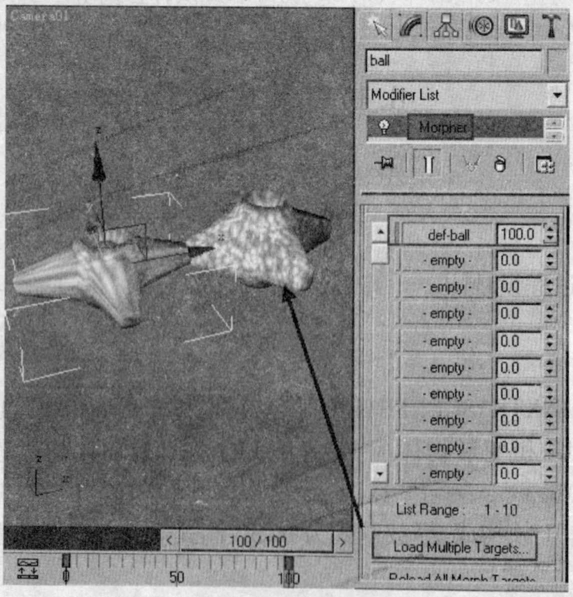

图 8.17.2　设置"Morpher 变形器"修改命令

(6)为了使球体贴图与变形物体相同,在编辑修改器中添加 UVW 贴图命令,设置贴图坐标为长方体。

(7)激活摄像机视图,单击播放动画按钮,观看动画过程,球体逐渐变成变形物体。

(8)单击工具栏中的曲线编辑器,打开曲线编辑器对话框,选择左窗口变形物体→可见性,如无可见性选项,单击菜单栏轨迹→可见性轨迹→添加,右窗口显示一条虚线。

(9)单击添加关键点,在可见性轨迹的虚线上第 0 帧和第 100 帧处添加 2 个关键帧,将第 100 帧关键点可见性坐标(纵坐标)设为 0,即在第 100 帧变形物体消失,如图 8.17.3 所示。

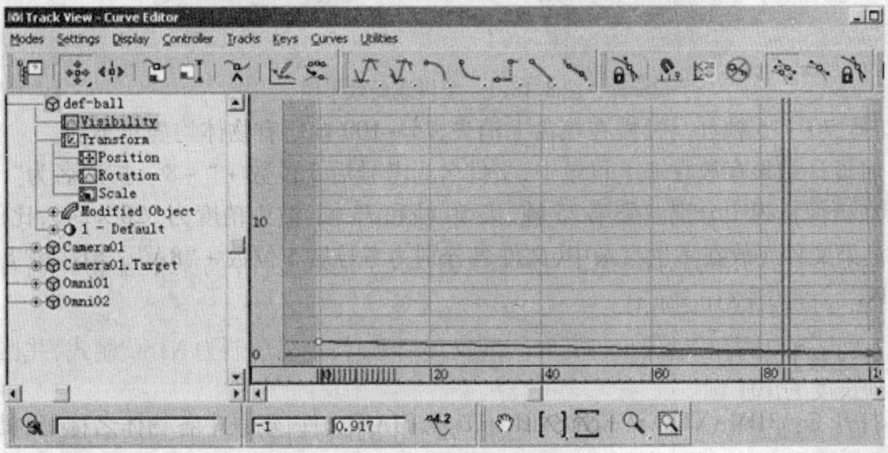

图 8.17.3　设置“轨迹视图”对话框

(10)预览动画,球体逐渐变成变形物体,同时原球体消失不可见。

(11)将设计结果存放在考生目录中,文件名为考号后 5 位数 + “ - 8”,扩展名为“. MAX”。

(12)在顶视图分别渲染第 20 帧、第 60 帧和 100 帧,渲染精度为 320 × 240,比例值使用默认值,渲染文件存放在考生目录中,文件名分别为考号后 5 位数 + “8A”、“8B”和“8C”,扩展名为“. JPG”。

8.18　象棋残局动画

【设计主题】

象棋残局的动画过程设计。

【设计要求】

(1)打开 C:\3DMAXTK\SCENES\EIGHT-18. MAX 文件,如图 8.18.1 所示,场景中各物体名称是:棋盘、黑方棋子(黑车 01、黑车 02、黑士 01、黑士 02、将)和红方棋子(红马、红兵)。所有物体均已设定材质,摄像机已设置好。

(2)整个动画由 101 帧构成,播放制式为 PAL 制式。其间,0 ~ 25 帧,黑车 01 运动到红马前方,赶吃红马,25 ~ 50 帧,红马跳至黑车 02 左侧将军,50 ~ 75 帧,黑车 02 横向运动到红马处

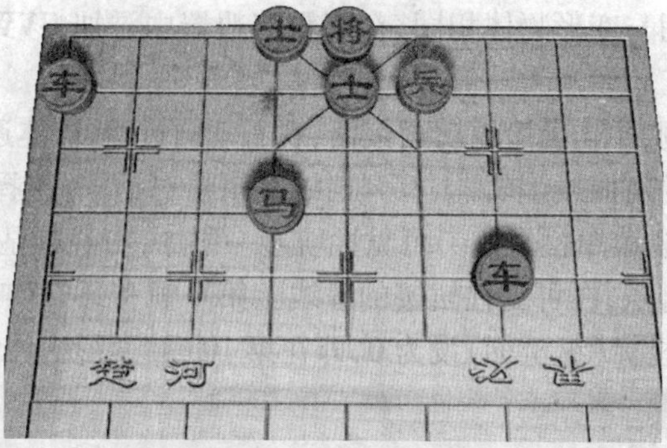

图 8.18.1　象棋残局效果图

并吃掉红马，70～75 帧红马慢慢在棋盘上消失，75～100 帧所有物体均静止不动。

(3)将设计结果存放在考生目录中，文件名为考号后 5 位数+“-8”，扩展名为“.MAX”。

(4)在摄像机视图分别渲染第 25 帧、第 50 帧和 73 帧，渲染精度为 320×240，比例值使用默认值，渲染文件存放在考生目录中，文件名分别为考号后 5 位数+“8A”、“8B”和“8C”，扩展名为“.JPG”。

【设计过程】

(1)打开 C:\3DMAXTK\SCENES\EIGHT-18.MAX 文件，场景中各物体名称是：棋盘、黑方棋子(黑车 01、黑车 02、黑士 01、黑士 02、将)和红方棋子(红马、红兵)。所有物体均已设定材质，摄像机已设置好。

(2)单击时间配置按钮，打开时间配置对话框，设置播放制为 PAL 制式，并在对话框中更改动画长度为 101 帧。

动画任务 1:0～25 帧，黑车 01 运动到红马前方，赶吃红马。

(3)单击自动关键点按钮，打开动画记录器，将时间滑块移到第 25 帧，使用移动工具将红马移至黑车 02 旁，如图 8.18.2 所示。

动画任务 2:50～75 帧，黑车 02 横向运动到红马处并吃掉红马。

(4)将时间滑块移到第 50 帧，选择场景中的黑车 02，用鼠标右键单击第 50 帧的时间滑块，弹出如图 8.18.3 所示的对话框，记录黑车 02 在第 50 帧的动画。

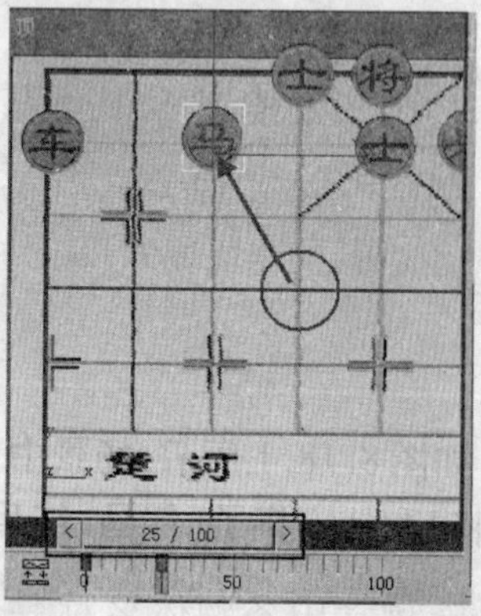

图 8.18.2　将红马移至黑车 02 旁

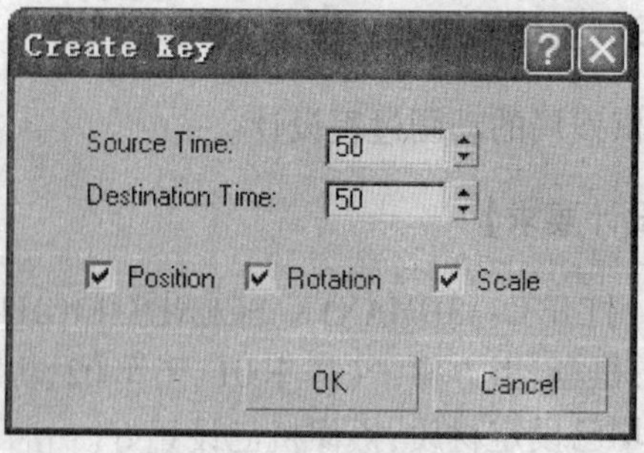

图 8.18.3　创建关键帧

(5)将时间滑块移到第 75 帧,使用移动工具将黑车 02 横向移到红马处,此时该位置处有两个棋子:黑车 02 和红马。

动画任务 3:70 ~ 75 帧红马慢慢在棋盘上消失。

(6)单击工具栏中的曲线编辑器,打开曲线编辑器对话框,选择左窗口变形物体→可见性,如无可见性选项,单击菜单栏轨迹→可见性轨迹→添加,右窗口显示一条虚线。

(7)单击添加关键点,在可见性轨迹的虚线上第 70 帧和第 75 帧处添加 2 个关键帧,将第 75 帧关键点可见性坐标(纵坐标)设为 0,即在第 75 帧红马消失,如图 8.18.4 所示。

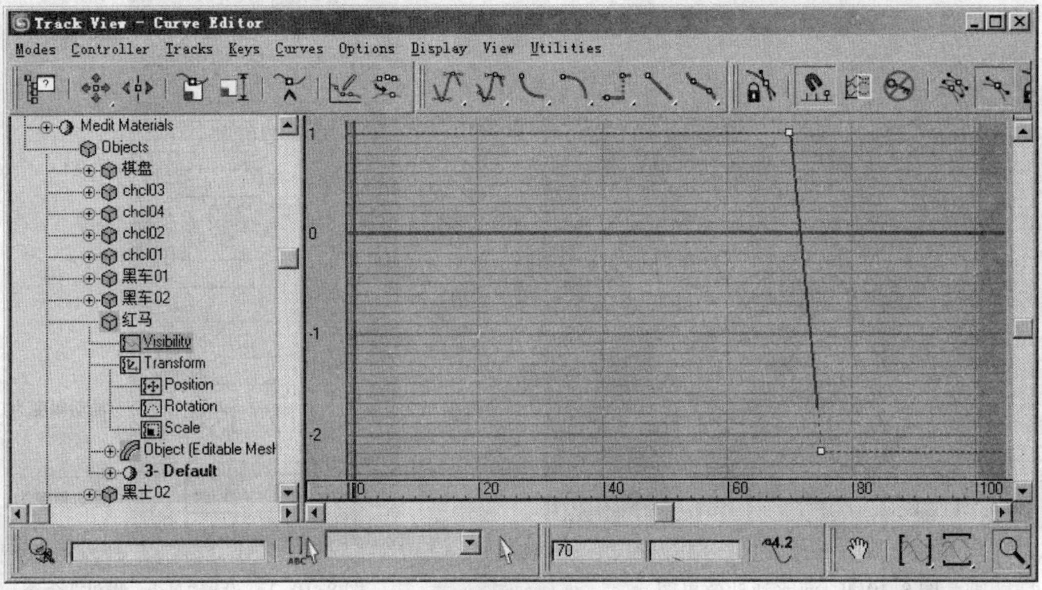

图 8.18.4　设置"红马"棋子消失

(8)激活摄像机视图,单击播放动画按钮,观看动画过程。

(9)将设计结果存放在考生目录中,文件名为考号后 5 位数 +" -8",扩展名为". MAX"。

(10)在顶视图分别渲染第 25 帧、第 50 帧和 73 帧,渲染精度为 320 × 240,比例值使用默认值,渲染文件存放在考生目录中,文件名分别为考号后 5 位数 +"8A"、"8B"和"8C",扩展名为". JPG"。

8.19　海水涌动

【设计主题】

海水涌动的动画过程设计。

【设计要求】

(1)打开 C:\3DMAXTK\SCENES\EIGHT-19. MAX 文件,场景中各物体名称是:海面(HAIMIAN)和小岛(XD)。所有物体均已设定材质,摄像机已设置好,如图 8.19.1 所示。

(2)整个动画由126帧构成,播放制式为PAL制式。其间,海水产生不规则的涌动效果,涌动幅度为10,涌动频率为0.3。

(3)将设计结果存放在考生目录中,文件名为考号后5位数+"-8",扩展名为".MAX"。

(4)在顶视图分别渲染第0帧、第75帧和120帧,渲染精度为320×240,比例值使用默认值,渲染文件存放在考生目录中,文件名分别为考号后5位数+"8A"、"8B"和"8C",扩展名为".JPG"。

图8.19.1　海水涌动效果图

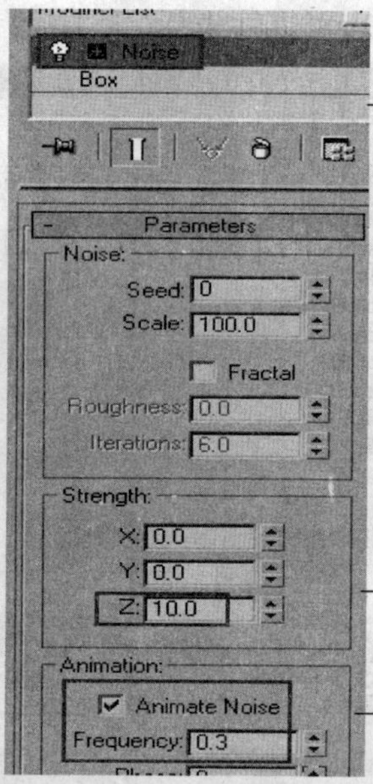

图8.19.2　设置"Noise噪波"命令

【设计过程】

(1)打开C:\3DMAXTK\SCENES\EIGHT-19.MAX文件,场景中各物体名称是:海面(HAIMIAN)和小岛(XD)。

(2)单击时间配置按钮,打开时间配置对话框,设置播放制为PAL制式,并在对话框中更改动画长度为126帧。

(3)选择场景中的海面,选择噪波Noise修改命令,设置海面Z方向涌动幅度为10,涌动频率为0.3,设置参数如图8.19.2所示。

(4)将设计结果存放在考生目录中,文件名为考号后5位数+"-8",扩展名为".MAX"。

(5)在顶视图分别渲染第0帧、第75帧和120帧,渲染精度为320×240,比例值使用默认值,渲染文件存放在考生目录中,文件名分别为考号后5位数+"8A"、"8B"和"8C",扩展名为".JPG"。

8.20　星光四射

【设计主题】

星光四射的动画过程设计。

【设计要求】

(1)打开 C:\3DMAXTK\SCENES\EIGHT-20. MAX 文件,如图 8.20.1 所示,场景中各物体名称是:倒角文字(TEXT01)。所有物体均已设定材质,摄像机已设置好。

图 8.20.1　星光四射效果图

(2)整个动画由 151 帧构成,播放制式为 NTSC 制式。其间,0 ~ 100 帧文字由远处向镜头方向拉近,然后定格不动,与此同时,画面背景中产生星光四射效果,星光由红、绿、蓝、黄和紫色 5 种不同的颜色组成,在 0 帧处星光的大小为 15,至最后一帧星光大小为 20,整个动画中星光的数量为 1 000 个。

(3)将设计结果存放在考生目录中,文件名为考号后 5 位数 +" -8",扩展名为". MAX"。

(4)在顶视图分别渲染第 0 帧、第 80 帧和 150 帧,渲染精度为 320 ×240,比例值使用默认值,渲染文件存放在考生目录中,文件名分别为考号后 5 位数 +"8A"、"8B"和"8C",扩展名为". JPG"。

【设计过程】

(1)打开 C:\3DMAXTK\SCENES\EIGHT-20. MAX 文件,场景中各物体名称是:倒角文字(TEXT01)。

(2)单击时间配置按钮,打开时间配置对话框,设置播放制为 NTSC 制式,并在对话框中更改动画长度为 151 帧。

动画任务 1:0～100 帧文字由远处向镜头方向拉近,然后定格不动。

(3)单击自动关键点按钮,打开动画记录器,将时间滑块移到第 100 帧,使用移动工具将顶视图的倒角文字(TEXT01)移到摄像机镜头前,注意配合观察摄像机视图的橙色框线,文字大小以不超出橙线框为宜,如图 8.20.2 所示。

动画任务 2:画面背景中产生星光四射效果。

(4)将时间滑块移回第 0 帧,单击创建→粒子系统→暴风雪,如图 8.20.3 所示,在前视图拖曳一个平面,将文字框在其中,调整暴风雪平面的位置,使文字居于中央。

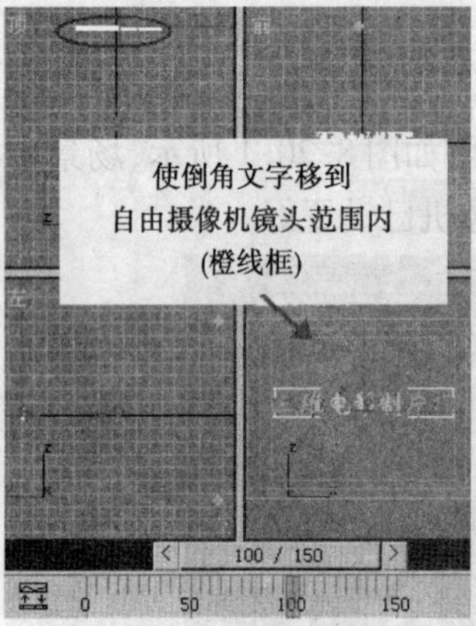

图 8.20.2　移动倒角文字

图 8.20.3　创建暴风雪粒子

(5)在左视图将暴风雪图标旋转 180°,使粒子系统与摄像机镜头对齐,以保证粒子向镜头方向飞来,如图 8.20.4 所示。

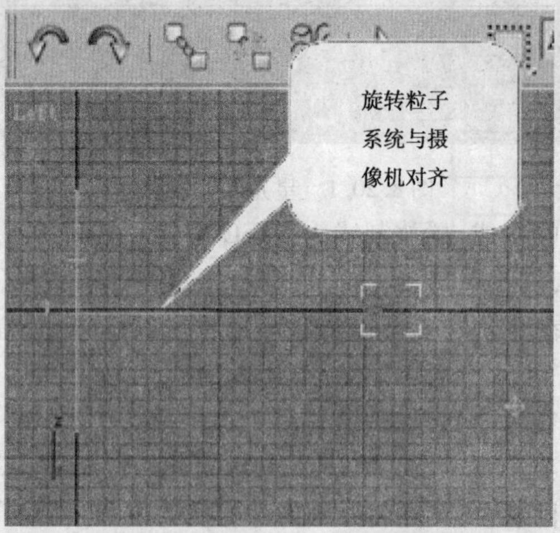

图 8.20.4　旋转粒子系统与摄像机对齐

动画任务 3:在 0 帧处星光的大小为 15,至最后一帧星光大小为 20。

(6)设置暴风雪在第 0 帧相关参数,粒子大小设为 15,如图 8.20.5 所示。

(7)设置暴风雪在第 150 帧相关参数,粒子大小设为 20。

(8)激活摄像机视图,播放动画,观看粒子变化效果。

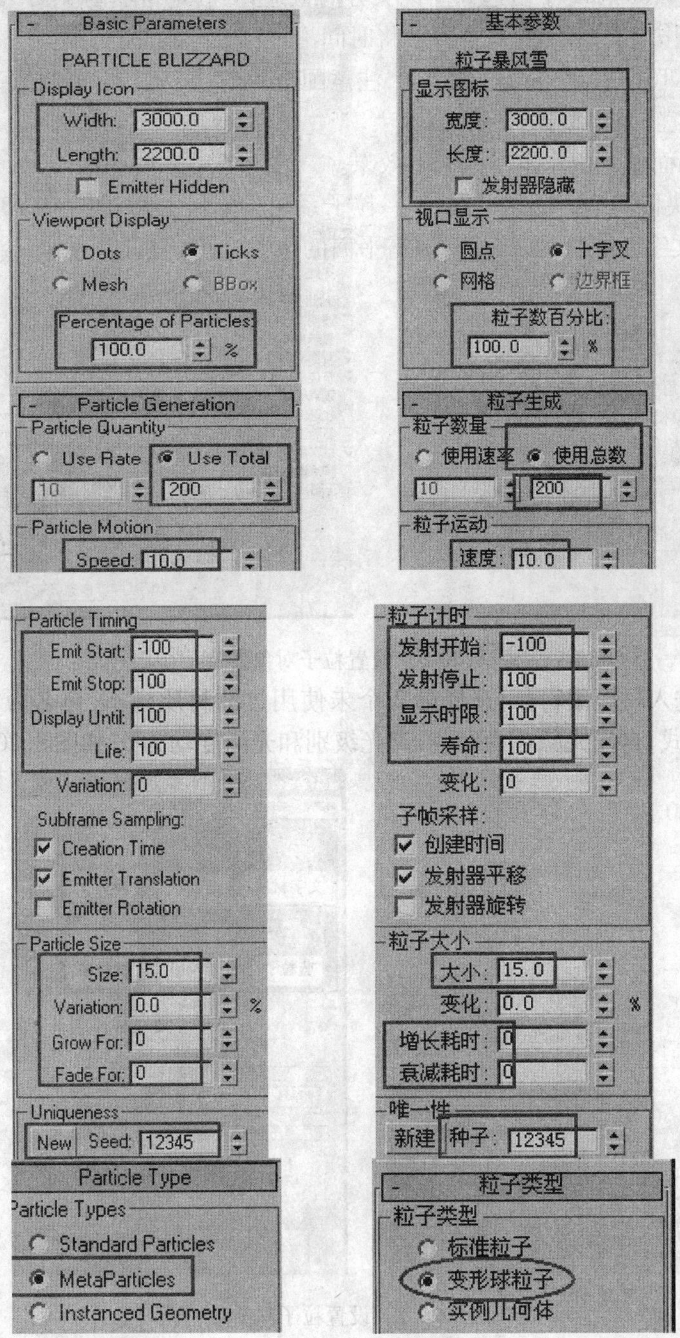

图 8.20.5　设置“暴风雪”粒子参数

(9)单击菜单栏编辑→对象属性，打开对象属性对话框，设置参数如图 8.20.6 所示，G 缓冲区对象通道为 1，运动模糊倍增为 3，启用图像。

动画任务 4：星光由红、绿、蓝、黄和紫色 5 种不同的颜色组成。

(10)分别克隆 4 个暴风雪粒子，修改它们的种子数，使 5 种粒子的种子数有所不同，从而保证 5 种粒子不会重合，出现在场景中的不同位置。

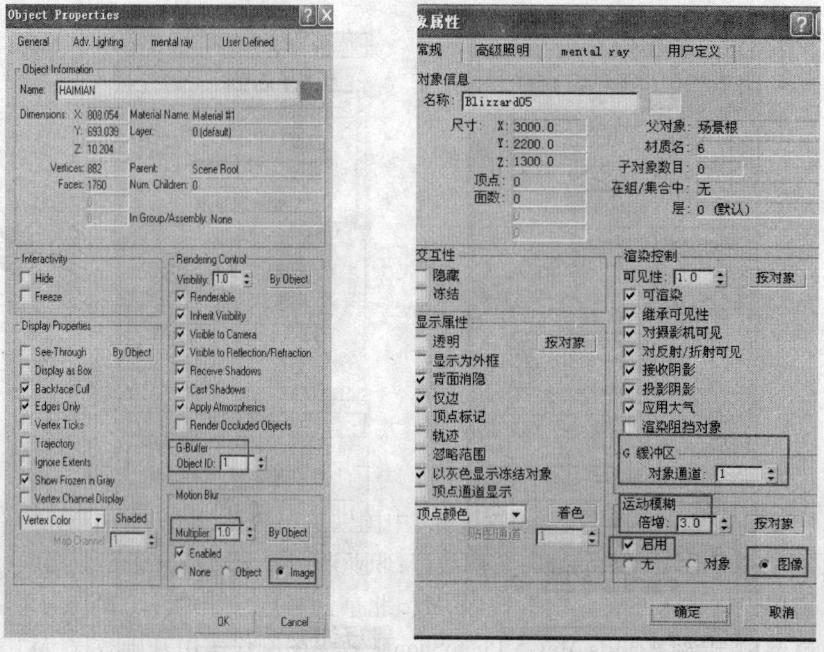

图 8.20.6　设置粒子对象属性

(11)按 M 键进入材质编辑器,选择第 2 个未使用过的材质样本,命名为"红粒子材质",设置为金属渲染方式,自发光颜色为红色,高光级别和光泽度均为 0,如图 8.20.7 所示。

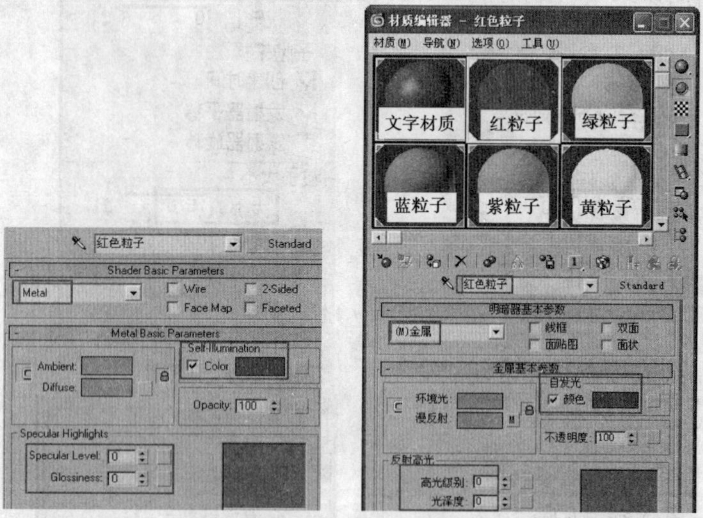

图 8.20.7　设置粒子材质

(12)设置其他 4 种材质分别为"绿粒子材质"、"蓝粒子材质"、"黄粒子材质"、"紫粒子材质",只需改变自发光颜色,其余同上。

(13)将设计结果存放在考生目录中,文件名为考号后 5 位数 + " -8",扩展名为". MAX"。

(14)在摄像机视图分别渲染第 0 帧、第 80 帧和 50 帧,渲染精度为 320 × 240,比例值使用默认值,渲染文件存放在考生目录中,文件名分别为考号后 5 位数 + "8A"、"8B"和"8C",扩展名为". JPG"。

参考文献

[1] 沈大林. 中文 3ds Max 案例教程[M]. 北京:中国铁道出版社,2007.
[2] 郑庆荣,刘亚利. 3ds Max 8 基础与实例教程:职业版[M]. 北京:电子工业出版社,2006.
[3] 高文胜. 室内设计技术三合一实训教程[M]. 北京:中国铁道出版社,2007.
[4] 郭玲文,赵健敏,徐建平. 3ds Max 5 PhotoShop 7 效果图制作实用基础教程[M]. 北京:北京希望电子出版社,2003.
[5] 罗二平,吕金泉. 3ds Max 基础教程[M]. 北京:中国传媒大学出版社,2007.
[6] 王彬华,向柯如. 中文 3ds Max 6 动画范例精粹[M]. 成都:电子科技大学出版社,2004.

教师信息反馈表

为了更好地为教师服务,提高教学质量,我社将为您的教学提供电子和网络支持。请您填好以下表格并经系主任签字盖章后寄回,我社将免费向您提供相关的电子教案、网络交流平台或网络化课程资源。

书名:		版次	
书号:			
所需要的教学资料:			
您的姓名:			
您所在的校(院)、系:	校(院) 系		
您所讲授的课程名称:			
学生人数:	______人 ______年级	学时:	
您的联系地址:			
邮政编码:		联系电话	(家) (手机)
E-mail:(必填)			
您对本书的建议:		系主任签字 盖章	

请按此裁下寄回我社或在网上下载此表格填好后E-mail发回

请寄:重庆市沙坪坝正街174号重庆大学(A区)
重庆大学出版社教材推广部

邮编:400030
电话:023-65112084
023-65112085
网址:http://www.cqup.com.cn
E-mail:fxk@cqup.com.cn